SCHÄFFER
POESCHEL

Boris Gloger/Jürgen Margetich

Das Scrum-Prinzip

Agile Organisationen aufbauen und gestalten

2014
Schäffer-Poeschel Verlag Stuttgart

Gedruckt auf chlorfrei gebleichtem, säurefreiem und alterungsbeständigem Papier

Bibliografische Information der Deutschen Nationalbibliothek
Die Deutsche Nationalbibliothek verzeichnet diese Publikation in der Deutschen Nationalbiblio-
grafie; detaillierte bibliografische Daten sind im Internet über http://dnb.d-nb.de abrufbar.

ISBN 978-3-7910-3289-4

© 2014 Schäffer-Poeschel Verlag für Wirtschaft · Steuern · Recht GmbH
www.schaeffer-poeschel.de
info@schaeffer-poeschel.de

Einbandgestaltung: Melanie Frasch (Grafik: Georg Herold-Wildfellner, Wien)
Satz: Claudia Wild, Konstanz
Grafiken: Georg Herold-Wildfellner, Wien
Lektorat: Dolores Omann, Wien; Friederike Moldenhauer, Hamburg
Druck und Bindung: CPI books GmbH, Leck

Printed in Germany
März 2014

Schäffer-Poeschel Verlag Stuttgart
Ein Tochterunternehmen der Haufe Gruppe

Vorwort

Ein Freund fragte mich unlängst: »Was macht deine Firma eigentlich?« Ich stutzte, denn er wusste, dass meine Mitarbeiter und ich Unternehmen und Teams zeigen, wie sie erfolgreicher mit Scrum arbeiten können. Also fragte ich zurück: »Was meinst du? Du weißt doch, was wir machen?« »Ja sicher. Aber was tut man da genau? Wie geht das, ›die agile Organisation bauen‹? Wie geht ihr mit den Widerständen der Manager um? Was macht ihr konkret?«

Die Antwort darauf finden Sie in diesem Buch. Die Frage meines Freundes hatte mich so beschäftigt, dass ich begann, mich mit meinen Kollegen intensiv darüber auszutauschen und unsere Arbeit von einem Beobachterstandpunkt aus zu betrachten. Dabei haben wir für uns selbst wichtige Erkenntnisse gewonnen, die wir in diesem Buch mit Ihnen teilen wollen. Die Antworten stammen direkt aus unserer täglichen Arbeit und gerade wegen dieser Erfahrungen sagen wir: Sie sind ganz sicher nicht der Weisheit letzter Schluss. Die Praktiken, die wir Ihnen hier zeigen wollen, funktionieren für uns und unsere Kunden – und wir setzen sie immer wieder ein.

Mit unserer Arbeit schließen wir an große Organisationsentwickler wie John P. Kotter, Virginia Satir, Peter Senge und viele andere an. Einige Konzepte haben wir explizit erwähnt, andere fließen in unsere Arbeit oft ganz unbewusst ein. *Unsere eigentlichen Lehrmeister sind aber unsere Kunden.* Von ihnen lernen wir mehr, als wir je aus Büchern oder Gesprächen mit anderen Coaches erfahren könnten. Dabei geht es nie in erster Linie darum, Scrum einzuführen. Am wichtigsten ist immer, mit ihnen gemeinsam für ihre Situation eine Lösung zu finden, die sie erfolgreicher macht.

Daher freut es mich besonders, dass einige unserer Kunden Beiträge zu diesem Buch beigesteuert haben und uns an ihrer Perspektive auf den Wandel teilhaben lassen. Wir danken ganz besonders Christian Popp, André Stark, Joachim Gmeinwieser und Dr. Klaus Schlickenrieder. Dank ihres Vertrauens in ihre Teams und in unsere Fähigkeiten haben sie es letztlich möglich gemacht, besser zu verstehen und zu lernen, wie wir Scrum in großen Organisationen einführen können. In der Auseinandersetzung mit dem Management unserer Kunden wurde deutlich, wie sehr Scrum als Changemanagement-Framework dafür geeignet ist, organisationale Hindernisse zu erkennen und zu beseitigen. Mit einem klaren Ziel vor Augen war es unumgänglich, mit dem Management iterativ und inkrementell, also Schritt für Schritt, Erfolge zu erzielen. Sich gemeinsam vorzutasten und miteinander zu lernen, brachte einerseits den Erfolg, andererseits entstanden dabei auch immer wieder Ängste, bei uns selbst und bei unseren Kunden. Denn niemand konnte vorhersehen, wohin die Veränderungsarbeit führen würde.

Aber auch diese Unsicherheiten konnten mit Scrum als Management-Framework schnell beseitigt werden. Wie von selbst wurde klar: Gerade auf vollkommen neuem Terrain erzeugt Scrum schrittweise das Vertrauen, um ganze Organisationseinheiten verändern zu können. Wir waren und sind deshalb darauf angewiesen, dass sich Menschen auf uns einlassen und wir sie ein Stück begleiten dürfen.

Um auf die Antworten zu kommen, die wir Ihnen in diesem Buch vorstellen, wurden in nächtelangen Diskussionen viele Wege ausprobiert. Unzählige Flipchartbögen wurden vollgeschrieben und wieder verworfen. Diese vielen Stunden hat mein Team aufgebracht, dem ich an dieser Stelle sagen möchte: Ich bin sehr stolz auf euch! Ihr habt auf vielen oft sehr schwierigen Gebieten Pionierarbeit geleistet. Mit eurer Leidenschaft für die Sache habt ihr die Grenzen der Implementierung von Scrum als Organisationsentwicklungsmethode weiter und weiter gesteckt. Ihr musstet dabei neue Antworten auf alte Fragen finden und euch gegen den Widerstand vieler Organisationen, Teams und Manager durchsetzen. Oft habt ihr euch gefragt: »Wofür das alles?«

Der Lohn dafür sind die kleinen und großen Erfolge. Die Veränderungsarbeit selbst ist der Lohn. Sie war und ist für mein Team und mich sinnvoll. Ich kann es in den leuchtenden Augen meiner Mitarbeiter sehen: Sie sind stolz auf ihre Kunden, wenn diese es geschafft haben, die selbstgesteckten Ziele zu erreichen. Das, was sie in ihrer Praxis erlebt haben und wie sie damit umgegangen sind, ist an vielen Stellen dieses Buches eingeflossen. Mein besonderer Dank gilt meinem langjährigen Mitstreiter und Freund Jürgen Margetich, der sich trotz seines vollen Terminkalenders die Zeit genommen hat, ein emotionales und feuriges Kapitel über Scrum zu schreiben. Sie werden spüren, mit welcher Leidenschaft er seine Arbeit macht.

Ein herzliches Danke geht an Dolores Omann. Ohne ihre unermüdliche Unterstützung beim Editieren und ihre konstruktive Kritik an dem, was wir so schreiben, hätten unsere Texte in diesem Buch nicht die Qualität, die Sie als Leserin und Leser erwarten dürfen.

Wir wünschen Ihnen viele Abenteuer auf der Reise zur agilen Organisation und freuen uns über jedes Feedback, das die nächste Iteration dieses Buches besser macht.

Boris Gloger   Laxenburg, August 2013

Inhaltsverzeichnis

Eine kurze Wegbeschreibung

Die agile Organisation gestalten – einfacher gesagt als getan. Wo beginnt man eine Reise ins Ungewisse? Wie wird sie verlaufen? An welchen Zwischenstationen werden wir anhalten müssen? Wie werden sich die Menschen in unserer Reisegruppe verhalten? Werden alle mitmachen? Wird es Streit geben? Wie sollen wir mit Unsicherheiten umgehen und wie kann ich als Reiseführer die Gruppe zusammenhalten?

Als ich vor zehn Jahren in Salt Lake City die berühmten Vertreter der agilen Community getroffen habe, hätte ich nie für möglich gehalten, dass es sie einmal geben wird – die agile Organisation. Ein Jahrzehnt ist vergangen und ich habe die ersten Anzeichen solcher Organisationen selbst gesehen und weiß: Es gibt Firmen wie Salesforce.com, Woodmark, Google, IBM und selbst in der Deutschen Bank gibt es mit einem Head of Design Thinking, Katharina Berger, deutliche Anzeichen für eine Veränderung hin zum agilen Denken.

Beim Schreiben dieses Buches habe ich lange mit der Struktur gerungen. Ich habe mich immer wieder im zirkulären Aspekt des Wandels verfahren, bin abgebogen, habe als Fahrer oft Dinge an Stationen der Reise erzählt, wo sie im Kontext hinpassten, den Neuling an dieser Stelle aber sicher verwirren. Ich habe mich entschieden, die zirkulären Aspekte (ja oft Redundanzen) im Buch zu belassen. Es ist eine Landkarte, die keine endgültige Topografie darstellt. Es können nur Orientierungspunkte sein, auf die Sie treffen werden, wenn Sie die Veränderungsreise in Ihrer eigenen Organisation antreten. Was Sie mit Scrum vorhaben, ist nichts weniger als das bewusste Gestalten der Zukunft. Und deshalb sind es manchmal kurze Zeitreisen, die Jürgen Margetich und ich mit Ihnen unternehmen, um Ihnen zu zeigen, worauf Sie achtgeben sollten.

Die faszinierende Ausgangslage für die agile Organisation ist, dass vom Team aus gestartet wird. Am Anfang geht es immer darum, agile Teams zusammenzubringen und die Organisation um sie herum zu gestalten. Damit Sie wissen, wohin die Reise geht, widme ich den ersten Teil den Gedanken über eine mögliche Zukunft (Kapitel 1). Hier beschreibe ich ausführlich, was eine agile Organisation ausmacht, wie ihre Struktur sein könnte und in einigen Fällen sogar ist. Die Kernbotschaft lautet: Das Management ist das Gesicht der Organisation. Also muss bei jedem Schritt in die Zukunft das Management mitgenommen und ihm deutlich gemacht werden, dass wir für die Veränderung der gesamten Organisation seine Mitarbeit benötigen. In Teil II lege ich mit Ihnen eine Pause ein: Wir rasten kurz in der Küchenwerkstatt des Scrum-Cooks Jürgen Margetich und stärken uns dort mit den Grundlagen, Werten, Ideen und Aspekten des Scrum-Prinzips (Kapitel 2 bis 6). Ein wichtiger Proviant, denn Sie werden auf Ihrer Reise in Zukunft immer wieder Verführer treffen, die Sie vom Weg abbringen wollen. Daher müssen Sie lernen zu erkennen, durch welche Tür Sie gehen müssen, um die Zukunft zu gestalten. Im 3. Teil stelle ich schließlich die Ausrüstung für Sie zusammen: Rüstzeug sind die Kenntnisse darüber, wie Veränderungen in Organisationen grundsätzlich funktionieren, wie Sie die Veränderungen initiieren können und welche Methoden es gibt, um Menschen zu bewegen. Sie bekommen also das Basis-Know-how für Organisationsversteher (Kapitel 7). In diesem Ausrüstungsshop gibt es auch eine Ecke, die Sie über die Gefahren informiert. Die Widerstände, die hundert kleinen Hindernisse, die Ihnen begegnen werden, werden dort ausführlich beschrieben (Kapitel 8).

Dann geht es in das erste Basis-Camp (Kapitel 9). Ein leichter Anstieg: Welche Aspekte der Organisation sollen verändert werden? Sie werden dort die Herausforderungen erkennen, die in diesem Zusammenhang auf Sie warten. Zunächst müssen Sie sich der Struktur der jetzigen Organisation nähern, sie verstehen und beschreiben können. Wenn Sie das gemeistert haben, widmen Sie sich Ihren Reisegefährten, angefangen beim Individuum: Wie reagiert es, wie können Sie den einzelnen Menschen begeistern und innerhalb eines Teams zur Veränderung bewegen? Dabei werden Sie erkennen, dass sich das Individuum gar nicht von selbst bewegen kann, weil es von den Dynamiken des Teams gefangen gehalten wird. Um es aus diesen Verwirrungen zu befreien, ist es nötig, sich mit dem Team lange auseinanderzusetzen und einen Weg zu finden, mit ihm zu arbeiten. Hier wird es richtig spannend: Wie können Sie das Management der agilen Organisation in spe zur Veränderung bewegen? Da eine Organisation nicht frei von Zwängen der Umwelt agieren kann, müssen Sie sich auch mit den Veränderungsmöglichkeiten von Lieferanten und Kunden auseinandersetzen und lernen, das Netz der äußeren Einflüsse zu managen und zu beherrschen.

Ausgerüstet mit Grundlagenwissen und vorbereitet auf den Gegenwind der Widerstände, finden Sie in Kapitel 10 eine Anleitung für Ihre ersten Schritte in Richtung agile Organisation. An dieser Stelle müssen wir Sie dann alleine weitergehen lassen.

Prolog

Gibt es sie? Die prototypische agile Organisation, die uns eine Blaupause liefert, eine Bauanleitung für das Unternehmen der Zukunft? Der Titel unseres Buches verspricht es: Agile Organisationen aufbauen und gestalten. Natürlich könnten wir wieder die vielzitierten Beispiele nennen – Google, Apple und noch einige andere Protagonisten aus dem Silicon Valley. Aber das hilft Ihnen nur bedingt. Diese Unternehmen wurden unter ganz anderen Voraussetzungen und mit einem ganz anderen Verständnis von produktiven, innovationsfördernden Arbeitsbedingungen gegründet als Unternehmen, die es bereits seit mehreren Jahrzehnten gibt. Genauso wenig hat Agilität aber etwas mit tatsächlicher oder mittels guter Werbung erschaffener Coolness zu tun. Ein Handwerksbetrieb aus Wanne-Eickel kann so agil sein wie Apple, wenn eines gelingt: die absolute Ausrichtung auf den Kunden. Dazu braucht es die Bereitschaft, eine flexible Struktur zu schaffen. Zu allererst ist dafür aber Flexibilität im Denken nötig.

Befreien Sie sich also zunächst von vorgefertigten Bildern über eine agile Organisation. Erwarten Sie keine idealtypischen Organigramme, Strukturen und Abläufe. Das hilft Ihnen nicht weiter, wenn Sie vielleicht gerade darüber nachdenken, wie Sie Ihre Produktentwicklung mit 1.500 – oder so wie einer unserer Kunden mit 3.000 – Mitarbeitern umgestalten wollen. Scrum folgt gewissen Prinzipien und Regeln, um Arbeitsprozesse effektiv zu organisieren, das ist richtig. Erwarten Sie aber nicht, dass es ein weiteres Modell ist, das man den Mitarbeitern überstülpen kann. Das Scrum-Prinzip ist ein Rahmenwerk für eine Entwicklung, verwechseln Sie es nicht mit einem modischen Aushängeschild. Es ist in erster Linie eine bestimmte Art und Weise des Denkens und beruht auf Werten des Miteinanders und damit auf einem Menschenbild, das für viele Organisationen nicht weniger als einen völligen Kulturwandel bedeutet. Wenn Ihre Organisation mit Scrum zu arbeiten beginnt, ist das wie das Einpflanzen eines Samenkorns. Lassen Sie es wachsen, wird es von einer kleinen Keimzelle aus Ihre ganze Organisation umkrempeln. Oder besser gesagt: Es wird die Möglichkeiten freilegen, die schon immer in Ihrer Organisation angelegt, aber lange Zeit von Überkontrolle und endlosen Schichten der Entscheidungsdelegation verschüttet waren. Was sich daraus entwickelt? Kein zweites Google, kein zweites Apple. Daraus entwickelt sich die unverwechselbare Handschrift Ihres Unternehmens. Sie wird sichtbar, wenn Mitarbeiter wieder die Verantwortung für ihr Handeln zurückbekommen und sich selbst nicht mehr als Rädchen, sondern als Teil der Lösung erleben.

Überall dort, wo Menschen miteinander auf selbstverantwortliche Art und Weise am gemeinsamen Ziel »begeisterter Kunde« arbeiten, finden wir also Agilität oder Spuren davon. Dazu sind die passenden Rahmenbedingungen nötig. Eine davon ist das absolute Commitment des Managements. Daher finden wir agile Organisationen bisher selten in aller Konsequenz durchdekliniert, von der obersten Führungsebene bis zum einzelnen Mitarbeiter und quer durch alle Bereiche. Aber es gibt unzählige Firmen, die sich auf den Weg gemacht haben, herauszufinden, was Agilität für sie bedeutet. Viele Firmen straucheln dabei, ohne jedoch zu fallen, und nur wenige haben den Veränderungsprozess bereits abgeschlossen. Sie werden in diesem Buch die eine oder andere Reisegeschichte solcher Organisationen lesen, deren Grundtenor ist: Es ist eine ständige Konfrontation mit dem eigenen Selbstverständnis. Und eigentlich findet Veränderung immer statt.

Sie werden dieses Buch in die Hand genommen haben, weil Sie wissen wollen, wie das andere gemacht haben und wollen davon lernen. Das erste Kapitel ist der Utopie gewidmet. Es zeigt Ihnen nicht *die* eine agile Organisation, sondern Bausteine, aus denen sich *Ihre* agile Organisation zusammensetzen könnte. Daher zählen wir auf Ihre Mitarbeit. Nur mit Ihrem Vorstellungsvermögen wird es gelingen, die Ideen dieses Buches so zu formieren, dass für Sie ein attraktives Bild entsteht. Ein Bild, das Sie zum Aufbruch antreibt und Sie die ersten Schritte gehen lässt. Also, fangen wir an: Springen wir in die Realität!

Teil I
Auf der Suche nach
der agilen Organisation

Boris Gloger

1 Es war einmal der Kunde

Meine Frau ist Apothekerin. Sie liebt es, das letzte Quäntchen aus einer Tube herauszupressen, egal ob Zahnpasta, Senf oder Tomatenmark. Weil es Apotheker mit den Quäntchen sehr genau nehmen müssen, haben sie wohl auch dieses Gerät entwickelt, mit dem man wirklich den kleinsten Rest rausholen kann: Tube einlegen, drehen, Tube völlig leer. Einmal erzählte mir meine Frau von den strahlenden Augen einer älteren Dame, die mit einer fast aufgebrauchten Salbentube in die Apotheke gekommen war. Sie wollte sich eine neue holen, natürlich bekam sie die auch. Gleichzeitig bot meine Frau ihr aber auch an, die angebrochene Tube ganz auszuquetschen. Zehn Sekunden später war das erledigt und die Kundin war glücklich – jetzt reichte der Inhalt noch für zwei weitere Tage. Von diesem Wow-Erlebnis, wie es Autor Tom Peters nennen würde, erzählte die Dame ihren Freundinnen. Die Apotheke hat jetzt drei Stammkundinnen mehr.

Eigentlich müsste ich Ihnen jetzt etwas über die unglaubliche Komplexität erzählen, in der sich Unternehmen heute zurechtfinden müssen. So fangen etwa 98 Prozent aller Artikel und Bücher an, wenn es um Changemanagement und Organisationsentwicklung geht. Alles ist so wahnsinnig schnell und unübersichtlich geworden. Ja, natürlich ist es das. Aber es gibt eine Konstante: den Kunden. Sie wissen, diese Menschen, die Produkte kaufen. Aus den unterschiedlichsten Motiven, aber immer deswegen, weil ein Produkt einen persönlichen oder unternehmerischen Zweck besser erfüllt als alle anderen. Auch die Kunden haben sich verändert, selbstverständlich – aber das tun sie mittlerweile seit einigen Jahrtausenden. Klar, traditionelle Apotheken haben einen großen Vorteil: Sie sind nah an ihren Abnehmern. Meine Frau erlebt den Kunden täglich. Ihr Kunde ist meistens auch der Anwender. Sie kann sich innerhalb einer Sekunde eine Lösung, und sei sie noch so klein, überlegen oder ein Produkt anbieten, das bei einem bestimmten Problem hilft. In meiner Beratungswelt, in der Welt der Produktentwicklung im Softwarebereich, treffen meine Mitarbeiter und ich bei großen wie kleinen Firmen genau das Gegenteil an. Wenn wir dort erklären, dass Scrum-Teams – also die Mitarbeiter, die das Produkt erzeugen – den Anwender kennen und sich mit ihm unterhalten können müssen, ernten wir interessante Reaktionen: vom bassen Erstaunen über amüsiertes Grinsen bis hin zu offener Ablehnung. Sofortige Zustimmung erleben wir selten. Wir haben auf etwas Unerhörtes hingewiesen: Darauf, dass Unternehmen Kunden haben. Mit Problemen, für die sie Lösungen suchen.

> Wir sollten einem medizintechnischen Unternehmen dabei helfen, die Produktentwicklung mit Scrum zu beschleunigen und zu verbessern. Als ich mir die Mannschaft, die das Produkt entwickelte, anschaute, stellte ich fest: Die meisten hatten das Vorgängerprodukt noch nie im Einsatz in einem Labor gesehen. Sie sollten also ein Gerät entwickeln, von dem sie nicht einmal wussten, wie eine Medizinisch-technische Assistentin es bedient. Geschweige denn, in welchem Kontext dieses Gerät eingesetzt wird. Sicherlich kann man es ihnen erzählen, aber das ist etwas vollkommen anderes, als es selbst zu sehen. Wir erreichten, dass die Teams ein Labor besuchten.

Was mein Team und ich statt der Hinwendung von Unternehmen zum Kunden erleben (und was man auch in den Wirtschaftsmedien zuhauf nachlesen kann), ist die ständige Beschäftigung mit sich selbst. Egal, ob wir mit unseren Seminarteilnehmern diskutieren oder mit den Menschen, denen wir in Veränderungsprojekten begegnen: Sie denken nicht darüber nach, wie sie ihre Kunden zufriedenstellen oder vielleicht sogar völlig happy machen können. In erster Linie geht es immer darum, den eigenen Arbeitsplatz zu sichern. Welche Veränderungen werden auf den Einzelnen zukommen und wie soll man in diesem neuen Rahmenwerk namens Scrum arbeiten? Erklären wir dann im Laufe des Tages, wie das agile Management-Framework Scrum tatsächlich funktioniert, werden die Gesichter immer länger und blasser. Denn allen wird klar: Um agil zu werden, muss man sich in erster Linie mit dem Draußen beschäftigen, also mit dem Kunden. Statt Nabelschau betreiben, muss der Blick nach außen gerichtet und der andere verstanden werden. Es gilt, die eigenen Arbeitsprozesse so zu verändern, dass sie einen Wert für den Kunden darstellen.

Aber warum ist das so? Warum stellen sich Unternehmen so auf, dass sich ihre Mitarbeiter immer mehr von dem entfernen, was das Unternehmen einmal erfolgreich gemacht hat? Diese Frage stellen wir immer, wenn wir uns mit den CEOs oder Firmengründern treffen. Und immer bekommen wir die gleiche Antwort: Die Gründer kannten ihre Kunden, sie kannten den Markt, und sie wollten für diesen einen Kunden etwas erzeugen. Mit diesem Gedanken haben es viele Unternehmen an die Spitze gebracht und gleichzeitig ist auf dem Weg dorthin der ursprüngliche Gedanke verloren gegangen.

Worüber wir hier reden, ist nicht mit dem Servicemantra der 1990er-Jahre zu lösen, denn es geht um die Produktentwicklung. Mit unseren Beobachtungen sind wir nicht allein. Auch Reinhard Sprenger oder Stephen Denning kommen in ihren Büchern über »Radikales Management« zu ähnlichen Befunden *(Sprenger 2012, Denning 2010)*: Dank der Fixierung auf Kostensenkung und Shareholder-Value ist der Fokus auf den Kunden verschwunden. Trends zu setzen schaffen nur wenige, neue Arbeitsplätze zu schaffen noch viel weniger. Stattdessen wurde in den letzten zwei Jahrzehnten massenhaft Produktionswissen durch Offshoring ausgelagert, um nicht zu sagen: auf Nimmerwiedersehen verscherbelt.[1] Wo kein Wissen, da keine Innovation. Schon Peter Drucker schrieb in *Management:* »*Because its purpose to create a customer, the business enterprise has two – and only these two – basic functions: marketing and innovation. Marketing and innovation produce results, all the rest are costs.*« *(Drucker 1985, S. 57)* Schon wieder geht es um den Kunden!

---

[1]   Die Folgen übermäßigen und kaum noch zu kontrollierenden Outsourcings hat Stephen Denning sehr gut anhand des »Dreamliner« von Boeing unter die Lupe genommen. In seinem Forbes-Blogartikel *The Boeing Debacle: Seven Lessons every CEO must learn (Denning 2013)* beschreibt er die zahllosen Abstimmungsschwierigkeiten, die schlussendlich zur unglaublichen Pannenserie geführt haben.

1.2 Wurzeln der Agilität

Das Gefährliche an Modewörtern ist, dass sie manchmal Tatsachen verschleiern. Meistens die Tatsache, dass es sich nicht um etwas grundlegend Neues handelt, sondern dass wir irgendwann – ebenfalls im Sog von Modeerscheinungen – von einem richtigen Weg und von unserem gesunden Menschenverstand abgekommen sind. Genau so verhält es sich auch mit der »Agilität«: Von der Software- über die Automobilindustrie bis zur Medizintechnik wollen Manager ihre Unternehmen heute agil machen. Wie bei vielen Trends der vergangenen Jahre beschäftigen sich viele Organisationen aber nicht mit den zugrunde liegenden Ideen. Viele wollen den schnellen Erfolg durch eine Methode, in unserem Fall Scrum, aber ohne die dazugehörigen Mühen. Wenn sich der Erfolg nicht einstellt, ist die Methode schuld – nicht der Umstand, dass man die dafür nötigen Veränderungen von Strukturen und Rahmenbedingungen nicht mit aller Konsequenz durchgeführt hat. Wenn eine agile Transition scheitert, dann meistens am mangelnden Glauben an die Sache und durch die Fehlannahme, dass sich erfolgreiche Veränderung an Terminpläne hält. Sie ist nicht einfach irgendwann beendet. »Agilität« ist eine Haltung – und eine Haltung gibt man nicht nach Büroschluss ab.

Aber zurück zu der Tatsache, dass Agilität nichts Neues ist. Kennen Sie Kelly Johnson? 1943, als Adolf Hitler an seinen Wunderwaffen basteln ließ, bekam der Konstrukteur von Lockheed Martin einen unmöglichen Auftrag: In 180 Tagen sollte er mit seiner Mannschaft einen völlig neuen Kampfjet bauen. Unmöglich? Kelly Johnson ist einfach so vorgegangen: Alle dafür notwendigen Ingenieure in ein Zelt packen, bürokratische Störungen fernhalten und die Experten *selbstorganisiert* machen lassen und sie in Kontakt mit den Nutzern bringen: mit den Piloten. Ergebnis: Die P-80, fertig entwickelt nach 143 Tagen und die Geburt von »Skunk Works«, der weitgehend autarken, bürokratiefreien Entwicklungsumgebung für radikale Innovationen bei Lockheed Martin.

Auch in der Softwareindustrie, von der die agile Welle angestoßen wurde, sind sogenannte agile Softwareentwicklungsmethoden im Grunde eine Wiederentdeckung. Ebenfalls ausgehend von der Rüstungsindustrie und den Erfahrungen des Mercury-Programms der NASA, in dem einige ihrer Softwareentwickler mitgearbeitet hatten, setzte die IBM Federal Systems Division lange Zeit auf iterative und inkrementelle Entwicklung (IID) *(vgl. Larman, Basili 2003)*: Die Teams arbeiteten in sehr fokussierten, kurzen und zeitlich genau bemessenen Iterationen, also der wiederholten Anwendung des gleichen Prozesses. Daran schlossen sich Review-Phasen an und mit den erkannten Änderungsnotwendigkeiten ging es in die nächste Iteration. In einem internen Report an das IBM-Management schrieb M. M. Lehmann 1969 über die Vorteile von IID: »*The basic approach recognizes the futility of separating design, evaluation, and documentation processes in software-system design. The design process is structured by an expanding model seeded by a formal definition of the system, which provides a first, executable, functional model. It is tested and further expanded through a sequence of models, that develop an increasing amount of function and an increasing amount of detail as to how that function is to be executed. Ultimately, the model becomes the system.*« *(Larman, Basili 2003, S. 48)* Das IID-Modell fiel gegen Ende der 1970er-Jahre einem neuen militärischen Standard der Softwareentwicklung zum Opfer, der das sequenziell ausgelegte Wasserfallmodell der Entwicklung favorisierte (aber belassen wir es aus historischer Sicht einmal dabei).

Eines sticht bei den zahlreichen »agilen« Beispielen im Artikel von Larman und Basili besonders ins Auge: Es handelt sich keineswegs um triviale »Produkte«. Den Weltraum zu erobern oder einen Weltkrieg zu gewinnen, kann man wohl zur Gattung der komplexen Unterfangen zählen. Es waren Riesenprojekte, mit Hunderten involvierten Personen, und meistens hing von diesen Projekten das Leben von Menschen ab. Möglicherweise war die Welt damals wirklich einfacher, möglicherweise waren die Menschen noch nicht so verkopft wie heute. Jedenfalls gingen sie mit einem Prinzip ans Werk, das heute noch gültig ist, wenn man es mit komplexen Projekten zu tun bekommt:

> Fokussiere das Problem und dann zerlege es in kleine, überschaubare Einheiten. Arbeite eng mit dem Anwender zusammen und verbessere so Schritt für Schritt dein Produkt.

Versuche, der iterativ-inkrementellen Softwareentwicklung zu einem Comeback zu verhelfen, gab es immer wieder. Der wirkliche Durchbruch gelang aber erst Ende der 1990er-Jahre, als Software-Projekte so unübersichtlich geworden waren und die Entwickler unter einem solchen Leidensdruck standen, dass sie mit dem »Agile Manifesto« lauthals »Stopp!« schrien. 2001 trafen sich 17 Software-Entwickler – allesamt Koryphäen ihrer Zunft – und definierten ihren Zugang zu einer Form der Softwareentwicklung, in deren Zentrum die enge Zusammenarbeit zwischen Entwickler und Kunden steht.

Manifest der agilen Softwareentwicklung

Wir zeigen bessere Wege auf, um Software zu entwickeln,
indem wir es selbst tun und anderen dabei helfen.
Durch unsere Arbeit haben wir folgende Werte zu schätzen gelernt:
Individuen und Interaktionen *mehr als Prozesse und Werkzeuge*
funktionierende Software *mehr als umfassende Dokumentation*
Zusammenarbeit mit dem Kunden *mehr als Vertragsverhandlungen*
Reagieren auf Veränderung *mehr als das Befolgen eines Plans.*
Das heißt, obwohl wir die Werte auf der rechten Seite wichtig finden,
messen wir den Dingen auf der linken Seite größeren Wert bei.
(www.agilemanifesto.org; Übersetzung des Verfassers)

Das Agile Manifesto fußt auf zwölf Prinzipien, die sich in den Rollen, Meetings und Artefakten von Scrum widerspiegeln und damit auch den Kern der agilen Organisation in sich tragen (www.agilemanifesto.org/principles.html):

1. Our highest priority is to satisfy the customer through early and continuous delivery of valuable software.
2. Welcome changing requirements, even late in development. Agile processes harness change for the customer's competitive advantage.

3. Deliver working software frequently, from a couple of weeks to a couple of months, with a preference to the shorter timescale.
4. Business people and developers must work together daily throughout the project.
5. Build projects around motivated individuals. Give them the environment and support they need, and trust them to get the job done.
6. The most efficient and effective method of conveying information to and within a development team is face-to-face conversation.
7. Working software is the primary measure of progress.
8. Agile processes promote sustainable development. The sponsors, developers, and users should be able to maintain a constant pace indefinitely.
9. Continuous attention to technical excellence and good design enhances agility.
10. Simplicity – the art of maximizing the amount of work not done – is essential.
11. The best architectures, requirements, and designs emerge from self-organizing teams.
12. At regular intervals, the team reflects on how to become more effective, then tunes and adjusts its behavior accordingly.

»Individuen und Interaktionen mehr als Prozesse und Werkzeuge«

Schauen Sie einmal auf Ihre eigene Projektpraxis: Wie oft erleben Sie, dass man nur einmal hätte miteinander reden müssen, um viele Wege abzukürzen, effektiver miteinander zu arbeiten und schneller ans Ziel zu kommen? Wie oft erleben Sie, dass die Ihnen zur Verfügung stehenden Prozesse Ihre Arbeit eher behindern als sie zu erleichtern?

Alle agilen Entwicklungsprozesse gehen davon aus, dass die Teammitglieder und alle anderen Stakeholder miteinander reden und sich ständig austauschen müssen, um ein wirklich gutes Produkt liefern zu können. Dabei ist es für die Selbstorganisation wesentlich, den Einzelnen zu respektieren und anzuerkennen, dass er sich von allen anderen unterscheidet. Es ist selbstverständlich, dass Teams mit klar definierten Prozessen und guten Entwicklungswerkzeugen arbeiten. Aber: Prozesse und Instrumente dürfen nicht wichtiger als die Interaktionen und die Individuen werden.

Dieses Statement wird oft missverstanden und so ausgelegt, als dürften Teammitglieder plötzlich alles tun, als seien alle Dämme gebrochen und als dürfe man zum Beispiel an Scrum-Teams von außen keine Anforderungen stellen. Aber dem ist natürlich nicht so. Gerade das Management stark hierarchischer Organisationskulturen empfindet diesen Satz des Agile Manifesto als Bedrohung. Natürlich hatten viele Softwareentwickler, als sie mit Scrum in Berührung kamen, genau diese Einstellung. Scrum sagt ihnen nicht, wie sie zu arbeiten haben. In Scrum geht man davon aus, dass Entwickler ihren gesunden Menschenverstand einsetzen und die notwendigen professionellen Schritte unternehmen, damit das Produkt geliefert werden kann. Dieser Gedanke folgt dem Prinzip der Selbstorganisation: Das Wesen der Selbstorganisation ist, dass innerhalb klar definierter Rahmenbedingungen kreative Freiheit erlaubt ist, ja diese sogar erst auf diese Weise entstehen kann.

Dabei gelten Anforderungen, Richtlinien und Notwendigkeiten, die zu beachten sind. Sie können ja auch nicht ein Auto bauen lassen und sagen: »Soll das Team mal machen, wir sehen dann schon, was dabei rauskommt.« Das würde niemand tun, denn der Wagen muss so gebaut werden, dass er alle gesetzlichen Richtlinien und physikalischen Gegebenheiten berücksichtigt.

Die nächste Fehlannahme besteht darin, der Kunde dürfe in einem Scrum-Projekt nicht mehr definieren, was der Auftrag ist. Auch das ist Unsinn. Diese Fehlinterpretationen hat es häufig gegeben, und selbstverständlich gab es auch in der Geschichte Scrums Fehlschläge, weil Menschen, die Scrum nutzen wollten, mit diesen falschen Ideen gestartet waren. Scrum-Projekte können gerade deshalb nicht den Erfolg bringen, der möglich wäre. Die einfache Schlussfolgerung lautet dann, dass das Scheitern an der Methode liege, anstatt genau hinzusehen.

Tipp
Menschen sind nur erfolgreich, wenn sie miteinander reden. Und zwar innerhalb von Prozessen, die hilfreich sind, und wenn sie dabei Instrumente einsetzen, mit denen sie ihre Ergebnisse schneller erreichen können.

»Funktionierende Software mehr als umfassende Dokumentation«

Kein Satz der agilen Welt wurde und wird häufiger missverstanden als dieser. Er wird gerne und bewusst falsch ausgelegt und macht viele Entwicklungsteams angreifbar. Immer wieder hören wir von Kunden und Partnern, dass Teams nichts dokumentieren, denn schließlich machen sie ja Scrum. Betrachten wir das zugrunde liegende Problem: Dokumentieren Sie gerne? Schreiben Sie gerne Berichte und notieren Sie leidenschaftlich gerne, was passiert ist? Wie viele Dokumente sind nicht aktuell, weil sie nur für den Aktenschrank geschrieben wurden? Sie bewirken nicht, dass ein gutes oder besseres Produkt entsteht. Viele Menschen sehen Dokumentation als ein nutzloses Nebenprodukt, das ihnen nicht zwangsläufig dabei hilft, ihre Arbeit sinnvoll zu erledigen. Dokumentation ist nur dann sinnvoll, wenn ein anderer Mensch seine Arbeit im Anschluss schneller und effizienter erledigen kann.

Es gibt Dokumente, die alle für sinnvoll halten, die notwendig sind. Ein Arztbrief ist zum Beispiel nötig, damit im Krankenhaus alle anderen wissen, wie man einem Patienten helfen muss. Die Baupläne eines Architekten sind wichtig, weil sich daran die Arbeit auf einer Baustelle ausrichtet. In der Softwareentwicklung ist eine Dokumentation sehr sinnvoll, die es dem Kunden erlaubt, die Arbeiten an seinem Software-Inkrement an einen anderen Dienstleister weiterzugeben, wenn die Beziehungen zum ersten Dienstleister abgekühlt sind oder jener beschließt, ein Produkt aufzulassen. Diese Dokumentation stellt sicher, dass Menschen weitermachen können, wo andere aufgehört haben.

Notwendige Dokumentation muss erstellt werden. Und zwar vom Scrum-Team selbst oder in einer großen Entwicklungsabteilung von den Support-Teams, die die Scrum-Teams unterstützen.

Was will dieser Satz des Agile Manifesto sagen? Am Ende darf der Projekterfolg nicht nur daran gemessen werden, ob der Bauplan erstellt wurde oder die Diagnose des Arztes vorliegt. Das Dokument ist nicht das Produkt. Also misst sich auch der Produkterfolg nicht daran, ob die laut Prozess korrekten Dokumente geschrieben wurden.

»Zusammenarbeit mit dem Kunden mehr als Vertragsverhandlungen«

Dieses Prinzip bedeutet nicht, dass keine Verträge geschlossen oder ausgehandelt werden sollen. Es ist so zu verstehen: Natürlich benötigt man Verträge. Gemeinsam klar und deutlich festzulegen, wie man miteinander arbeiten will, ist sinnvoll. Zu regeln, wie hoch die Bezahlung ist und wie gezahlt werden soll, darüber nachzudenken, was passiert, wenn eine der Parteien nicht mehr so mitarbeitet, wie man ursprünglich wollte – all das ist sinnvoll und muss getan werden.

Doch selbst der beste Vertrag muss nicht dazu führen, dass man auch gemeinsam am Projekterfolg teilhat. Gerade in der Softwareindustrie werden IT- und Softwareentwicklungsabteilungen gerne als Dienstleister gesehen. Auch die Lieferanten von Software werden klassisch in die Ecke des Dienstleisters gestellt – und dort bleiben sie stehen, ohne ausreichende Informationen, um ihre Arbeit zielgerichtet und erfolgreich durchzuführen. Allerdings zeigt sich in der Softwareentwicklung seit Jahren, dass nur jene Projekte erfolgreich verlaufen, bei denen die, die eine Software schreiben, und die, die das Produkt haben wollen, eng zusammenarbeiten. Immer wieder wird deutlich, dass Kunden die Produkte, die sie wirklich brauchen, nur bekommen, wenn sie sich einbringen und aktiv mitwirken, wenn sie während des Projekts als Ansprechpartner zur Verfügung stehen. Die Funktionalitäten, die ihnen das Arbeiten erleichtern, erhalten sie dann, wenn sie den Entwicklungsteams zur Seite stehen. Aus meiner Erfahrung kann ich sagen: Wenn sich die Vertragspartner verstehen und gemeinsam Erfolg haben wollen, dann ist die Wahrscheinlichkeit extrem hoch, dass das gelieferte Produkt zufriedenstellend ist. Somit ist es wichtig, die Mitwirkungspflichten des Auftraggebers umfassend zu beschreiben und den kooperativen Ansatz zu unterstreichen, ohne dem Auftragnehmer die Verantwortung für die Qualität zu nehmen.

Das Gesagte weist auf das Prinzip Respekt hin: »Wir gehen respektvoll miteinander um.« Der Kunde versucht nicht, den Dienstleister auszuquetschen, und der Dienstleister will den Kunden nicht über den Tisch ziehen.

»Reagieren auf Veränderungen mehr als das Befolgen eines Plans«

Sofort springt die Aufmerksamkeit auf das letzte Wort: Plan. Dieses Wertepaar wird häufig so ausgelegt, als gäbe es bei agilen Projekten und bei der agilen Produktentwicklung keine Pläne, als gäbe es nur das Chaos: Niemand weiß, was man bekommt, und niemand kann sagen, wie kostspielig das Projekt oder das Produkt sein wird.

Diese Interpretation ist falsch. Bei agilen Projekten wird sogar noch öfter und konkreter geplant als bei traditionellen Verfahren. Insgesamt gibt es dabei fünf Ebenen:
1. Vision,
2. Roadmap,
3. Release,

4. Sprints/Iteration,
5. tägliche Arbeit.

Agile Methodiker haben dafür unzählige Planungsverfahren und Werkzeuge entwickelt. Es beginnt z. B. mit klaren Vorstellungen darüber, wie man eine Vision erzeugt und wie man daraus Release-Pläne macht. Außerdem gibt es konkrete Handlungsanweisungen dafür, wie ein Sprint Planning abzuhalten ist.

Auf allen Ebenen ist den Beteiligten klar, dass jede dieser Aktivitäten iterativ wiederholt wird und der Plan kontinuierlich angepasst werden muss. Das Entwicklungsteam plant jeden Tag, um gemeinsam das Sprint-Ziel zu erreichen. Während des Sprints sprechen Entwicklungsteam und Product Owner darüber (oder anders ausgedrückt: Sie planen gemeinsam), wie der nächste Sprint durchgeführt wird. Zu Beginn eines Release sprechen Scrum-Team und Kunden darüber, was in dem nun anstehenden Release produziert werden soll. Der Product Owner und die Kunden reden während des gerade laufenden Release darüber, wie das Produkt auf längere Sicht weiterentwickelt werden soll: Product Roadmap und die Vision des Produkts werden am Markt überprüft, und gegebenenfalls wird gemeinsam eine tragfähigere Vision für das Produkt generiert. Der gesamte Planungsprozess ist dabei im Idealfall sehr transparent. Für jeden dieser Prozesse gibt es eigene Visualisierungstechniken und Moderationsmethoden, um die Kommunikation zwischen den Parteien möglichst effektiv zu gestalten. Keinen Plan haben? Das geht auch in der agilen Entwicklung nicht.

Bei der Agilität, so wie sie die Verfasser des Manifests und die »Väter« diverser agiler Methoden und Frameworks definiert haben (wie auch mein Team und ich sie sehen), haben wir es bei Scrum und anderen Methoden also nicht nur mit einem ziemlich cleveren Komplexitäts-Handling zu tun. Agilität ist zum einen eine Sache von Werten und Prinzipien. Und zum anderen nimmt sie den Einzelnen in die Verantwortung. Genau das macht eine Transition zum Kraftakt, was wir später noch sehen werden.

Kennzeichen einer agilen Organisation

Welche Rückschlüsse können wir aus den Prinzipien des Agilen Manifests für die agile Organisation ziehen? Die agile Organisation ist eine nach außen gerichtete Organisation! Sie stellt den Kunden in den Mittelpunkt, statt sich ständig mit sich selbst zu beschäftigen und schafft für den Kunden den WOW-Effekt. Dieser wird sich dann einstellen, wenn der Kunde die Lösung für ein Problem bekommt, das er noch gar nicht kennt oder noch nicht wahrgenommen hat. Eine agile Organisation ist eine Organisation, die alle internen Prozesse darauf ausrichtet, das richtige Produkt dann, wenn es gebraucht wird, zu liefern. Deshalb ist sie so strukturiert, dass sie auf die Anforderungen von außen sofort reagieren kann. Sie bewegt sich immer schneller als die Kundenbedürfnisse wachsen können und denkt, was sich der Kunde noch gar nicht vorstellen kann. Dazu muss aber die Arbeitsumgebung menschengerecht gestaltet sein – also kreativ, anregend und sozial.

Unternehmen, die das verstanden haben, hören auf, ständig die Mitarbeiter und lokale interne Prozesse zu optimieren. Sie optimieren aus der Sicht des Kunden das gesamte Liefersystem und haben dabei die gesamte Wertschöpfung im Blick. Diesen Gedanken

Abb. 1:
Vom Fokus auf
die Organisation
zum Fokus auf
den Kunden

finden wir bereits sehr deutlich in den Arbeiten von Eliyahu Goldratt: Er legt schon in *The Goal* dar, dass die Effektivität eines Unternehmens nur dann steigen kann, wenn nicht alle internen Prozesse effizient gestaltet werden, sondern nur die, die den gegenwärtigen Flaschenhals (Bottleneck) bezogen auf den Gesamterfolg bilden. (vgl. *Goldratt, Cox 2004*) Reinhard Sprenger stößt ins gleiche Horn, wenn er in *Radikal führen* schreibt: »*Ein Unternehmen ist dann gut geführt, wenn es gute Produkte erzeugt und diese zu fairen, marktgebildeten Preisen anbietet. (…) Die Probleme unserer Kunden, das ist das Geheimnis langfristigen Erfolges. Die Kundenproblematik sich zu eigen machen, wirklich immer wieder neu zu eigen zu machen – und immer wieder vom Problem, niemals von der Lösung her zu denken.*« (*Sprenger 2012, Kindle Edition Pos. 539 f.*)

Um das zu können, muss einem agilen Unternehmen gelingen, was traditionellen Unternehmen nach einiger Zeit nicht mehr gelingt: Die Mitarbeiter ausrichten – auf den Markt und die sich dort ständig verändernden Bedingungen. Die Frage lautet also: Wie kann man die Probleme des Kunden zu den Menschen bringen, die Produkte bauen sollen?

1.3 Im Konflikt – der Einzelne und das Unternehmen

Wirklich gut funktioniert in vielen Unternehmen die »Produktion« von demotivierten Mitarbeitern, die unter Burn-out oder Bore-out leiden. Keine gute Voraussetzung, wenn die Devise »Innovation, Effektivität und Wachstum« lautet und der Nachschub an qualifizierten Mitarbeitern ins Stocken gerät. Viele Unternehmen versuchen sich damit zu helfen, die eigenen Mitarbeiter zu effizienteren »Arbeitern« zu machen, was an sich eine vollkommen logische Überlegung des klassischen Managements ist. Doch wie immer, wenn man mit dem Denken aus dem Industriezeitalter an diese Frage herangeht, kommen dabei Lösungen heraus, die ebenfalls aus der Wende zum 20. Jahrhundert stammen könnten. Es wird kontrolliert, motiviert, reportet und kostenoptimiert, statt eine kreative Atmosphäre zu schaffen, in der sich Menschen gerne *von selbst* einbringen. Die Folge ist eine kalte Produktionslandschaft: talentgemanagt bis zum Anschlag, teamgebuildet bis zum Gehtnichtmehr, ihres eigenen Schreibtisches beraubt, mit dem Rollcontainer auf der Reise durch kollegiales Niemandsland. In ihrem Dokumentarfilm *Work hard, play hard* skizziert Carmen Losmann diese seelenlose, schöne neue Arbeitswelt. Die *Zeit* titelte dazu: »In der Endlosschleife des Optimierungsgequatsches« *(Fries, Zeit online April 2012)*. Von optimierungsgeeichten Unternehmensberatern wird in diesem Film über die Mitarbeiter gesprochen, nicht *mit* ihnen. Diese werden nach den Notwendigkeiten des Marktes, nicht ihrer Persönlichkeit entsprechend weiterentwickelt. Es sind die Berater und Coaches, die das Zepter der Organisationsentwicklung fest in der Hand halten. Weitgehend unsichtbar ist das Management. Seine Aufgabe, unter anderem Menschen zu führen und ihnen bei der Entfaltung persönlicher Stärken zu helfen, lagert es aus – an die Berater.

Filme wie jene von Losmann sind Ausdruck zunehmender Kritik am Geschäft mit der »Ressource« Mensch. Diese Frage muss sich jeder Organisationsentwickler und damit auch jeder Scrum-Berater, der eine Organisation agil machen will, stellen: »Machen wir uns zu willfährigen Werkzeugen, indem wir mit noch besseren, weil subtileren Methoden eine neue Form der Ausbeutung vom Mitarbeitern ermöglichen, statt uns in den Dienst der Menschen zu stellen, für die wir diese Organisation verändern wollen?« Wenn Organisations- und Mitarbeiterentwicklung so verstanden wird, wie es Losmann deutlich macht, dann ist unsere Antwort: »Ja!« Diese Coaches und Berater haben den Menschen trotz aller Sozialrhetorik nur als Ressource im Blick.

Von diesem Bild und diesem Anspruch der Organisationsentwicklung distanzieren sich meine Mitstreiter und ich. Aber natürlich wollen wir Unternehmen entwickeln, sonst wäre dieses Buch nicht entstanden. Dies gelingt nicht ohne eine veränderte Sichtweise darauf, was die Aufgabe des Managers in einer agilen Organisation ist. Wir als Berater wollen Unternehmen auf ihr eigenes Produkt hin entwickeln und Mitarbeitern durch ein neu verstandenes Management die Möglichkeit bieten, sich in Unternehmen kreativ und erfüllend einzubringen. So verstanden ist Scrum keine neue Karotte, die den Esel lockt, sondern ein Weg, die Freude an der eigenen Arbeit wiederzufinden.

Neue Umstände, altes Verhalten

Das Verhältnis zwischen Unternehmen und ihren Mitarbeitern hat sich seit der industriellen Revolution noch nicht grundlegend geändert. Der Einzelne erzeugt einen Mehrwert für das Unternehmen, hat selbst aber nicht zwangsläufig etwas davon, vom regelmäßigen Einkommen abgesehen. Um der Ausbeutung der Arbeiter Einhalt zu gebieten, wurden seinerzeit die Gewerkschaften gegründet, denn ein schlagkräftiges Argument der Unternehmer war immer: »Wenn ihr nicht arbeiten wollt, dann gibt es genug andere, die es tun.« Das Argument ist alt, aber gut, denn heute wird es sehr effektiv gegenüber Hochschulabsolventen genutzt. Angeblich hat der Einzelne in unserer Gesellschaft nur dann eine Chance auf Karriere und Glück, wenn er sich ständig weiterbildet – das meistens nach den Wünschen anderer – um ein Soll-Profil zu erfüllen. Was die »wertvollsten Ressourcen eines Unternehmens« zu hören bekommen, ist ein oft künstlich erzeugter Mangel: Arbeitsplätze seien rar, die Aufstiegschancen begrenzt, und wie beim Spiel *Die Reise nach Jerusalem* befinden wir uns alle im Wettkampf um die Plätze, von denen es immer einen zu wenig gibt.

Dabei ist das blanker Unfug. In den westlichen Industrienationen gibt es zu wenige Arbeitskräfte. Genau genommen muss niemand Angst haben, seine Chance auf das Lebensglück zu verpassen. Der deutsche Philosoph und Publizist Richard David Precht sagte im Zuge eines Gesprächs mit dem Neurobiologen Gerald Hüther (ZDF-Sendereihe *Precht*: »Macht lernen dumm?«, Sendung vom 2. September 2012) treffend: »*Wobei ja heute ein gewisser Wahn darin besteht, dass die heutigen Eltern glauben, dass ihre Kinder eine wahnsinnig harte Zukunft haben werden, etwa in Konkurrenz gegen die chinesischen Kinder und vieles andere mehr. In Wahrheit hat es doch wahrscheinlich noch nie eine Generation von Kindern gegeben, die es so einfach hat. So einfach hat, später einen guten Beruf zu finden. Ich meine, heute sind in den Schulen sechs Millionen weniger Kinder als zu der Zeit als ich geboren wurde. 1964 war der geburtenstärkste Jahrgang der Bundesrepublik. Das war eine Generation, wo es nicht einmal Lehrstellen gab. Heute sieht es eigentlich so aus, dass alle diese Kinder, also auch diese 80 Prozent der Abiturienten, die wir ja gerade ausgesponnen haben, eigentlich alle gebraucht werden. Und trotzdem tobt in der Mentalität der Menschen ein Verdrängungswettkampf, ein Darwinismus um den Platz, gutes Abitur, bester Zugang zur Universität, der eigentlich gar nicht mehr zeitgemäß ist, aber von denen diese Eltern glauben, es sei die Zukunft.*« Das von Precht angesprochene Bild ist schon Realität und gilt nicht nur für Abiturienten und Studenten. Wo sind die guten Handwerker, die nichts zu tun haben? Es gibt sie nicht. Die Auftragsbücher sind voll, aber es fehlt der Nachwuchs. Im Februar 2013 berichteten die österreichischen Medien, dass sich die ausbildenden Betriebe um Lehrlinge reißen, weil es einfach zu wenige 15-Jährige gibt. Gleichzeitig gibt es 9.000 Jugendliche, die lieber einen Ausbildungsplatz nicht annehmen, weil sie dafür an einen anderen Ort ziehen müssten.

Ein anderes Indiz, das eher einen Mangel als einen Überschuss an Jugendlichen und Absolventen verrät: Wieso entwickeln Unternehmen ihre Mitarbeiter? Doch nicht, weil es an der nächsten Ecke Ersatz für sie gibt. Auch nicht, weil Unternehmen ihre Angestellten unbedingt ausbilden wollen. Sie tun es, weil sie die Arbeitskräfte, die sie brauchen, am Markt nicht finden. Damit Unternehmen in einer Wissens- oder Informationsgesellschaft wachsen können, muss aber auch die Zahl ihrer Wissensmitarbeiter wachsen. Beratungsdienstleister oder High-Tech-Firmen können nicht so schnell wachsen, wie sie es gerne würden, weil ihnen die Mitarbeiter fehlen. Absolventen von Elite-Universitäten werden von Unternehmensberatungen und Großbanken mit Einstiegsgehältern ab 165.000 Dollar pro Jahr gelockt. Wirtschaftskanzleien in Deutschland zahlen den besten 900 Absolventen Einstiegsgehälter, die jeden Familienvater, der als Krankenpfleger, Stationsarzt, Buchhalter oder Bankangestellter arbeitet, vor Wut kochen lassen müssten. Diese jungen Menschen sind gerade mal 25 Jahre alt und verdienen besser als Menschen, die seit Jahrzehnten ihren Beitrag für die Gesellschaft leisten. Aber das reicht noch nicht. Der Anspruch dieser Absolventen hört mit dem Geld nicht auf:

*»Das Gehalt ist ein wichtiges, aber nicht das entscheidende Kriterium«, beobachtet Thors-
ten Reinhard, Personalpartner der Kanzlei Noerr. »Am Ende entscheidet – wie so viele
Bewerber es formulieren – der Bauch.« Kilian Helmreich, Gesellschaftsrechtler der Kanzlei
Latham & Watkins, sagt es drastischer: »Einige tausend Euro mehr oder weniger geben
nicht mehr den Ausschlag.« Viel wichtiger sind in den vergangenen Jahren ganz andere
Kriterien geworden, wie die Umfrage dieser Zeitung ergeben hat: eine gute Arbeitsatmo-
sphäre in einem international ausgerichteten Umfeld, interessante Mandate, der gute Ruf
einer Kanzlei, die Möglichkeit von Auslandsaufenthalten und Sabbaticals – und nicht
zuletzt Angebote zur Vereinbarkeit von Beruf und Familie. Das betreffe sowohl die normalen Arbeitszeiten als auch störungsfreie Wochenenden, Urlaube oder Feierabende sowie die
Flexibilität, von zu Hause arbeiten zu können, zählt Noerr auf. Einige Kanzleien bieten
inzwischen Unterstützung bei der Kinderbetreuung an, entweder mit einem eigenen Kin-
dergarten wie Clifford Chance oder durch eine Kooperation mit einer privaten Einrichtung
wie Baker & McKenzie.« (Budras, FAZ online, 4.08.2013)*

Unternehmen, die früher diese Gehälter wegen äußerst harter Arbeitsbedingungen gezahlt
haben, sollen nun eine Arbeitsumgebung bieten, die eigentlich als normal angesehen
werden könnte – und darüber hinaus diese Entlohnung zahlen. Das geht nur, wenn die
Mitarbeiter um ein Vielfaches produktiver werden, als sie es bisher waren, oder?

Das optimierte Individuum. Das Topmanagement vieler Unternehmen steht vor einem
Dilemma: Weil Unternehmen sich solche (Arbeits-)Bedingungen für ihre Mitarbeiter nur
leisten können, wenn die Arbeit zu besseren Resultaten führt, müssen sie Change-Pro-
zesse anstoßen, um noch mehr Leistung aus den Mitarbeitern herauszuholen. Versuche,
dies zu tun, funktionieren anscheinend nicht. Die Frage lautet also, wie dies zu geschehen
habe. Die klassischen Beratungsansätze dazu greifen in ihren Bemühungen zu kurz –
obwohl sie ihre Ursprünge in der Gruppendynamik haben, mit Elementen des NLPs
versehen, mit lösungsorientierten Ansätzen garniert und in den Dienstleistungsbereichen
neuerdings sogar mit Aspekten des Lean Management angereichert sind. Sie bleiben
stecken.

Ursache dafür ist die in unserem kollektiven Bewusstsein vorherrschende Meinung,
dass das Individuum selbst besser werden muss und das möglichst innerhalb der bestehenden Prozesse und Rahmenbedingungen. Das beginnt bereits in der Schule, zieht sich
durch die Ausbildungsbetriebe, Hochschulen und später durch die Unternehmen. Der
Einzelne soll passend gemacht werden für Prozesse, die – weil sie eben nicht nach außen
gerichtet sind – seine Arbeit ineffektiv machen. So ineffektiv und sinnentleert, dass der
gerade 20 Jahre lang ausgebildete Hochschulabsolvent mit Erfahrungen im Ausland, drei
Sprachen und zwei Praktika im internationalen Umfeld, mit zwei Abschlüssen und möglicherweise sogar einem Doktortitel seine Motivation verliert. Der Einzelne wird durch
immer neue Prozesse vereinzelt. Das bedrückendste Beispiel dafür sind in Losmanns Film
die Methoden der inszenierten spontanen Kommunikation: Mit dem Anspruch, hochkom-
munikative Mitarbeiter zu schaffen, müssen sich selbige mit »nonterritorialen« Arbeitsplätzen begnügen. Doch die Realität sieht anders aus: Schweigend sitzen dort die Men-

schen nebeneinander und starren auf die Monitore ihrer Laptops. Selbst die Kaffeeküchen erinnern mehr an Designmuseen als an einen behaglichen Ort, an dem man sich gerne mit den Kollegen austauscht.

Gerade die meisten jungen Menschen wollen sich einbringen und etwas bewegen. Sie wollen mit ihren Ideen ernst genommen werden. Würden sie nicht schon auf den ersten Metern von überbordender Bürokratie und endlosen Entscheidungswegen desillusioniert, könnten wir einen Großteil der teuren Motivations- und Anreizprogramme einsparen und gerade deswegen bessere Ergebnisse erzielen. Wie schaffen wir es, dass diese hervorragend ausgebildeten Mitarbeiter ihre kreative Kraft freiwillig in die Firma einbringen? Wie kann diese Ausrichtung auf das gemeinsame Ziel – den Kunden – gelingen? Diese Fragen muss sich das Management in agilen Organisationen stellen. Unsere Antwort lautet: *Wir brauchen ein neues Management, um die Brücke zwischen Individuum und Organisation zu bauen.*

Der Begriff »Management«

Wenn wir in diesem Buch vom »Management« oder »den Managern« sprechen, meinen wir damit in erster Linie die Führungskräfte der Aufbau- und Projektorganisation, wie etwa Team-, Abteilungs-, Gruppenleiter, Projekt- und Programmmanager.

Als Topmanager bezeichnen wir alle First-Level-Manager, zum Beispiel Geschäftsführer oder Chief Executive Officer (CFO, CEO, CTO, COO …) sowie in großen Organisationen den Vorstand.

Uns ist klar, dass ein Manager gleichzeitig auch eine Führungskraft ist. In unserem Zusammenhang bezeichnen wir den Manager aber dann als »Führungskraft«, wenn der Aspekt der Führung besonders herausgestellt werden soll. Im agilen Sinne ist auch ein ScrumMaster, ein Product Owner und sogar das Teammitglied selbst eine Führungskraft.

Die Geburt des heutigen Managements. Wer steht aber für die Organisation? Das Management ist der Repräsentant einer Organisation an erster Stelle.

Ursache des Konfliktes zwischen Organisation und dem Einzelnen ist unser Bild vom Verhältnis zwischen Manager und Arbeiter, das am Anfang des industriellen Zeitalters entstanden ist. Die Unternehmer, die im Zuge der Industrierevolution die Grundsteine für weltumspannende Konzerne gelegt haben, waren Meister der Massenproduktion, die in der Automatisierung gipfelte. Dies war gut für die Gewinnlage der Hersteller von Industrierobotern, denn der Arbeiter am Band lässt sich auch durch viel leistungsfähigere und gewerkschaftsfreie Maschinen ersetzen.

Das alles hätte nicht funktionieren können, so sieht es Gary Hamel, hätten diese Pioniere des modernen Unternehmertums nicht einen Primus inter Pares geschaffen. Aus der Menge der Arbeiter wurde eine neue Klasse von Arbeitern herausgehoben: Manager. Sie sollten die anderen dazu bringen, das zu tun, was getan werden musste.

Organisationen, wie wir sie heute kennen, sind ohne das Management nicht zu denken. Häufig meinen wir damit das mittlere Management, das ausführt, was im Topmanagement an Strategien erdacht wird. Das mittlere Management versucht, klare Arbeitsabläufe zu implementieren und Strukturen zu schaffen, die effizientes Arbeiten ermöglichen. Dieses Modell ist noch gar nicht so alt: Gerade einmal 120 Jahre ist es her, dass schlecht oder gar nicht ausgebildete Arbeiter – einstige Handwerker, Knechte, Mägde und Zimmermädchen – an die Fließbänder gestellt wurden. Henry Ford und Frederick Taylor nahmen jeden Arbeitsprozess so lange auseinander, bis er von ungelerntem Personal durchgeführt werden konnte.[2] Ein hocheffektives System, wie Sargut und McGrath in ihrem Artikel *Learning to Live with Complexity* schreiben: *»We have made [a] tremendous progress in our ability to operate complicated systems, even large ones; we've done this by studying breakdowns and adjusting accordingly.«* (Sargut, McGrath 2011, S. 76)

Ford und Taylor glaubten mit ihrem Scientific Management, dass alles auf dieser Welt durch Naturgesetze mechanistisch erklärbar und dementsprechend optimierbar sei. Also bauten auch Arbeitsprozesse aufeinander auf. Dieses Weltbild der kausalen Verkettung von Ursache und Wirkung hält sich hartnäckiger, als uns manchmal bewusst ist, und nur langsam wird es aufgebrochen. Das Management eines Unternehmens war immer eine herausfordernde Aufgabe, allerdings stellt sie sich heute doch etwas anders dar. Den wesentlichen Unterschied macht der Grad an Komplexität, dem wir gegenüberstehen. Das Geschäftsleben habe immer mit dem Unvorhersehbaren, dem Überraschenden und Unerwarteten zurechtkommen müssen, schreiben Sargut und McGrath. Hohe Komplexität sei heute aber kein Phänomen großer Systeme mehr, sondern spiegle sich in unserer Zeit im Leben jedes einzelnen Menschen wider und natürlich auch in Organisationen aller Größenordnungen, um die Manager sich kümmern müssen. Diese potenzierte Komplexität sei paradoxerweise das Ergebnis der Informationstechnologie, die in den letzten Jahrzehnten eigentlich entwickelt wurde, um uns das Leben einfacher zu machen: *»Systems that used to be separate are now interconnected and interdependent, which means that they are, by definition, more complex. Complex organizations are far more difficult to manage than merely complicated ones. It's harder to predict what will happen, because complex systems interact in unexpected ways. It's harder to make sense of things, because the degree of complexity may lie beyond our cognitive limits. And it's harder to place bets, because the past behavior of a complex system may not predict its future behavior. «* (Sargut, McGrath 2011, S. 70)

Komplexität entzieht sich jeglicher Vorhersagbarkeit und setzt dem Ansatz von Taylor und Ford ein Ende. Obwohl die Regeln, denen chaotische und komplexe Systeme folgen, sehr klar und einfach sind.

Am mechanistischen Weltbild simpler Ursache-Wirkungs-Zusammenhänge festzuhalten, ist in einer Welt der chaotisch-komplexen Strukturen kaum noch erfolgversprechend. »Agilität« ist ein Weg, dieser Komplexität zu begegnen.

---

2   Eine schöne Darstellung dessen, was um 1880 in Industriestätten wie Milton in England passierte, wie die Klasse der Unternehmer entstand, und wie sie mit den Arbeitern umging, zeigt *North & South*, ein Fernseh-Vierteiler der BBC aus dem Jahr 2004.

1.4   Paten der agilen Organisation

Wir betrachten die agile Organisation als einen Weg, der Komplexität zu begegnen: Aber was ist eine agile Organisation und wie kann man sie erzeugen? Und wenn man sie erzeugen kann: Mit welchen Mitteln geschieht dies? Unsere Erfahrung bei der Arbeit mit Unternehmen, die eine solche Transition wagen, zeigt: *Das Denken im Management muss verändert werden.* Gelingt das nicht, scheitert die agile Transformation an irgendeinem Punkt. Sie scheitert aber nicht allein an der falschen Einstellung. Damit die agile Organisation wachsen kann, müssen nach unseren Erkenntnissen zwei Dinge in Einklang gebracht werden:

1. der Fokus auf das »Außen«,
2. die Struktur im Inneren, mit deren Hilfe sich die Mitarbeiter auf allen Stufen auf den Kunden ausrichten können.

Das Management ist für das Schaffen der Strukturen und das Ausrichten der Organisation auf den Kunden und sein Problem schlussendlich verantwortlich. Es ist die Schnittstelle zwischen Individuum und Organisation und weitet den Blick des Wissensarbeiters auf den Grund, warum ein Unternehmen überhaupt existiert – auf den Kunden. Vom Kunden wollen wir am Ende des Tages ein begeistertes und lauthalses »Wow« hören, das Management schafft dafür die Voraussetzungen. Es stimmt die Saiten der Organisation nach der Problemlage des Kunden. Wenn wir also für eine agile Organisation auch ein agiles Management brauchen, fangen wir damit bei Null an? Oder gibt es Ideen, die ähnliche Ansätze bereits in sich tragen?

Auf der Suche nach dem Zielbild für die Organisation des 21. Jahrhunderts müssen wir uns die »extremen« Lösungen ansehen. Wir schauen dorthin, wo Firmen heute schon über alle Maßen erfolgreich sind, neue Arbeitsplätze schaffen und neue Wege der Führung ausprobieren. Es sind Unternehmen, die außergewöhnliche Wachstumsraten und Profitmargen verzeichnen und für ihre Mitarbeiter optimale Bedingungen geschaffen haben. Die These lautet also: *Die Grundlagen für die Zukunftsmodelle der Arbeit und der Organisation gibt es bereits. Sie müssen nicht mehr erfunden, sondern nur entdeckt werden!*

Zunächst sehen wir uns zwei wesentliche Aufgaben des Managements beim Schaffen von Strukturen an: Nutzenstiftung und Strategie. Selbstorganisation ad extremum betrachten wir unter dem Begriff »Demokratisierung«. Als Beispiele für kundenorientierte Strukturen greifen wir die Professional Service Firms und den Marktplatz auf. Jeder dieser Ansätze wird zeigen, wie die Zieldefinition für ein agiles Management aussehen könnte und hilft damit zu verstehen, wie man mit Scrum und anderen agilen Methoden diesem Zielzustand nahekommen kann. Aber wir werden auch sehen, dass das Scrum-Prinzip denkbar einfach ist, im Gegensatz zum Weg zur Organisation des 21. Jahrhunderts. Dieser Weg erfordert ein radikales Umdenken, ein radikales Verändern unserer traditionellen Management-Modelle und des Handelns, das auf diesen Prinzipien beruht. Es bedeutet nicht weniger als das konsequente Verändern unserer Unternehmenskulturen.

1.4.1 Das Prinzip Manager: Nutzenstifter und Stratege

In einer klassischen Unternehmenspyramide ist jeder Mitarbeiter nur der nächsthöheren Managementstufe gegenüber verantwortlich. Seine Handlungen werden von »oben« bewertet. Dadurch entsteht eine Kommunikationsstruktur, die sich bis zum Topmanagement zieht, das nur noch den Shareholdern gegenüber verantwortlich ist. In komplexen Umfeldern sind diese Strukturen nicht dazu geeignet, selbstorganisierend auf akut auftretende Änderungen zu reagieren. Gary Hamel fordert eine Umkehrung dieser »Rechtfertigungspyramide«, wie wir sie oft in Organisationen finden, deren zentralisierende Strukturen traditionell gewachsen sind.

Die Umkehrung dieser Pyramide würde bedeuten, dass sich ein Manager immer gegenüber seinen »untergeordneten« Angestellten rechtfertigen müsste. Er müsste also dafür sorgen, dass die Mitarbeiter, für die er in der klassischen Organisation verantwortlich ist, durch ihn einen Nutzen haben. Nutzen kann aber in diesem Kontext nur bedeuten: Dank der Arbeit des Managers wird die Arbeit des Wissensarbeiters effektiver, schneller oder geht leichter von der Hand. Nur wer als Manager das leisten kann, kann in einer solchen inversen Managementpyramide bestehen.

Lassen wir zunächst einmal das Paradigma unberührt, dass der Manager auch der Linienvorgesetzte ist: Wie kann dann die Forderung »der Manager muss seinen Mitarbeitern einen Nutzen bringen« gelingen? Ein praktisches Beispiel dazu liefert Ryan Tomayko, Director of Engineering des Softwareunternehmens GitHub[3] in seinem Blogpost *Show How, Don't Tell What – A Management Style (Tomayko 2012[4])*: »*I've never actually told anyone what to do here. In fact, I vehemently refuse to tell people what to do. (…) Instead, I try to convince them with argument. This is how humans interact when there's no artificial authority structure and it works great. If you can't convince people through argument then maybe you shouldn't be doing it.*«

Da sagt ein Manager ganz frei heraus, er sage den Mitarbeitern nicht mehr, woran sie arbeiten sollen. Dass das funktioniert, haben die Manager von Atlassian schon lange verstanden. Sie geben ihren Mitarbeitern einmal im Quartal die Chance, an allem zu arbeiten, was sie interessiert, solange es mit ihren Produkten zu tun hat und es innerhalb von 24 Stunden während eines sogenannten ShipIT Days geliefert wird.[5]

Der Manager als Nutzenstifter. Genau das stürzt viele Manager in eine Krise, wenn wir mit ihnen darüber reden, was ihre neue Aufgabe in einem agilen Kontext ist: »Was soll ich denn dann noch tun?« Die Produktidee kommt vom Product Owner, das Scrum-Team wird vom ScrumMaster geführt und die Entwicklungskompetenz liegt beim Team. Das

---

3   GitHub ist ein 2008 im Silicon Valley gegründetes Software-Unternehmen, das viel Beachtung für seinen Umgang mit Mitarbeitern findet: Jede/r Entwickler/in arbeitet an den Projekten, für die er oder sie sich interessiert – nicht an jenen, denen er oder sie zugeteilt wurde. Siehe: www.github.com

4   http://tomayko.com/writings/management-style

5   http://www.atlassian.com/company/about/shipit

heißt also: Viele Management-Aufgaben werden vom Scrum-Team selbst gelöst. Ryan Tomaykos Antwort dazu ist: »*I show people how to plan, build, and ship product together. Essentially, I try to create little mini-managers, each responsible for managing a single person: theirself. At first this is mainly about teaching people how to figure out what to work on right now (prioritization). Then it's more a matter of building their confidence both in themselves and their team to a point where they just do things they know is right without even talking to me (autonomy). Lead by example as loud as possible.*« (*Tomayko 2012*[6]) Er hat die Management-Pyramide tatsächlich invertiert und macht aus den Mitarbeitern »little mini-managers« – also Menschen mit Verantwortung. Er überfordert sie aber nicht, indem er einfach sagt »Hier, nun seht mal selbstorganisiert zu, wie ihr klarkommt«, sondern er *führt* seine Mitarbeiter an diese Verantwortung heran. Mit diesem völlig anderen Führungsverständnis zeichnet Tomayko das Bild des Managers als das des Anleitenden.

In meinem kleinen Beratungsunternehmen ist es nicht anders. Wenn meine Mitarbeiter draußen vor Ort sind, beim Kunden, kann ich ihnen nicht sagen, was sie zu tun haben. Ich bin ja nicht da. Sie müssen selbst erkennen, was die Menschen, die sie On-the-Job beraten, nun in der Sekunde gerade benötigen. Was ich tun kann: Ich kann ihnen durch Vormachen, Gespräche und andere Hilfestellungen ihre Aufgabe vereinfachen oder die Fähigkeiten für diesen Job vermitteln. Aber was dort getan werden muss – das ist die Verantwortung des Consultants vor Ort. Diese Verantwortung für sich selbst und den Kunden müssen meine Berater auch erst lernen, denn natürlich können sie nicht machen, was sie wollen. Sie stehen, wie die Mitarbeiter von Tomayko, in einem Kontext, den sie bei ihren Aktionen und Beratungsleistungen mitbedenken müssen.

Ein Manager, der sich nicht durch hierarchische Macht, sondern durch seine Fähigkeiten den Respekt seiner Mitarbeiter verdient und mit ihnen gemeinsam neue Aspekte entwickeln kann, statt sich auf Anweisungen und Richtlinien zurückzuziehen, schafft die unterstützenden Rahmenbedingungen. Er bringt Veränderungen nicht durch Befehle, sondern durch sein eigenes Handeln und Tun in Gang. Ein Manager muss seinen Mitarbeitern zeigen können, wie die Arbeit zu machen ist. Er muss ihnen dabei helfen, den Job besser machen zu können als sie es derzeit tun. *Er muss sich auskennen.* Führung durch Vorbildfunktion, Führung durch Wissen und Anleitung (wenn notwendig), ängstigt viele Manager. Wir haben dieses Bild vielen unserer Kunden vorgestellt und es stößt oft auf Ablehnung, bis hin zu der klaren Aussage: »Das können wir gar nicht mehr.« Das ist auch nur zu verständlich: Viele Manager sind vollkommen fremd in der Domäne, die sie managen sollen. Tragisch sind solche Zustände deshalb, weil ein solcher Vorgesetzter natürlich immer Angst haben muss aufzufliegen. Er versucht ein Team zu führen und versteht dessen Arbeit nicht. Worauf wollen diese Manager ihre Anerkennung durch das Team stützen? Wie wollen sie nützlich für ihre Mitarbeiter sein?

---

6   http://tomayko.com/writings/management-style

In einem Projekt übernahm eine neue Mitarbeiterin des Kunden die Rolle der Product Ownerin. Das ist diejenige Person, die sehr genau weiß, was geliefert werden soll, und die alle Zusammenhänge im Produkt kennt (bzw. kennen sollte). Dieses Projekt lief über drei Monate und trotz unserer ständigen Mahnung, dass wir mehr Inhalte vom Auftraggeber benötigen, passierte dies nicht. Erst in einem Gespräch mit der Vorgesetzten dieser Mitarbeiterin stellte sich heraus, dass die betreffende Dame gar nicht in der Lage war, den Job zu machen: Sie sei eine Managerin und müsse koordinieren, vom Produkt verstünde sie nicht sehr viel.

Ich bin der Meinung, dass dieses Verständnis des Managers als Spezies, die sich nicht mehr wirklich um die eigene Mannschaft kümmert, die häufig in Meetings sitzt und dort interne Spielchen mitspielen muss, auf einem Missverständnis beruht. Als Peter Drucker und Fredmund Malik die Profession bzw. den »Beruf« des Managers beschrieben, hatten sie ganz sicher keinen Verwaltungsbeamten im Sinn. Inhalt der Manager-Profession sei es, Mitarbeiter zu führen, zu unterstützen und Organisationen aufzubauen. Das stimmt, aber schon Drucker erkannte den unaufhaltsamen Aufstieg des Wissensarbeiters, dem man nicht mehr zeigen muss, was er zu tun hat, weil er seinen Job dank umfassender Ausbildung bestens beherrscht. Doch Druckers Äußerungen zu den Voraussetzungen effektiven Managements implizieren keinen Manager, der nicht mehr weiß, was seine Mitarbeiter wirklich tun.

Weil es aber immer noch die unselige, falsch ausgerichtete Rechtfertigungspyramide gibt, erleben wir häufig, dass Mitarbeiter Entscheidungen abschieben, die sie eigentlich selbst treffen sollten. Sie setzen den »Klammeraffen« immer wieder zurück auf die Schulter des Managers. *(Blanchard 1991)* Das hatte Mintzberg schon in den 1970er-Jahren beobachtet: Er findet in *The Manager's Job: Folklore and Fact*, dass Manager ständig in taktische Entscheidungen der täglichen Arbeit verstrickt seien, statt sich wirklich um die strategischen Aufgaben zu kümmern – wie man es eigentlich erwarten sollte *(Mintzberg 1975)*.

Ursachen dafür sind die Managementpyramide und die Rückdelegation. Ein Mitarbeiter braucht nur zu behaupten »Ich kann das nicht«, und schon ist der Manager wieder in der Verantwortung. Dies kann in einer invertierten Managementpyramide nicht geschehen, denn hier weiß der Manager nicht einmal, was der Mitarbeiter gerade tut, er hat sich seine Aufgabe schließlich selbst gewählt. Kann er sie nicht durchführen, wird er um Hilfe fragen, nicht aber die Verantwortung abgeben.

Es läuft also darauf hinaus, dass der traditionelle Manager in den traditionellen Unternehmensstrukturen erst einmal nichts mit dem eigentlichen Tätigkeitsfeld seiner Mitarbeiter zu tun hat. Diese Tendenz lässt sich in den meisten Unternehmen beobachten: Auf allen Ebenen wird die meiste Zeit darauf verwendet, in Meetings über Entscheidungen zu brüten. Da diese Manager aber fachlich nichts mehr entscheiden können, müssen nun auch die Mitarbeiter an diesen Meetings teilnehmen und werden somit von ihrer eigentlichen Arbeit abgehalten. Wesentlich seltener sieht man die Manager aber im Gespräch mit ihren Mitarbeitern und noch viel seltener sieht man sie diese führen. Sie sind nicht für die Mitarbeiter da, verstehen oft nicht einmal mehr deren Job.

Der Manager als Stratege. Der Manager leitet nicht nur an. Über die Funktion hinaus, den Mitarbeitern inhaltlich zu helfen, muss er auch Orientierung schaffen. Eine Aufgabe, die in der traditionellen Pyramide schwer umsetzbar ist, weil der Manager ständig in die tägliche Arbeit verstrickt ist. Eine Lösung ist es daher, seine Aufgaben zu verteilen, so wie es der Management-Framework Scrum vorschlägt (siehe Kapitel 3). Scrum definiert neben der des Managers drei weitere Managementrollen:

1. Der Product Owner »managt« den Wertzuwachs, den ein Produkt haben soll. Eine Rolle also, die sich proaktiv mit dem Markt auseinandersetzt.
2. Der ScrumMaster sorgt in seiner Rolle dafür, dass das Management-Framework Scrum intakt bleibt, die Regeln beachtet und Probleme nachhaltig gelöst werden. Nicht als disziplinarische, sondern als laterale Führungskraft unterstützt er das Scrum-Team dabei, dass dessen »Leistung« (meistens ausgedrückt in der Anzahl der Lieferungen pro Sprint – also eine Form von Produktivität) kontinuierlich wächst.
3. Das Entwicklungsteam agiert vollkommen autonom als »Manager« des Entwicklungsprozesses. Die Teammitglieder setzen also jene Maßnahmen um, die notwendig sind, um das Produkt so zu entwickeln, dass möglichst viel Wertzuwachs entstehen kann.

Der Linienmanager ist dafür verantwortlich, dass alle oben genannten Rollen eingesetzt und die nötigen Strukturen in der Organisation eingeführt werden, damit die Rollenträger ihre Aufgaben effizient ausüben können.

Mintzbergs Hoffnung auf den Manager als Strategen kann auf diese Weise endlich erfüllt werden. Er forderte: »*The manager is challenged to find systematic ways to share privileged information. (…) the manager is challenged to deal consciously with the pressures of superficiality by giving serious attention to the issues that require it, by stepping back in order to see a broad picture, and by making use of analytical inputs.*« *(Mintzberg 1975, S. 173 f.)* Ihm war aber auch klar, dass die wichtigste Ressource des Managers die Zeit ist. Die braucht es nämlich, wenn man keine oberflächlichen Entscheidungen treffen will. Das aber wird mit zunehmender Größe von Organisationen schwieriger und weniger wahrscheinlich. 1990 schreibt Mintzberg in einem Kommentar zu seinem Artikel von 1975: »*But superficiality is not only a problem, it is also an occupational hazard of the managers' job. (…) I see it as inherent in the job. This because managing insightfully depends on the direct experience and personal knowledge that come from intimate contact.*« *(Mintzberg 1990, S. 170)*

Wenn man außerdem davon ausgeht, dass es in »schnellen« wissensbasierten Organisationen auch schnelle Entscheidungen geben muss, wird durch die Rollenverteilung klar, dass die Mitarbeiter selbst Entscheidungen treffen müssen. Der Manager muss immer noch per se jemand mit Sachverstand sein, aber er hat in seiner zweiten Rolle als Stratege dafür zu sorgen, dass klar ist, unter welchen Rahmenbedingungen die Mitarbeiter selbst entscheiden können.

1.4.2   Das Prinzip Demokratisierung: Selbstverantwortung als Grundlage von Selbstorganisation

Welche Folge haben die zwei oben genannten Aspekte, nämlich dass der Manager ein Anleitender und ein Stratege sein sollte, der sich dennoch sehr gut im Feld auskennt? Die Ergebnisverantwortung erster Ebene – also ob ich das, was ich mir als Aufgabe nehme auch tatsächlich liefere – liegt damit erst einmal beim Mitarbeiter selbst und bleibt auch dort. Die Aufgabe des Managers ist es, Probleme aus dem Weg zu räumen, die einem Mitarbeiter bei der Erfüllung seiner Aufgaben begegnen und die er nicht alleine lösen kann. Das führt nach Gary Hamel zu einer reversen Verantwortlichkeit.

Der nächste logische Schritt wäre, dass Mitarbeiter auch bestimmen, wer sie eigentlich managen soll. Das in diesem Zusammenhang wohl bekannteste Beispiel dazu ist Ricardo Semler, einer der progressivsten und unkonventionellsten Denker in den Diskussionen um Management und Führung. *(Semler 1995)* Er fragte sich, wieso ein Mitarbeiter von einem Menschen geführt werden sollte, den er nicht dazu bestimmt hat. In seinem Unternehmen Semco (www.semco.com.br), einem der erfolgreichsten Unternehmen Brasiliens, findet sich genau dieses Prinzip wieder. Semler vertritt die Idee, Unternehmen konsequent zu demokratisieren und hat dies in seinem eigenen Unternehmen durchgängig umgesetzt: So werden alle Entscheidungen demokratisch (im Sinne von Mehrheitsentscheidungen in allen Meetings durch die Betroffenen/Anwesenden) getroffen. Semler geht soweit, dass Mitarbeiter ihre Gehälter selbst bestimmen können – in einem transparenten Entscheidungsprozess, denn die anderen im Team wissen, wie viel man verlangt. Das kann, sollte man es mit den Gehaltsforderungen übertreiben, dazu führen, dass einen die anderen aus dem Team feuern, wenn sie nicht erkennen, wie diese Ausgabe ihren eigenen Profit maximiert. Die Mitarbeiter bestimmen selbst, wann sie zur Arbeit kommen und wenn sie nichts mehr zu tun haben, gehen sie einfach nach Hause. Sie entscheiden aber auch, welche Möbel und Stühle sie nutzen, denn es ist absolut ihre eigene Sache, wie sie das Geld für die Einrichtung des Büros einsetzen.[7]

> Ich wollte Semlers Ideen auch in meinem Unternehmen umsetzen. Allerdings musste ich feststellen, dass diese Art mit Entscheidungen umzugehen nicht leicht durchzuführen ist, obwohl es so einfach, logisch und wünschenswert idyllisch klingt. Wir scheiterten im ersten Anlauf daran. Denn der Prozess, Menschen so arbeiten zu lassen, ist für alle Beteiligten schwieriger als man denkt. Vielleicht ist es ein deutsches Spezifikum, jedenfalls steckt uns die traditionelle, hierarchische Denkweise tiefer in den Knochen, als uns lieb ist. Und damit meine ich nicht nur die Managementebene, sondern auch die Fähigkeit zur Eigenverantwortung und Selbstorganisation im Sinne eines Ganzen. Ricardo Semler hat in seinem Unternehmen für diesen Weg 15 Jahre gebraucht.

---

7   http://www.youtube.com/watch?v = IkbdWf6bp7A

Morning Star. Es geht aber noch einen Schritt extremer. Was wäre, wenn wir das Management komplett abschaffen und damit den Mitarbeitern nicht nur die Kontrolle über ihr Handeln, sondern ihnen gleichzeitig auch die Verantwortung dafür geben? So gewagt diese These auch ist, in der Praxis wird das bereits gelebt: Morning Star, ein Unternehmen im Bereich der Lebensmittelverarbeitung, verzichtet zur Gänze auf Bosse, Titel oder Beförderungen. Auf der Website findet sich folgender Text: »*The Morning Star Company was built on a foundational philosophy of Self-Management. We envision an organization of self-managing professionals who initiate communication and coordination of their activities with fellow colleagues, customers, suppliers and fellow industry participants, absent directives from others. For colleagues to find joy and excitement utilizing their unique talents and to weave those talents into activities which complement and strengthen fellow colleagues activities. And for colleagues to take personal responsibility and hold themselves accountable for achieving our Mission.*« (www.morningstarco.com)

In seinem bemerkenswerten Artikel *First Let's Fire All the Managers* beschreibt Gary Hamel, wie diese Firma im Inneren funktioniert *(Hamel 2011)*. In der von Chris Rufer 1970 gegründeten Firma gibt es überhaupt keine Manager, die Gehälter werden über Komitees festgelegt und jeder schließt einen jährlichen Vertrag, einen sogenannten Colleague Letter of Understanding (CLOU) ab – ein persönliches Mission-Statement den Kollegen gegenüber, die von den persönlichen Zielen am meisten betroffen sein werden. Im Wesentlichen handelt es sich dabei um einen operativen Plan, also um eine Grundlage für die tägliche Arbeit.

> **CLOUs**
> … können über 30 Aufgabengebiete umfassen und definieren auch die relevanten Performance-Metriken.
> … verändern sich von Jahr zu Jahr, um den sich verändernden Kompetenzen und Interessen gerecht zu werden.
> … werden durch die Lerneffekte komplexer, je länger ein Mitarbeiter im Unternehmen ist, da Basisaufgaben an kürzlich eingetretene Kollegen übergeben werden.

Chris Rufer betont, dass die Idee freiwilliger Vereinbarungen unter unabhängigen Mitarbeitern hocheffektive Koordination und Strukturen entstehen lässt. Kollegen sichern sich gegenseitig Unterstützung in den unterschiedlichsten Intensitätsgraden zu. Die Arbeitsbeziehungen untereinander, mögen sie auch immer wieder anders gestaltet sein, können sich viel fließender anpassen als es durch Anordnung von oben jemals der Fall sein kann.

Die CLOUs richten sich am Gesamtziel des Unternehmens aus: Tomatenprodukte und Services anzubieten, die immer im Einklang mit den Qualitätserwartungen der Kunden stehen. Ein konkretes Beispiel: Rodney Regert hat es sich zur Aufgabe gemacht, Tomatensaft auf die effizienteste und umweltfreundlichste Art und Weise herzustellen, die möglich ist. Um diese persönlichen Ziele zu erreichen, braucht es keine Manager mit Zielvorgaben im Rücken. Oder wie es Mitarbeiter Paul Green Sr. ausdrückt: »I'm driven by my mission and my commitments, not by a manager.« *(Hamel 2011, S. 53)* Was sich hier also zeigt – und was auch in den Aussagen nachzulesen ist, die Morning Star auf seiner Website über sich selbst trifft – ist, dass Selbstverantwortung bzw. Selbstmanagement der Grundstein der (spontanen) Selbstorganisation ist. Jede und jeder ist selbst dafür verantwortlich, sich für die Umsetzung das notwendige Wissen anzueignen und die notwendigen Mittel, Mitarbeiter und Kooperationspartner zu organisieren. Auch das Controlling ist Sache desjenigen, der eine Sache beginnt.

Bei Morning Star behauptet aber niemand, dass effektives Selbstmanagement leicht zu erreichen ist. Ob es funktioniert, hängt schlussendlich immer vom Individuum ab, und viele Menschen sind bereits von traditionellen Management-Konzepten verbildet. *»Individuals have varying degrees of ability, and/or desire, to be fully self-managed. Self-management requires a high level of commitment to interacting constructively with peers (including constructive confrontation). Unfortunately, society and the traditional constructs of management have conditioned most individuals to look to a higher level third party to guide constructive interactions.«* (Green, Rufer 2011, S. 2) Deshalb hilft ein CLOU Facilitation Team den Mitarbeitern dabei, in das Selbstmanagement hineinzuwachsen und die konstruktive Zusammenarbeit zu fördern. Das können auch Aufgaben wie die Vermittlung in Konfliktfällen sein, die Dokumentation der CLOUs und anderer Vereinbarungen, die Teilnahme an Besprechungen als neutraler Protokollführer oder das Identifizieren von Bereichen, in denen Verbesserungen nötig sind. Die CLOU Facilitators sind also Coaches auf dem Weg zum Selbstmanagement. Auf diese Rolle werden wir später noch zurückkommen. An dieser Stelle sei nur soviel gesagt: *Offenbar braucht es auch in Organisationen, die schon heute hochgradig selbstorganisiert sind, Menschen in bestimmten Rollen, die sich um alle Fragen der Selbstorganisation kümmern.* Die Vereinbarung von CLOUs bleibt übrigens nicht auf die Mitarbeiter beschränkt. Auch zwischen Abteilungen gibt es diese Übereinkünfte, mit dem Argument: *»The philosophy is the same as with the employee CLOUs: Agreements reached by independent entities are better at aligning incentives and reflecting realities than centrally mandated arrangements are.«* (Hamel 2011, S. 54) Die Schlussfolgerung aus der Management-Praxis bei Morning Star lautet: Jeder Mitarbeiter ist sein eigener und sein bester Manager. Er ist für sich selbst, seine Arbeit und die betroffenen Schnittstellen verantwortlich. Möglich ist das, weil tatsächlich jeder Mitarbeiter die korrekte Sicht auf das Geschäft hat, da alle relevanten Geschäftszahlen für jeden sichtbar vorliegen. Gary Hamel konstatiert, dass dieses Modell einige entscheidende Vorteile bringt:

1. *Höherer Grad an Initiative.* Die breitere Definition der Rollen der Mitarbeiter führt zu größerer Autonomie des Einzelnen und wenn dieser sich einbringt, muss das »gelobt« werden.
2. *Wachsende Expertise.* Dieses Modell weckt den Wunsch der Mitarbeiter, ihre Fähigkeiten auszubauen, weil sie gleichzeitig auch für die Qualität ihrer Arbeit verantwortlich sind.
3. *Höhere Flexibilität.* Rufers Analogie für die Organisationsform von Morning Star sind Wolken: Sie formieren sich immer wieder anders, je nach den äußeren Gegebenheiten.
4. *Stärkere Kollegialität.* Tuscheleien und unterschwellige Feindschaften fallen nur dort auf fruchtbaren Boden, wo Dinge im Verborgenen passieren und man nicht versteht, warum man das tun muss, was man tun soll.

5. *Besseres Urteilsvermögen.* Entscheidungen werden dort getroffen, wo sie notwendig sind. Die Mitarbeiter – so die Idee –, die ihre Aufgaben erledigen und alle Facetten des Praxisalltags kennen, wissen besser, was gebraucht wird, als es ein Manager jemals könnte.

6. *Höhere Loyalität.* In Organisationen wie Morning Star oder Semco ist die Fluktuation sehr niedrig. Die Mitarbeiter arbeiten dort so gerne, dass sie sogar geringere Gehälter akzeptieren.

Gary Hamel macht in seinem Artikel aber auch klar, dass dieses Modell handfeste finanzielle Vorteile hat: »*Finally, a manager-free payroll has cost advantages. Some of the savings go to Morning Star's fulltime employees, who earn 10 % to 15 % more than their counterparts at other companies do. By avoiding the management tax, the company can also invest more in growth.*« (Hamel 2011, S. 58) Seine Rechnung ist nur zu folgerichtig: Gibt es in einem Unternehmen eine Führungsspanne von ca. 1:10 bei 40 Mitarbeitern, müssen vier Vollzeitkräfte eingestellt werden, um sich ausschließlich um Managementaufgaben zu kümmern. Bei einem Unternehmen mit 400 Mitarbeitern kommen auf die insgesamt 40 Manager noch einmal vier hinzu. In einem Betrieb mit 400 Mitarbeitern auf den unteren Ebenen, müssen 44 Manager bezahlt werden. Wenn diese nicht selbst produktiv, sondern nur verwaltend arbeiten, ist das eine hohe Belastung für ein Unternehmen.

Brauchen wir im Organisationsmodell der Zukunft tatsächlich keine Manager mehr? Den ersten Teil der Antwort finden wir sowohl bei Ryan Tomayko als auch bei Chris Rufer. Sie schaffen das Management nicht ab, sondern transformieren es dorthin, wo es hingehört: Der einzelne Mitarbeiter wird sein eigener Manager. Diesen Teil der Antwort erfüllt Scrum mit den neuen Rollen Product Owner, ScrumMaster und Entwicklungsteam (siehe dazu Teil II).

Den zweiten Teil der Antwort finden wir, wenn wir das Wesen der Arbeit genauer analysieren und uns mit den Fähigkeiten der Mitarbeiter beschäftigen. Wie hatte Tomayko es ausgedrückt? »*I've never actually told anyone what to do here. (…) I show people how to plan, build and ship product together.*« (Tomayko 2012[8]) Er arbeitet *mit* den Mitarbeitern, er weiß möglicherweise mehr als diese und trainiert seine Mitarbeiter, indem er ihnen nicht sagt, wie sie arbeiten sollen, sondern es ihnen zeigt. Dazu benötigen Manager allerdings profunde Kenntnisse darüber, was ihre Kollegen tun, und wie man die Arbeit tatsächlich durchführen sollte. Es reicht in einem solchen Fall nicht aus, die Anweisungen zu geben, Ziele festzulegen oder wie es sich Mintzberg erhofft hatte, strategisch zu arbeiten.

Haben wir damit die Lösung für das agile Unternehmen gefunden? Einfach nur bessere Manager einstellen und auf Selbstorganisation wie bei Semco und Morning Star setzen? Nein – aber es bietet uns den ersten Hinweis darauf, wie wir den Raum für produktives Arbeiten von Wissensarbeitern gestalten müssen: *Sie brauchen Anleitung und einen Rahmen, der es ermöglicht, dass Entscheidungen von ihnen selbst getroffen werden.* Dieser Rahmen darf aber nicht nur formal, sondern muss inhaltlich fundiert sein. Das erkannte auch Drucker, als er davon sprach, dass die Mitarbeiter zum Beispiel in einem Kranken-

---

8   http://tomayko.com/writings/management-style

haus alle ihre Aktivitäten anhand des Wissens über die Diagnose ausrichten. Eine Krankenschwester, ein Arzt – sie alle lernen Inhalte. Mit dem Erarbeiten dieser Inhalte formen sie aber auch ein klares Mindset. Sie werden »sozialisiert« und erarbeiten sich gleichzeitig das fachliche Wissen.

1.5   Baustein 1: Die Professional Service Firm (PSF)

Gibt es vielleicht schon Organisationen, die genau das tun: Mitarbeiter anhand von Inhalten ausbilden und sie immer im Kontakt mit den Kunden (Anwendern) halten und in denen administrative Tätigkeiten auf ein Minimum reduziert werden, weil es darauf ankommt, Lösungen zu finden? Gibt es Firmen, die schon immer so gestaltet waren, dass der Einzelne autonom agieren muss und daher selbst sehr viel wissen muss? Firmen, in denen er trotzdem auf die Zusammenarbeit mit Kollegen angewiesen ist und eine Struktur existiert, mit der sich bis zu 100.000 Mitarbeiter und mehr organisieren lassen? Die Antwort lautet: Ja, Professional Service Firms. Dazu gehören zum Beispiel Banken, Anwaltskanzleien, Wirtschaftsberatungen, Krankenhäuser, Managementberatungen, Werbeagenturen, Ingenieurbüros, Softwareentwicklungsunternehmen.

Das wesentliche Charakteristikum aller Professional Service Firms ist: Die Mitarbeiter besitzen das Kapital des Unternehmens, denn das Produkt, das diese Unternehmen verkaufen, ist »Wissen«, das sich zum größten Teil in den Köpfen der Mitarbeiter befindet. Am unangenehmsten ist es daher für jede Professional Service Firm, wenn ihre Mitarbeiter das Unternehmen verlassen und dabei ihre Kreativität, ihr Wissen und manchmal auch ihre Kunden mitnehmen.

Diese Unternehmen mit oft mehreren tausend Mitarbeitern sind gezwungen, ein Paradoxon zu leben: Sie müssen eine Organisation aufbauen, in der sich der einzelne Mitarbeiter für die Organisation günstig verhält (»Alignment«), obwohl er das Betriebsmittel besitzt – also eigentlich selbst als Unternehmer agieren kann. Viele Firmen fürchten zu Recht, dass diese Mitarbeiter schnell zur Konkurrenz abwandern, wenn ihre Arbeitsbedingungen nicht mehr optimal sind. Gleichzeitig muss man sich in diesen Firmen darüber Gedanken machen, wie man die Mitarbeiter ständig weiter ausbildet. Man nimmt sie also aus dem Produktionsprozess heraus, was einer Investition gleichkommt. Es ist eine Investition, die dem Mitarbeiter direkt und der Firma nur indirekt zugute kommt.

1.5.1   Das Management in der Professional Service Firm

Das Management erzeugt die Strukturen. Wer sind also die Manager in einer Professional Service Firm und welche Aufgaben haben sie zu lösen?

Boston, 12. März 2012: Harvard Business School, Kurs »Leading Professional Service Firms«
Heute diskutierte Professor Jay Lorsch mit uns die Case Study »Cambridge Consulting Firm – Bob Anderson« *(Lorsch, Gabarro 1995)*. Er machte uns auf das Grundproblem

einer Professional Service Firm aufmerksam: Der Senior Consultant agiert in einer Professional Service Firm in drei Rollen. Er ist Eigentümer/Partner, ist ein Producer und er ist ein Manager. Jay Lorsch machte klar, dass diese Rollen auf den einzelnen Berater in einer Firma zukommen und dass es unmöglich sei, jede der Aufgaben, die diese Rollen mitbringen, gleich gut und zufriedenstellend zu erfüllen. Mitarbeiter fühlen sich deswegen oft »schuldig«. Lorsch versuchte uns aber klarzumachen, dass dieses Gefühl vollkommen normal sei und dass wir uns bewusst sein müssten, wegen dieser Überforderung immer eine der Rollen nicht gut genug auszuleben.

Im Executive Training Programm der Harvard Business School gibt es den von Jay Lorsch gegründeten, weltweit einzigartigen Kurs »Leading Professional Service Firms«. Zwei Mal im Jahr werden 120 Führungskräfte von Professional Service Firms mit der Tatsache konfrontiert, dass sie ein einzigartiges Problem zu lösen haben: Sie müssen einer Firma eine Struktur geben, in der die einzelnen Mitarbeiter das Kapital selbst mitbringen, mit dem die Firma ihr Geld verdient – Wissen und Fähigkeiten.

Das Geschäftsmodell der meisten Professional Service Firms besteht darin, die Zeit der Berater zu verkaufen (übrigens ein Problem für fast alle Professional Service Firms, da in Wahrheit nicht die Zeit zählt, die sie in etwas investieren, sondern ihre Energie, ein Problem zu lösen). Die Kunden sind in diesem Businessmodell bereit, für Erfahrung und Seniorität des Beraters einen Aufschlag zu bezahlen. Daher sind die Tagessätze für sehr erfahrene Kollegen höher als jene für Anfänger. Im Innenverhältnis führt das zu einem Defizit: Genau diese erfahrenen Kollegen müssen dafür sorgen, dass die unerfahrenen Kollegen ebenfalls Erfahrungen sammeln können. Diese »Seniors« müssen die Neulinge einstellen, ihnen die Kultur der Firma vermitteln und die Strukturen schaffen, in denen sich alle Berater optimal für die Firma einbringen können. Dazu kommt das inhärente Verteilungsproblem: Wenn der Berater, der beim Kunden mehr Geld verdienen kann, »wertvoller« für die Firma ist, will dieser Berater natürlich daran partizipieren. Wird er nicht beteiligt, wird er sein Wissen nehmen und im günstigsten Fall nur zum Mitbewerber gehen. Im ungünstigsten Fall nimmt er seine Kunden, die an ihm hängen, mit und gründet ein eigenes Unternehmen. All das in Balance zu halten, ist die Aufgabe des Managements (in Professional Service Firms die Senior oder Executive Consultants), das aber dafür – und hierin liegt das Paradoxon – Zeit benötigt. Das Management einer Firma braucht Aufmerksamkeit und Zeit, die vom Kunden nicht bezahlt wird. Kümmert sich der hochbezahlte Senior um die Firmeninterna, ist das immer eine Investition in die Firma, der zunächst kein Gewinn zugeschrieben werden kann.

Management in Beratungsfirmen macht im Gegensatz zum eigentlichen Beruf auch nicht unbedingt Spaß. Klassische Aufgaben des Managements entfalten ihre Wirkung in der Regel erst verzögert, also weit in der Zukunft. Damit lassen auch das Feedback und damit die intrinsische Belohnung auf sich warten, die mit zunehmendem zeitlichen Abstand für das Individuum immer weniger spürbar und damit wertloser wird. Also ganz anders als das sofortige Feedback, das man als Berater bekommt: Diese Rückmeldung durch die Beratungs- oder Verkaufsleistung des Beraters ist unmittelbar und wird im Regelfall als beglückend empfunden. Jay Lorsch versucht dieses Paradoxon mit dem

Begriff des »Producing Managers« aufzulösen. Die Senior-Berater sollen gleichzeitig Manager, Producer und Owner, also Eigentümer der Firma sein, denn sie sind »Produzenten« der Leistung, Manager des Unternehmens und halten oftmals als Partner Anteile am Unternehmen.

Nach Lorsch unterscheidet sich der *Producing Manager* vom Manager dadurch, dass
- er seine Profession ausüben will,
- Klienten den Kontakt mit den Seniors haben wollen,
- die Ausübung des Berufs die Reputation innerhalb der Berufsgruppe erhöht,
- nur die Arbeit selbst ihn mit den Neuerungen bei Klienten und in der Profession up to date hält.

Sehen wir uns diese vier Aspekte des Managers in der Professional Service Firm genauer an, um zu verstehen, was der Manager der Organisation des 21. Jahrhunderts daraus lernen kann.

Der Manager selbst übt die Profession aus

Es ist in Beratungsunternehmen oder Anwaltskanzleien weitgehend Usus, dass selbst die oberste Führungsebene mit Klienten arbeitet und Tagessätze verrechnet. Ich habe mit Beratern gesprochen, die für das Vorankommen von 300 und mehr Consultants oder Anwälten zuständig sind und als »Boss« einer Geschäftseinheit noch mindestens zwei Tage die Woche an ihren Fällen arbeiten. Fragt man sie, wieso sie das machen, kommt tatsächlich als einer der Gründe: Sie seien nun mal Anwälte, Steuerexperten etc. Vergleichbar ist das mit dem Chefarzt in einer Klinik. Chefärzte bleiben immer auch Mediziner, behandeln Patienten, halten Vorträge, während sie manchmal auch noch eine ganze Klinik leiten.

Anders als in den Paradigmen von Peter Drucker und Fredmund Malik der letzten 25 Jahre wird das Management in der Professional Service Firm nicht zu einer eigenständigen Profession. Manager nehmen die Funktion erfahrener Mitarbeiter ein – was natürlich nicht heißt, dass das Managen von Mitarbeitern keine spezifischen Kenntnisse und Fähigkeiten verlangt.

Klienten wollen direkt mit den erfahrenen Seniors arbeiten

Meine eigenen Erfahrungen als Consultant, meine Gespräche mit vielen Beratern und die Aussagen von Jay Lorsch zeigen, dass Klienten mit den erfahrensten Mitarbeitern arbeiten wollen. Dasselbe gilt in dem Beispiel des Krankenhauses: Viele Patienten wollen nicht vom Stationsarzt behandelt werden, sondern sie bezahlen höhere Versicherungsbeiträge, damit sich der Chefarzt persönlich um sie kümmert. Es ist dabei völlig unerheblich, dass dieser bei der Visite nichts anderes tut als der Stationsarzt: Vorlesen, was in der Patientenakte steht. Man würde ihn sowieso informieren, wenn der Stationsarzt nicht mehr weiter weiß.

Viele Aspekte werden auch in großen Organisationen, obwohl sie auf den unteren Ebenen gelöst werden könnten, an die Chefetagen weitergegeben und können nur dort entschieden werden. Das gleiche Phänomen gibt es in jedem Unternehmen, nicht nur in Professional Service Firms. Wenn der Kunde wirklich wichtig ist, kümmern sich Abteilungsleiter um dessen Belange.

In den Projekten, die mein Team und ich begleiten dürfen, ist es oft nicht anders. Mein Mehrwert beim Kunden besteht darin, dass ich als Gründer des Unternehmens mehr Erfahrung und Wissen habe als meine Mitarbeiter, und dass ich oftmals auf Lösungen komme, die für die Kollegen (noch) nicht vorstellbar sind. Doch im Tagesgeschäft, also im eigentlichen Projekt, sorge ich dafür, dass immer einer meiner Kollegen dabei ist. Sie machen den Job. Sie müssen deshalb auch direkt mit den Abteilungsleitern unserer Kunden sprechen. Ich könnte nur *Stille Post* spielen.

Die Reputation in der eigenen Berufsgruppe steigt

Durch die Arbeit mit dem Klienten, das Schreiben von Artikeln oder das Halten von Vorträgen steigt das Ansehen in der eigenen Berufsgruppe. Alle erfolgreichen Beratungsfirmen verfolgen diesen Ansatz: Sie haben prominente Vertreter, die in Fachkreisen sehr angesehen sind. Bekanntestes Beispiel dafür ist Tom Peters, der als Berater bei McKinsey durch das Buch *In Search of Exellence (Peters, Waterman 1982)* weltberühmt wurde.

Diese Art des Marketings dient dem Unternehmen, ist aber gleichzeitig essenziell für die Reputation des Einzelnen. Es hilft bei der »Erweiterung der Existenz« und ist somit eine beglückende Erfahrung, die der Einzelne machen möchte. Neben der intrinsischen Freude über die Erweiterung der eigenen Fähigkeiten gibt es noch einen zweiten Aspekt, weshalb die Anerkennung der eigenen Leistungen für den Einzelnen in diesem Kontext notwendig ist: Sie erhöht den Status in der Gruppe der Berater. Die Öffentlichkeit mehrt die Reputation des Individuums und wie wir sehen werden, ist die Statuserhöhung eine der Hauptantriebsfedern des Einzelnen in Unternehmen.

Es hält den Manager im Thema up to date

Nicht zu unterschätzen ist der letzte Aspekt, den Lorsch betont: Es geht darum, up to date zu bleiben. Das ist zwingend notwendig, wenn wir voraussetzen, dass Klienten dazu bereit sind, für den erfahrenen Berater mehr zu zahlen. Aber es gibt noch ein anderes Motiv, das viel wichtiger ist: Wenn der Manager (Senior) seinen Status in der Gruppe der Berater behalten will, muss er sich mit den wichtigsten Fragestellungen immer wieder betassen. Er muss neue oder bessere Antworten liefern. Der Chefarzt muss der beste Mediziner im Krankenhaus sein. Das gesamte System der beratenden Firma baut auf diesem Leistungsprinzip auf. Nur solange der Chef dem Einzelnen hilfreich zur Seite stehen kann, ist er für ihn von Vorteil und wird in dieser Position auch geachtet.

Die US Marines gehen in dieser Hinsicht sogar soweit, dass sie selbst von einem General erwarten, dass er alle sechs Monate den körperlichen Eignungstest besteht. »*Behind all Marine Corps policy is the Corps' single-minded dedication to combat readiness. For this reason, all NCOs and officers, no matter how proficient at their jobs, must pass a semiannual physical fitness test. Failure to pass is considered very serious and can, if not corrected, be career ending. In today's downsized Corps, the overweight Marine – or even one who doesn't look good in his uniform – is literally an endangered species.*« *(Carrison, Walsh 1999, S. 88)* Das ist nur ein Beispiel dafür, dass in einer Organisation, in der Leistung als das höchste Gut gilt, weil nur diese teuer verkauft werden kann, folgerichtig auch nur der führen kann, der im Thema fit ist.

1.5.2 Management und Strukturen

Die bisher beschriebenen Aufgaben des Managers in einer Professional Service Firm umfassen aber nur die Faktoren, die es ihm erlauben, als Manager immer auch den wichtigen Komplex »Anleitung und Führung« (*managing*) zu bewältigen. Das Prinzip Leistungserbringung liegt dem zugrunde und ist die Basis für die Anerkennung als Führungskraft. »Leistungserbringung« (*producing*) macht nach Lorsch allerdings nur ein Drittel der Aufgaben eines Managers aus. Eine der wesentlichsten Aufgaben des Producing Managers ist die *Unternehmensführung*: Er ist also für Strukturen, Strategien und Prozesse des Unternehmens zuständig. Diesen Komplex würden die bisher genannten Autoren als die Verantwortung bezeichnen, dass das Unternehmen überlebt (laut Sprenger die Kernaufgabe von Führung). In dieser Funktion agiert der Producing Manager auf verschiedenen Ebenen und versucht, mit den zur Verfügung stehenden Mitteln die Ziele der Firma zu erreichen. Grob betrachtet verteilen sich diese Mittel auf vier Ebenen:

1. Führung,
2. Kultur,
3. Struktur und Entscheidungsgewalt,
4. Anreizsysteme.

Führung. Der Manager führt die Mitarbeiter. Das englische Wort *leading* drückt viel besser aus, um was es geht. Manager »orientieren« die Mitarbeiter auf das Ziel des Unternehmens hin. Die wichtigste Aufgabe von Führung ist also »Alignment« der Mitarbeiter. Dafür muss sich das Management bewusst werden, welche Form von Führung zu den Zielen

Abb. 2:
Strategische
Pyramide nach
Jay Lorsch

passt. Will ich eine agile Organisation mit flachen Hierarchien, sollte ich mit allen Managern darüber sprechen, welches Verständnis von Führung sie haben: Ob sie ihren Mitarbeitern erlauben wollen, möglichst frei zu entscheiden oder ob sie jede Entscheidung selbst treffen wollen.

> Bei einem unserer Kunden hatte man bewusst auf Scrum gesetzt und wollte auf diese Weise die Mitarbeiter stärker in die Entwicklung der neuen Produkte integrieren. Allerdings wurde zuvor nicht intensiv genug mit dem mittleren Management gearbeitet. Dort entstanden zunächst heftige Widerstände, weil nicht verstanden wurde, worum es bei der Einführung von Scrum geht. Die neue Sicht auf die Art und Weise, wie man Entscheidungen im Unternehmen herbeiführen kann, passte zu Beginn nicht mit dem Bewusstsein der Manager zusammen.

Kultur. Das Management hat wesentlichen Einfluss darauf, welche Unternehmenskultur in einer Organisation entsteht. Man kann sie sich entwickeln lassen oder auf bestimmte Ziele hin gestalten. Die Fragen, die sich das Management stellen muss, sind: Welche Kultur soll im Unternehmen spürbar sein? Soll es um Zusammenarbeiten gehen oder wird jeder für sich selbst kämpfen? Teambasiert oder individualistisch? Darf es Helden geben oder soll das Individuum in der Masse verschwinden? Wird eine offene Kommunikation gepflegt oder soll nicht jeder alles wissen? Wie wird Anerkennung ausgedrückt?

Am Ende ist Kultur das, was die Mitarbeiter draußen über ihre Firma erzählen. Dazu gehört auch die Überlegung, wie sich ein Unternehmen darstellen will. Der Producing Manager beeinflusst all diese Entwicklungen wesentlich. Seine Art zu führen bestimmt, in welche Richtung sich die Kultur einer Firma bewegt.

> Vor ein paar Jahren hatte ich in diesem Zusammenhang ein entscheidendes Erlebnis. Ein Unternehmen wollte wirklich das Beste für seine Mitarbeiter. Gleich zu Beginn meines Auftrages fiel mir ein Entwickler auf, der morgens mit seinen Golfschlägern zur Tür hereinkam. Ich fragte meinen Kunden: »Wow, ihr geht Golf spielen?« Die Antwort lautete: »Ja, wir haben als Team die Platzreife gemacht. Die Firma zahlt das.« Die Firma zahlte auch das Essen und vieles mehr. Eine tolle Atmosphäre, möchte man meinen. Dann stellte sich jedoch heraus, dass die Mitarbeiter unzufrieden waren. Sie fühlten sich nicht genug gewürdigt, weil sich das Management aus der Führung raushalten wollte. Es war nur wichtig, dass die Firma auf gar keinen Fall hierarchisch sein sollte. Das hatte zur Folge, dass die Manager nicht wussten, wie sie führen sollten.

Kultur entsteht so oder so, aber das Pyramiden-Modell von Lorsch hilft zu erkennen, dass die Führung die Kultur beeinflusst – und zwar entscheidend.

Struktur und Entscheidungsgewalt. Wir werden später sehen, wie entscheidend dieser Aspekt in einer agilen Organisation ist: *Das Schaffen von transparenten und nachvollziehbaren Entscheidungswegen.* An genau dieser Stelle scheitern viele Versuche, die Organisation zu einer agilen umzubauen. Zwar wird behauptet, man wolle agil werden und

Scrum einführen, aber die Bedeutung der Rollen und ihre Kompetenzen werden nicht wirklich ernst genommen. Das Management müsste dazu nämlich verstehen, welche Kompetenzen die Mitarbeiter in ihren neuen, z. B. Scrum-Rollen, haben. Doch genau hier versagen die meisten Scrum-Implementationen. ScrumMaster, Product Owner und Entwicklungsteam werden zwar »nominiert«, aber die Kompetenz wird den Mitarbeitern gleichzeitig vorenthalten. Zugegeben, das ist auch nicht einfach. Oft stellt sich heraus, dass die neuen, von Scrum eingeforderten Kompetenzen und Verantwortungen von den entsprechenden Mitarbeitern nicht so schnell übernommen werden können. Doch wenn das Management neue Rollen vergibt, liegt es auch in seiner Verantwortung, sie mit den Mitarbeitern einzuüben. Das heißt im Umkehrschluss, dass natürlich das Management in den neuen Rollen, die von den Mitarbeitern erwartet werden, zuerst gearbeitet haben muss. So logisch das klingt, so unwahrscheinlich ist es. Bei diesem Prozess gibt es extrem große Widerstände.

Mit den Strukturen, den organisationalen Richtlinien, stellt das Management die Weichen dafür, wie die Menschen in einem Unternehmen zusammenarbeiten. Es antwortet mit der Art der Ablauf- und Aufbauorganisation auf die Frage, wie das Unternehmen den Markt optimal bedienen kann. Professional Service Firms haben in der Regel kleinzellige Strukturen, die sich am Kunden orientieren. Auch hier gelingt eine Veränderung der Strukturen mit Scrum nicht immer.

Anreizsysteme. Wie richte ich die Mitarbeiter an den Zielen der Organisation aus?« Diese Frage müssen sich Manager in jeder Organisation stellen. Eine agile Organisation dreht auch hier den Spieß um: Die Mitarbeiter bekommen die Informationen direkt vom Markt. Sie wissen meist sehr gut, was gerade gebraucht wird, wie wir am Beispiel von Morning Star gesehen haben. Dann muss sich die agile Organisation an dem ausrichten, was die Mitarbeiter für ihre Arbeit benötigen, richtig?

Muss also die Organisation alles tun, um es den Mitarbeitern Recht zu machen? Ist das die Lösung? Wir denken nicht, dass es so ist. Es gilt vielmehr, das Gleichgewicht zu finden zwischen den Anforderungen der Organisation an den Einzelnen und den Voraussetzungen, die ihre Mitglieder mitbringen. Die Spannung entsteht durch den Zweck der Organisation, ihren externen und internen Kontext. Eine Firma benötigt ihre Mitarbeiter, um ihren Zweck zu erfüllen und kann also nur bedingt auf die Mitarbeiter mit ihren Bedürfnissen Rücksicht nehmen.

Ich konnte mir vor einiger Zeit die Produktion von Hochfrequenz-Lasern ansehen. Diese Speziallaser müssen an hochreinen Arbeitsplätzen hergestellt werden, daher tragen die Mitarbeiter in der Produktion ständig antistatische Anzüge, entsprechende Schuhe und eine laserstrahl-resistente Brille. Insgesamt also sehr unbequeme Arbeitsbedingungen, die unter anderem dazu führen, dass für diesen sehr gut bezahlten Job kaum Mitarbeiter gefunden werden. Einige Mitarbeiter versuchen lange, sich mit den Arbeitsbedingungen zu arrangieren und doch gibt immer wieder mal jemand auf. Kann sich die Organisation anders verhalten? Nur in engen Grenzen. Natürlich wird versucht zu automatisieren, wo es geht. Doch die Möglichkeiten, auf die Bedürfnisse der Mitarbeiter einzugehen, sind sehr bald ausgeschöpft. Gleichzeitig hat dieses Unternehmen volle Auftragsbücher und kann nicht schnell genug neue Arbeitsplätze schaffen, denn es fehlen die Mitarbeiter.

Auch wenn es hier um Produktionsbedingungen geht, sind die Betroffenen hervorragend ausgebildete Wissensarbeiter. Es erfordert sehr viel Know-how, einen solchen Speziallaser zu fertigen. Man braucht technische Fachkompetenz, die über das reine Erfahrungswissen hinausgeht. Die Mitarbeiter finden es einfach »sexy«, diese Laser zu bauen, es ist etwas Besonderes. Mit klassischen Anreizsystemen kommt man bei solchen Voraussetzungen aber nicht weit. Nur die Kenntnis der Mitarbeiter über den Markt, die Anerkennung, die sie für das Besondere bekommen und die Aussicht, bei hoher Qualifikation zukünftig sogar in der Prototypenfertigung mitwirken zu können, schafft die notwendige Motivation, um diese Arbeitsbedingungen auszuhalten.

In einer agilen Organisation, die dem Bild der Professional Service Firm entspricht, müssen Anreizsysteme gänzlich anders beschaffen sein als die klassischen Werkzeuge, die uns traditionellerweise zur Verfügung stehen. Sie dürfen zum Beispiel nicht mit monetärer Belohnung locken, denn das führt zu Stress, weil man das Ziel unbedingt erreichen möchte. Vielmehr geht es darum, Anerkennungssysteme statt Anreizsysteme zu entwickeln. Allerdings mit klar erkennbaren Regeln, die transparent, nachvollziehbar und fair sind *(Pink 2009)*.

1.5.3   Die Unzulänglichkeit der Professional Service Firm als agiles Organisationsmodell

Die Professional Service Firm hat eine inhärente Fehleranfälligkeit im Sinne der agilen Organisation: Sie tendiert dazu, streng hierarchisch zu sein. Investmentbanken sind keine agilen Organisationen, die meisten Anwaltskanzleien sind es ebenfalls nicht. Und von Werbeagenturen weiß man, dass sie der Inbegriff des ausbeutenden Königtums sind. Warum sind diese Organisationen nicht für agile Modelle geeignet? Hat Tom Peters nicht Recht mit seiner Forderung, jede Firma sollte eine Professional Service Firm sein? *(Peters 2003)* An sich ja, doch in den meisten Professional Service Firms verhindert das Geschäftsmodell oft selbst, dass die Mitarbeiter wirklich darüber entscheiden dürfen, welche Projekte oder Aktivitäten sie ausführen. Die Struktur der Professional Service Firm, die immer als Pyramide angelegt sein muss *(Maister, McKenna 2010)*, zwingt diese Unternehmen, ihr Geld mit den Anfängern zu verdienen – dafür müssen die teuer verkaufbaren Ressourcen sorgen. Eine Professional Service Firm, die sich dieser Dynamik nicht bewusst ist, entwickelt schnell einen Totalitarismus.

Es gibt nur wenige Ausnahmen, die es geschafft haben, nicht ihre Zeit zu verkaufen. Bei der New Yorker Anwaltskanzlei Wachtell, Lipton, Rosen & Katz zum Beispiel findet man ein Verhältnis von 1:1:1. Auf einen Partner kommen ein Associate und eine Assistentin. Das wiederum liegt daran, dass diese Kanzlei nicht darauf angewiesen ist, ihre Stunden zu verkaufen, sondern es geschafft hat, quasi ein Produkt zu verkaufen *(Lorsch, Graff 1995)*. Wachtell, Lipton, Rosen & Katz ist es gelungen, aus jedem Auftrag eine Transaktion mit festem Preis zu machen. Damit kann dieses Unternehmen ganz anders agieren. Es kann Teams beauftragen, es kann sich intern optimieren, es gibt sogar einen finanziellen Anreiz, möglichst effektiv und effizient zu arbeiten. Jede gesparte Arbeitsstunde kann wieder für eine andere Transaktion bzw. ein anderes Produkt eingesetzt werden. Dieser Logik folgt die »klassische« Professional Service Firm nicht, die ihre Zeit verkaufen muss.

Wie lässt sich nun eine Organisation im Stile der Professional Service Firm schaffen, die genau diese Elemente berücksichtigt und doch nicht Gefahr läuft, zu einem hierarchischen Ungetüm zu werden? Sie muss folgende Bedingungen erfüllen:

- dem Einzelnen im Unternehmen möglichst große Entscheidungsfreiheit bieten,
- sich die Fähigkeit zur Kooperation im Sinne der gemeinsamen Ziele bewahren,
- Initiativen des Einzelnen vertrauensvoll unterstützen, auch wenn im Voraus nicht absehbar ist, ob sie erfolgreich sein werden.

1.6   Baustein 2: Der Marktplatz

Sehen wir uns die agile Organisation von einem anderen Standpunkt aus an. Sie muss erreichen, dass sie möglichst ohne große Verzögerung auf die Umwelt reagieren kann. Schaut man sich in der Geschichte der Wirtschaft um, findet man eine Analogie, die hilft, eine Lösung zu finden: Die langsame, aber sehr deutliche Entwicklung der westeuropäischen Volkswirtschaften von der traditionell geprägten feudal-subventionierten hin zu einer demokratisch-marktwirtschaftlichen Wirtschaftsform.

Zunächst gab es feudale Staaten, König- und Kaiserreiche, in denen Entscheidungen zentral getroffen wurden. Diese Gebilde können sehr erfolgreich sein, wie es das Römische Reich bewiesen hat. Der Reichtum der »Aristokraten« stammte aus ihrem unermesslichen Landbesitz und der Versklavung der unterlegenen Völker. Solange die Strukturen stabil sind, funktioniert das im Grunde recht gut. Das feudale System wurde erst durch die Französische Revolution aus den Angeln gehoben. Etwa 50 Jahre später war die Industrialisierung in ganz Europa in vollem Gange. Es entstanden der Kapitalismus und der freie, später reglementierte Markt. Dieser Abriss der Geschichte ist selbstverständlich viel zu kurz, aber entscheidend ist: Die westlichen Staaten haben zwei neue Organisationsformen für ihre Staaten gefunden – politisch die Demokratie und wirtschaftlich die Marktwirtschaft.

Sie bieten folgenden Vorteil: Die Transaktionen in einem Markt funktionieren so, dass offensichtlich alle Teilnehmer ihr Auskommen haben. Um einen besonderen, den transparenten Markt zu verstehen, eignet sich als Analogie die Börse. An diesem Extrem des offenen Marktes kann man leicht seine strukturierenden Elemente aufzeigen. Die Börse ist die reinste Form eines transparenten geregelten Marktes.

> »Eine Börse dient der zeitlichen und örtlichen Konzentration des Handels von fungiblen Gütern unter beaufsichtigter Preisbildung. Ziele sind eine gesteigerte Markttransparenz für Wertpapiere, die Steigerung der Effizienz und der Marktliquidität, die Verringerung

der Transaktionskosten sowie der Schutz vor Manipulation.«[9] oder das Gabler Wirtschaftslexikon: »Der Begriff Börse wird sowohl für das Börsengebäude als auch die Börse als organisierten Markt für den Handel mit vertretbaren Vermögenswerten, die im Verkehr üblicherweise nach Zahl, Maß oder Gewicht bestimmt sind, verwendet.« (Gabler 2013[10])

Was macht eine Börse zu einer Börse? Es ist im Grunde einer der obersten Werte der Agilität: Offenheit. Eine Börse, ein geregelter Markt, ermöglicht ein extremes Maß an Transparenz. Jeder Marktteilnehmer hat die gleichen Rechte und Pflichten:
- Offizielle Informationen müssen allen gleichzeitig zugänglich gemacht werden.
- Es gibt klare Regeln.
- Es existiert eine Börsenaufsicht.
- Die Transaktionen bleiben gewissermaßen lokal, müssen aber ausgewiesen werden. Das heißt, sie sind nicht überwacht, jedoch werden extreme Transaktionen durch die Transparenz sichtbar (beaufsichtigt).
- Jeder Marktteilnehmer ist für sich selbst verantwortlich. Es herrscht hoher Konkurrenzdruck. Ähnlich wie bei einer Auktion dürfen alle Personen gegen jede andere bieten.
- Die Akteure benötigen ein hohes Maß an Wissen, um ihre Geschäfte aktuell zu tätigen. Beziehungen helfen, einen Informationsvorsprung zu haben, aber nicht bei der Transaktion selbst.
- Die Börse kontrolliert den Zugang zum Markt. Nicht jeder darf an der Börse handeln. Die Marktteilnehmer müssen geschult sein. Heute würde man sagen: Sie müssen zertifiziert sein.

Welche Anhaltspunkte liefert uns das für die Betrachtung der agilen Organisation? Adaptiv komplexe Systeme entstehen dadurch, dass drei Faktoren zusammenwirken:
1. Das System ist durch klare Rahmenbedingungen begrenzt.
2. Innerhalb dieser Rahmenbedingungen handeln die Akteure individuell.
3. Die Akteure sind durch Beziehungen miteinander verbunden.

Diese drei Aspekte wären durch den Markt als Organisationsform erfüllt. Er schafft also tatsächlich eine Metapher, die wir als strukturelles Element für die agile Organisation annehmen können. Echte Selbstorganisation auf ein »gerichtetes« Ziel hin kann aber nur dann stattfinden, wenn das System selbst ein Bewusstsein über sein Ziel hat. An dieser Stelle versagt der Markt. Er erzeugt kein kollektives Bewusstsein über seinen Zweck. Der Zweck eines Wochenmarktes ist es, die Menschen, die den Markt besuchen, mit allem Notwendigen zu versorgen, aber hat dieses Verständnis auch der Marktteilnehmer? Die Börse ist ein gutes Beispiel dafür, dass sich auch dieser Markt pervertieren kann: Dann nämlich, wenn die Marktteilnehmer anfangen, mehr untereinander zu handeln als die Versorgung des Umfeldes sicherzustellen. Wenn also der Markt in sich zwar regen Aus-

9   http://www.investmentfonds-lexikon.de/boerse.html
10   http://wirtschaftslexikon.gabler.de/Archiv/1353/boerse-v12.html

tausch betreibt, aber nicht mehr zu dem Zweck, einen Mehrwert für das Außen zu schaffen. Der Zweck ist dann, dass sich wenige interne Marktteilnehmer auf Kosten vieler externer Marktteilnehmer bereichern.

Welcher ausgleichende Faktor kann das verhindern? Im Gleichgewicht ist das System – in diesem Fall der Markt – dann, wenn es gerichtet bleibt und dennoch innerhalb des Marktes die Selbstreferenz, also das Bewusstsein des Einzelnen für die anderen, erhalten bleibt. In einer Gruppe von Menschen entsteht diese Selbstbezüglichkeit, wenn jeder eine Vorstellung – jetzt in diesem Moment – von der »Stellung« jedes anderen Teiles hat. Dann entsteht der sogenannte Collective Mind *(Weick, Roberts 1993)*. Eine Organisation täte also gut daran, jedem Individuum maximale Entscheidungsfreiheit zu ermöglichen und gleichzeitig dafür zu sorgen, dass jeder über die Aktionen/Bewegungen der anderen Personen in ihrem Kontext in jedem Moment gewahr ist.

Der Marktplatz wäre in der Lage, diese Voraussetzungen zu stellen. Nämlich dann, wenn in jedem Teilnehmer der eigentliche Sinn des Marktes bewahrt bliebe und jeder Einzelne darauf vertrauen könnte, dass auch der andere nicht nur für sich, sondern für alle am Markt teilnimmt. Es braucht also ein hohes Maß an *Vertrauen*. Nicht das Vertrauen in den Menschen an sich, sondern in sein erwartbares Verhalten. So muss ich als Einzelner nicht ständig überprüfen, ob der andere tatsächlich das macht, was ich von ihm erwarte. Ich brauche also nicht die ständige Information darüber, was der andere macht, wenn ich die momentane Informationslosigkeit der realen Welt durch mein inneres Bild (»der andere macht, was ich erwarte«) ersetze *(Weick, Roberts 1993)*. Karl E. Weick hat das sehr deutlich für hochzuverlässige Organisationen, nämlich Flugzeugträger, beschrieben. Gemessen an der Aufgabe und den Risiken auf einem Flugzeugträger passieren dort relativ wenige Unfälle. Das ist möglich, weil die Akteure sich »blind« aufeinander verlassen können. Auf ein normales Unternehmen übersetzt sprechen wir hier vom Reduzieren der Transaktionskosten. Ein Markt ist im Allgemeinen nicht die richtige Organisationsform für Unternehmen. Die Transaktionskosten, also die Sicherheit, dass der andere tut, was ich erwarte, sind in Organisationen in der Regel geringer als bei einem offenen Markt. Aber Achtung, wir dürfen nicht vergessen, dass der Einzelne im System dennoch vertrauensvoll achtsam bleiben muss. Sich auf den anderen verlassen heißt nicht, dass man nicht – zumeist unbewusst – die Erwartung an den anderen überprüft. Das heißt, man scannt sein eigenes Umfeld und die eigenen Schnittstellen ständig auf Anzeichen für Unstimmigkeiten. Erst wenn das Gefühl entsteht »etwas stimmt nicht«, wird ein echter Check durchgeführt. Es könnte sein, dass sich etwas verändert hat. Das bringt uns wieder zurück zur agilen Organisation:

> Jeder Einzelne ist innerhalb dieses Unternehmens-Marktplatzes ein individueller Akteur. Seine Kollegen (die anderen Marktteilnehmer) können sich auf ihn verlassen und die Organisation (der Marktplatz) stellt die Regeln auf, nach denen die Akteure untereinander agieren. Diese Regeln sind transparent und bekannt.

Auf diese Weise entsteht ein immer wieder neues Geflecht von Möglichkeiten, wie die Mitglieder der Organisation miteinander arbeiten können. Es kann zu gemeinsamen Aktionen kommen, um große Aufträge oder Projekte abzuwickeln. Ein »(Markt-)Stand« kann dem anderen »aushelfen«. Wichtig ist in diesem Bild, dass die einzelnen Akteure »getrennt« bleiben und es klar ausgehandelte Transaktionssteuern (Bezahlungen sowohl untereinander als auch zur Organisation hin) geben muss.

1.7   Die Synthese: Die Professional Service Firm als Marktplatz mit einem klaren Auftrag

Damit haben wir alle Elemente, die für ein agiles Unternehmen wichtig sind: Wir haben ein Management-Paradigma, das sich an der Professional Service Firm orientiert und dem Gesicht der Organisation, dem Manager, zu einem Selbstverständnis als Producing Manager verhilft, der nur einen Bruchteil seiner Zeit mit dem eigentlichen Management verbringt, weil er immer auch noch am Kunden arbeitet. Dies ist gepaart mit einer höchst wandelbaren, sich auf den Kunden einstellbaren Organisationsform: dem Markt. Wobei der Markt aus verlässlich zusammenarbeitenden Mitgliedern besteht, die einem gemeinsamen Zweck folgen.

Bitte verstehen Sie es nicht falsch: Das ist ein Idealbild, das man in dieser Form nur bei kleinen Startups vorfindet. Dort arbeiten alle noch am Produkt und alle arbeiten gemeinsam dafür, den Kunden zufriedenzustellen. Es gibt zu wenige Möglichkeiten für Politik und Machtspiele und allen sind der Sinn und das Ziel immer noch klar, weil es der Grund dafür war, dass die Mitarbeiter zusammengefunden haben. Im weiteren Verlauf werden wir sehen, wie man »Elemente« der Professional Service Firm und die Selbstorganisation des Marktes punktuell in einem Unternehmen einführen kann.

Im nächsten Kapitel geht es aber – nachdem wir nun wissen, wohin die Reise geht – zurück zum Anfang. Wir klären die Grundlagen, Werte und Prinzipien von Scrum. Ohne sie kann der Change-Manager die Transition zum agilen Unternehmen, das am Kunden ausgerichtet ist, den Mitarbeiter vollkommen einbindet und mit einer ausgerichteten, aber selbstorganisierenden Struktur versehen ist, nicht vollziehen.

Zusammenfassung

Die Verbindung zwischen Mitarbeitern und Kunden, vor allem aber zwischen Mitarbeitern und Organisation neu zu knüpfen, ist heute eine der größten Herausforderungen für Unternehmen. Wo der Sinn der Arbeit für den einzelnen Mitarbeiter nicht mehr greifbar ist, wird Arbeit auch nicht mehr als bereichernd empfunden. Innovative Unternehmen heben sich dadurch ab, dass sie den Kunden konsequent in den Mittelpunkt ihres Denkens und Handelns stellen. Darüber hinaus schaffen sie für ihre Mitarbeiter die Voraussetzungen und Strukturen, um mit diesem Mittelpunkt ständig in Verbindung zu bleiben, um aus seiner Sicht denken und sich mit ihm auseinandersetzen zu können. Eine agile Organisation

- agiert stets mit dem Blick nach außen, statt sich in überbordendem Maß mit internen Prozessen zu beschäftigen,
- ist so strukturiert, dass sie auf die Anforderungen von außen sofort reagieren kann,

- steht ständig in Kontakt mit ihrem Netzwerk aus Kunden und Lieferanten,
- verbessert dabei ständig die eigene Lösungskompetenz für die Probleme des eigenen Netzwerks,
- erschafft auf diese Weise neue Produkte,
- betrachtet ihre Produkte als Lösungen für die Probleme ihrer Kunden,
- optimiert nicht lokale interne Prozesse, sondern optimiert aus der Sicht des Kunden und hat dabei die gesamte Wertschöpfung im Blick,
- gestaltet die Arbeit menschengerecht, also kreativ, anregend und sozial.

Was brauchen wir, um eine solche agile Organisation zu schaffen? In erster Linie ist das Management gefordert, Organisation und Mitarbeiter neu auszurichten, denn das Management ist die Schnittstelle zwischen Individuum und Organisation. Die Aufgaben des Managers in der agilen Organisation sind:

- *Nutzen stiften und die Strategie vorgeben:* Der agile Manager führt durch sein Vorbild, leitet die Mitarbeiter durch Wissen an und befähigt zum eigenverantwortlichen Handeln, indem er dies vorlebt. Er schafft die notwendigen Strukturen und Rahmenbedingungen, um neue Rollen (z. B. durch Scrum) einführen zu können, besetzt diese Rollen mit den geeigneten Personen und stattet sie mit den notwendigen Kompetenzen aus.
- *Selbstorganisation unterstützen:* Selbstverantwortung ist der Grundstein für Selbstorganisation. Aufgabe des agilen Managers ist es, Selbstverantwortung zu ermöglichen, die oft erst neu erlernt werden muss. Selbstorganisation verlangt vom Einzelnen das Commitment zur Interaktion mit den anderen. Auch in der Selbstorganisation ist Führung notwendig – durch klare Regeln des Miteinanders und nachvollziehbare Entscheidungswege, nicht durch Kontrolle.
- *Kultur schaffen:* Auch hier ist eine Vorbildfunktion wichtig, denn die Art der Führung bestimmt die Kultur. Nur wenn die Führung auch zu den Zielen passt, werden die Mitarbeiter ihr folgen.
- *Anerkennung statt Anreiz:* Anreize braucht man da, wo kein Interesse vorhanden ist. Anreize schaffen Stress und fördern oft ein Gegeneinander, weil jeder sein eigenes Ziel erreichen will. Anerkennung nach transparenten, nachvollziehbaren und fairen Regeln fördert hingegen die Identifikation mit der Organisation.
- *Vertrauen ermöglichen:* Wenn wir die agile Organisation als einen idealen Marktplatz betrachten, so muss jedes Individuum darin größtmöglichen Entscheidungsfreiraum haben und sich gleichzeitig auf die Aktionen der anderen verlassen können. Das setzt Vertrauen voraus. Die Organisation bzw. das Management schafft den Rahmen, in dem dieses Vertrauen entstehen kann, wiederum durch transparente und bekannte Regeln.

1.8   Interview mit Hélène Valadon

Die traditionelle Organisation am Scheideweg

Hélène Valadon gehört deutschlandweit zu den wenigen Scrum Consultants, die auf allen Ebenen in und mit allen Stakeholdern von Organisationen spricht, um Scrum-Implementationen erfolgreich zu machen. Sie arbeitet mit Entwicklungsteams, mit Managern und ScrumMastern, mit Product Ownern, Betriebsräten und den Menschen an den Schnittstellen, zum Beispiel mit der Personalabteilung und Lieferanten. In meinem Unternehmen führt sie ein Team von Consultants und kennt daher auch aus persönlicher Erfahrung die Freuden und Leiden des Managements, wenn es um die Ausbildung von Kollegen in einem selbstorganisierten Umfeld geht.

In vier Interviews begleitet sie uns durch das Buch. Dabei gibt sie einen Einblick in die Herausforderungen der Veränderungsarbeit mit Scrum und weist dabei auf Punkte hin, die Sie bei der Transition zur agilen Organisation beachten sollten.

Boris Gloger: Hélène, welche Situation nimmst du in traditionellen Organisationen wahr, bevor du dort mit deinem französischen Temperament und Scrum im Gepäck Einzug hältst?

Hélène Valadon: Das erste Wort, das mir dazu einfällt, ist »Entfernung«.

BG: Entfernung?

HV: Genau. Entfernung der Menschen voneinander. Entfernung der Abteilungen voneinander – nicht räumlich gemeint, sondern in Form von »Silodenken«. Sie sind so geworden, sie folgen keinem gemeinsamen Zweck mehr. Entfernung ist wirklich das eine Wort, das mir spontan dazu einfällt und das empfinde ich in vielen, vor allem großen Unternehmen so, wenn ich sie zum ersten Mal betrete.

BG: Diese »Entfernung« bringt sicher einige Probleme mit sich. Wie äußert sich das?

HV: Zum einen ergeben sich dadurch enorme Transaktionskosten, wenn sich Abteilungen oder Einheiten miteinander austauschen oder abstimmen sollen. Es bedarf einfach eines irrsinnigen Aufwands, um Kommunikation herzustellen, die man nunmal braucht, um gemeinsam ein Ziel zu erreichen. Man merkt aber sehr oft, dass dieses gemeinsame Ziel weniger wichtig ist als die einzelnen Ziele der jeweiligen Abteilungen. Es herrscht der »Krieg der Abteilungen«. Man stimmt sich ab, weil man muss, nicht weil es sinnvoll ist. Natürlich gehört es zum guten Ton, dass es auf Unternehmensebene eine Vision, eine Mission und eine Strategie gibt – so wie es das Lehrbuch vorschreibt. Ich habe aber nicht den Eindruck, dass das irgendeinen Einfluss auf die Arbeit der Abteilungen hat. All die schönen Worte hängen zwar an der Wand, aber jede Abteilung hat auch ihre eigenen Ziele. Es dauert oft sehr lange, manchmal Wochen, bis mir jemand ganz klar erklären kann, was der Zweck des Unternehmens ist. Ich bekomme immer zuerst zu hören, wofür die eigene Abteilung zuständig ist. Und »die anderen« sind das Problem.

BG: Es gibt also eigentlich gar keine Zusammenarbeit, die auf den Kunden ausgerichtet ist?

HV: Auf den Kunden ausgerichtet sowieso nicht, weil ja nicht einmal alle auf einen Unternehmenszweck ausgerichtet sind. Auch der Kunde ist weit entfernt: von den Mitarbeitern klarerweise, von den Managern teilweise.

BG: Weil du gerade die Mitarbeiter erwähnst: Wissen die überhaupt noch, wofür sie arbeiten?

HV: Zumindest finden sie darin keine Motivation mehr. Das liegt auch an der klassischen Entscheidungspyramide in den Unternehmen: Die auf der untersten Ebene interessieren sich nicht mehr wirklich dafür, wofür oder für wen sie arbeiten. Sie bekommen ja nur bestimmte Informationen und dürfen nur bestimmte Entscheidungen treffen. Was die Transaktionskosten immens in die Höhe treibt, ist das schleppende Tempo des Informationsflusses, vor allem im Management. Bemerkbar macht sich das an der typischen Aussage »Ich habe keine Zeit«. Frage ich dann genauer nach, kommt die Antwort: »Meeting«. Die Hälfte des Meetings betrifft einen sowieso nicht, aber man muss trotzdem dort sitzen – Information ist eine Holschuld.

BG: Meetings sind also generell, vor allem aber auch im Management nicht mehr da, um eine Aufgabe zu lösen. Das Meeting selbst wird zur Aufgabe des Managers?

HV: Ja, ich nenne das »Knopfdruck-Management«: Wir brauchen dich, um eine Entscheidung zu treffen. Also, Manager, geh in das Meeting, hol die Information, schließlich ist Controlling deine Aufgabe. Dabei geht es sehr häufig um das eigene Risiko und daher Sicherheit um jeden Preis. Deswegen bewaffnen sich die Manager mit Spreadsheets und Powerpoints, um sich abzusichern. Bei Alarmstufe Rot muss ich springen. Manager kreisen in einer solchen Kultur also häufig um sich selbst und ihren Selbsterhalt. Dazu kommt ein gewisses Miss-Vertrauen in die eigenen Mitarbeiter. In den letzten Jahren haben wir so viel darüber gehört, wie wichtig lebenslanges Lernen ist und wie wichtig die Menschen sind – aber all das sehe ich überhaupt nicht. Ich sehe nur: Ein Manager verwaltet Ressourcen. Menschen sind Ressourcen. Ich sehe sie nicht zu ihren Mitarbeitern gehen, ich sehe nichts von Mitarbeiterentwicklung. Meistens haben Manager überhaupt gar keine Ahnung, auf welcher Entwicklungsstufe ein Mitarbeiter gerade steht oder in welche Richtung er gehen will. Denn »Mitarbeiterentwicklung« wird anhand von vorgefertigten Fragebögen abgehandelt. Gehört habe ich schon, dass die Menschen wichtig wären, nur gesehen habe ich es noch nicht. Falls es da draußen Gegenbeispiele gibt: Rufen Sie mich bitte an!

BG: Wenn du den Auftrag hast, so ein traditionelles Unternehmen zu einer agilen Organisation zu machen: Welche Hürden hast du da zu überwinden?

HV: Was mir immer wieder auffällt: Wenn die Vertreter traditioneller Unternehmen von Organisationsentwicklung oder von Veränderung reden, sprechen sie in erster Linie von einer Veränderung der Organisationsstruktur.

BG: Sie ändern also nicht die Kultur, sondern einfach nur die Struktur? Es wird einfach ein neues Organigramm erzeugt.

HV: Genau. Das Organigramm ist die ultimative Waffe für Veränderung. Damit einher geht auch die Angst vor Verantwortung. Verantwortung wird in vielen Organisationen gleichgesetzt mit: »Wem kann man eins auf den Deckel geben, wenn etwas schiefgeht?« Man sieht es auch in der Transition, wenn es um die Verteilung der neuen Rollen geht. Oft fragen sich Manager dabei nicht: »Oje, jemanden mit dieser Qualifikation habe ich nicht.« Das größte Problem, das sie haben, ist überhaupt jemanden zu finden, der in dieser Unternehmenskultur Verantwortung übernehmen will. Denn Verantwortung übernehmen heißt, eins auf den Deckel zu bekommen. Entscheidungen treffen – ja, das ist lustig, denn das hat etwas mit Status zu tun. Aber für die Verantwortung gibt es nicht so viele Freiwillige. Das alles sind über lange Zeit eingeübte Verhaltensweisen. Interessanterweise machen diese Unternehmen immer und immer wieder das Gleiche, obwohl allen seit Langem klar ist, dass es nicht funktioniert. Deswegen suchen sie in Regeln und Prozessen nach Sicherheit und glauben starr daran, obwohl es auch nach der x-ten Wiederholung nicht besser wird.

BG: Was ist für dich der entscheidende Unterschied zwischen einer agilen und einer traditionellen Organisation? Was sind aus deiner Sicht die zwei, drei oder mehr entscheidenden Themen, die sich komplett verändern müssen? Oder verändert haben, in den Unternehmen, mit denen du arbeitest?

HV: Das Erste ist das Loslassen. Das Loslassen von diesem Zwang, alles kontrollieren zu müssen. Loslassen von der Null-Fehler-Toleranz und von dem Gedanken, dass man immer alles sofort richtig machen muss. Es hemmt einfach alle Menschen im System und sie machen ja trotzdem Fehler.

BG: Hast du das schon erlebt, dass Manager so loslassen können?

HV: Ja. Am Anfang ist es immer etwas schwierig. Da werden dann schon auch die Burndowncharts der Teams kontrolliert und nachgehakt, was denn los sei, warum es so und nicht anders aussieht etc. Dieses Loslassen ist eine tägliche Arbeit, und meine Aufgabe als Beraterin und Coach ist es auch, einem Manager oder Managerin diese Stellen zu zeigen, an der er oder sie loslassen sollte. Das bringt mich zu dem zweiten wichtigen Punkt: Ermächtigung der Mitarbeiter. Die Managementkultur ist über die Jahrzehnte so sehr von

Kontrolle geprägt worden, dass es einfach schwierig ist zu sagen: »Ich gebe dir einen Rahmen und in diesem Rahmen lasse ich dich selbst entscheiden und versuchen.« Ein einfaches Beispiel: Mir begegnet in Unternehmen immer wieder, dass Softwareentwickler Plug-ins, die sie für ihre Arbeit brauchen, bei einer Service-Stelle bestellen müssen. Sie dürfen sie nicht einfach kaufen und downloaden – nein, sie müssen sie über drei Ecken bestellen und sich davon in ihrer Arbeit behindern lassen. Bei aller Berechtigung von Sicherheitsbedenken: Man kann auch hier einen Rahmen setzen. Wenn der Entwickler mit seinem selbstverantworteten Kauf einen Schaden anrichtet, muss er dafür ganz einfach gerade stehen. Sich auf die Mitarbeiter verlassen zu lernen, bedeutet auch, sie in einem bestimmten Rahmen womöglich Fehler machen zu lassen.

BG: Wie ich dich kenne, hast du sicher noch ein paar Punkte auf Lager, die sich ändern müssen.

HV: Natürlich! In Scrum geht es um kontinuierliche Verbesserung. Als Begriff ist das den meisten Managern bekannt, aber sie wissen nicht, was das wirklich bedeutet. Sie verstehen darunter nämlich: Null-Fehler-Toleranz. Fehler verhindern. Und genau das ist es nicht. Kontinuierliches Verbessern bedeutet kontinuierliches Lernen und dabei dürfen Fehler passieren. Kontinuierliche Verbesserung ist in erster Linie eine Haltung und eine Einstellungssache. Wenn wir in der Softwareentwicklung bleiben, so muss zum Beispiel ein Entwickler es wollen, dass permanent getestet wird und dabei auch Fehler offengelegt werden, die er vielleicht gemacht hat.

BG: Da kommt ein vierter Punkt zum Tragen: Veränderung wird in traditionellen Change-Projekten auf allen möglichen Ebenen und vor allem als Prozess betrachtet, nur nicht auf der Ebene des einzelnen Mitarbeiters und schon gar nicht auf der Ebene des Managers. Die Mitarbeiter müssen mit den Veränderungen umgehen können. Aus. Da sträubt sich in mir als Coach natürlich alles dagegen. Interessanterweise werden gerade dem Management seitens der Personalabteilungen sehr oft Coachings in punkto Change angeboten, aber es wird nicht in Anspruch genommen. Sie schicken dann vielleicht löblicherweise ihre Mitarbeiter hin, aber selbst gehen die Manager nicht in diese Coachings. Spannenderweise wird gleichzeitig immer kräftig über die Situation geschimpft. Aber sie fallen immer wieder in das gleiche alte Muster zurück, auch wenn man ihnen sperrangelweit die Türe aufmacht. Noch ein Unterschied zwischen agiler und traditioneller Organisation?

HV: Eine agile Organisation ist nach außen gerichtet, auf den Kunden. Schon auf der Uni habe ich gelernt: Ein Unternehmen sollte sich maximal zu 20 Prozent mit sich selbst beschäftigen. Wenn es mehr wird, schadet sich die Organisation selbst.

BG: Ein Kunde, für den du arbeitest, ist in seinem Wandel hin zur agilen Organisation schon sehr weit gediehen. Wie schwierig war es, das Denken im Management zu verändern?

HV: Ich habe bemerkt, dass so eine Veränderung im Management immer in Wellen passiert. Natürlich ist es wichtig, das Topmanagement über die Fortschritte auf dem Laufenden zu halten. Schwierig ist dabei allerdings, dass die Topmanager immer sofort einen Beweis wollen, dass das, was sie nicht kennen, auch tatsächlich funktioniert. Auch wenn es vor der Change-Initiative eigentlich null Transparenz und keinerlei Übersicht über die Produktivität von Teams gab. Trotzdem wollen sie den Vergleich mit etwas, das sie vorher gar nicht gemessen haben, um zu sehen, ob Scrum den erhofften Segen bringt. Die Kunst liegt darin zu vermitteln, dass wir jetzt überhaupt erst mit Messungen angefangen haben. Das Problem bei Scrum ist, dass das Sollbild vielen nicht klar ist. Ich habe es anfangs gesagt: Erwartet wird ein neues Organigramm. Genau das können wir aber nicht geben, dieses Bild gibt es nicht. Ziel ist es ja gerade, dass sich die Organisation immer verändern können und beweglich bleiben soll, da kann ich sie nicht gleich wieder in Stein meißeln. Um begreiflich zu machen, dass es hier nicht um eine neue Struktur, sondern um eine neue Kultur geht, muss man als Berater oft in verdammt schwierige Verhandlungen gehen. Manchmal kommen dann auch noch Diskussionen mit dem Betriebsrat dazu.

BG: Wie ist es doch gelungen?

HV: Durch Interesse und Vertrauen. Im konkreten Fall hat sich der Vorstand wirklich für Scrum interessiert und seinen ausführenden Managern vertraut. Es war nicht das erste Change-Projekt und es war absolut klar, dass etwas passieren muss. Alle waren sich über die Probleme einig, die Dringlichkeit war da. Das Verständnis »wir müssen etwas tun« war da. Was auch bei aller Einigkeit unbedingt berücksichtigt werden muss, ist die Kommunikationskultur in einem Unternehmen. Es gibt in jeder Organisationen bestimmte Regeln und Rituale, nach denen kommuniziert wird. Das fängt schon bei einfachen Dingen an: Wird in einem Unternehmen mit Powerpoint und Bulletpoints präsentiert oder kann ich mir eine lockere Flipchart-Präsentation erlauben? Wenn ich Manager coache, achte ich darauf, dass wir auch solche scheinbar einfachen Dinge schrittweise verändern. Das heißt, die anderen und das Bestehende zu respektieren, aber gleichzeitig langsam den Grad der Veränderungen zu steigern. Also, zuerst die Bulletpoint-Folien, beim nächsten Mal vielleicht schon etwas mehr Bilder einbauen und irgendwann gibt es möglicherweise gescribbelte Charts am iPad. Zum Glück kann man nicht über Nacht ein agiler Manager werden, sonst würde einem nie jemand zuhören. Trotzdem muss man zeigen, dass man sich anders benimmt, stückchenweise. Um zu zeigen: Wir lernen, offen zu sein, wir kommunizieren anders und haben auch kein Problem, mit unserem Vorstand so zu kommunizieren.

BG: Um es zusammenzufassen: Das Denken der agilen Manager muss zwar anders werden, aber es darf nicht zu schnell anders werden. Die Organisation bzw. die anderen davon betroffenen Menschen müssen eine Chance haben, der Veränderung zu folgen.

HV: Ja genau. Sich Zeit lassen und doch mutig sein. Immer einen Schritt nach dem anderen gehen.

Teil II
Scrum

Jürgen Margetich

2 Scrum aus der Vogelperspektive

In meinen Scrum-Trainings lasse ich die Teilnehmer zu Beginn oft in drei Gruppen Schlagworte und Aspekte zu Scrum sammeln. Zehn Minuten Vorbereitungszeit, jeder Aspekt bzw. Begriff wird auf einem Moderationskärtchen aufgeschrieben. Anstatt die Gruppen nun alle ihre Kärtchen präsentieren zu lassen, wie man das wohl erwarten würde, rufe ich pro Gruppe das erste, wichtigste Kärtchen auf. Wie sollen die Gruppen dieses auswählen? Stellen Sie sich vor, Sie treffen am Tag nach dem Training einen Ihrer Vorstände im Aufzug und müssen ihm kurz zu Scrum berichten. Was geben Sie ihm am Weg in den 7. Stock mit? Einen Begriff, der sitzt. Die Teams kommen unter Druck, denn da wurde so viel gesammelt und auch vorbereitet – und jetzt nur ein Stichwort? Ich dränge auf eine rasche Entscheidung, und da haben wir schon die erste Karte. So verfahre ich mit jeder Gruppe. Dann rufe ich eine zweite Karte pro Team ab. Und zum Schluss noch eine dritte, die Karte, die aus Gruppensicht unbedingt sein muss und einen neuen Aspekt sichtbar macht. Jetzt haben wir zwölf Kärtchen an der Wand. Mit diesen zwölf Aspekten lasse ich die Gesamtgruppe ihre Erzählung zu Scrum, ihren Elevatorpitch bauen (am Anfang des Trainings wohlgemerkt).

Die Elevatorpitches gleichen sich meistens und sehen ungefähr so aus:

1. *Verbesserte Time-to-Market:* durch kürzere Entwicklungszyklen (Stichwort Sprint) und hohe Liefertreue der Entwicklungsmannschaft (Stichwort Sprint-Commitment),
2. *Stärkung der Liefer- und Leistungsfähigkeit:* durch den in Scrum konsequent gelebten kontinuierlichen Verbesserungsprozess (Stichwort Retrospektive),
3. *Produkte, die wirklich fertig sind:* Aufgaben gelten dann als erledigt, wenn Sie 100 Prozent fehlerfrei in der Anwendung funktionieren (Stichwort Definition of Done),
4. *Echtes Teamwork:* wenige, klare und vor allem lebbare Rollen (Stichwort Entwickungsteam, ScrumMaster und Product Owner), die konsequent gelebt werden,
5. *Der User im Zentrum von allem:* Scrum dreht sich um den User (Stichworte User Story und Sprint Review),
6. *Lernen, Lernen, Lernen:* Scrum ist nichts für »Abarbeiter«, aber etwas für Leute, die sich im Team laufend verbessern möchten und eine Leidenschaft für ihr Produkt entwickeln können (Stichworte Retrospektive und Sprint Review),
7. *Business is the winner:* wertorientierte, laufende Priorisierung statt sturer Abarbeitung des Scope (Stichworte Product Backlog und Business-Value).

Bei den Trainings wird es dann meist ein wenig still im Raum. Irgendwer – oft ein Teilnehmer aus dem Management – merkt leise an: »Da haben wir richtig viel Arbeit vor uns. So wie wir heute aufgestellt sind, geht das gar nicht.«

Das ist der Punkt, an dem unser Training wirklich beginnt. Scrum als Vorgehensweise, die Meetings, Artefakte und Praktiken, die wir vorstellen, sind Hilfsmittel einer dauerhaften Veränderungs- und noch mehr Führungsarbeit, die wir hier miteinander beginnen. Einer Arbeit, in der wir Menschen dazu anleiten, sich miteinander zu echten Teams zu verbinden. Mitunter heißt das auch, die eigene Haltung zu ändern, neue Formen der

Zusammenarbeit zu erlernen, an jeder Stelle Verantwortung für das Endergebnis – ein funktionstüchtiges Produkt – zu übernehmen. Sehen wir uns die sieben Schlagworte etwas näher an, bevor wir tiefer in Scrum einsteigen.

2.1   Verbesserte Time-to-Market

Da schlägt das Herz gleich viel höher. Wer will sie nicht, eine hervorragende »Time-to-Market«? Sie ist der perfekte Persilschein, um sich Unliebsames vom Hals und Begehrtes anzuschaffen – sei es bei Prozessen, Mitarbeitern, Instrumenten, im Produktportfolio, durch Insourcing, Outsourcing, Merger, Akquisitionen und Verkäufe, gern auch mal Sanierungen.

Unter dieser Headline geht schlichtweg alles. Wer sich allein mit diesem Lockangebot zum großen Change hinreißen lässt, beweist nicht unbedingt Weitsicht. Was dabei oft passiert, erinnert ein wenig an das Märchen von *Des Kaisers neue Kleider*. Der ganze Hofstaat ist sich einig: »Das ist es, was wir brauchen! Also lasst uns scrummen, was das Zeug hält! Taktzahl erhöhen, Output verbessern, endlich liefern!« Die Mitarbeiter werfen sich voll Inbrunst und Hingabe, zutiefst intrinsisch motiviert, in die Riemen. So sieht es zumindest das Management in seiner Change-Vision.

Was daran ist denn falsch? Geht es denn bei der Time-to-Market nicht schon per Definition darum, wie schnell (»Time«) Produkte in den Markt (»to Market«) kommen? Gekauft. Als Zielgröße oder auch KPI betrachtet, sind wir hier fertig. Aber Sie werden es schon vermuten: Tatsächlich steckt etwas mehr dahinter. Vor allem dann, wenn man in einem Managementjob zur Time-to-Market beitragen will.

Woran bemisst sich die Time-to-Market im Management? Die einfache Antwort, und sicherlich nicht die schlechteste, ist: »Wie lange braucht es, bis Sie eine notwendige Veränderung wirksam in Ihrer Organisation umgesetzt bekommen?« Das bedeutet, die angestrebten Folgen treten sichtbar, vielleicht sogar messbar ein. Am Anfang steht vielleicht ein kurzfristig auftretendes Problem, in der Scrum-Diktion »Impediment« genannt. Nun gilt es, dieses zu analysieren und einen geeigneten Lösungspfad aufzuspüren, der dann von der Organisation beschritten wird. Was ist der Beitrag des Managements dazu? In der Beratung treffe ich laufend auf Lösungshektiker und -aktionisten im Management. In schier unmenschlicher Geschwindigkeit werden die Probleme analysiert, auf den Punkt gebracht, Ursache und Wirkung herausgearbeitet, die Faktoren isoliert und behandelbar gemacht und dann alles zusammen mit priorisierten Maßnahmenplänen und Lösungskonzepten in das Team operationalisiert. Während all das passiert, entstehen noch schnell Foliensätze, um die Lösung auch bei den Stakeholdern abzusichern, mit dem Betriebsrat abzustimmen und für die nächste Konferenz als Beispiel agiler Managementmentkompetenz aufzubereiten. Ein Problem, ein Impediment – wenige Stunden, und schon ist alles gelöst. Zumindest in den Köpfen des Managements, vielleicht auch in den Köpfen eines Transition-Teams, bestimmt aber nicht in der Realität der Mitarbeiter. Aber dafür hat das Management keine Zeit. Das nächste Impediment will gelöst werden, und mit heldengeschwellter Brust stürmen die Manager in die nächste Schlacht. Im Minutentakt werden Lösungen produziert und die Organisation mit Entscheidungen, Änderungen, Handlungsoptionen und Verbesserungen versorgt. Die Organisation bleibt mitsamt ihren Mitarbeitern alleingelassen und verstört zurück, lahmgelegt von Über- und Falschlieferungen des Managements und mitunter leider auch dessen Beratern.

Lieferung des Nichts. Ein Buch, das viele Menschen, die sich mit Agilität und Scrum befassen, stark beeinflusst, ist *The Toyota Way* von *Jeffrey Liker* (2003). Eine Geschichte daraus ist für mich im Kontext des Begriffes Time-to-Market signifikant. Es heißt, bei Toyota müssten sich alle Manager begleitet durch einen Sensei, eine Art Lehrer und Coach, zu ihrer Aufgabe und Verantwortung hin entwickeln. Bei einer der Übungen wird der neue Manager in eine Produktionshalle gestellt und für mehrere Stunden an einer Stelle stehengelassen – um zu beobachten und wahrzunehmen. Gelegentlich kommt der Sensei vorbei und sieht den Novizen fragend an. Der Impuls der Novizen wäre es, rasch mit vielen Beobachtungen zu antworten und dazu gleich die Lösungen zu liefern. Als Antwort des Sensei kommt dann mitunter eine Schelte: »Nicht gut«, sonst nichts. Weitere Stunden des Beobachtens, Wahrnehmens und Reflektierens. Dahinter steht ein Lernen und Verlangsamen, um richtig und schnell entscheiden und handeln zu können. Time-to-Market ist hier nicht als Antwort und Entscheidungsgeschwindigkeit des Managements angewendet. Das klingt vielleicht philosophisch und manch einer denkt an das Kino der 1980er-Jahre mit *Karate Kid*. Dennoch bleibt der Erfolg von Toyota beim Lösen von Problemen herausragend: in der Qualität und Nachhaltigkeit der Lösungen, vielmehr noch, in der Fähigkeit der Organisation, Probleme richtig zu lösen.

Wenn Management Wirkung produziert, dann wohl die, die durch die geführte Organisation real erzeugt wird. Viele Manager denken darüber nach, mit weniger Ressourcen mehr Output zu liefern, vielleicht weil es der strategischen Planung oder den Notwendigkeiten ihres Unternehmens entspricht. Wie werden sie das aber herstellen und liefern? Der erste Teil der Übung wäre wahrscheinlich leicht zu absolvieren, wenn auch in einsamer Management-Heldenmanier: Analyse, Shortlist der zu Befördernden und aus den Ketten des Arbeitsvertrages zu Befreienden. Die einen werden an andere Organisationsteile verschenkt, die anderen an den Arbeitsmarkt und sechs Monate später gibt es vielleicht den Headcount, den man sich vorgestellt hat, ein Jahr später auch die Kostenstruktur. Time-to-Market – *average* bis *outstanding*. Wie aber ist es dem Management gelungen, mehr Output in dieser Zeit zu liefern, also mehr und bessere Produkte? Die Antwort lautet: Es ist gar nicht gelungen. Das Management hat nichts geliefert, nicht ein einziges Teil, keine Line of Code, kein Produktinkrement, einfach nichts. Geliefert wurde durch die Organisation, durch die Menschen, die die tatsächliche Arbeit machen. *Die Lieferung der Managementaufgabe hängt, und dies besonders in den Feldern der Wissensarbeit, von der ausführenden Kraft ab.*

Stärkung der Liefer- und Leistungsfähigkeit

In den meisten Gesprächen, die ich zu diesem Thema führe, kommt reflexartig die Übersetzung dieses Begriffspaares in »Output« oder »Teamperformance«. Doch darum geht es erst mal nicht. Der Output ist etwas, das im Rahmen der Liefer- und Leistungsfähigkeit einer Organisation erzielt werden kann – also der potenzielle Nutzen. So ganz wollen das die meisten nicht hören. Also versuche ich es mit einer Analogie aus dem Sport, und weil allseits so beliebt, darf es der Marathon sein. 42 Kilometer gilt es zu meistern und das in einer bestimmten Zeit. Was ist nun Liefer- und Leistungsfähigkeit in diesem Sinne in Abgrenzung zur Leistung an und für sich? Die Leistung – vielleicht laufen Sie die 42 Kilometer in 3 Stunden 25 Minuten. Die Liefer- und Leistungsfähigkeit beschreibt Ihre Möglichkeiten. Das, wozu Sie grundsätzlich und am Marathontag im Besonderen im Stande sind.

Einer meiner Kollegen kann am Laufstil eines Menschen sehen, in welcher Zeit dieser Marathon läuft oder ob überhaupt nicht. Die »Standardgeschwindigkeit« einer Sportlerin im Fitnesscenter hat er mit einer Abweichung von vier Minuten eingeschätzt. Mich bezeichnet dieser Kollege übrigens als Bewegungslegastheniker, womit er Recht hat. Meine Frage ist nicht 3:30 oder 4:10. Meine Möglichkeiten liegen im Bereich eines 5- bis 7-km-Laufes. Mit kontinuierlichem Training könnte auch ich vielleicht zunächst Teil einer Marathonstaffel werden. In einem zweiten Schritt könnte ich mich für einen Halbmarathon qualifizieren, und weil ich dann am Sport Gefallen gefunden hätte und meine Erfolge (die tatsächlich erbrachten Leistungen) mich auch motivieren, würde ich wahrscheinlich meine Karriere bis zum Vollmarathon vorantreiben. Ob ich je die Liefer- und Leistungsfähigkeit für den Ironman erreichen würde, bleibt zu bezweifeln. Arbeite ich aber nicht an meiner Fitness und damit an meiner Leistungsfähigkeit, brauche ich mir die Frage nach Ergebnissen gar nicht erst zu stellen. Das lässt sich auch auf Wissensarbeit, auf meinen Managementjob, meine Krisenfestigkeit etc. übertragen und natürlich auch auf Organisationen. Um es in das Bild des Teamsports zu transferieren: Spielt ein »Team« in der ersten oder zweiten Liga? Und was bräuchte es, um von der einen in die andere aufzusteigen? Das schaffen Teams, die dazu in der Lage sind. *Die Liefer- und Leistungsfähigkeit einer Organisation systematisch und strukturell zu verbessern und zu erhalten, ist nicht nur für das Ergebnis wichtig. Es sichert auch das nachhaltige Bestehen.*

2.2   Produkte, die wirklich fertig sind

Ich sehe schon einige Leser abwinken und höre sie denken: »Wie altbacken ist denn das? Produkte der Gegenwart sind nie fertig. Sie unterliegen stetigem Wandel, Erneuerung und Veränderung. Gerade in der Cloud, das ist ja das Großartige der neuen Technologien und Verbreitungswege. Produkte sind ihre eigenen A/B Tests: Was funktioniert, bleibt und wird ausgebaut, alles andere gleich vom Markt genommen.« Ich stimme mit dieser Aussage vollkommen überein. Bis auf – Sie erraten es – eine kleine Präambel, die ich einfügen möchte.

Produkte – und das nicht nur während ihres Entstehungs- und Entwicklungsprozesses – gleichen oft in ihrer Struktur und Gestalt den Mail-Konversationen, die wir in Unternehmen vorfinden. Mitunter sind viele Themen angerissen, manches vertieft, einiges zu einem vorläufigen Punkt gebracht. Im Verteiler hängen zwischen to/cc/bc aufgeteilt eine Menge betroffener, angesprochener oder auch nur informierter Menschen fest. Wie viele nervtötende Mails haben Sie schon bekommen? Auch ich bin mitunter mangels Orientierung oft Urheber dieses Unsinns gewesen.

Wenn hier also »fertige Produkte« angesprochen werden, dann geht es um – übertragen auf die Mail-Konversationen – klare und gültige Statements, die eindeutig und zwingend formuliert sind. Ich schätze zum Beispiel die Form und Strukturierung von E-Mails wie bei klassischen Schriftstücken. Sie bieten Übersichtlichkeit, Orientierung und kommunizieren klare Erwartungen an mich. Auf ein Produkt bezogen bedeutet dies, dass jede Lieferung aus der Entwicklung bereits eine Form der Gültigkeit für den Endnutzer in sich trägt. Im Branchenjargon sprechen wir von Produktinkrementen. Das sind Produkte oder Teile von Produkten, die bereits funktionstüchtig im Sinne ihrer Bestimmung und Aufgabenstellung sind. Bei Software bedeutet das »getestet und deployable«, bei fortschrittlichen Unternehmen »bereits in Produktion« und entspricht der Serienreife. Dies unterliegt den jeweils geltenden organisatorischen, formalen und auch regulatorischen Rahmenbedingungen, die für das Unternehmen sowie für das spezifische Produkt gelten.

Das bedeutet für die Entwicklungsorganisation eine strikte Fokussierung in der Art und Weise, wie sie an die Aufgabenstellung herangeht. Statt viele Themen und Ideen anzureißen, werden diese priorisiert und konzertiert zu einem gültigen Ergebnis gebracht. Im Sinne einer Fokussierung kommt das einer Taskforce für die Produktentwicklung gleich. *Vergessen Sie Ampeln und Prozentzahlen. Nutzen Sie das binäre »fertig« oder »nicht fertig«. Der Kunde sieht es genauso.*

2.3   Echtes Teamwork

Der Begriff »Teamwork« steht für mich unter dem Generalverdacht eines Modeworts oder der Silver Bullet. Warum brauchen wir Teamwork und warum auch noch echtes? Was wäre denn unechtes Teamwork? Die kurze Antwort dazu:

Wir brauchen Teamwork, weil uns komplexe Produkte als Individuen überfordern. Der Beitrag des Einzelnen im Entstehungsprozess dieser Produkte ist nicht klar abgrenzbar.

Oft kann eine einzige Person, wenn sie auch Spezialist oder Spezialistin ist, schon die Aufgabenstellung eines Produktes nicht im Detail erfassen. Das Ergebnis kann sich konzeptionell wie materiell (und darunter verstehe ich zum Beispiel auch das Schreiben von Softwarecode) nur über bzw. entlang der stattfindenden Kommunikations- und Interaktionsverläufe manifestieren. Somit ist das Teamwork nicht eine philosophisch-humanistisch motivierte Option der Arbeitsgestaltung, sondern existenzielle Notwendigkeit gegenwärtiger und künftiger Produktentwicklung.

Was ist unechtes, und was ist echtes Teamwork? Hängen in einer Aufbauorganisation bestimmte Mitarbeiter innerhalb einer Gruppe innerhalb einer Abteilung unter einem Teamleiter organisatorisch zusammen, so sind sie noch lange kein Team, auch wenn ihnen ein Teamleiter vorsteht. Um sich dem »Echten« zu nähern, gibt es einen Zwischenschritt:

das Projektteam. Nicht schlecht, aber wir sind noch nicht am Ziel. Was hier schon positiv zum Tragen kommt, ist das gemeinsame Ziel – der Projekterfolg. Was wir noch hinzufügen müssten, ist die nachhaltige soziale Verbindung innerhalb des Teams und die Verantwortlichkeit für das Produkt über das Projektziel hinaus. Diese zusätzlichen Komponenten führen uns zu echten Teams. Diese teilen sich – und das ist wichtig – zu allen Zeitpunkten und auf allen Ebenen gemeinsame Ziele und Aufgabenstellungen, die Tag für Tag im Team für alle gleichermaßen wirksam und bestimmend sind. Vergleichen Sie es gerne mit einem Fußballteam: Während der 90 Minuten Spielzeit ist es eine gemeinsame Bewegung. Auch Spezialeinheiten sind während ihres Einsatzes in wachem und aufmerksamem Kontakt miteinander und auf ein gemeinsames Ziel fokussiert. Nicht umsonst sind sie Vorbilder für erfolgreiches Vorgehen in heiklen Situationen. Sie müssen ihr Ziel erreichen.

Damit das auch funktioniert, braucht es klare Aufgabenstellungen und Spielregeln, die für alle zu jeder Zeit schlüssig und lebbar sind. Deshalb gibt es bei Scrum gerade mal drei (plus drei) Rollen, nicht mehr. Sie sind einfach erlernbar und können ihr Teamplay rasch in der Performance steigern. Die Prinzipien dahinter sind Orientierung und Klarheit. Damit bleibt Zeit und Aufmerksamkeit für das eigentliche Geschehen. Das Zuckerl dabei ist, dass die meisten Menschen Freude daran haben! Erstens, weil es mehr Erfolg und damit auch mehr Anerkennung gibt. Zweitens, weil – wenn erst die Kleingartenmentalität und die Trutzburgen im Kopf aufgelöst sind – der Einzelne mehr Gestaltungsspielraum bekommt.

Aber es gibt auch Menschen, für die das echte Teamwork mit großen Unannehmlichkeiten verbunden ist. Vielleicht, weil für sie eine gewisse Flexibilität in der Zeiteinteilung verloren geht, was in die Lebensführung eingreift. Mitunter ist echtes Teamwork auch deswegen unerwünscht, weil jeder sich mit seinen Konzepten und Sichtweisen dem direkten Wettbewerb stellen muss, überprüfbarer wird und sich einem, vielleicht auch als belastend empfundenen, Druck ausgesetzt sieht. *Das sind ernstzunehmende Herausforderungen, denen im Change-Management begegnet werden kann, durch echtes Teamwork der Change-Agents mit den Betroffenen.*

2.4   Der User im Zentrum von allen und allem

Verstehen, was wirklich aus Nutzersicht gebraucht wird, ist die Basis für Entscheidungen, die auf allen Ebenen und zu allen Zeitpunkten einer Produktentwicklung getroffen werden müssen. Viele Entscheidungen gilt es am Produkt selbst, durch die Entwicklungsteams, zu treffen, will man nicht ewige Durchlaufzeiten wegen des ständigen Klärungsbedarfs in Kauf nehmen. Anders gesehen stellen sich viele Entscheidungsfragen erst durch dieses Verständnis. Dementsprechend steht der User im Zentrum aller Gespräche bei Scrum. Es wird nicht nur über ihn, sondern im Idealfall mit ihm gesprochen.

Immer wieder führe ich auf Konferenzen ausführliche Diskussionen darüber, ob denn wirklich auch der letzte Entwickler und Tester etwas vom Nutzer zu verstehen hätte. Ob es denn nicht ausreichen würde, wenn alle ihre Aufgabe verstünden. Gebetsmühlenartig wiederhole ich: Unser Produkt ist die Manifestation der Wertbeziehung zwischen unseren Kunden und uns als Unternehmen. *Vor dem Hintergrund, dass die komplexen Produkte unseres Alltags in jedem noch so kleinen Aspekt dramatischen Einfluss auf diese Wertbeziehung nehmen können, ist es unerlässlich, dass alle Beteiligten um ihre Verantwortung und ihre Möglichkeiten wissen.*

2.5   Lernen, Lernen, Lernen

In einer Sache Meisterschaft erlangen und ausbauen ist ein wesentlicher Motivator in der Wissensarbeit. Mit Scrum schaffen wir einen organisationalen Rahmen und ein Framework, in dem das Schlagwort vom »lebenslangen Lernen« Realität wird. An dieser Stelle müssen zwei Herausforderungen unterschieden werden:

1. Das Erlernen von Scrum. Die Grundprinzipien, Rollen und Artefakte sind schnell verstanden und implementiert. Nach ein paar grundlegenden Trainings und wenigen Wochen Praxis sind die Teams einer Organisation bereits mit Scrum am Start. Man wird Meetings halten, die ScrumMaster und Product Owner werden ihren Job machen, erste Erfolge werden sich einstellen.

2. Erlernen der Fachlichkeit. Nach einiger Zeit werden Sie so etwas wie eine Entwicklungsgrenze erleben, wenn nicht sogar einen Rückfall. Die Scrum-Prinzipien sind verstanden und plötzlich stellt sich heraus, dass die Teammitglieder weder die persönlichen, fachlichen, prozessualen noch strukturellen Voraussetzungen für die Arbeit in einem agilen Umfeld mitbringen. Was wie ein Vorwurf klingt, ist keiner. Menschen in agilen Umfeldern brauchen umfassendere Fähigkeiten als Menschen in traditionell arbeitsteiligen Organisationen. Daher haben wir es neben der Veränderung durch Prozesse wie Scrum mit einer vertieften Lernerfahrung aller Beteiligten zu tun, die sich über Monate, manchmal Jahre, hinziehen kann.

Lernen bedeutet in diesem Kontext also nicht notwendigerweise, immer wieder neue Inputs, Sichtweisen und Ideen zu generieren und in das Unternehmen hinein- sowie an die Mitarbeiter heranzutragen. Es bedeutet vielmehr, Schritt für Schritt vorzugehen, zu vertiefen, neue Arbeitsweisen wirken zu lassen, diese zu integrieren und darauf aufzubauen.

2.6   Business is the winner – das Geschäft ist der Gewinner

Die einen springen vor Freude auf und rufen laut »Ich hab´s ja schon immer gesagt!«, die anderen fragen sich, was das soll. Bedeutet das alles noch mehr Prügel und Dominanz aus dem Produktmanagement oder Vertrieb? Was ist Scrum denn nun wirklich? Es ist ein businessorientierter Dialog und eine darauf ausgerichtete Priorisierung im Vorgehen. Denn mit Business ist hier nicht eine spezifische Abteilung oder ein Bereich gemeint, vielmehr das »Geschäft«, wie man es etwas altmodisch ausdrückt. Als Geschäftsführer einer E-Learning-Firma des ersten Internethypes hatte ich das Geschäft an drei Standorten mit 80 Mitarbeitern in zwei Ländern zu verantworten. Es hieß EBIT, also Ergebnis vor Finanzen und Steuern. In meinem Nacken waren die Eigentümer und Investoren, vor mir Vertrieb bzw. Produktmanagement auf der einen und Entwicklung und Delivery auf der anderen Seite. Alle zusammen ergaben ein riesiges Gezerre. Wenn wir sagen, bei Scrum sei das Geschäft der Gewinner, dann heißt das Folgendes: Das Unternehmen kann die Aufträge von Kunden nachhaltig in Substanz und Gewinn wandeln. Es hastet also nicht den Umsätzen hinterher und geradewegs in explodierende technische Schulden hinein. Umgekehrt bedeutet das: Vor lauter Sicherheitsbedürfnis oder in Gefangenschaft seiner Überzeugungen kommt das Geschäft erst gar nicht in die Lage, einen Auftrag anzunehmen oder zu liefern. *Business is the winner* bedeutet, in einer Vorwärtsbewegung eine kontinuierliche Balance im instabilen Wesen des Geschäfts zu halten oder durch Dynamik in Stabilität zu bringen.

Damit sind Anstrengungen auf allen Seiten verbunden. Wir richten unser Tun, unsere Organisation und Strukturen so ein, dass wir unsere Produkte entsprechend der Werthaltigkeit priorisiert entwickeln und nicht, wie es dem Komfort traditioneller Entwicklungslogik entspricht. Dazu muss klar sein, dass dies nicht zu unterschätzende Ansprüche an die Fähigkeiten und Arbeitsweisen der Entwicklung sowie an die zur Verfügung zu stellenden Werkzeuge und Entwicklungsumgebungen bedeutet – zusätzlich zur veränderten Sichtweise der handelnden Personen.

Auf der anderen Seite bedeutet das auch ein vermehrtes Engagement und präziseres Handeln der klassisch für das Business zuständigen Partner der Produktentwicklung. Sie sind in diesem Dialog genauso gefordert, sich selbst, ihre Rahmenbedingungen und Einflüsse transparent und begreifbar zu machen, sich der Diskussion zu stellen und in den Dialog einzubringen. *Business is the winner* braucht ein Geschäft, einen Deal, den offenen Dialog zwischen den unterschiedlichen Disziplinen und die Ausrichtung auf das *Geschäft*.

Was wir damit hinter uns lassen? Die Wand, über die wir Anforderungen und Produkte hin und her werfen können, die zwar aufeinander referenzieren, aber kein gemeinsames Bezugssystem teilen. Eine Wand, die auf Auftragserfüllung statt auf Sinnstiftung und Erfüllung für das Geschäft drängt. Das lassen wir mit Scrum und der agilen Organisation zurück.

Silos, Herrschaftsansprüche und Fürstentümer gehören der Vergangenheit an. Vielleicht ist das auch der Grund, warum dieses Konzept so utopisch anmutet.

3 Der Scrum Flow – ein Prozessmodell

Das Besondere am Workflow von Scrum ist, dass er in seiner Umsetzung die Qualitäten der Prozessmodellierung konsequent realisiert. Er setzt auf bewusste Vereinfachung, fokussiert aber dafür umso mehr auf die nachhaltige Lebbarkeit. Modell und gelebter Prozess sind sich so nah, wie sonst kaum wo in der Prozesswelt. In seinem Design kennt Scrum gerade mal drei agierende Rollen, sechs Meetingtypen und elf Artefakte (Ergebnistypen des Prozesses). Genau in dieser Reduziertheit liegt die Stärke von Scrum: Fokussierung und Vereinfachung.

Darüber hinaus baut Scrum als Prozessmodell einfache, in der jeweiligen Zielstellung klar verständliche und für die Betroffenen sinnerfüllende Routinen auf, die in vergleichsweise hoher Frequenz wiederholt werden. Die höchste Frequenz zeigt sich im Daily Scrum, bei dem die Teammitglieder täglich 15 Minuten für die Organisation des Teams am aktuellen Tag aufwenden. Der ganze Scrum Flow wiederholt sich, je nach Unternehmens- und Produktkontext, alle zwei bis vier Wochen und schließt immer mit der konkreten Lieferung eines (Teil-)Produktes ab. Das ist vielleicht auch der Punkt, an dem sich den Verantwortlichen neue Perspektiven für die eigene Produktentwicklung eröffnen: Alle zwei Wochen wird geliefert – an den Kunden, in die Organisation, für die Auftraggeber und Stakeholder sichtbar und überprüfbar. Damit werden Ampel-Reportings überflüssig.

Man mag dem Scrum Flow von außen betrachtet vorwerfen, er trete der Komplexität heutiger Produkte mit einer unzulässigen Einfachheit gegenüber. Vielleicht wird er sogar als ein zu rudimentär gefasstes und deshalb unzureichendes Lösungssystem gegenwärtiger und künftiger Produktentwicklungsaufgaben empfunden. Das würde ich sofort unterstützen, wäre es Ziel und Aufgabe dieses Prozesses, eine Vielzahl unterschiedlichster, hoch standardisierter Tätigkeiten verschiedenster ausführender Rollen in einen sinnvollen Arbeitsprozess, eine koordinierte Abfolge zu orchestrieren. Möglicherweise in einer Fertigung, deren Ergebnis bekannt und messbar ist. Für die Aufgabe der Produktentwicklung aber gilt: Das Endergebnis ist unbekannt, der Weg daher nur explorativ zu beschreiten. Bekannt und messbar ist allein die Zielstellung, die angestrebte Wirksamkeit des zu entwickelnden Produktes. Dieser zu erreichenden Qualität nähern wir uns mit verschiedenen Methoden. *Somit ist die Aufgabenstellung des Scrum Flow als Prozessmodell, den Mitgliedern des Produktentwicklungssystems Orientierungshilfen und Strukturangebote zur vernetzten Selbstverortung und -steuerung in der Exploration zur Verfügung zu stellen.*

Die der Komplexität entsprechende Lösungskompetenz zeigt sich nicht nur im Prozessmodell, sondern auch in den handelnden Personen. Deshalb kann ein Prozessmodell nur dann funktionieren, wenn es die Qualität menschlicher Interaktion und Kommunikation verbessert. Damit ist Scrum auch ein am Menschen orientiertes Modell. Wenn es denn auch so gelebt wird (was ich später in diesem Kapitel illustrieren werde), trägt es wesentlich inhaltlich wie wirtschaftlich zu erfolgreicher Produktentwicklung bei.

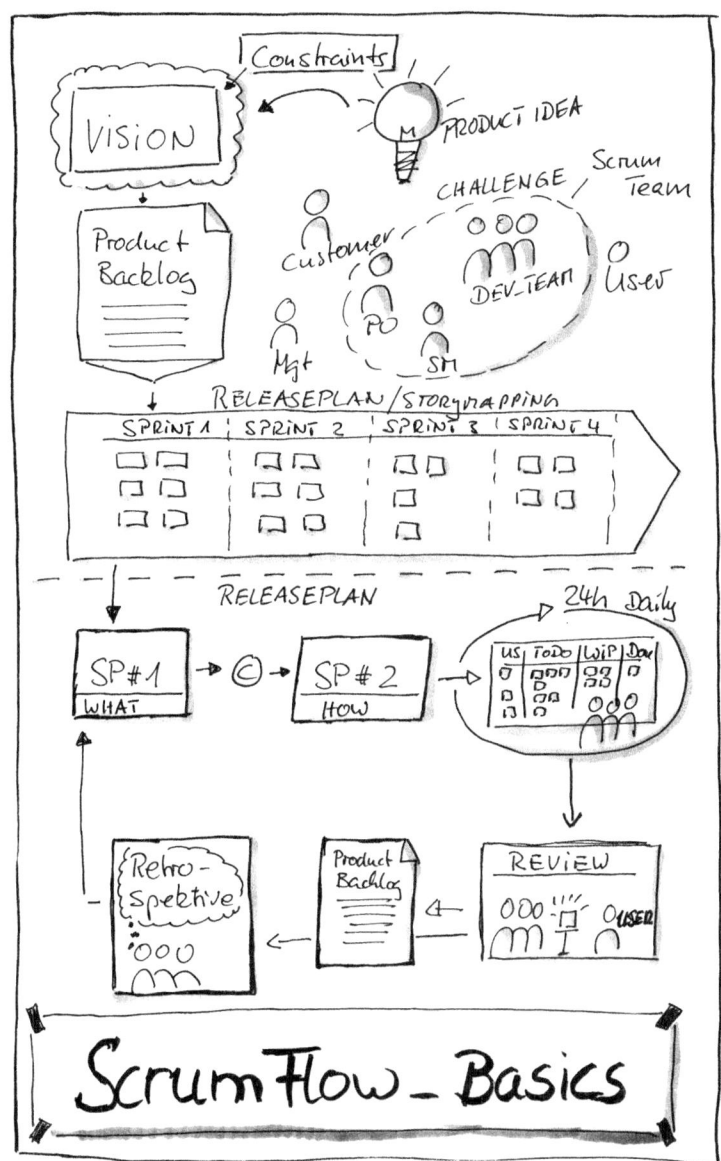

Abb. 3:
Der Scrum Flow

3.1   Prinzipien, Rollen, Meetings und Artefakte im Überblick

Scrum zerlegt nicht den Entwicklungsprozess, sondern das Produkt in maximal vierwöchige Einzelschritte, »Sprints« genannt. Im Unterschied zum klassischen Projektmanagement wird nicht versucht, ein Produkt schon zu Beginn bis ins letzte Detail zu spezifizieren. Zu Beginn werden die wesentlichen Funktionalitäten festgelegt und dann in jedem Sprint inkrementell weiterentwickelt.

Diese produktfokussierten, kurzen Entwicklungszyklen sind durch Phasen der Reflexion in Reviews und Retrospektiven durch das Team gekennzeichnet. Dabei werden gemeinsam Entscheidungen getroffen, das Feedback des Kunden eingebunden und damit einhergehend Änderungen kontinuierlich integriert. In jeden dieser Zyklen ist der Kunde involviert. Gemeinsam mit ihm werden Entscheidungen darüber getroffen, welche Features dazukommen sollen oder weggelassen werden können. Am Ende jedes Zyklus soll ein Stück des Produkts entstanden sein, das der Kunde bereits einsetzen kann.

3.1.1   Die Organisationsprinzipien von Scrum

Das Agile Manifest in Kapitel 1 macht deutlich, dass das Menschenbild in Scrum ein völlig anderes ist als das eines Befehlsempfängers und kontrollierten Erfüllungsgehilfen, der stur nach einem Schema arbeitet. In Scrum gehen wir davon aus, dass geistig arbeitende Menschen ein prinzipielles Interesse daran haben, ihre Ideen einzubringen, Dinge zu verbessern oder überhaupt Neues zu entwickeln. Echte Scrummer sind davon überzeugt, dass Menschen alles geben, wenn sie von einer Vision fasziniert sind. *Commitment, Fokus, Offenheit, Mut und Respekt* sind daher auch Werte, die Scrum und dem Denken der mit Scrum arbeitenden Menschen zugrunde liegen (sollten).

Ein Menschenbild, wie Scrum es vertritt, verlangt eine andere Form der Organisation. Es ist Aufgabe des ScrumMasters, das Einhalten folgender Prinzipien immer im Auge zu behalten:

- **Kleine, selbstorganisierte und cross-funktionale Teams.** Ein Scrum-Team besteht im Idealfall aus sieben Personen: Dem ScrumMaster, dem Product Owner und fünf Personen des Entwicklungsteams. Seine Mitglieder ziehen sich nicht auf ihr Spezialistentum zurück, sondern sind in der Lage, verschiedene Arbeiten im Arbeitsprozess durchzuführen. Das bedeutet, dass sie ihr Wissen untereinander austauschen, in unterschiedlichen Kombinationen einsetzen und keine Scheu vor Aufgaben haben, die nicht direkt ihren Kernkompetenzen entsprechen. Sie organisieren ihre Aufgaben vollständig selbst.
- **Arbeiten nach dem Pull-Prinzip.** Das Team kann als einzige Instanz entscheiden, wie viel Arbeit und Produktteile es innerhalb eines Sprints liefern kann. Das Team hat die Kontrolle darüber, was es zu tun bekommt.
- **Intervalle mit klaren zeitlichen Grenzen (Timebox).** Das Team bekommt herausfordernde Ziele, die zu Intervallen mit klaren zeitlichen Vorgaben konkretisiert werden. Alle Aktionen werden zeitlich beschränkt und es wird ein Ergebnis verlangt. Das erzeugt klare Rahmenbedingungen.

- **Nutzbare Business-Funktionalität (in der Softwareentwicklung: »Potential Shippable Code«).** Am Ende jedes Zeitintervalls muss das Team eine Lieferung erbringen, die den Standards, Richtlinien und Vorgaben des Projekts entspricht.

3.1.2 Die Rollen

Die Stärke von Scrum liegt in der klaren Zuordnung und Trennung von Verantwortung. Die Verantwortungen für Aspekte des Produktentwicklungsprozesses werden bestimmten Rollen zugeordnet: ScrumMaster, Product Owner und Entwicklungsteam. Diese drei Rollen bilden zusammen das Scrum-Team. Boris Gloger fügt über die Vorgaben des offiziellen *Scrum Guide (Schwaber, Sutherland 2013)* hinaus noch die Rollen Kunde, Anwender und Manager hinzu.

Eine Rolle ist keine »Position« im klassisch hierarchischen Sinn! Die Rolle ist eine begriffliche Zusammenfassung bzw. ein Container für die jeweiligen Verantwortlichkeiten einer Person und kein Machtinstrument. Verantwortung übernimmt man freiwillig, Positionen hingegen werden übergeben und mit ihnen auch formale Macht. Ob der Betreffende auch die mit der Position verbundene Verantwortung übernimmt, ist eine andere Frage. Wir werden in den späteren Kapiteln noch sehen, dass diese Tatsache auch die Ursache vieler Widerstände bei der Einführung von Scrum ist.

Das Entwicklungsteam – die Lieferanten. Das Entwicklungsteam liefert das Produkt. Es managt seine Angelegenheiten selbst und ist autorisiert, alles Zielführende zu tun, um das angestrebte Ergebnis zu erreichen. Gleichzeitig muss es die Standards und Prozesse der Organisation einhalten. Das Team steuert die Arbeitsmenge selbst, die es bewältigen will. Dafür trägt es aber auch die Verantwortung für die Qualität der Lieferung.

Der Product Owner – der Visionär. Der Product Owner lenkt die Produktentwicklung und ist verantwortlich dafür, dass das Team die gewünschten Funktionalitäten in der richtigen Reihenfolge erstellt. Er oder sie sorgt dafür, dass die Ergebnisse den finanziellen Aufwand für das Projekt rechtfertigen. Mit dem Team arbeitet der Product Owner auf täglicher Basis, trifft zeitnah die notwendigen Entscheidungen und arbeitet kontinuierlich am Product Backlog und dem Release Plan.

Der ScrumMaster – der Change-Agent. Der ScrumMaster hilft dem Team, seine Ziele zu erreichen. Er arbeitet daran, dass alle Schwierigkeiten, Blockaden und Probleme, die das Team aufhalten (in Scrum »Impediments« genannt), gelöst werden. Er oder sie ist nicht weisungsbefugt, sorgt jedoch dafür, dass der Scrum-Prozess eingehalten wird. Eine der Hauptaufgaben des ScrumMasters besteht darin, alle am Projekt beteiligten Personen zu schulen, sodass sie ihre Rolle verstehen und ausüben können.

Der Manager – die Bereitsteller. Das Management stellt die Ressourcen und die Richtlinien innerhalb einer Organisation zur Verfügung. Es schafft den Rahmen, in dem sich das Team, der Product Owner und der ScrumMaster bewegen. Oft löst das Management die vom ScrumMaster identifizierten Probleme.

Der Kunde – der Finanzierer. Der Kunde ist Anforderer des Projekts, er kauft es oder hat es in Auftrag gegeben. Typischerweise sind das Executivemanager in Organisationen, in einem internen Projektentwicklungsteam ist der Budgetverantwortliche in der Rolle des Kunden.

Der End-User – der Nutzer. Der Anwender des Produkts ist eine wesentliche Informationsquelle für das Scrum-Team. Er ist es, der später die »Usable Software« benutzen wird. Daher bezieht das Scrum-Team den Anwender in die Produktentwicklung mit ein. Beim Sprint Planning definiert er gemeinsam mit dem Product Owner die Anforderungen. Später wird er als Anwender mit dem Team daran arbeiten, die Anwendung nutzbar zu machen.

3.1.3   Das Prozessmodell

Der Scrum Flow steckt den Rahmen ab, in dem alle Aktivitäten der Produktentwicklung ablaufen. Es ist eine Abfolge strategischer und taktischer Phasen in einem Sprint. In diesen Phasen dienen die Meetings und Artefakte dazu, dass Scrum-Team und Kunde gemeinsam aktiv werden, um das Produkt zu schaffen. Neben den sechs Rollen besteht der Scrum Flow aus sechs Meetings und 11 Artefakten:

Rollen	Meetings	Artefakte
Entwicklungsteam	Estimation Meeting	Produktvision
Product Owner	Sprint Planning 1	Product Backlog-Item (User Story)
ScrumMaster	Sprint Planning 2	Product Backlog (Liste der User Storys)
Manager	Daily Scrum	Sprint Goal
Kunde	Sprint Review	Aufgaben/Tasks
End-User	Sprint Retrospektive	Sprint Backlog
		Release Plan
		Impediment Backlog
		Produktinkrement
		Definition of Done
		Burndownchart

Abb. 4: Rollen, Meetings und Artefakte in Scrum

Eine Schwäche des traditionellen Projektmanagements ist, dass die Kunden und die Entwickler eines Produkts meist separiert werden. Das kommt einer Trennung von strategischer und taktisch-operativer Ebene gleich. Das Team weiß dann lediglich, dass es etwas tun soll, aber nicht, warum es etwas tun soll. Genau das Wissen um das »Warum« macht aber den Unterschied, um innovative Problemlösungsansätze entwickeln zu können. Mit der Verbindung der beiden Ebenen beginnen die Teammitglieder auch zu verstehen, wie ihre Arbeit mit Erfolg und Misserfolg des Unternehmens zusammenhängt.

Strategische Planung

Die Produktvision. Am Anfang steht die Person mit einer Produktidee, die häufig vom Kunden eingebracht wird: der Product Owner. Er oder sie bearbeitet diese Idee so lange (oft auch gemeinsam mit dem Entwicklungsteam), bis es eine Produktvision gibt. Diese enthält die grundlegende Idee für das Projekt.

Product Backlog. Der Product Owner erarbeitet – entweder alleine oder mithilfe der Teammitglieder – die Produktfunktionalitäten (Product Backlog Items). Diese werden in einer sehr einfachen Form notiert: den User Storys. Eine Story ist ein kurzer Satz, der einen Teil einer Funktionalität in einer besonderen Weise repräsentiert, die von Mike Cohn stammt und in seinem Buch *User Stories Applied (Cohn 2004)* beschrieben ist. Er hat folgende Struktur für User Storys eingeführt:

Als Anwender mit der *Rolle*
benötige ich eine *Funktionalität*,
damit ich den *Nutzen* bekomme.

Beispiel: Als Bankkunde will ich sicher identifiziert werden, damit ich das Gefühl bekomme, dass meine Informationen sicher sind.

Alle User Storys werden in eine Liste eingetragen, das Product Backlog.

Eine Reihenfolge herstellen. Der Product Owner bringt die Product Backlog Items in dieser Liste in eine Reihenfolge, die sich aus dem zu erwartenden finanziellen Gewinn der jeweiligen Funktionalitäten ergibt.

Estimation Meeting. Als Nächstes muss jedes Product Backlog-Item auf seine Größe geschätzt werden. Die Schätzung wird von den Mitgliedern des Entwicklungsteams durchgeführt. Ihm gehören alle Personen an, die notwendig sind, um die Backlog Items in Software zu verwandeln, die ausgeliefert werden kann. Die Mitglieder des Entwicklungsteams schätzen also den Umfang jedes zu liefernden Product Backlog Items und teilen das Ergebnis dem Product Owner mit.

Geschätztes und priorisiertes Product Backlog. Das Product Backlog ist nun komplett geschätzt. Alle Teammitglieder haben eine Vorstellung davon, wie das gewünschte

Produkt aussehen soll, und der Product Owner hat eine erste Vorstellung davon, wie umfangreich das Produkt ist.

Velocity bestimmen. Um zu wissen, wann etwas geliefert werden kann, müssen einerseits die Reihenfolge und die Größe der Storys und andererseits die Kapazität des Teams bekannt sein (= Velocity).

Release Plan erstellen. Mit der Kapazität des Teams kennen wir auch die Laufzeit des Projekts. Unter der Annahme, dass das Team so bestehen bleibt, wie es derzeit ist, lässt sich die Anzahl der Sprints festlegen und damit bestimmen, wann welche Story geliefert wird.

Taktische Planung

In der tatsächlichen Umsetzungsphase wird in Scrum in klar abgegrenzten zeitlichen Intervallen, den Sprints, gearbeitet. Am Ende eines Sprints muss das Team ein Produktinkrement in einer Funktionalität und Qualität erstellt haben, die ausgeliefert werden kann (in der Softwareentwicklung: Potential Shippable Code oder neuerdings Usable-Software).

Am Anfang eines Sprints wird basierend auf dem Plan, der in der strategischen Planungsphase entstanden ist, die taktische Umsetzung besprochen. Auf Basis von groben Überlegungen darüber, welche Funktionalitäten (User Storys) im jeweiligen Sprint geliefert werden sollen, wird nun entschieden, wie viel tatsächlich in diesem Sprint geliefert werden kann. Ein Sprint umfasst maximal einen Zeitraum von 30 Tagen und unterteilt sich durch eine Reihe von Workshops: Sprint Planning 1, Sprint Planning 2, Daily Scrum, Estimation Meeting, Sprint Review und Sprint Retrospektive.

Sprint Planning 1 – Anforderungen für diesen Sprint klären. In diesem ersten Workshop eines Sprints sind der Product Owner, das Team, das Management, der Anwender und der ScrumMaster anwesend. Der Product Owner erläutert die Storys und definiert gemeinsam mit den Teammitgliedern und dem Management das *Ziel* für den anstehenden Sprint. Dann werden die Storys ausgewählt, die zu diesem Ziel passen und die das Team liefern will. So entsteht das Sprint Backlog (gemäß Scrum Guide 2013 *(Schwaber, Sutherland 2013)*).

Sprint Planning 2 – Design und Planung. Hier planen die Teammitglieder gemeinsam mit dem ScrumMaster, wie sie das im Sprint Planning 1 vereinbarte Ziel erreichen wollen. Dazu beraten sie untereinander, wie zum Beispiel eine Applikation aufgebaut sein soll, welche Architektur gewählt werden muss, welche Interfaces geschrieben werden sollen, ob bereits Testfälle erstellt und geschrieben werden sollen, kurz: Sie besprechen detailliert, was getan werden muss.

Daily Scrum – Koordination und Feedback. Jeden Tag treffen sich die Teammitglieder (der Product Owner darf ebenfalls teilnehmen) zur gleichen Zeit am selben Ort für

15 Minuten zu einem vom ScrumMaster moderierten Tagesplanungsmeeting. Hier nimmt sich jedes Teammitglied die *Aufgabe* (Task), die es an diesem Tag bearbeiten will. Die Teammitglieder informieren den ScrumMaster über Blockaden und Probleme (Impediments), damit dieser sie so schnell wie möglich lösen kann.

Estimation Meeting – Vorausplanen und Schätzen. Product Owner und Teammitglieder aktualisieren mindestens einmal im Sprint das Product Backlog. Dabei werden Storys mit neuen Schätzungen versehen und neue Storys in das Product Backlog aufgenommen. Gleichzeitig wird die Reihenfolge der Backlog Items angepasst, indem die neuen Informationen berücksichtigt werden. Dieses Meeting hilft dem Product Owner dabei, den Release Plan des Projekts zu aktualisieren und zu vervollständigen.

Sprint Review – Resultate präsentieren. Am Ende des Sprints präsentiert das Scrum-Team im idealen Fall dem User die erarbeiteten Storys. Das Team zeigt nur die Storys, die soweit erarbeitet wurden, dass sie sofort produktiv eingesetzt werden könnten.

Sprint Retrospektive – sich ständig verbessern. Die Sprint Retrospektive ermöglicht dem Team, systematisch zu lernen. Hier wird analysiert, welche Arbeitsprozesse verbessert werden müssen, damit das Team effektiver arbeiten kann. Die Resultate aus der Retrospektive werden im Impediment Backlog festgehalten und lassen sich so als Verbesserungsvorschläge in das Sprint Planning einbringen.

Das entscheidende Prinzip ist: Am Ende eines Sprints hat das Entwicklungsteam potenziell nutzbare Funktionalität zu liefern. Das heißt, keine weiteren Arbeiten sind notwendig, um diese Funktionalität an den End-User zu übergeben. Diese Vorgabe muss an die jeweiligen Entwicklungsbedingungen angepasst werden. Deshalb wird zwischen dem Entwicklungsteam und dem Product Owner der Level of Done[11] vereinbart. Der Scrum-Master arbeitet mit dem Scrum-Team daran, diesen kontinuierlich zu erhöhen. Im Idealfall wird am Ende des Sprints an den End-User ausgeliefert.

---

11   Der Level of Done bezeichnet den Integrationslevel des Produktes. Dies gilt insbesondere dann, wenn viele Teams gemeinsam das Produkt liefern müssen.

4 Scrum unter der Lupe

4.1 Der Workflow in sechs Meetings

Der Workflow ist in Scrum über einen sich wiederholenden Entwicklungszyklus organisiert. Je ein Zyklus entspricht einer Iteration (Sprint). Innerhalb des Sprints sind die Meetings in einem fixen Ablauf angeordnet, der die Teamarbeit zum einen strukturiert und zum anderen rhythmisiert.[12] Jede Iteration bewegt sich ausgehend von einer Art Kundenrebriefing (Sprint Planning 1) hin zur Lieferung eines Produktes und schließt mit einer Teamreflexion zur kontinuierlichen Verbesserung (Sprint Retrospektive) ab. Der Grundgedanke hinter dieser Modellierung ist, den Entwicklungszyklus auch als Erkenntnis- und Lernprozess aller Beteiligten zu verstehen – und nutzbar zu machen. Anhand der Konkretisierung (mit jedem Sprint liefert das Team einen Teil des Produktes, der mit Anwendern und Experten reflektiert und in der praktischen Anwendung validiert werden kann) prüfen Kunden ihre eigenen Vorstellungen, korrigieren diese gegebenenfalls anhand der Anwenderverprobungen. Product Owner, Management, ScrumMaster und Teams evaluieren ihre Vorgehensweise, bauen ihr Domainwissen aus, verändern Rahmenbedingungen und Einflussfaktoren, um die nächste Iteration unter verbesserten Voraussetzungen zu durchlaufen. Das führt zu besseren Ergebnissen und der Reduktion von Forschungs- und Entwicklungsrisiken. Fehlentwicklungen werden frühzeitig erkannt und korrigiert.

Entscheidend scheint mir hier, zu verstehen, dass Fehlentwicklungen aus der Natur der Aufgabenstellung vorprogrammiert sind und eine Vermeidung unmöglich ist. Vielmehr gilt es, das Feld der (Be-)Handlungsoptionen und Vorgehensweisen zu optimieren. In unserem Kontext bedeutet das:

1. Verkürzung der Entwicklungs-, Erkenntnis- und Lernzyklen → Sprintdauer von weniger als 4 Wochen,
2. Von Anfang an ein Set von Routinen etablieren und praktizieren, die die Krisenbewältigung begünstigen (jede Produktentwicklung ist per se eine Krisensituation) → die Scrum-Meetings,
3. Die Stärkung der Liefer- und Leistungsfähigkeit der Organisation innerhalb des Modells berücksichtigen → Rolle des ScrumMasters.

In einer Teamretrospektive, die ich begleiten durfte, kam mächtig Stimmung gegen die Product Owner des Projektes auf. Man könne doch erwarten, dass diese als Profis ihren Job gefälligst machen würden. Schließlich sei man selbst (eine Reihe gut bezahlter und wirklich talentierter Entwickler) auch als Profi angetreten und habe von Tag 1 weg angepackt. »Was für eine Arroganz«, dachte ich mir. Denn ich kannte auch die besagten Product Owner – allesamt respektable Fachleute. Nun mag man übereinander denken wie man will. Entscheidend für mich war, dass es hier für die Organisation und alle Spieler

---

12 »Meetings« sind in Scrum übrigens interaktive Workshops und nicht Meetings im klassischen Sinne. In jedem Workshop wird ein Stück der Arbeit am Produkt kollaborativ bewältigt.

galt, miteinander zu lernen, wie sich die Kompetenzen und Erfahrungen in ein konstruktives und produktives gemeinsames Teamplay integrieren lassen würden. Es geht um
einen Aspekt des Lernens, der hier gemeint ist.

Aber es geht noch viel weiter: Jedes Meeting in Scrum steht unter dem Vorzeichen gemeinsamen Lernens – über sich, über das Produkt, über die Konstellation, über Probleme, über
Lösungswege, über Kundenperspektiven. Lernen als täglicher Auftrag und als Modus Ope-
randi gemeinsamer Produktentwicklung ist allumfassend: Lernen im Team, mit dem
ScrumMaster, dem Product Owner, die Stakeholder, das Management, Kunden und Nutzer einschließend. Darin besteht das Iterativ-Inkrementelle von Scrum. An anderer Stelle
wird es vielleicht sichtbarer, in dem Prozesshaften, in den kurzen Zyklen, im Aufbau und
der Struktur des Produktes und der Lieferungen. Wenn Sie das Standardwerk von Boris
Gloger *Scrum. Produkte zuverlässig und schnell entwickeln* studieren, lesen Sie mit der
Brille der lernenden Organisation, betrachten Sie jedes Meeting als eine Lerneinheit, finden Sie in jeder Rolle eine besondere Persönlichkeit und Perspektive eines Lernenden,
und lesen Sie jedes Artefakt wie einen Spickzettel, eine Notiz eines Lerners. Dann werden
Sie in der Lage sein, mit Scrum das zu erreichen, was wir unter Highperforming-Teams
verstehen.

4.2   Sprint Planning 1 – das »Kunden(re)briefing«

Jeder Sprint beginnt mit einem Abgleich zwischen dem Entwicklungsteam und dem Product Owner. Die Basis dafür bilden die im Product Backlog durch den Product Owner
priorisierten User Storys. Diese repräsentieren Produktteile bzw. Funktionalitäten, die
durch das Team innerhalb eines Sprints lieferbar sind. Hier kommt der Begriff des Inkre-
ments zum Tragen: Funktionalität, die aus Anwender- und Kundensicht schon einen Wert
im Sinne der Lieferung und nicht im Sinne des Herstellungsaufwandes darstellt. So wäre
innerhalb eines Softwareproduktes die Bereitstellung einer Datenbank vielleicht mit
erheblichem Aufwand verbunden, die Lieferung muss aber zwingend eine mit der Datenbank verbundene Funktionalität, die durch den User aufgerufen werden kann, beinhalten.
  Das Sprint Planning ist, wie alle Scrum-Meetings, als Arbeitsworkshop konzipiert. In
der vom Team geführten Zusammenarbeit mit dem Product Owner stellen die Teammitglieder sicher, dass sie die Aufgabenstellung verstanden haben, über alle Informationen
verfügen und die offenen Punkte klären. Im Sinne des Pull-Prinzips schaffen sie sich
selbst eine ausreichende Ausgangsbasis für ihre Entwicklungsarbeit. Während das Team
den Prozess führt, die Ergebnisse gemeinschaftlich festhält und für sich dokumentiert,
bringt sich der Product Owner mit unterstützenden Informationen bzw. Unterlagen in die
Teamdiskussion ein. Dementsprechend ist das zu wählende Setting auch workshoporien-
tiert und sind klassische Meetingräume kontraproduktiv. Je besser das Domain Know-
how innerhalb des Teams ist, desto besser gestalten sich die Sprint Plannings.
  Wenn Product Owner und Team überzeugt sind, ein ausreichend abgeklärtes und vor
allem gemeinsames Verständnis zu den Parametern der Lieferung zu teilen, dann ist es an

Abb. 5:
Das Sprint Planning 1 – Dialog und Commitment

dem Team, das sogenannte Sprint-Commitment abzugeben. Das Team gibt also gemeinsam dem Product Owner gegenüber eine feste Zusage, wie viele der bearbeiteten User Storys tatsächlich innerhalb des Sprints geliefert werden. Kein »können«, hier heißt es bewusst »werden«. Zusammen mit dem Prozedere des Sprint Planning 1 repräsentiert das Team-Commitment eines der Grundprinzipien von Scrum – das Pull-Prinzip. Wer wüsste denn besser als das Team, was es an Informationen und Rahmenbedingungen benötigt, um ein für die Anforderungen des Users, repräsentiert durch den Product Owner, geeignetes Produkt zu liefern, und wie viel an Lieferung zuverlässig möglich ist?

Wie jedes Meeting in Scrum ist auch das Sprint Planning zeitlich begrenzt (*timeboxed*). In der Regel sind für das Sprint Planning 1 drei Stunden anberaumt. Und natürlich gilt auch bei Scrum Meetings alles, was für gute Meeting-Facilitation in anderen Kontexten gilt, um diese produktiv, fokussiert und effektiv zu gestalten. Wie viele User Storys werden in einem Sprint Planning besprochen? So viele, wie eine Chance haben, in diesem Sprint auch durch das Team committet zu werden. Auf Vorrat besprechen ist wenig sinnvoll, da Informationen mit zeitlicher Distanz zur Kommunikation stark »verbleichen«. So ist es immer wieder hilfreich, nach jeder besprochenen User Story eine kurze Pause zu machen und das Team zu befragen, ob noch eine weitere Story besprochen werden sollte.

4.3   Sprint Planning 2 – das technische Konzept

Wenn klar ist, was entwickelt werden soll, dann ist es am Team, ein gemeinsames Lösungskonzept zu erarbeiten. Zusammen wird die Arbeitsbasis für die Umsetzung geschaffen, hands-on und konkret. Im Fokus steht das gemeinsame Verständnis über die

Herangehensweise, die Risiken sowie Unwegbarkeiten und auch darüber, welche Kompetenzen an welcher Stelle gebraucht werden. Möglicherweise werden schon in diesem Meeting externe Zulieferer eingebunden, um sicherzustellen, dass das im Sprint Planning 1 gegebene Commitment auch wirklich gehalten werden kann. Fast als Abfallprodukt des Kurzworkshops können die Tasks für das Team angesehen werden. Sie werden dem Team während der Umsetzung helfen, sich fokussiert auszutauschen und bei der Entwicklungsarbeit wechselseitig voranzubringen. Timebox für das Sprint Planning 2: ca. drei Stunden.

Was sind Anzeichen dafür, dass ein Sprint Planning 2, also jenes Meeting, in dem sich das Entwicklungsteam selbst hinsichtlich der Vorgehensweise und Planung der Arbeit organisiert, schief läuft?

a) Es wird kurzerhand eine To-do-Liste geschrieben und/oder

b) technologische Konzepte stürzen in die Untiefen eines harten Konfliktes ab.

Beides können wir in der Beratung immer wieder gut beobachten. Geschuldet ist das zumeist dem fehlenden Verstehen des Systems »Team«. »Oh nein«, werden Sie jetzt denken. »Schon wieder geht es um die Definition von Team.« Man kann es ja wirklich schon nicht mehr hören und lesen. Darum will ich Sie mit der Definition hier verschonen. Vielmehr geht es mir um den Lern- und Veränderungsprozess von Spezialisten-Einzelkarrieren hin zu Teamplayerkarrieren.

Primär betrachten wir (und darin unterscheiden sich die Menschen nicht – ob Berater, Manager, Mitarbeiter) unser Arbeitsleben egozentrisch. Diese Betrachtung erlaubt uns, Entscheidungen zu treffen, Ziele zu verfolgen, Erfolge zu erringen. Wir verstehen uns – man könnte fast meinen »fatalistisch« – als Lösungsbeauftragte für die Probleme, die uns begegnen. Vor allem in Deutschland, Österreich und der deutschsprachigen Schweiz herrscht eine Kultur des Problembewusstseins. Und – in Verbindung mit der Problemegozentrik – nehmen wir auch gleich einen individuellen Lösungsauftrag wahr, nicht nur für das für uns erkannte Problem, sondern gleich auch für das Problemsystem, dem wir begegnen. Diesem wollen wir im übertragenen Sinne messianisch begegnen und es auflösen. So ist es also nicht weiter verwunderlich, dass wir in den Unternehmen nicht auf Teams treffen, sondern auf Gruppen von Problemlösungsspezialisten, die organisatorisch unter der Gruppenbezeichnung »Team A« oder »Team B« firmieren. Dementsprechend sehen dann auch die Planungsmeetings aus.

Agile Manager und besonders ScrumMaster sind gefordert, den Kollegen zu helfen, aus diesem Lösungsautomatismus herauszufinden und sie in einen Austausch von Perspektiven zu führen. Es ist eine Ironie des Schicksals: Einerseits stehen – technologisch gesehen – immer mehr Instrumente und Möglichkeiten zur Verfügung, um autonom und unabhängig von Zeit zu arbeiten. Gleichzeitig fordern moderne Produkte und Systeme in ihrer Entstehung eine aktive soziale, kommunikative und inhaltliche Vernetzung wegen wachsender Systemkomplexitäten.

Die Arbeitsprozesse der Wissensarbeit basieren nicht auf dem Staffellaufprinzip einer industriellen Fertigungsstraße. Echtes Teamwork bedeutet in erster Linie zu begreifen, dass komplexe Produkte das Ergebnis eines komplexen, vernetzten Informations- und Kommunikationsprozesses sind, an dem Mitarbeiter gemeinschaftlich und in wesentlichen Teilen sogar gleichzeitig partizipieren müssen. Ein Manager von IDEO in Palo Alto hat es so formuliert: »Mit den Ideen anderer erfolgreich sein.« Er meint es wohl anders, als wir das aus egozentrischem Karrieristenverhalten kennen. Ihm geht es um das Aufbauen auf den Ideen anderer, einen Beitrag leisten.

4.4   Daily Scrum – der Tag im Team geplant

Dieses Meeting gilt fast als Symbol der agilen Kultur, ist es doch eines der sogenannten Stand-up-Meetings. Anstatt in gewohnter Weise im Besprechungsraum, treffen sich die Teammitglieder am Taskboard, einer Pinnwand mitten im Raum, an dem die einzelnen Arbeitspakete (User Storys) in Tasks heruntergebrochen visualisiert werden. Täglich zu einer festgelegten Zeit, meistens am Morgen, treffen sich die Teammitglieder und der ScrumMaster, um den Tag zu besprechen, die Zusammenarbeit zu koordinieren und auch Hindernisse und Probleme (Impediments) aufzuzeigen, bei deren Beseitigung sie Unterstützung durch den ScrumMaster benötigen. 15 Minuten – *timeboxed*, wie immer in Scrum – helfen allen, sich zu fokussieren und sich entlang von drei Fragestellungen miteinander auszutauschen:
1. Was habe ich gestern fertig bekommen?
2. Was nehme ich mir für heute vor?
3. Wo benötige ich Hilfestellung, wo kann ich unterstützend wirken?

Gerade in Managementteams, die sich Scrum als gemeinsames Framework gewählt haben, beobachten wir durch das Daily Scrum ein verbessertes Arbeitsklima und eine schnellere Entscheidungsfindung.

Das Taskboard – ein Gespräch unter Kollegen
Ganz ehrlich: Wenn Sie ein Daily Scrum besuchen und dort berichten die Teammitglieder dem ScrumMaster brav, was sie gestern erledigt haben und was sie heute machen werden, dann wissen Sie, dass die Idee der agilen Produktentwicklung mit Scrum entweder schon gescheitert oder zumindest noch lange nicht angekommen ist. Wie sollte es sein? Inhalt des Gespräches ist zu allererst die Qualität und der Zustand des Produktes, an dem das Team gerade miteinander arbeitet. Würde das technisch bereits funktionieren, sähe ich in der Mitte des Teams ein Hologramm des Produktes. Das Team würde, das Hologramm berührend und bewegend, sich darüber austauschen, was da entstanden ist und wie es daran heute zusammen weiterarbeiten will. Also mehr ein kollaboratives Arbeitsorganisationsgespräch unter Fachkollegen. Der ScrumMaster ist wachsam dabei, um herauszufinden, wie er Hindernisse für diese Arbeit aus dem Weg räumen kann und was das Team ggf. an Unterstützung benötigt.

4.5   Review – Erfolge feiern, von Anwendern lernen

Mein erstes Review-Meeting durfte ich mit Boris Gloger gemeinsam besuchen. Ich hatte sein Buch kurz davor gelesen. Als Berater war ich ja schon einiges an anstrengenden Kundenmeetings gewohnt. Also, wir kamen in ein Besprechungszimmer, in dem rund 35 Personen an einer langen U-Tafel gebannt auf eine Projektion an der Stirnwand starrten. Gut, gebannt ist wohl übertrieben. Das projizierte Spreadsheet zeigte User Storys, dazu die geschätzten Storypoints, Prioritäten, irgendwelche Anmerkungen (leider unlesbar) und den Fortschritt in Prozent, dazu noch die anteilig gelieferten Storypoints. Der Präsentator (wie ich später lernen sollte, war es einer der Product Owner) las Zeile für Zeile vor, dann gab es eine kurze oder längere Rückfrage, warum was zu 70, 80 oder 95 Prozent fertig wäre und nicht abgeschlossen. Die Antwort lautete an vielen Stellen: »Es ist nur mehr eine Kleinigkeit offen.« Pflichtgetreu folgte ich als Scrum-Beraternovize dem Geschehen. Und ich kämpfte wie offensichtlich ein guter Teil der anderen Teilnehmer mit Langeweile und aufkeimender Verärgerung. War das also Scrum? Irgendwie hatte ich das aus dem Buch anders in Erinnerung. Ich fragte Boris, ob das wirklich ein gutes Review-Meeting wäre. Er schüttelte nur verzweifelt den Kopf. Ihm war anzumerken, dass er am liebsten die Besprechung abgebrochen hätte. Aber wir waren eingeladen, uns das anzusehen und danach ein Angebot für eine Begleitung abzugeben. Also ertrugen wir mit 35 anderen Leidensgefährten diesen dreistündigen Reviewmarathon. Wenn Sie zu so einem Meeting geladen werden, brechen Sie bitte nach der Lesung der ersten Zeile ab.

Was ist das Review-Meeting, wenn kein Statusreporting? Die Antwort ist kürzer und, wie ich denke, auch erfreulicher als mein Erlebnisbericht. Im Review werden die neuesten Entwicklungen vorgestellt und von Anwendern, Kunden und Stakeholdern ausprobiert. Und zwar nur jene Entwicklungen, die auch wirklich fertig und durch den Product Owner abgenommen sind. Damit ist sichergestellt, dass wir uns dem spielerischen Lernen zuwenden können. Darin liegt die eigentliche Aufgabe des Review-Meetings. Wir wollen durch das gemeinsame Ausprobieren von Entwicklern, Product Ownern, Kunden, Usern und Stakeholdern mehr über unser Entwicklungsvorhaben lernen. Darüber, an welcher Stelle wir die Thesen verändern, mitunter auch ganz umstoßen müssen. Das Review-Meeting ist Ort der Begegnung und des informellen Austausches. Die harten Tatsachen sind schon zuvor ausgehandelt. Jetzt geht es auch darum, zu feiern, was erreicht wurde, der Entwicklungsmannschaft Anerkennung für das Engagement und den Einsatz zu zollen und sich an dem Erreichten zu freuen. Zwei Fragen ergeben sich daraus:

»*Und wenn nichts geliefert wurde?*« – Dann gibt es auch kein Review.

»*Was machen wir mit Kritik bzw. Änderungsvorschlägen?*« – Diese kommen als Ideen in das Product Backlog und werden neuerlich priorisiert. Das ermöglicht eine offene Diskussion und eine bewusste Entscheidung über weitere Investitionen.

4.6 Retrospektive – die lernende Organisation

Wenn sich Teams, motiviert von großen Vorhaben, im Dickicht des Projektalltags wiederfinden, ist oft schnell klar: So geht es nicht schnell genug ans Ziel, wenn überhaupt. Schon setzen die Projektmanagementmechanismen ein. Single-Root-Cause-Analysis, die Suche nach der Ursache – ein vielversprechender Heilsweg. Volontäre sind jetzt gefragt. Frei nach dem Motto »Einer für alle« sucht das Team kollektiv oder auf Basis von Einzelbeiträgen nach dem Problem. Und natürlich war es wieder mal keiner, jeder kann versichern »Ich war es nicht«. Damit sind wir im Prozess weiter zurückgefallen.

Also, wie geht es wieder nach vorne? Ganz im Sinne von »Corporate-Excellence« und »Continuous-Improvement« schauen sich die Teams zusammen mit ihrem ScrumMaster regelmäßig ihr Teamplay an. Der Schlüssel ist die *Regelmäßigkeit*. Nicht erst dann, wenn nichts mehr geht, sondern rechtzeitig – *bevor* nichts mehr geht. Alle zwei Wochen investieren die Teams genau 90 Minuten.

In unserer Arbeit mit Scrum-Teams gehen wir so vor: Am Beginn der Session zeichnen wir eine Timeline über die letzten zwei Wochen im Raum auf. Jeder markiert dort mit einer Karte einen Zeitpunkt und schreibt auf der Karte ein *Ereignis* auf. Das ist wichtig. Denn so arbeiten wir zu konkreten, beobachtbaren Ereignissen und schützen uns als Team vor pauschalisierenden Schuldzuweisungen. Auf einer Karte steht beispielsweise: »Montag, 27. August 2012 | 15.00 | Zugriff auf meinen Entwicklungsserver nicht möglich.« Jeder bringt sich ein und so teilen wir im Team einen gemeinsamen Erlebnisbericht zur Teamarbeit der letzten zwei Wochen.

Am Flipchart bearbeiten wir dann drei Fragen im Team:
1. Was haben wir in den vergangen zwei Wochen als TEAM besonders gut gemacht?
2. Was hat uns in den vergangenen zwei Wochen behindert/gehemmt?
3. Was wollen wir in den kommenden zwei Wochen als TEAM besser machen?

Dabei moderiert der ScrumMaster diesen Prozess und hält das Team fokussiert. Abschließend priorisiert das Team die Hindernisse (aus Frage 2). Entscheidend ist hier die Aufgabe, nach Relevanz des Hindernisses für die nächsten zwei Wochen bzw. einem nahen Zeithorizont zu priorisieren. Somit beschäftigen wir uns mit wichtigen und dringlichen Problemen. Schließlich ordnen wir die priorisierten Hindernisse zwei Gruppen zu:
* Hindernisse, die wir als Team selbst aus dem Weg schaffen können, bzw. selbst Einfluss darauf ausüben können.
* Hindernisse, die von der Organisation (Unternehmen) zu verändern sind (weil wir als Team wirklich nichts dazu beitragen können).

Die Hindernisse, die nicht vom Team verändert bzw. beeinflusst werden können, übernimmt der ScrumMaster. Sein Job ist es, sich hier gezielt einzusetzen. Dies hat folgende Effekte:
* Die wirklichen und wichtigen Probleme und Hindernisse kommen auf den Tisch.
* Das Team wird in die Eigenverantwortung genommen und seine Selbstorganisationskraft gestärkt.

- Fokussierung auf relevante Problemstellungen und damit erhöhte Chance für Change.
- Der Lösungsbeitrag des Teams ist im Unternehmen so etwas wie das Eigenkapital beim Hausbau. Je mehr ich mitbringe, desto mehr kann ich dazubekommen.

Darüber hinaus investieren agile Teams regelmäßig (alle zwei Wochen) Zeit zur Verbesserung. Einen effektiveren und effizienteren Change gibt es kaum.

Ich warte draußen – der Manager und die Retrospektive

Manager sollten es gelassen nehmen: Sie müssen nicht in die Teamretrospektive. Und sie müssen auch nicht wissen, was drinnen abläuft, dafür ist ja der ScrumMaster dabei. So mancher Manager mag sich dabei leicht verunsichert fragen, was die Retrospektive wirklich bringt? Die Antwort kann der ScrumMaster geben: Er weiß, was sich in den letzten drei Sprints durch die Retrospektiven verändert hat. Wenn die Antwort ausweichend ist oder im Nichts verläuft, sollte ein Manager mit seinem ScrumMaster am »Warum« hinter der Retrospektive arbeiten. Vielleicht braucht es auch eine andere Herangehensweise. Mitunter werden zu viele Kreativtechniken eingesetzt und der eigentliche Sinn geht verloren. Dann heißt es wie bei jedem guten Sportler: zurück zum Einüben der Grundtechnik.[13]

Das Bild von richtig guter Arbeit.

»Wann und vor allem wie erkenne ich gute Arbeit meiner Mitarbeiter?« Mit wachsender Beobachtungsdistanz des Managements zum täglichen Tun wächst schleichend und kaum bemerkbar das institutionelle Misstrauen. Die kleinste Abweichung am linear aufgebauten Fortschrittsbericht, ein Zurückfallen, und schon wird Ursachenforschung betrieben oder zumindest veranlasst. Forschung, Nachforschung – oder in den Worten eines betroffenen ScrumMasters: Generalverdacht. So fühlt es sich dann an. Was tun? Gibt es gute Arbeit, die trotzdem – jedenfalls im Sinne der Erfolgsmessung und -planung – zu schlechten Resultaten führt? Oder sind »schlechte« Resultate aus guter Arbeit, gutem Teamwork wie in Scrum, eine Option? Wir sagen ja zu beiden Fragen. Feiern Sie Misserfolge: *Gute Arbeit in agilen Organisationen bringt viele Fehler laufend an die Oberfläche!*

Gravierende Fehler, dramatische Fehler, kleine Fehler. Gerade in Technologieumfeldern begegnet mir oft die Metapher des Uhrmachers. Dieser baut mit höchster Aufmerksamkeit die Präzisionsteile zum ultimativen Einzelstück zusammen. Fehlerfrei und perfekt, so wie die Uhren dann später auch funktionieren. Wenn das Ihr Bild von guter Arbeit ist, würde ich gerne ein anderes dazustellen. Eines, das uns vielleicht helfen kann, bessere Produkte zu entwickeln.

Seit Jahrzehnten gehören Landminen zu den Waffen, die noch Jahrzehnte nach ihrem initialen Einsatz, selbst wenn Frieden in die betroffenen Regionen eingezogen ist, verheerende Zerstörung anrichten. Menschen werden Opfer eines Krieges, der noch immer stattfindet, weil die Minen noch nicht entschärft worden sind. Viele Jahre wurde nach geeigneten Lösungen gesucht, sie aufzuspüren und zu entschärfen. Seit einigen Jahren ist ein

---

13 Die Anleitung zur Basisretrospektive finden Sie in *Scrum. Produkte zuverlässig und schnell entwickeln* von Boris Gloger.

neuer Panzer der deutschen Bundeswehr im Einsatz: Auf fünf Metern Breite rotieren 15 kg schwere, ca. 50 cm lange Stahlknüppel an schweren Ketten mit enormer Geschwindigkeit und schlagen mit großer Wucht auf den Boden. Wie eine Fräse kämpft sich das schwer gepanzerte Fahrzeug seinen Weg nach vorne und zerstört die Landminen, die verstreut auf seinem Weg liegen. Zerstört werden sie durch das gezielte Auslösen der Explosion. Jede Explosion ist ein Erfolg für die Einsatztruppe, jede Detonation ein Stück mehr Sicherheit. Das ist das Bild, das wir von guter Arbeit haben. Im agilen Neudeutsch: *fail fast* und *fail often*. Jeder Fehler hilft uns, ein Stück Unsicherheit in unserem Produkt aufzudecken und zu beheben.

Die Frage, die sich ein agiles Management stellen muss, lautet daher: *»Was können wir zu einer agilen Fehlerkultur beitragen, die uns hilft, die »Landminen« in unserer Organisation auszulösen und damit unser Produkt sicherer zu machen?«* Ein Teil sind natürlich Prozesse, Instrumente und Praktiken. Genauso wichtig aber ist die Kultur, der Umgang mit Fehlern. Der bestimmt sich durch den zugehörigen Dialog. Also, mit welcher Nachfrage oder auch Empfehlung oder Forderung wird in der Planung und Steuerung, im Management und in der Beratung das Auftreten von Fehlern beantwortet? Welche Bedeutung bekommen die Fehlermeldungen im Reporting und noch mehr im Dialog mit den Entwicklungsteams?

Zum Nachdenken

Einer Geschichte aus dem Buch *The Toyota Way to Lean Leadership* zufolge hatte eine amerikanische Führungskraft im Rahmen ihrer Einschulung bei Toyota in Japan einen Schaden bei der Montage am Band verursacht (*Liker, Convis* 2011). Die Regel besagte: das Band sofort stoppen. In dem Buch wird erzählt, wie sehr dieser Mann zögerte, überlegte, ob er den Schaden wirklich melden sollte, sich dann aber schweren Herzens dazu entschloss und vom Beifall seiner Kollegen und der praktischen Hilfe seines Vorgesetzten überrascht wurde. Der unterwies ihn darin, das entsprechende Werkzeug richtig einzusetzen. Keine Schelte, kein missgelauntes Gesicht, wie er es aus seinen bisherigen Erfahrungen in amerikanischen Werken kannte. Sondern Freude darüber, dass man etwas gefunden hatte, das konkret verbessert werden konnte. Im Kleinen bei ihm in der Anwendung, im Großen bei der Schulung.

In unserer Kultur des kritischen Geistes, die sich vor allem durch die Fähigkeit auszeichnet, Missstände und Fehler aufdecken zu können, scheint das ganz unmöglich. Ich habe Kabarettisten sagen hören, dass es in Deutschland deswegen so viele ausgezeichnete Fahrzeuge gäbe, weil wir so unzufrieden und überkritisch wären, es weder uns noch anderen jemals Recht machen könnten und auch nicht würden. Mäkeln als Erfolgsfaktor quasi. Für die Qualität unserer Fehleranalysen ist dies vielleicht sogar sehr hilfreich. Wenn es aber darum geht, Unbekanntes zu ergründen, dann kann uns vielleicht das Bild des Räumpanzers für Landminen helfen, einen zusätzlichen Aspekt in unserer Fehlerkultur zu begründen: das Bild von der guten Arbeit. Es ist das Bild von Menschen, die Probleme finden, aufzeigen und miteinander lösen – regelmäßig, von Beginn an, bis zum Ende der Entwicklung. In einem Gespräch mit einem Softwarearchitekten meinte dieser, dass die eigentlichen Probleme erst später im Projekt kämen. Da setzen wir an: Wir wollen alles tun, um schon früh Konsequenzen zu erkennen und behandeln zu können und die richtigen Fehler als aktives und konsequentes Instrument des Riskmanagement nutzen.

4.7   Estimation Meeting – Knowledgetransfer und Risk-Management

Das Estimation Meeting ist, anders als alle anderen hier angeführten Meetings, jenem Teil des Workflow zuzuordnen, der sich der vorbereitenden Planung widmet. Estimation wird hier wortwörtlich als »Einschätzung« übersetzt. Es geht um die Einschätzung der Arbeitspakete (User Storys) durch das Entwicklungsteam. Geschätzt werden die durch den Product Owner priorisierten User Storys aus dem Product Backlog, eingeschätzt wird anhand von Storypoints.

Storypoints. Im Gegensatz zu vielen, vor allem angloamerikanischen Beratungsunternehmen, verwenden wir die Größeneinheit der Storypoints nicht für Aufwand oder Komplexität einer User Story (was wiederum auf Aufwand hinausläuft), sondern für die Größe des Funktionsumfanges aus User-Sicht. Unabhängig von der Konfiguration der Storypoints werden diese innerhalb eines Product Backlogs für die einzelnen User Storys relativ zueinander festgelegt. So hat eine User Story im Vergleich zu einer anderen etwa mehr oder weniger Storypoints. Um dieses »relativ mehr als« bzw. »relativ weniger als« zu verstärken, wird in der Regel die unreine Fibonacci-Reihe herangezogen. Die einzelnen User Storys erhalten Werte aus dieser Zahlenreihe, um ihr relatives Verhältnis zueinander auszudrücken. So ist eine Story mit drei Storypoints im Vergleich zu einer anderen mit fünf Storypoints etwas kleiner. Im Vergleich zu einer User Story mit 40 oder gar 100 Storypoints jedoch winzig. Oder anders herum: Eine Story mit 100 Storypoints ist im Vergleich mit Storys im Bereich bis 13 Storypoints einfach unverhältnismäßig größer. Damit lassen sich Unterschiede in der Bewertung von User Storys deutlicher ausdrücken – die Spreizung der Zahlenreihe wirkt hier verstärkend.

Schritt	0	1	2	3	4	5	6	7	8	9	10
Wert	0	1	2	3	5	8	13	20	40	100	?
Standardabweichung bei 50 % Genauigkeit	0	0,5	1	1,5	2,5	4	6,5	10	20	50	?

Abb. 6: Unreine Fibonacci-Reihe

Was bedeutet »Funktionsumfang aus User-Sicht«? Betrachten Sie das folgende Bild:

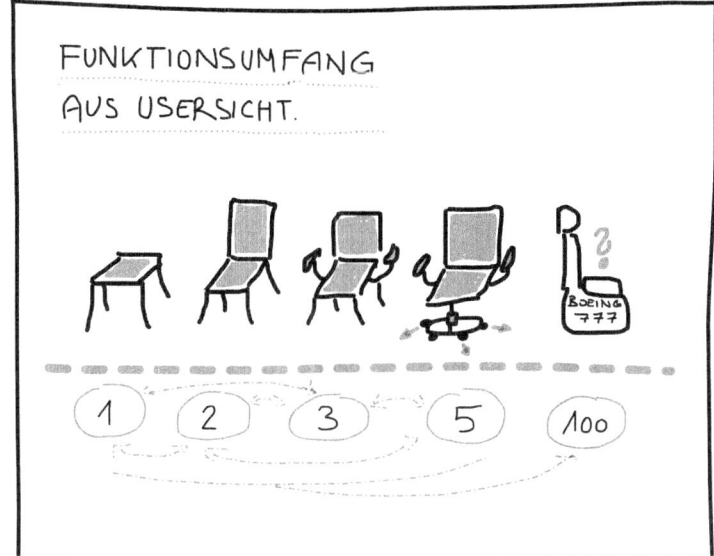

Abb. 7: Funktionsum-
fang aus User-Sicht

Wenn Sie nun anhand der unreinen Fibonacci-Reihe den Funktionsumfang dieser Sitzgelegenheiten relativ zueinander einschätzen sollten, wie würden Sie entscheiden? Ein Hocker böte zumindest eine Funktionalität: Man kann darauf sitzen. Natürlich könnte man ihn auch als Leiter oder als Ablagefläche oder für Topfpflanzen verwenden. Die intendierte Funktionalität ist aber wohl das Sitzen. Im Vergleich dazu bietet der Bürostuhl doch mehr Möglichkeiten: Als Anwender genieße ich die verstellbare Rückenlehne (Funktionalität Rückenstütze plus Verstellbarkeit), die Armlehnen und auch die Höhenverstellbarkeit, die mir den Sitzkomfort erhöht und natürlich die Beweglichkeit durch die Rollen. Also alles in allem deutlich mehr Funktionalität im Angebot als der Hocker. Jetzt werden Sie vielleicht fragen, ob nicht auch die unterschiedliche Materialbeschaffenheit den Funktionsumfang erhöhen würde. Nun, ich würde vordergründig mit Nein antworten – aus Funktionssicht. Bei besonderen Materialeigenschaften, wie z. B. atmungsaktiven Bezügen, die Sitzfläche und Rückenlehne belüften und somit kühlend wirken, wäre eine zusätzliche Funktionalität abbildbar. Mit diesem doch schon umfangreichen Funktionsangebot des Bürostuhls verglichen, bietet der Pilotenstuhl aus einer Linienmaschine jedenfalls um ein vielfach größeres, für mich als Laien schon nicht mehr erkennbares Funktionsspektrum. Vielleicht stecken ja Schleudersitz, Sauerstoffversorgung, Kommunikationstools und weiß Gott was noch in dem Sessel. Meine persönliche Reihung der Items auf der Fibonacci-Reihe wäre jedenfalls:

- Hocker – 1,
- einfacher Sessel – 2,

* Bürostuhl – 8,
* Pilotenstuhl – 100 (und im Vergleich zur Gruppe Hocker/Sessel/Bürostuhl ist es fast schon egal, ob es 100 oder 10.000 wären).

Klar ist, dass der Pilotensitz im Sinne seines Lieferumfanges aus Kundensicht nichts mehr mit den anderen Items gemeinsam hat. Das anhand der Sitzgelegenheiten illustrierte Prinzip lässt sich auch auf andere Produkte anwenden.

Das ist aus verschiedenen Gründen vorteilhaft: Einerseits gewinnen wir durch die Konstitution der Storypoints als Größe des Funktionsumfangs aus User-Sicht eine komplementäre Information und Perspektive innerhalb unseres Kennzahlen-Cockpits. Im Vergleich zum Aufwand stellt der Funktionsumfang aus User-Sicht eine stabile, vom Zeitpunkt der Umsetzung unabhängige Größenordnung dar. Der Aufwand in der Umsetzung (besonders im Kontext von Softwareentwicklung) wird nicht zuletzt durch die Reihenfolge und somit die veränderlichen Ausgangsbedingungen und den gewählten Lösungsweg beeinflusst. Für das steuerungsorientierte Reporting ermöglichen die Storypoints somit eine erweiterte Perspektive und Interpretation, unterstützen damit präzisere Planungsdialoge und Steuerungsinterventionen.

Iterativ-inkrementelles Einschätzen. Für das wöchentliche Schätzmeeting (Dauer ca. 35 Minuten) haben sich zwei Vorgehensweisen herausgeprägt. Bei beiden steht der kurze Austausch zu den User Storys im Vordergrund. Anders als in der klassischen Herangehensweise werden User Storys wiederholt (bis zu sechs Mal) in das Estimation Meeting eingebracht. Es geht um ein immer wieder neues Betrachten und sich vertiefendes Auseinandersetzen des Teams mit den Storys im Kontext des Gesamtbildes. Die abgegebenen Schätzwerte spielen dabei eine untergeordnete Rolle. Vorerst, vor allem bei jenen Storys, die neu in den Estimation-Prozess aufgenommen werden, sind sie eine Art Indikator für das Verständnis des Teams zu einer Aufgabenstellung. Innerhalb des Meetings wird auf stark widersprüchlich beurteilte und hochpriorisierte Storys aus dem Backlog fokussiert. Anstatt den Wust aller Backlog Items durchzuarbeiten, filtert das Team systematisch die kritischen, unverständlichen oder auch zu komplex gefassten Aufgabenstellungen heraus, um diese gemeinsam mit dem Product Owner zu behandeln. Das Prinzip der Priorisierung ist also auch hier wirksam.

Über den Vorlauf der User Storys zum Sprint über mehrere Estimation Meetings gewinnt der Product Owner auch mehrfach Feedback und die Chance, seine Ideen und Vorgaben für das Produkt zu schärfen. Für das Team ermöglicht das Estimation Meeting, sich sukzessive den Aufgabenstellungen zu nähern und das Wissen und Voraussetzungen im Team schrittweise, begleitend zur eigentlichen Arbeit im Sprint, aufzubauen. Im Straßenverkehr würden wir das »vorausschauendes Fahren« nennen.

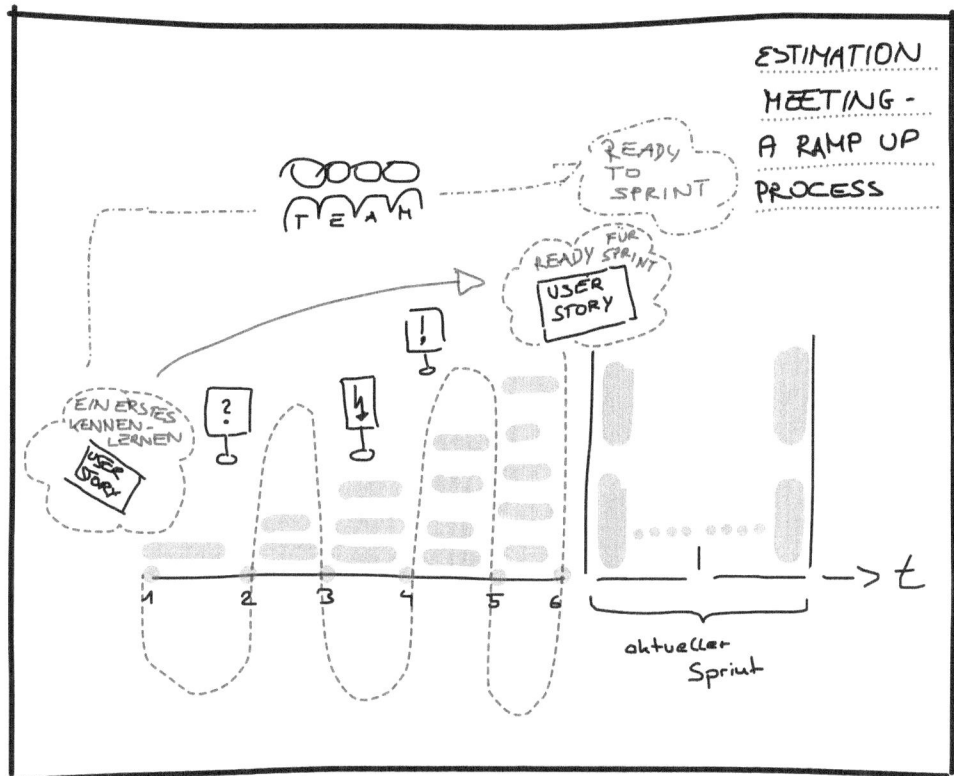

Abb. 8: Das Estimation Meeting – ein Ramp-up-Prozess

4.8   Die drei (plus drei) Rollen

Das *Entwicklungsteam*, kurz Team genannt, ist für die Lieferung, deren Qualität und Umfang verantwortlich. Der *ScrumMaster*, die laterale Führungskraft, verantwortet die Liefer- und Leistungsfähigkeit des gesamten Teams (inkl. Product Owner), beseitigt Hindernisse und befähigt das Team zu High Performance. Für den unternehmerischen Willen und die Produktvision steht der *Product Owner*: Er verbindet in seinem Produkt Unternehmensziele (etwa aus dem Produktmanagement) mit Kunden- und Anwenderanliegen zu Wertbeziehungen und der damit operativen Basis für das zugrundeliegende Geschäftsmodell.

Plus drei Rollen? Produktentwicklung findet für Kunden und Anwender in einem durch das Management gesteckten Rahmen statt, nicht daneben vorbei oder ohne deren Beteiligung. Sie sind wesentlicher, wenn auch nicht ständig involvierter Teil des Produktentwicklungsgeschehens.

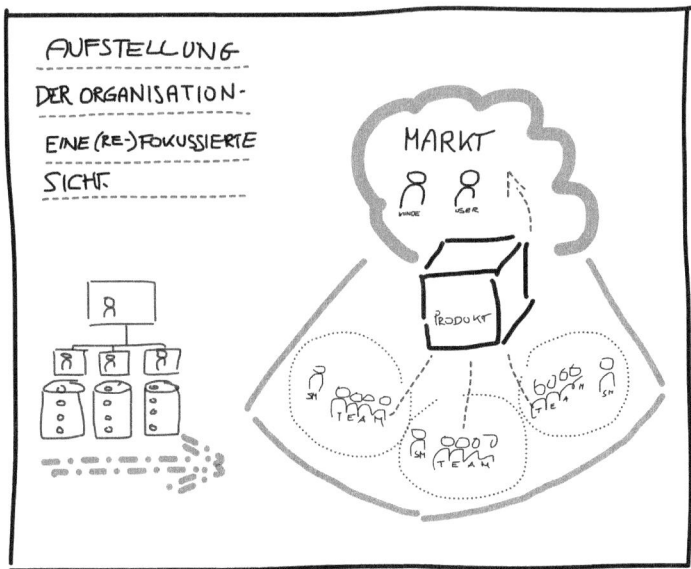

AUFSTELLUNG

DER ORGANISATION-

EINE (RE-)FOKUSSIERTE

SICHT.

MARKT

PRODUKT

Abb. 9:
Die neue Organisation
stellt sich rund um
das Produkt auf

4.8.1 ScrumMaster – Verantwortung für Liefer- und Leistungsfähigkeit

Ein Bild, das mir in der Arbeit mit ScrumMastern, die neu in ihrer Funktion sind, geholfen hat, ist das des Fußballtrainers. Wie jede Metapher hat auch diese ihre Grenzen und Unzulänglichkeiten, für das Wesentliche aber sollte es reichen. Wer kennt das nicht: Am Spielfeld 11 Spieler (der eigenen Mannschaft), neben dem Spielfeld der Trainerstab, daneben das Vereinsmanagement (auch mal auf einer speziellen Tribüne) und auf den Rängen 50.000 Fans, und alle wissen, wie man den Ball ins Tor bekommt. Allerdings müssen halt die 11 Sportler auf dem Rasen die Tore selbstständig zustande bringen. Sie müssen sich abstimmen, die Bälle zuspielen und das, was sie an Ressourcen und Strategien mithaben, gewinnbringend einsetzen. Wenn sie erfolgreich sind, sind sie die Stars, der Trainer bleibt. Wenn sie wiederholt verlieren, geht der Trainer. Und trotzdem: Der Trainer steht am Rande des Spielfelds. Was sind dabei seine Handlungsoptionen? Spielertausch, Zwischenrufe, Ermutigung in der Spielpause, die Nerven nicht verlieren und den Druck aushalten, den er im Rücken durch das Management und die 50.000 grölenden Fans bekommt. Er muss sich darauf verlassen, dass das, was er zwischen den Spielen mit den Sportlern erarbeitet, auch in den 90 Minuten wirksam wird. So verhält es sich auch mit dem Scrum-Master: voll verantwortlich für die Liefer- und Leistungsfähigkeit des Teams, für seine Motivation und Fitness. Das Stehen am Rande des Spielfeldes bedeutet im Fall dieser Rolle keine disziplinarische Führung, keine Vorarbeit und Arbeitseinteilung der Teammitglieder. Es bedeutet, sich ganz darauf zu konzentrieren, das eigene Team produktiv zu machen. Ein ScrumMaster führt ein Team. Wie im Spitzenfußball ist es ein 100-Prozent-Job, keine Nebenbeschäftigung.

4.8.2   Product Owner – Verantwortung für wertgetriebene Produktentwicklung

Wo findet die Rolle des Product Owners ihren Platz zwischen Requirements-Engineer, Anforderungsmanager, Business-Analyst, Projektmanager/leiter und Produktmanager? Bei der Beantwortung dieser Frage geht es in Unternehmen schnell um Kompetenzen, Weisungsbefugnis und Verantwortlichkeiten. Konsequent implementiert vereint der Product Owner einige dieser Rollen, jedenfalls wenn es darum geht, eine Produktidee zu entwickeln, zu konkretisieren und zusammen mit einem Entwicklungsteam umzusetzen. Als KPI ist für den Product Owner der ROI, Return-on-Investment einer Produktentwicklung, gesetzt. In dieser Rolle wird eine Vision geschaffen, an der entlang das Produkt entwickelt wird. Der Product Owner hält Kontakt zu den Stakeholdern und Kunden, bringt diese mit Usern und dem Team im Review zusammen. Er priorisiert die Anforderungen an das Produkt nach ihrer Werthaltigkeit, nach Business-Value. Anders als einige der eingangs genannten Rollen ist der Product Owner nahe am Team, und versteht sich als Enabler des Teams mit seiner Arbeit. Denn schließlich liefert das Team das Produkt.

Produktive Product Owner

> Während der ersten beiden Tage meiner Product-Owner-Trainings in Unternehmen steigt die Anspannung der Teilnehmer fast ins Explosive. Alle Dinge, von denen ich erzähle, haben zumeist nichts mit der Realität und dem Alltag der Trainingsteilnehmer zu tun. Mit jeder Stunde ist der Job des Product Owners unvorstellbarer. Die Welt wird enger und unerträglicher. Zumeist bricht dann irgendwer heraus und schnauzt mich an: »Und wie soll das alles gehen? Nein, das ist vollkommen unmöglich. Hören Sie, in der idealen Welt, da mag das gehen. Aber hier ist das vollends unmöglich. Verstehen Sie? Wenn ich so die User Storys schreibe, werde ich ja nie fertig. Das sind locker 100 Stunden in der Woche – und auch dann noch kein Ende in Sicht. Ne, Scrum ist nichts für uns!«

Früher habe ich auf solche Einwürfe durchwegs gereizt reagiert. Heute freue ich mich, denn es zeigt mir, dass ich in meiner Arbeit erfolgreich bin. Ist es doch ein Spiegel der um Scrum angereicherten Realität der Product Owner. So wie sie selbst agieren zumeist auch ihre Unternehmen. Anstatt zu priorisieren und zu verändern, packen sie den Leuten mit ihren Mehrfachzuständigkeiten noch den Product Owner mit rauf. Das geht natürlich nicht. Wenn ich Management mit an Bord habe, lade ich die Teilnehmer ein, in Gruppen Taskwände zu gestalten, auf denen sie alle Tätigkeiten eines Product Owners aus ihrer Sicht auflisten. Jede Aufgabe kommt auf ein Zettelchen, zusammen mit den Aufgaben aus den verschiedenen anderen Zuständigkeiten und Funktionen. Dann wandern wir das ab, und ich lasse sie zusammen mit ihrem Management herausarbeiten, was von allen diesen Tätigkeiten die Leistung und Lieferung des Entwicklungsteams konkret begünstigt und unterstützt. Zuerst gibt es immer Widerstand. Man müsse ja alles machen. »Richtig«, sage ich. »So ist es.« Ich würde ja nur wissen wollen, was davon wirklich produktiv sei. Dann muss ich nur die Frage stellen, wofür wir einen Product Owner hätten und was das jeweilige Ziel all der anderen Aufgaben wäre, und dann gibt es was zu entscheiden. Lieber Produkte liefern, also die Teams konkret mit der eigenen Arbeit unterstützen oder die Organisation verwalten? Glauben Sie mir: Bei genauer Betrachtung halten die Killerphrasen bezüglich Regulation, Prozessvorschrift, CMMI & Co. nicht stand. Wer liefern will, kann liefern. Wer verwalten will – nun, der wird erfolgreich verwalten. Treffen Sie Ihre Wahl.

4.9   Entwicklungsteam – Verantwortung End-to-End

»*Ask the team*« ist eine der häufigsten Antworten, die Scrum-Coaches ihrem Gegenüber auf fast jede Frage zum Produkt, zur Planung, zu Verbesserungen etc. geben. Dahinter steht nicht einfach nur eine Generalregel zur Delegation. Vielmehr ist hiermit gemeint, vorrangig die Kompetenzträger mit der Lösung von Fragen zu beauftragen, die am Geschehen auch wirklich dran sind. Wir verstehen Entwicklungsteams als Thinktanks und Taskforces, in denen unterschiedlichste Kompetenzen und Skills zusammenkommen. Dazu gehört all das, was notwendig ist, um Produkte End-to-End zu entwickeln und zu integrieren. Scrum-Entwicklungsteams sind daher interdisziplinär zusammengesetzt, sind nicht kleiner als drei und nicht größer als neun Mitglieder, die Teamziele verfolgen, die auch so gesetzt werden müssen. In Scrum übernehmen die Teams einige der Aufgaben im Selbstmanagement und der -organisation, vor allem die Arbeitsplanung und Aufteilung, die in klassischen Vorgehensmodellen im Projektmanagement organisiert werden. Wer sollte es besser wissen und können als jene, die tagtäglich mit der Materie zu tun haben?

Definition of Done

Zusammen mit der Teamcharta[14] bildet dieses Artefakt das Grundverständnis eines Teams darüber ab, was »fertig« konkret bedeutet, und wie auch in der Zusammenarbeit mit anderen Teams und Organisationsteilen dieses Ziel Story für Story erreicht werden will. Die Frage, die wir uns dabei stellen, ist: »Wie nahe kommen wir an die perfekte Lieferung für den Endnutzer heran?« Story für Story, Sprint für Sprint, Release für Release. Bei allen den Gegebenheiten geschuldeten Einschränkungen (z. B. nicht in jedem Sprint zu jeder Zeit releasebar) muss es uns mit sportlichem Ehrgeiz darum gehen, unsere Möglichkeiten laufend zu verbessern. Dazu braucht es auch die Investitionsbereitschaft des Unternehmens. Ein großer deutscher Portalbetreiber hat es innerhalb von weniger als drei Jahren von mehreren Releases pro Jahr zum täglichen Softwarerelease geschafft und arbeitet daran, Spontanreleases möglich zu machen. Dazu waren Teamentwicklung, viele Skill-Trainings und noch viel mehr Investitionen in Technologie und Struktur nötig. Das Ziel war von Anfang an klar, die Definition of Done war ein Spiegel der auf Zeit zu akzeptierenden Einschränkungen und Ansporn für Verbesserung und Veränderung.

---

14 Die Teamcharta reflektiert als Leitbild die Team- und (Zusammen-)Arbeitskultur. Auch das Agile Manifest ist eine Form einer Teamcharta.

Fertig ist fertig ist fertig

Kehren wir zu dem Bild aus dem Sport, dem Fußballmatch, zurück: Es gibt ein Ergebnis, vielleicht ein Unentschieden. Jetzt hören Sie sich die Geschichten der Topspieler und Trainer beider Mannschaften an. Wird hier etwas schöngeredet à la »Es war ein wirklich schwieriges Spiel, voller Einsatz. Wir haben alles gegeben und können froh sein, den Gegner so in Schach gehalten zu haben«? Oder spricht das Ergebnis für sich – 1:0? Als Fußballfans wollen wir klare Siege unserer Mannschaft sehen. Keine Punktequalifikationen, kein »es reicht grad mal so zum Durchkommen«. Nein, wir wollen gewonnene Spiele, die geradeaus ins Finale führen. Und so ein Gefühl wollen wir auch bei unseren Produkten haben. Geliefert und in der geforderten Qualität. Basta. So gehen wir das in Scrum an. Scrum-Teams, vor allem die in der Top-Liga, liefern konsequent und in Topqualität. Und wenn sie mal verlieren, was auch vorkommt, sind sie in der Lage, diese Niederlage einzustecken und mit verbesserter Spielstrategie das nächste Spiel zu gewinnen. Und so sieht auch unser Reporting aus.

4.9.1   Teams sind wie richtig gute Gerichte

Dank der unzähligen Fernsehformate, die uns Kochgenies aller Art frei Haus liefern, hat sich die Welt von einem Fressnapf hin zu einem globalen Gourmettempel entwickelt. Nur mehr wohldurchdachte und mit feinsten Zutaten durchkomponierte Gerichte erfreuen uns von morgens bis abends. So scheint es mir auch mitunter mit den Scrum-Teams zu sein. Endlich, dank Scrum finden sich nur noch hochperformante, topmotivierte Entwicklungsteams, die dank ihrer Entwicklerehre qualitativ hochwertigste, userzentrierte Produkte entwickeln. Aber wie im wirklichen Leben gibt es auch unter den Scrum-Teams sowohl die Sterneköche als auch die Würstelbuden und Fastfood-Ketten. Und ja, es muss nicht immer die Haubenküche sein. An manchen Abenden, nach langen zähen Diskussionen und Kämpfen mit Kunden (kommt fast nie vor, aber wenn doch, dann …) reizt mich einfach die fette Käsekrainer (das österreichische Pendant zur deutschen Currywurst), und das im Stehen bei minus 10 Grad und einer Bedienung, die angsteinflößend ist. Aber ist das mein Standard? Will ich jeden Tag so verbringen? Lassen Sie uns in ein wirklich gelungenes Gericht eintauchen und dieses analysieren.

Zutaten, Komposition, Umsetzung

Wie viele Berater oder ITler hatte auch ich lange den Traum vom eigenen Lokal. Vor einigen Jahren habe ich mir diesen erfüllt, ein Haubenrestaurant geführt und mich dort zum Küchenchef hinaufgearbeitet. Allerdings hat es den Vagabunden in mir dann doch wieder in die Welt der Beratung gezogen. Stammgäste sind halt Stammgäste. Das gilt auch in der Haubengastronomie, noch mehr aber in der Beratung. Jedenfalls hatte ich die Freude, mit dem haubengekrönten Kochgenie Gerichte zu kreieren und mich bei der Entwicklung meiner eigenen Linie in der Küche coachen zu lassen. Am Anfang steht natürlich der Warenkanon, die Zutaten. Gute Zutaten sind eine gute Basis, leider aber noch nicht das Gericht. Bei einem Kochevent (der Berater hatte schnell die Qualität der

Küche für das Beratungsgeschäft entdeckt) hatte ich den Teilnehmern Jakobsmuscheln zur Verfügung gestellt. In einem unbeobachteten Moment landeten diese in einer Pfanne mit ca. zwei Liter brutzelndem Öl.

Zutaten sind die halbe Miete, aber noch lange nicht alles, wahrscheinlich machen sie nur ein Drittel aus. Das zweite Drittel des Erfolges gehört der Komposition, und das dritte natürlich der perfekten Umsetzung des Gerichtes, inklusive Service am Gast.

Tiefkühlpommes oder Spitzenaroma? Für ein gutes Team gilt das Gleiche wie für ein gutes Gericht. Arbeiten Sie als zuständiger Manager mit 5 kg-Säcken Tiefkühlpommes in der Schnellfritteuse? Oder sind Sie Sternekoch mit exquisiten Zutaten, der mit Liebe und Hingabe sein Gericht, die unverwechselbare Produktentwicklungsorganisation, zubereitet? Schon höre ich: »Das was ich als Material bekomme, ist ja wirklich … Was soll man tun? Der Ressourcenmarkt ist überhitzt und wir müssen nehmen, was wir bekommen.« Gute Ressourcen sind kostspielig und aufwendig in der Beschaffung. Aber auch das unterscheidet die besten von den guten Küchenchefs. Nun bleibt uns trotz allen Mangels in der Beschaffung die Komposition unseres Gerichtes. Nehmen Sie sich irgendeines Ihrer Teams. Malen Sie das Team und sein Umfeld auf (ScrumMaster, Product Owner, Lead Architect …). Bitte nehmen Sie sich pro Teammitglied und Player fünf Minuten Zeit um aufzuschreiben, was Sie an diesem Mitarbeiter wirklich schätzen und was er oder sie an Besonderem für das Team mitbringt. Am besten schreiben Sie jeweils ein Post-it und kleben es zu der entsprechenden Person. Dann gehen Sie einen Schritt zurück und betrachten das Bild, wie Sie den gerade eben servierten Teller des Fünfsterne-Kochs betrachten und wirken lassen würden. Nehmen Sie die Aromen auf, lassen Sie Ihren Blick über die einzelnen Kärtchen und Zutaten wandern, lesen Sie sich die Kärtchen laut vor, als würden Sie Ihr Team gerade einem neuen Kunden verkaufen wollen. Und hören Sie sich selbst dabei zu. Hört sich Ihre Erzählung wie die wohlwollende Kritik eines Gourmets über ein Sternegericht an, oder ist es die schnoddrige Berliner Schnauze »Pommes mit Schranke«, die einen Not-Snack beschreibt? Ein Scrum-Team ist wie ein großartiges Gericht: facettenreich und dabei doch klar in seiner Aussage und Absicht, voller Spannung in den Geschmacksnuancen, mit unterschiedlichen Konsistenzen und Aggregatzuständen.

Vielfältig und ausbalanciert. Ein ideales Team ergänzt sich in seinen fachlichen Zugängen und Möglichkeiten, hat so viel gemeinsam, dass es Zusammenhalt erzeugen kann, beherrscht so viele unterschiedliche Paradigmen, dass es sich herausfordert, verfällt nicht zu schnell in Konsens und verharrt gleichzeitig nicht im Dauerstreit, ist sicher in der eigenen Kompetenz und gleichzeitig neugierig aufeinander. Die Grundvoraussetzungen sind dafür: interdisziplinäre Backgrounds, unterschiedliche Erfahrungshorizonte (im Thema und im Unternehmen), Vernetzung der Teammitglieder innerhalb ihrer jeweiligen Domains (das kann im Unternehmen sein, gilt vor allem aber für die Vernetzung in den betreffenden Communitys). Wichtiger ist noch, dass das Team nicht vom Teamlead her gedacht ist. Bewusst habe ich hier das Wort »gedacht« gewählt. Nur zu oft basiert die Hidden Agenda bei der Teamzusammenstellung auf dem Gedanken: »Wer ist stark und durchsetzungsfähig, und wen braucht es dann noch, um die Arbeit zu tun?« Setzen Sie so (was ich nicht glaube) Ihr Scrum-Team auf, oder haben es wahrscheinlich so aufgesetzt von Ihrem Vorgänger übernommen, wundern Sie sich nicht über die Art und Weise, wie dieses Team agiert: hierarchisch und nach Ansage, mit Tendenzen zu Anschuldigungen und Rechtfertigungen.

Wir denken die Teams in einer agilen Organisation vom Produkt her und sehen sie in unserer Organisationsvision wie ein Neuronalnetzwerk, das unser zu entwickelndes Produkt entstehen lässt. Dabei sehen wir abwechselnd unterschiedliche Qualitäten wirksam werden: Wir sehen mal den einen, mal den anderen und dann den dritten führen, während sie immer miteinander verbunden sind und kommunizieren. Boris Gloger nutzt oft das Bild des Krankenhauses. Ich denke, das Chirurgenteam am OP-Tisch ist vielleicht eine gute Metapher, wenn wir darin ein Team von Spezialisten im Miteinander und Wechsel sehen. Gute agile Scrum-Teams entstehen durch sorgsames Sourcing, durch einen wohldurchdachten, gut entwickelten und vor allem gut mit den Teammitgliedern umgesetzten Kompetenzmix sowie laufende Teampflege und -entwicklung. Teams sind nie einfach fertig. Vielleicht sind sie – und das sehen wir immer wieder – mit Hilfe von Scrum schneller startklar und einsatzbereit.

4.9.2 Die Voraussetzungen für Teamwork schaffen

Gibt es eine Frucht des 20. Jahrhunderts, die es uns in der Gegenwart so richtig schwierig macht, dann ist es der ausufernde Individualismus und Egoismus, verkörpert im Deutschen Arbeitsrecht. Ein Teamleiter hat mir in einem Training entgegengehalten, dass das mit Scrum nicht funktioniere, weil schließlich jeder das gesetzliche Recht auf eine individuelle Leistungsbeurteilung hätte. Doch auch das bekommt man mit Scrum hin. Aber die Haltung dahinter ist symptomatisch. In einem anderen Unternehmen hat es uns eineinhalb Monate gekostet, mit den Teams zu einer Vereinbarung zu gelangen, die es allen erlaubt, eine gemeinsame Sicht auf ihr gemeinsames Produkt zu entwickeln. Woran lag es? An den individuellen Arbeitsvereinbarungen, sprich Gleitzeit. Dieser kommt um fünf Uhr morgens, jener um drei Uhr nachmittags, der Dritte arbeitet im Home Office nur nachts. So lässt es sich nicht gut im Team arbeiten.

Warum nicht? Die Teammitglieder entwickelten zusammen eine Codebasis und die Miss- und Nichtverständnisse dieser Arbeitsorganisation spiegelten sich 1:1 in der Softwarebasis wieder. Viel Arbeit und Aufwand wurde in ein letztlich insuffizientes Produkt gesteckt, das voll Fehler und im Sinne einer Produktkonsistenz schlichtweg inakzeptabel war. Aber jeder hat seinen Job gemacht und das sogar engagiert. Der Wandel kam erst mit der Veränderung der Arbeitsgruppe in ein echtes Team. Ein Team lebt vom Teamplay. Alles andere ist ein Schönreden und Rechtfertigen von Umständen und Gegebenheiten. Also dauerte es eineinhalb Monate, bis wir einen gemeinsamen Raum vereinbart hatten. Den Teamraum, wo alle ab nun arbeiten und ein Minimum an gemeinsamer Zeit verbringen würden, um wenigstens eine Chance zu haben, sich als Team und mit dem Team das gemeinsame Produkt zu entwickeln. Diese Raumlösung haben wir unter großem Widerstand und unter skeptischer Beobachtung innerhalb des Unternehmens verhandelt und als Pilot aufgesetzt. Die Ergebnisse nach weiteren drei Monaten waren für alle überzeugend. Aber sie waren auch nicht mehr als der Kompromiss, den man sich in dieser Umgebung als Team zugestanden hat. Wenn ein Produkt unterschiedlichste Wissensarbeiter in einem konstruktiven und konzeptionellen Zusammenspiel benötigt, sollten Sie alles daran setzen, echte Teams zu bauen. Dann sollten Sie Rahmenbedingungen verhandeln, die das Produkt in das Zentrum aller Betrachtungen stellen und allen Führungskräften und Mitarbeitern ermöglichen, sich mit ihren Kompetenzen und Fähigkeiten in das Teamwork einzubringen. Das bedeutet:

1. Aufbau von leistungsfähigen, interdisziplinären Teams,
2. Arbeitsvereinbarungen, die den Teamsport unterstützen,
3. Vereinbarung von Teamzielen,
4. Schaffung einer räumlichen und logistischen Infrastruktur, die Teamwork am Produkt ermöglicht,
5. ein Management und eine Führung, die wie Fußballcoaches vom Spielrand aus alles daran setzen, dass das Team in der Lage ist, das Spiel zu machen.

Vielleicht steht uns auch das Bild des einsamen Genies und Künstlers im Weg, das (Vor-) Bild der großen Menschen unserer Geschichte, die einsam und oft gegen den Widerstand ihres Umfelds Heldentaten vollbracht haben. Die unverstandenen Einzelgänger, die auf dem Sockel als Gewinner der Geschichte stehen. Die Teams kommen nicht auf das Siegespodest. Aber auch diese Sieger sind keine einsamen, allein handelnden, monolithischen Erscheinungen. Wenn man genauer hinsieht, finden sich auch in der Entwicklung der Genies vielleicht weniger schillernde, aber alles entscheidende Nebenfiguren und Mitspieler. Sie haben oft die Basis für jenen Erfolg gelegt, der sich an den wenigen Stars manifestiert. Es sind immer Teams am Werk, wenn Stars gemacht werden.

Werkstatt oder Designeroffice? Vielleicht fällt Ihr erster Blick in die Organisation in die Räume der Teams. Was erwarten Sie zu sehen? Ich persönlich liebe die Clear-Desk-Policy. Nichts macht mich persönlich nervöser als Stapel von Papieren und Unterlagen auf den Schreibtischen von Kollegen und Mitarbeitern, geschweige denn auf meinem eigenen Tisch. Für mich ist es ein untrügliches Zeichen liegen gebliebener, noch nicht zuordenbarer, diffuser Zustände. Das ist die eine, vielleicht auch marottenhafte Seite der Medaille: Ordnung. Damit geht das Gefühl einher, die Dinge im Griff und unter Kontrolle zu haben. Was aber erzählt uns der Raum unserer Teams? »Form follows function«, sagt man landläufig. Was ist also die Funktion des Team-Office-Spaces?

Im Zentrum der Entwicklungsdynamik von Scrum stehen die interdisziplinären, End-to-End lieferfähigen Entwicklungsteams, die als Gemeinschaft ihr Produkt entwickeln, Story für Story. Es ist immer die gleiche Routine: Reflexion des Verständnisses der Aufgabenstellung, Abstimmung und Austausch von Ideen und Konzepten, Visualisierung, um das Abstrakte (be)greifbar zu machen. Austausch und Kommunikation finden im Wechsel mit fokussierter, konzentrierter Arbeit statt, mal allein, mal zu zweit, mal in der ganzen Gruppe. So besehen sind die Teamräume mehr Werkstätten, wie die Konstruktions- und Entwicklungswirkstätten der großen Autopioniere. Voller Konstruktionszeichnungen und Bilder haben sie etwas von Künstlerateliers, wo sich Ideenreichtum und Vielfalt Ausdruck verschaffen. In diesem schöpferischen Chaos findet sich aber auch Richtung- und Wegweisendes. Das Product Backlog ist sichtbar, Produktvision und Spiegelbilder der Entwicklung als Signale zur Selbstreflexion geben dem Raum seine Struktur. Ob Startup-Ausstattung aus schwedischen Möbelhäusern oder Konzernstandards: Wenn Sie sich die Räumlichkeiten Ihrer Teams ansehen, erzählen diese von Kommunikation und Teamwork oder von braver, geordneter Einzelarbeit. Wenn Sie es sich erlauben können, verbringen Sie einen Vormittag im Teamraum und tun Sie das, was Manager von Toyota oft machen (müssen): Beobachten Sie einfach, sammeln Sie Eindrücke und lassen Sie diese auf sich wirken. Passiert hier das, wozu das Management als Struktur- und Rahmengeber eingeladen hat? Oder muss die Form der Einladung, die Struktur aufgebrochen und erneuert werden? Ich wünsche Ihnen, dass Sie tatsächliches Teamwork beobachten können und nicht stumme Einzelkämpfer in einem Team, die effizient ihre Aufgaben runterschrubben. Produktentwicklung ist konsequenter Dialog und Austausch, der sich laufend in Ergebnissen manifestiert.

4.10   Plus drei – User, Kunden und Manager

Warum »plus drei«? Es geht um den User, um sich und die eigenen Produktkonzepte laufend und frühzeitig zu überprüfen (siehe Review). Beim Kunden geht es oft schnell ums liebe Geld, er wird als Finanzier gesehen. Aber für uns ist er noch mehr, nämlich Sparringspartner. Last but not least, gibt es den Manager: Jene Funktion, die den Rahmen schafft und aufrechterhält, in dem die Produktentwicklung stattfindet. Entgegen mancher Meinungen im agilen Umfeld kommt dem Manager eine durchwegs aktive Rolle in Scrum zu. Sie entspricht einem modernen Managementverständnis des Enablings nach innen. Ich würde sogar so weit gehen, dass Managern in agilen Organisationen eine Schlüsselrolle zukommt. Sie sind Partner der ScrumMaster und haben einen entscheidenden Beitrag zu leisten, um strukturell an der Liefer- und Leistungsfähigkeit ihrer Organisationen zu arbeiten.

4.10.1 Der User

Der User steht im Zentrum aller Gedankengänge, vor allem jener des Product Owners, der mir besonders ans Herz gewachsen ist. Die Rolle des Product Owners wird in Unternehmen oft grausam mechanistisch gelebt. Wenn wir im Extremfall nach dem absoluten Fehlen von Kreativität, Kunden- und Nutzerorientierung suchen sollten, sollten wir uns eher bei den Product Ownern dieser Welt als bei den Teams umsehen. Mit Scrum erleben wir extrem aufmerksame, neugierige Teams, die sich immer stärker mit dem User auseinandersetzen und sich an die schöpferische Aufgabenstellung der Produktentwicklung heranwagen. Dort haben wir in den regelmäßigen Begegnungen mit Usern in den Sprint Reviews oft spannende Diskussionen und gemeinsame Explorationen, in denen sich Entwickler mit Usern über Alternativen und Möglichkeiten unterhalten. In vielen Teams sind die User, für die entwickelt wird, heute entweder über sogenannte Personas präsent (Beschreibungen von Nutzertypen) oder tatsächlich in den Entwicklungsdialog eingebunden.

Bei den Product Ownern hingegen treffe ich häufig auf migrierte Projektmanager, Requirements-Engineers oder Analysten. Oft sind es Technokraten, die willfährig und mechanistisch Dokumente verwalten. Ganz gleich, wie sehr sie an den Quellen des Wissens über Nutzer und Kunden sitzen: Sie nehmen es nicht mehr oder noch nicht wahr. Wenn es hoch herkommt, liefern sie noch Planungsszenarien und Releasepläne. Gelegentlich schreiben sie auch User Storys, um den Formerfordernissen des oft unfreiwillig angenommenen Frameworks Scrum gerecht zu werden. Wenn sie könnten, würden sie wieder zurück in das V-Modell gehen, um endlich wieder einen »anständigen« Job machen zu können. Sie würden wieder in die Projektleitung, in das Anforderungsmanagement zurückkehren, um sich die unnötigen Meetings mit dem Team ersparen zu können.

Leidenschaft für das Produkt. Freunde von mir, mit denen ich Workshops in internationalen Projektteams abhalte, haben viele Jahre in den USA im Produktmarketing und in der -entwicklung bei Apple gearbeitet. Etwas ist heute noch bei ihnen spürbar: »*Passion for the product*«. Genau das ist es, was mir hier bei Product Ownern oft fehlt – Leidenschaft für das eigene Produkt. Stellen Sie Ihren Product Ownern folgende Frage: »Wie lautet die Produktvision, mit der ihr an den Start geht?« Wenn dann Gefasel von wegen »Da kann man dann …« kommt, wissen Sie schon, dass der Product Owner keine Vision hat. Er verwaltet wahrscheinlich nur Features und Budgets, derzeit eben mit Scrum.

Ein Product Owner sollte unbedingt nutzer- und kundenorientiert sein. Das gilt nicht nur für die Skills, sondern vor allem für seine Haltung. Sein Herz sollte sagen: »Ich möchte den Nutzer glücklich machen.« Nicht weil er im altruistischen Feld arbeitet, sondern weil es die einzige Chance ist, wirklich großartige Produkte für die Nutzer zu entwickeln. Wenn wir harte Entscheidungen zu treffen haben, etwa den Scope eines Produktes drastisch einschränken müssen, dann wird jeder normale Product Owner haltlos und ahnungslos einen Haircut vornehmen. Einfach rauskürzen, schlimmstenfalls entlang des Druckes der involvierten Stakeholder. Er wird sich selbst im Sattel halten, und Ihre Nutzer und Kunden werden die Zeche bezahlen. Am Ende auch das Unternehmen.

Ein Product Owner mit *passion for the product* wird diesen Haircut mit Bedacht auf seine Nutzer durchführen. Er wird beides schaffen: Die notwendigen Einschränkungen durchzusetzen und seine Kunden und Nutzer und damit auch das Unternehmen, glücklich zu machen. *Es ist die Wahl des Managements, wen es zum Product Owner macht. Die Besetzung dieser Stelle ist vielleicht die wichtigste Entscheidung, die es für lange Zeit fällt.*

4.10.2 Hilfe, agiler Kunde!

Zwei Dinge überraschen mich seit Beginn meiner Tätigkeit als Berater für die Entwicklung agiler Organisationen: Üblicherweise werden wir in Organisationen gerufen, die schon erste Schritte mit Scrum oder ScrumBan (eine Mischung von Scrum und Kanban) unternommen haben. Die erste Überraschung gilt der Sichtweise auf die agilen Paradigmen »iterativ« und »inkrementell«. Schnell kommen sowohl Management als auch Entwicklungsteams überein, dass diese Prinzipien hinsichtlich der Lieferung und damit der Entwicklungszyklen gültig sind. Also liefert man sukzessive aufeinander aufbauende Produktinkremente, weiter geht es dann nicht. Überraschenderweise handeln die nunmehr agilen Organisationen oft konsequent traditionell, vor allem was den Wissenstransfer und -aufbau für das Produkt, aber auch die Umsetzungsdomains (Technologie, Architektur etc.) anbelangt. Wissen wird in scheinbaren Komplettlieferungen (Dokumentationen oder Schulungen) an die Teams herangekarrt, abgeladen und dann in die Köpfe geschaufelt. Am Ende kommen »Embedded Scrum/Agile Developers« heraus. Vielleicht haben wir in den szeneinternen Fachbüchern vor allem über eines geschrieben und auf den Konferenzen über dieses eine gesprochen: die Lieferung und ihren Prozess. Vielleicht haben wir uns zu wenig Zeit genommen, uns mit den grundlegenden Paradigmen in ihrer doch breiteren Bedeutung und Intention auseinanderzusetzen. Das mag auch mit der Übernahme des Themas Agilität und Scrum durch die sich professionalisierende Beraterschaft zu tun haben, und dass immer weniger der (mittlerweile schon verfemten) Agilen Evangelisten agile Praktiken vermitteln. Dadurch, so scheint es jedenfalls, kommen die Grundlagen für den Mindshift und damit die – gerade vom Management so sehr gewünschten – Veränderungen des jeweiligen Mindsets zu kurz.

Misstrauen. Die zweite Überraschung aus meiner Beratungspraxis ist das komplette Misstrauen. Damit meine ich nicht das den Beratern wie mir selbst entgegengebrachte Misstrauen. Das setze ich voraus. Man weiß schließlich als Mitarbeiter nie, was die wirkliche Agenda ist, die einem externen Berater vom Management mit auf den Weg gegeben wurde. Auch geht es mir nicht um das Misstrauen aus dem Management und weit entfernten Organisationseinheiten gegenüber dem Wandel zur Agilität. Überraschenderweise misstrauen sich Entwicklungsteams selbst und noch stärker ihrer Fähigkeit, sich zu verändern und weiterzuentwickeln. Das begegnet mir am Ende des Sprint Planning 1. Das ist übrigens ein Meeting, zu dem Sie sich eine Einladung vom Team wünschen sollten. Der spezifische Punkt, an dem es dieses Misstrauen in sich selbst zu entdecken gibt, ist das Commitment der Teams – also jener Moment im Meeting, wenn die Teammitglieder ihr Versprechen dem Product Owner gegenüber, aber vor allem sich selbst gegenüber abgeben, was sie in dem aktuell beginnenden Sprint liefern werden. Zu oft wird gezaudert und gezögert, es herrscht ein Hin- und Herwanken, dass einem diese armen Menschen schon leidtun könnten. Kein Mut, kein Aufbruch, kein Anpacken, viel mehr ein ausweichendes Gestammel – Zeugnis eines fehlenden Selbstvertrauens. Die richtigen Scrum-Teams sind die, die erhobenen Hauptes und mit Respekt für ihre Aufgabe und die große Herausforderung, die in der Natur der Sache liegt, an diese herangehen und ein ehrgeiziges und ernstes Commitment abgeben. Aber vielleicht haben diese Teams auch noch nie gewonnen, sind gewohnte Verlierer in der Organisation und rüsten sich für die zu erwartende Schlappe. An dieser Stelle ist der agile Manager gefragt, die Moral aufzurichten und dem Team wieder Mut zu machen. Ein Aspekt davon kann sein, einen erfahrenen und entwicklungserprobten ScrumMaster zu engagieren. Er steht nicht nur bei Schönwetter da, sondern versteht, was es braucht, um Selbstvertrauen aufzubauen.

Die Grenze. Eingangs schrieb ich, dass es zwei Überraschungen in der Beratung gibt, aber es gibt auch noch eine dritte. Wir sind es gewohnt, dass, selbst wenn wir in der Produktentwicklung den Change schaffen oder zumindest alle gemeinsam daran arbeiten, irgendwo da draußen eine Grenze, DIE Grenze der Agilität auf uns lauert. Produktentwicklung ist kein sicheres Geschäft, es ist ein Pfad der Hindernisse und Fehler, des Probierens, Scheiterns und Veränderns, um schließlich das Produkt in Händen zu halten, das es wert ist geliefert zu werden. Wenn wir es endlich geschafft haben, uns selbst gut aufzustellen, ist da immer noch eine Instanz in unserer Unternehmensumwelt, der wir unser Produkt übergeben – die mit Argusaugen auf unser Wirken blickt und kritisch den Fortschritt unserer Anstrengungen, vor allem aber die Lieferung selbst prüft. Dieser prüfenden Instanz begegnen wir mit der aus der Vorgeschichte und den aktuellen Herausforderungen erlernten Erwartungshaltung, wie sie notorisch schlechte Schüler ihren Eltern gegenüber haben, wenn sie am Zeugnistag nach Hause gehen. Wir erwarten Schelte und in der Regel bekommen wir sie auch – sowohl als Schüler als auch als Produktentwicklungsteam. Da sind wir nun: Die lernende, sich selbst weiterentwickelnde, agile Organisation, und dann stoßen wir an eine unüberwindbare Grenze.

Was aber, wenn uns wider Erwarten eine agile »Beurteilungsinstanz« begegnet, also eine, die versteht, dass Produktentwicklung ein unsicheres Pflaster ist, mit Irrwegen und Hindernissen? Was werden wir als agiles Entwicklungsteam dann tun? Für lange Zeit wird ein solches Entwicklungsteam kein verändertes Verhalten zeigen, sondern in der alten Haltung verharren: »Der Kunde ist böse und will etwas von uns.« Immer wieder kann ich beobachten, wie offene, lernbereite und auch kompetente Kundenvertreter – Produktmanager – auf die Entwicklungsteams zugehen und anfangs nichts als Misstrauen und Unterstellungen ernten. Denn es passt nicht zur Rolle des Kunden oder Produktmanagers, nicht irrational überfordernd und guten Argumenten unzugänglich zu sein.

Vielleicht ist die Ursache ein lang gelebter und gelernter Konflikt und eine Kommunikationsroutine, die sich »bewährt« hat. Vielleicht ist es aber auch das Motto bei der Einführung von agiler Entwicklung und Scrum – der Schlachtruf: »Wir von der Entwicklung werden es denen schon zeigen, dass wir es doch können!«

Für einen agilen Manager und somit eine Führungskraft (im Sinne der wirkenden Kraft) ist hier wohl einer der zentralsten Ankerpunkte einer erfolgreichen, nachhaltig wirksamen Organisationsveränderung verborgen. Er kann im Zuge der Transformation auch das positive Bild eines agilen, handlungsfähigen Kunden etablieren. Ein agiler Kunde kann nämlich für eine agile Entwicklungsorganisation einen Unterschied machen, der im Dialog besteht. Das heißt, in der Bereitschaft, miteinander das neue Produkt zu entwickeln und dabei zu lernen, dass die ersten Ideen zum Produkt möglicherweise am Ende zu ganz anderen Lösungen führen werden.

5 Change mit Scrum

Betrachtet man den Ursprung von Scrum, so geht dieser auf praktische Fragen operativen Managements in der Softwareentwicklung zurück. Die Fragestellungen lagen nicht auf Ebene eines Portfolio- oder Technologiemanagements. Im Zentrum der Lösungssuche stand die Frage: »Was können wir tun, um bessere, zuverlässigere Software zu entwickeln, unsere Kunden glücklich zu machen und mit den zeitlichen und budgetären Ressourcen unserer Auftraggeber erfolgreicher umzugehen?« Diese Aufgabe entsprang nicht einer Managementberatung, Softwareentwickler stellten sich diese Frage. Und sie beantworteten sie zunächst mit einer Reihe an Grundsätzen (siehe das Agile Manifest in Kapitel 1).

Diesen Prämissen folgend entwickelten sich verschiedene agile Entwicklungsmethoden und Ansätze. Scrum setzte sich als bevorzugtes Vorgehensmodell schließlich durch. Es war das einziges Modell, das nicht die Entwicklungsmethodik als solche zum Inhalt hatte, sondern sich ganz auf das Zusammenspiel innerhalb des Produktentwicklungskosmos konzentrierte. Dieses Modell setzt auf die Informationsdurchlässigkeit und Transparenz vom Kunden bis in die Entwicklung und zurück. Scrum verstand sich von Anfang an als ein Framework zum Selbstmanagement und Management agiler Entwicklungsteams. In seiner auf Kommunikation und Kollaboration ausgerichteten Konzeption addressiert es per se viele der Kernprobleme heutiger Systementwicklungen, die eine Vielzahl an Schnittstellen, Systemen und Konzepten integrieren müssen. Mit der Aufrüstung von immer mehr Hardwareprodukten zu vernetzten, intelligenten Systemen und vor dem Hintergrund des enormen Innovations- und Entwicklungszeitdrucks auch in den klassischen Produktbereichen (Konsumgüter, Haushaltswaren, Anlagenbau …) machen sich auch mehr und mehr IT-ferne Entwicklungsorganisationen die Vorteile von Scrum zunutze. Sie profitieren von seinen starken Kommunikations- und Kollaborationsroutinen, um die ganze Energie und Aufmerksamkeit in die Sache selbst zu investieren. Dabei besticht Scrum als Managementframework durch seine Reduziertheit auf das Wesentliche, lässt Freiräume für sinnvolle Ergänzungen und macht Fehlentwicklungen schnell sichtbar. Organisationale Wendigkeit und Geschwindigkeit sind von der Besonderheit zur Grundvoraussetzung für Unternehmen geworden.

In den vergangenen Jahren haben wir zunehmend Managementteams dabei begleitet, Scrum als Framework für ihre Teamaufgaben einzusetzen mit dem Ziel: »Get things really done. No compromise.« Dabei hat sich Scrum bewährt.

Womit konnte die Methode als Managementframework überzeugen?

1. *Priorisierung*: keine Cluster, ABC-Prios und konsequente Arbeit nach Prioritäten, top-down,
2. *Visualisierung:* Aufgaben, Fortschritt, Probleme – alles wird öffentlich und vor Augen geführt. Das hilft der Wahrnehmung und unterstützt den eigenen Handlungsdruck.
3. *Transparenz:* Anfänglich mit Skepsis betrachtet, sind die Früchte der eigenen Transparenz eine bessere und direktere Schau ins eigene Unternehmen.

4. *Binarität:* Wir sprechen nicht über Halbfertiges, das zu soundso viel Prozent fertig ist. Fertig ist, was fertig ist. Das zwingt zur Konsequenz.
5. *Feedback:* Mit der Teamretrospektive etabliert Scrum eine Feedbackroutine für gute und kritische Situationen.

5.1   Change als Produkt

»Iterativ« und »inkrementell« – das sind wahrscheinlich die beiden Schlagworte, die man Ihnen auf Nachfrage wie aus der Pistole geschossen entgegenschleudern wird, wenn Sie fragen: »Was ist eigentlich Scrum?«

Die leichte Kost ist das Prinzip Iteration. Im Kontext von Scrum und Agile wird es oft mit dem »Entwicklungszyklus« übersetzt, sich wiederholende, immer gleich lange, gleich gestaltete Entwicklungszyklen. Statt eines Riesenvorhabens wiederholt sich ständig ein kleiner, kurzer Prozess. Das bringt laufend Ergebnisse und die Möglichkeit zu lernen, sich zu verbessern und es beim nächsten Mal etwas anders zu machen. Im schlimmsten Fall ist nur eine Iteration verloren, nicht gleich ein ganzes Change-Projekt.

Das Inkrement ist in Verbindung mit dem iterativen Vorgehen so etwas wie der Effektivitätsmultiplikator. Jede Iteration liefert ein Inkrement, ein Produkt. Im Kontext von Change ist das ein Ergebnis, das für die Anwender – hier die betroffene Organisation – einen konkreten, realisierbaren Wert herstellt und somit eine konkrete Veränderung ermöglicht. Jedes Inkrement baut auf den bereits implementierten Veränderungen auf. Gerade vor dem Hintergrund zusehends partizipativer Unternehmenskulturen und eines von wachsendem Autonomiebedürfnis geprägten Selbstverständnisses von Mitarbeitern und Führungskräften unterstützt Scrum als Changemanagement-Framework die Umsetzung von Veränderungsvorhaben.

5.1.1   User Storys in der Organisationsentwicklung

Was mir in den Trainings und in der konkreten Beratungsarbeit mit Unternehmen immer sehr hilft, ist das Formulieren von User Storys. Dahinter stehen drei Kernfragen:
- Wer (welche Rolle),
- will was (z. B. ein Organisations-Design),
- und warum (die zentrale Frage)?

Jede Organisation kann man auch wie ein Produkt betrachten. Wir haben Kunden (das Topmanagement) und wir haben Anwender (die Mitarbeiter und Führungskräfte), die mit dieser Organisation täglich leben und arbeiten müssen. Fehlende Akzeptanz einer angestrebten Kultur oder Struktur ist für Unternehmen ähnlich bedrohlich, wie die Ablehnung der Produkte durch die eigenen Kunden.

Die Arbeit mit User Storys ermöglicht uns zu differenzieren, wer in der Organisation welche Anliegen verfolgt. Gerade im Dialog mit unseren Auftraggebern ermöglicht dieses Format, zwischen dem eigentlichen Anliegen und dem Lösungsvorschlag zu unterscheiden. Während wir selten mit unseren Kunden über die Anliegen uneins sind, können wir oft gemeinsam mit den Betroffenen andere oder einfach bessere Lösungen erarbeiten. Das sind dann Veränderungen, die auch gelebt werden.

Wie lauten die User Storys zu Ihrer Organisation? Versuchen Sie als Experiment für Ihr Managementteam, User Storys zu formulieren, zu jedem einzelnen Kollegen oder Mitarbeiter und auch für sich selbst. Sie werden ein ganz neues Bild über Ihr Team gewinnen. Mitunter wird es Ihnen helfen, anders mit dem Team über Ihre Anliegen und Ziele zu verhandeln und diese in die Umsetzung zu bringen.

5.1.2 Führung – ein erneuertes Verständnis leben

Führung als Prinzip verstanden ist in Scrum nicht einer Rolle oder Funktion in der Aufbauorganisation zugedacht. Vielmehr ist es ein Prinzip aller handelnden Rollen und Personen. Führung wird situativ, fachlich, inhaltlich und taktisch begründet und aufgrund der jeweils bestehenden Kompetenz von einem Mitglied der Organisationseinheit übernommen. Somit ist sie in der agilen Organisation weder Recht noch Pflicht eines Managers, Teamleads etc., sondern ein für das gemeinsame Ziel und die damit verbundene Leistungserbringung förderliches Verhalten Einzelner.

Dieses Führungsverhalten als Fähigkeit ist kulturabhängig. Hier müssen wir uns fragen: »Welche Führungsbilder sind am Werk? In welcher Metaphernwelt bewegen wir uns?« Geht es um Kriegsherren und Kanonenfutter oder um Fünf Freunde oder doch etwas ganz anderes? In der Organisationsentwicklung setzen wir eine Auswahl jener Verhaltensweisen ein, die im Kontext der Veränderung hin zu einer agilen Organisation hilfreich bzw. notwendig sind. Auch hier gilt es, eine Priorisierung und Eingrenzung vorzunehmen: Es sind die wichtigsten drei und nicht mehr als insgesamt sieben. Die Wirksamkeit dieses Ansatzes besteht in der Verhaltensorientierung: Welches Verhalten wird in der Organisation honoriert, welches ignoriert, welches sanktioniert? Verhalten ist beobachtbar. Zusammen mit 360-Grad-Feedback bzw. Balanced Score Cards zur beobachtenden Messung stehen erprobte Instrumente und Hilfestellungen bei der Unterstützung von Führung als Prinzip im Unternehmen zur Verfügung.

An dieser Stelle möchte ich auf die Ausführungen von Ken Schwaber verweisen, der selbst Marinesoldat der US Streitkräfte war. Die Führung eines solchen Teams im Einsatz ergibt sich situativ aus der Expertise Einzelner, die diese Führung von der (im Unternehmen würden wir Linienfunktion sagen) Teamführung übernehmen. Dabei bleibt der Führungsoffizier in seiner Verantwortung, während ein Experte die Operation leitet. Gleiches kennen wir aus der Medizin bei Operationsteams.

Und natürlich umfasst Führung, gleich von wem ausgeführt, die gelernten Handlungsebenen:

- Sinnstiftung und Zielstellung,
- Klärung und Entscheidung,
- Anleitung und Unterweisung,
- Kontrolle und Feedback,
- Reflexion und handlungsleitende Konsequenz.

Aus dem systemischen Coaching möchte ich hier das »Führen und Schritthalten« ergänzen. Gemeint ist (und das lässt sich gut aus dem Beratungskontext eines Coachings in die – auch laterale – Führungsarbeit mitnehmen): Aus meiner Expertise heraus führe ich den Prozess. Im Coaching über gezielte und kompetente Fragen, die sich – und hier kommt der Aspekt »Schritthalten« schon hinein – aus den Antworten und der dialogischen Bewegung mit dem Kunden ergeben. Wem niemand mehr folgen kann, der hat aufgehört zu führen. Gerade für die komplexen Arbeitsfelder der Wissensarbeiter ist die Verbindung bzw. das Verständnis eines schritthaltenden Führenden entscheidend, geht es doch um das Mitvollziehen und Ko-Konstruieren eines Gedankengebäudes. Dabei heißt Führung nicht, nur mehr Fragen zu stellen. Führungsarbeit, vor allem auf der Handlungsebene der Anleitung, bedeutet auch Vorangehen, aber dabei muss ich immer diejenigen, die ich anführe, zumindest im Augenwinkel behalten.

5.1.3   In Verantwortung investieren

Landläufig ist die Frage nach der Verantwortung ein Synonym für die Frage nach dem Schuldigen.

Ein guter Freund von mir, Dirigent und auf alte Musik spezialisiert, ist in Argentinien aufgewachsen und erst im Erwachsenenalter nach Europa gekommen, um hier alte Musik zu studieren. Immer wieder irritiert ihn, wie sehr wir in Deutschland und Österreich an Schuld interessiert und orientiert sind. Ist für ihn ein Fehler Anlass für ein Gespräch, eine Erkundung, so begegnet ihm oft in der Arbeit mit Musikern eine Reaktion der Rechtfertigung, Erklärung und Schuldzuweisung. Etwas, das er dem Ziel der perfekten Interpretation von Musik nicht als zuträglich, geschweige denn als hilfreich empfindet.

Ich durfte ihn öfters bei der Probenarbeit beobachten. Vorweg möchte ich anmerken, dass bei aller Präzision der Partitur, bei aller Vorbereitung des Dirigenten und der Musiker[15] und bei einer durchwegs hoch formalisierten Sprache und ausdifferenzierten Begrifflichkeit die Interpretation eines Stückes erst beim Proben entsteht. Erst im Zusammenspiel der Musiker verwirklichen sich die Intentionen, klärt sich das Missverständnis auf, um in einer neuerlichen, gemeinsamen Erkundung der Musik, dem wiederholenden Proben, das herauszuarbeiten, was letztlich im Konzertsaal für die Zuhörer erlebbar werden soll. Manche gehen sogar soweit zu sagen, dass die Musik erst durch das Hören im Raum entstünde. Kein Publikum – keine Musik. Alles in allem finde ich sehr viele Verbindungen zur Produktentwicklung, jedenfalls zur Softwareentwicklung.

Folgendes ist mir bei den Probenarbeiten aufgefallen: Zuerst einmal wird gespielt. Dann abgebrochen. Es folgt ein kurzer Hinweis. Rückkopplung durch die Musiker. Ein neuer Versuch. Das Stück wird wieder aufgenommen.

---

15   Lange bevor die erste Probe stattfindet, erhalten die Musiker die Noten zum Proben und üben ihre Stücke ein.

Was den Dirigentenfreund in dieser Situation so auszeichnet, ist, dass er den Musikern mit unglaublicher Aufmerksamkeit begegnet. Ein offenes Ohr für die Musik, ein noch offeneres den Musikern zugewandt. Bevor er noch einen Hinweis gibt, wie er es sich vorstellt, arbeitet er mit den Musikern zu *ihrem* Verständnis. Dies geschieht oft über Fragen: »Wenn ich Aufstrich an dieser Stelle sage, was bedeutet das für Dich?« Er ist ein versierter Cellist, d. h. er weiß genau, was ein Auf- oder Abstrich praktisch bedeutet. Dennoch macht er sich die Mühe zu verstehen, wie es für sein Gegenüber aussieht, um arbeiten zu können. Seine Verantwortung für die Interpretation nimmt er genau an dieser Stelle wahr, über Aufmerksamkeit und Kommunikation. Gleichermaßen verfolgt er seine musikalischen, interpretatorischen Ziele kontinuierlich und konsequent. Sie sind das Ziel seiner Probenreise mit dem Ensemble.

Verantwortung entspannt. Bei den Musikern, die längere Zeit mit ihm arbeiten, kann man in den Proben sichtliche Entspannung sehen. Es ist ein konzentriertes Arbeiten, ein ehrliches Bestreben um die Interpretation. Sie investieren beim Auftritt auf der Bühne alles, was ihnen zur Verfügung steht. Gleichzeitig erlebe ich sie, gerade wenn es um Fehler und Pannen geht, als verantwortungsvoll und Verantwortung nehmend.

In den Proben bringen sie ihre Sicht und ihr Verständnis aktiv ein, bieten Variationen an, versuchen der Idee und Suche des Dirigenten auf die Spur zu kommen, ihr einen musikalischen Ausdruck zu verleihen, sich wechselseitig zu inspirieren, aber auch zu korrigieren. Es kommt immer wieder zu Konflikten und Missverständnissen, die gelöst und ausgehandelt werden müssen. Wenn auch der Dirigent die Letztentscheidung und die Richtungsgebung behält, behalten die Musiker die Verantwortung für ihren Beitrag bei. Oft, wenn wir nach einem Konzert zusammen mit den Musikern ausgehen, werden die Einsätze, bestimmte Passagen und Tempi reflektiert – ganz so, als wären die Musiker noch an den Instrumenten, mitten drin in der Musik.

Aus anderen Orchestern weiß ich, dass wenn sich die Musiker nach dem Konzert in der Kantine oder im Gasthaus treffen, die Frage dominiert: »Na, wie viele Noten hast Du denn heute gespielt?« Aus der Softwareentwicklung gibt es eine vergleichbare Frage: »Wie viele Lines of Code hast Du denn heute runtergeklappt?«

Es gilt das Prinzip Verantwortung als gestalterischer (Eigen-)Auftrag anstatt als Ausdruck von Schuldfähigkeit. Verantwortung spiegelt hier als Prinzip eine Haltung und damit ein Verhalten wieder. Vielleicht werden Sie jetzt umso mehr denken: »Aber irgendwer muss ja die Konsequenz fürs Scheitern tragen.« Richtig, und das ist das Entwicklungsteam. Es ist praktisch, im Sinne der Veränderungen und Verbesserungen, über die oben beschriebene Retrospektive und die darin erarbeiteten Maßnahmen verantwortlich!

5.1.4 Selbstorganisation fördern

Selbstorganisation braucht, um sich wirklich positiv entfalten zu können und für Mitarbeiter, Führungskräfte sowie Unternehmen fruchtbar zu wirken, klare Rahmenbedingungen und Vereinbarungen. Sie braucht ein Ziel und eine Mission, denen sie dient. So sind besonders Manager in ihrer Führungsverantwortung gefordert, ein für die Selbstorganisation notwendiges Umfeld und entsprechende Rahmenbedingungen zu gestalten.

Im Scrum-Framework ist ein Teil dieser Rahmensetzung über eine Vereinbarung mit dem Team in Form der Definition of Done zu treffen. Diese regelt für ein Softwareentwicklungsteam konkret, wann eine Funktionalität, die das Team erstellt, als fertig geleistet gilt. Dabei tragen die Teammitglieder wesentlich zu dieser Definition bei. Es gilt sicherzustellen, dass potenziell lieferbare Software entwickelt wurde. Das heißt nicht weniger als 100 Prozent fertig.

Andere Rahmenbedingungen, die aus der Organisation heraus zu schaffen sind, betreffen das Empowerment der Organisationseinheiten. Wer faktisch nichts entscheiden darf und kein Vertrauen genießt, wessen Entscheidungen dauernd bekrittelt und revidiert werden, weil er tatsächlich (noch) nichts oder nicht genug weiß oder wissen kann/darf, wird sich rasch auf die Erfüllung klarer Anforderungen zurückziehen.

Somit adressieren wir
- die Fehlerkultur/das Fehlerpouvoir,
- den Entscheidungs-, Kompetenz- und Ermessensspielraum,
- die formalen und informellen Prozesse und Strukturen,
- die Kommunikations- und Feedbackkultur,
- die Ausgestaltung der lernenden Organisation,
- die Informations- und Entscheidungstransparenz.

Auf ein Softwareentwicklungsteam heruntergebrochen bedeutet dies, dass dieses Team sich in allen Aspekten seiner Lösungsfindung (Konzeption, Design, Architektur, Testung) organisieren *können* muss und darf.

Das Empowerment besteht demnach darin,
- das Team mit den entsprechenden Kompetenzträgern auszustatten, anstatt Kompetenzen zu zentralisieren,
- Technologien einzusetzen, die dafür geeignet sind (Investition),
- Aus- und Weiterbildung im Team und auf Teamebene, auch wenn es Einzelpersonen in Anspruch nehmen, zu konzipieren und aufzusetzen.

Praxistipp

»Setting drives behavior« oder: Wie man sich bettet, so liegt man. In der Beratung von agilen Organisationen können wir immer wieder feststellen, wie entscheidend das Setting von Meetings für den Verlauf und das Ergebnis dieser Gespräche ist. Ein Sitzungssaal, viele Stühle, ein Beamer und eine Präsentation – fertig ist die Lean-Back-Rezeption. So nennen Mediengestalter die Rezeptionsart, wie sie vor allem beim Fernsehen üblich ist. Da vorne flimmerts, und ich beschäftigte mich mal, es gilt ja die Zeit zu nutzen. Teilhabe entsteht allerdings nur durch aktive Teilnahme. Also: Weg mit dem Besprechungsraum! Her mit Flipchart, Pinnwand, gemeinsamer Gestaltung und miteinander Reden.

Wenn wir wollen, dass ein Team etwas übernimmt, dann müssen wir dem Team auch den Hauptpart eines Meetings geben. Also gestalten wir die Meetings, in denen ein Entwicklungsteam mit dem Product Owner über die Aufgabenstellung verhandelt, in Form eines Rebriefings. Der Product Owner erzählt kurz, und dann ist das ganze Team dran, dem Kunden auf Flipchart oder mit allem Möglichen zu erklären, zu visualisieren und zu vermitteln, was es liefern wird. Das ist übrigens in der Kommunikationsbranche bei Werbeagenturen seit vielen Jahren üblich, das Kundenrebriefing. So hört der Product Owner das, was angekommen ist, anstatt noch mehr von dem loszuwerden, was er oder sie für nützlich hält.

6   Agiles Management

Was bleibt zu tun, wenn sich Teams eigenverantwortlich und selbstorganisiert zur Lieferung in Time, Quality und Budget antreiben? Wenn ScrumMaster täglich 100 Prozent ihrer Zeit aufwenden, um Impediments aus dem Weg zu räumen und die Liefer- und Leistungsfähigkeit der Teams und der Organisation zu erhöhen? Wenn Product Owner alle Aspekte rund um das Produkt inhaltlich abdecken und die Kommunikation, den Austausch mit den Teams, Kunden, Stakeholdern und Usern am Laufen halten? Im besten Fall bleibt Zeit zu reflektieren und bewusst und vorausschauend den Rahmen für die nächsten Iterationen auf Organisationsebene zu setzen. Das, wofür die meisten Manager im Gespräch meinen, keine oder viel zu wenig Zeit zu haben, ist Strategiearbeit. Das ist nur eine Aufgabenstellung. Die andere, und diese ist nicht minder wichtig, besteht darin, die lateralen Führungskräfte darin zu bestärken und zu unterstützen, ihre Aufgaben wahrzunehmen, mehr noch: Sorge dafür zu tragen, dass die eigene Organisation die Mittel, Möglichkeiten und auch die Aufmerksamkeit für die kontinuierliche Selbstentwicklung aufbringt. Nicht zuletzt gilt es, sich Zeit zu schaffen, um die eigenen Teams regelmäßig zu besuchen, im Kontakt mit der eigentlichen Produktentwicklung zu bleiben, um es zu verstehen und so für die eigenen Entscheidungen ein besseres Sensorium zu entwickeln. Aus Sicht der Entwicklungsteams, der ScrumMaster und Product Owner ist die Rolle des Managers immer noch entscheidend. Geht es doch darum, einen Entwicklungsfreiraum zu schaffen und zu erhalten, der Selbstorganisation und auch Lernen erst möglich macht, auch in schwierigen Zeiten, wenn alles zu versagen droht! Gerade hier ist die Entschiedenheit im Management vonnöten.

6.1   Der morgendliche Werksrundgang

Wie jeder Sohn war auch ich als heranwachsender Bub an der Arbeit meines Vaters interessiert. Aber wie das meistens so ist, gab es aus meiner Sicht nur wenig Gelegenheit, diese Arbeit kennenzulernen. Die Tätigkeiten in den Chemielabors und Fabrikationshallen waren klar, selbst für mich. Aber was macht eigentlich so ein Vorstandsdirektor einer Lackfabrik?
Eine der Antworten, die ich aus den Gesprächen mit und den Besuchen bei meinem Vater an seinem Arbeitsplatz mitgenommen habe, ist, wie er seinen Tag begann. Wie so üblich, gab es unmittelbar vor dem Eingang zum Chefbüro die Parkplätze für die Firmenleitung. Vom Weg her wäre es direkt aus dem Auto ins Büro gegangen. Mein Vater machte es sich aber zur Gewohnheit, oft mit einem Werksrundgang zu beginnen. Von der Rezeption über die Laderampen, die Produktionshallen und Chemielabors und durch einzelne Büroetagen, bis er dann in sein Büro ging. Dazwischen führte er kurze Gespräche mit Arbeitern und Angestellten. Es war für ihn Teil seiner Führungsaufgabe und auch die Möglichkeit, sein Unternehmen im wahrsten Sinne des Wortes zu begreifen.

In den Jahrzehnten meiner Kindheit und Jugend hat sein Unternehmen etliche Krisen gesehen, verheerende Brände erlebt und einen drastischen Wandel vollzogen. Technologien haben sich radikal verändert, die Märkte mit den KFZ-Herstellern gedreht und die Eigentümerkonzerne abgewechselt. Der morgendliche Rundgang war ein Teil der Basis der Zusammenarbeit meines Vaters mit seinen Führungskräften, Angestellten und Arbeitern – und auch dem Betriebsrat. Diese Zusammenarbeit ermöglichte es diesem Unternehmen, sich in den Stürmen seiner Geschichte zu behaupten. Auch ging von der Zeit, die mein Vater arbeitend verbrachte, viel in Meetings und am Schreibtisch auf. Viel hatte mit Strategien und Konzepten zu tun, mit Analysen und Verhandlungen. Sein Metier war sicherlich die abstrakte Welt der Zahlen und Strukturen. Was seinen Erfolg aus seiner Sicht ausmachte, war aber die Verbindung in die Realität seines Unternehmens. Er musste in den Handlungen seiner Führungskräfte und Mitarbeiter wirksam werden, gleich wo diese in der für das letzte Jahrhundert typischen, internationalen Hierarchie angesiedelt waren. Der tägliche Rundgang war ein Gradmesser, ein Indikator für das, was von ihm gefordert war. Vielleicht hat er sich diesen konkreten und auch hemdsärmeligen Blick durch seine Studentenjobs in einer Zeche erworben. In seinen Zahlen und Entscheidungen sah er immer das Konkrete, die Menschen. Ein bisschen davon wünsche ich Ihnen, lieber Leser, wenn Sie sich der Aufgabe des agilen Managements stellen.

Machen Sie einen morgendlichen Rundgang durch Ihre Scrum-Organisation! Sprechen Sie mit Ihren Mitarbeitern und Kollegen, um Eindrücke zu sammeln, die Sie dabei unterstützen können, bessere Entscheidungen zu treffen und das Richtige für Ihr Unternehmen zu tun.

6.2 Drei Artefakte sind genug – eine Managementfokussierung

Auch wenn es daneben noch mehr gibt, ist das wichtigste Arbeitsergebnis das *potential, shippable product increment*, das mit jedem Sprint durch das Team geliefert wird. Es geht um einen Teil des Produktes, der in seiner Gültigkeit schon lieferbar wäre. Es ist ein Stück Funktionalität, mit dem wir uns bereits dem Feedback unserer Kunden und noch wichtiger, unserer Anwender stellen wollen.

Im Sinne der Erkenntnisreise, des organisationalen Lernprozesses, den wir mit dem Management-Framework von Scrum abbilden, konzentriere ich mich hier wie in der Beratungspraxis auf drei Artefakte. Sie reichen vollkommen aus, um eine Produktentwicklung zielgerichtet und erfolgreich zu managen:

1. Produktvision,
2. Product Backlog,
3. User Story.

6.2.1 Produktvision

Knack die Nuss. Was kann die Produktvision gerade im Kontext der Entwicklung? Sie schafft ein emotionales, eindringliches Bild. Diese Vorstellung appelliert an unser inneres Befinden und ermöglicht uns, zu der Entwicklung eines Produktes eine Beziehung aufzubauen. Die Produktvision spricht uns in unseren Möglichkeiten, Fähigkeiten und auch in unseren Anliegen an. Aus dieser Beziehung heraus haben wir die Möglichkeit und auch die Energie, Schwierigkeiten zu meistern, unsere Kreativität zu entfachen und uns täglich aufs Neue zu überwinden.

In einer Trainingsgruppe saßen rund 15 langjährige Mitarbeiter eines Unternehmens. Alle waren sehr vertraut mit den Möglichkeiten ihrer Organisation. In den vergangenen Jahren hatte ihre Organisation innerhalb des Unternehmens erheblich an Ansehen und Zutrauen verloren. Die Mitarbeiter waren zu schwarzen Schafen geworden. Nicht zuletzt, weil sich die Geschäftsmodelle zu ihrem Nachteil entwickelt hatten und der Innovationsdruck zu groß für ihre Entwicklungsprozesse war. Als wir das Thema Produktvision mit einem Praxisbeispiel erarbeiten wollten, war schnell das »Hassprojekt« auf dem Tisch. Alle lachten. Dafür gäbe es weder Produktvision noch Entwickler. Alle, ob Product Owner, ScrumMaster oder Team, die auf dieses Projekt angesetzt würden, würden es als Strafmaßnahme empfinden. Ich hörte mir das kurz an, spürte in mich hinein, und fand Gefallen an dem Thema. Also wandte ich mich an die Teilnehmer: »Wenn ihr als Product Owner schon keine Vision zu dem Thema finden könnt, wie könnt ihr dann von eurem Team erwarten, hier auch nur das Geringste zustande zu bringen?« Stille und Betroffenheit traten ein. Wir beschlossen, alle gemeinsam an der Vision für dieses unmögliche Projekt zu arbeiten. Zwei Stunden später stand sie mittels Techniken des Design Thinking da, die Vision. Es war kein Marketingspruch. Vielmehr spiegelte dieser Visionssatz die Unmöglichkeit des Vorhabens wieder und unsere fast trotzige Haltung, diese Nuss zu knacken. Wir hatten eine Vision in den Raum gestellt, die es aus Sicht der anwesenden Product Owner wert war, angegangen zu werden. Mit dieser Vision trauten sie sich zu, eines der Teams für das Projekt zu gewinnen. Somit ist die Produktvision also auch ein Führungsinstrument, ganz zu schweigen davon, dass sie uns bei der Priorisierung im Backlog hilft.

Fazit: Produktvisionen, die mit der dem Marketing angelasteten Lässigkeit hingeschmissen werden, sind sinnlos. Produktvisionen, die Sinn stiften und uns auf allen Ebenen einladen und ansprechen, helfen weiter.

»Moon Speech« von John F. Kennedy am 12. September 1962 an der Rice University (*Kennedy 1962*)

[…] William Bradford, speaking in 1630 of the founding of the Plymouth Bay Colony, said that all great and honorable actions are accompanied with great difficulties, and both must be enterprised and overcome with answerable courage.

If this capsule history of our progress teaches us anything, it is that man, in his quest for knowledge and progress, is determined and cannot be deterred. The exploration of space will go ahead, whether we join in it or not, and it is one of the great adventures of all time, and no nation which expects to be the leader of other nations can expect to stay behind in the race for space.

Those who came before us made certain that this country rode the first waves of the industrial revolutions, the first waves of modern invention, and the first wave of nuclear power, and this generation does not intend to founder in the backwash of the coming age of space. We mean to be a part of it – we mean to lead it. For the eyes of the world now look into space, to the moon and to the planets beyond, and we have vowed that we shall not see it governed by a hostile flag of conquest, but by a banner of freedom and peace. We have vowed that we shall not see space filled with weapons of mass destruction, but with instruments of knowledge and understanding.

Yet the vows of this Nation can only be fulfilled if we in this Nation are first, and, therefore, we intend to be first. In short, our leadership in science and in industry, our hopes for peace and security, our obligations to ourselves as well as others, all require us to make this effort, to solve these mysteries, to solve them for the good of all men, and to become the world's leading space-faring nation.

We set sail on this new sea because there is new knowledge to be gained, and new rights to be won, and they must be won and used for the progress of all people. For space science, like nuclear science and all technology, has no conscience of its own. Whether it will become a force for good or ill depends on man, and only if the United States occupies a position of pre-eminence can we help decide whether this new ocean will be a sea of peace or a new terrifying theater of war. I do not say the we should or will go unprotected against the hostile misuse of space any more than we go unprotected against the hostile use of land or sea, but I do say that space can be explored and mastered without feeding the fires of war, without repeating the mistakes that man has made in extending his writ around this globe of ours.

There is no strife, no prejudice, no national conflict in outer space as yet. Its hazards are hostile to us all. Its conquest deserves the best of all mankind, and its opportunity for peaceful cooperation many never come again. But why, some say, the moon? Why choose this as our goal? And they may well ask why climb the highest mountain? Why, 35 years ago, fly the Atlantic? Why does Rice play Texas?

We choose to go to the moon. We choose to go to the moon in this decade and do the other things, not because they are easy, but because they are hard, because that goal will serve to organize and measure the best of our energies and skills, because that challenge is one that we are willing to accept, one we are unwilling to postpone, and one which we intend to win, and the others, too. [...]

6.2.2 Product Backlog

Wäre Ihr Produkt ein Buch, so entspräche das Product Backlog dem Inhaltsverzeichnis. Besser noch: Das Product Backlog entspricht der Inventarliste einer Bücherei. Die Items darin entsprechen den einzelnen Buchtiteln. Mit dem Product Backlog sammeln, ordnen und priorisieren wir die Ideen zu unserem Produkt. Alles hat einen bestimmten, eindeutigen Platz. Und wenn es diesen noch nicht hat, so findet sich schnell der richtige.

Ich habe als Unternehmensberater das Backlog als ein sehr effizientes Instrument für die Arbeit mit den unterschiedlichen Phänomenen entdeckt, die in Projekten auftreten können. Wir haben in der Beratung in der Regel eine Vielzahl an Themen, aber immer nur eine beschränkte Anzahl an Beratertagen, in denen wir möglichst großen Nutzen für den Kunden erzielen und auch sichtbar machen müssen. Mit dem Instrument Product Backlog schaffe ich Klarheit für mich und meinen Kunden. Was ich besonders schätze, ist die Flexibilität des Instruments, die mir erlaubt, entlang der Veränderungs- und Lernkurve meiner Kunden zu arbeiten. Im Gegensatz dazu stehen die starren Beratungsphasen, die noch zu Anfang meiner Karriere gang und gäbe waren. Beratung ist in weiten Teilen ein iterativ-inkrementeller Coachingprozess geworden, der sich auf starke Change-Visionen stützt, und in großer Transparenz mit Auftraggebern und Beteiligten des Wandels stattfindet.

Business is the winner. So konsequent wir in Scrum den Blick aller auf den Kunden und Nutzer legen und diesen ernst nehmen, so sehr stellen wir uns auch in den Dienst der Wirtschaftlichkeit. Wir wollen nur das bauen, was auch wirklich benötigt wird und einen echten Wert am Markt darstellt. Wie steuern wir aber nun diese Perspektive bei? Die Antwort ist ebenso knapp wie wirkungsvoll: über die Priorisierung unseres Product Backlogs, klassisch über das Scoping. Jedoch ist das der entscheidende Unterschied: Wir priorisieren die wertvollsten und kritischsten Funktionalitäten aus Kunden-/Nutzersicht an erster Stelle.

6.2.3 User Story

Es ist die zentrale Gesprächsgrundlage für den Entwicklungsdialog, oder wie es in der Community so schön heißt: das Versprechen auf eine nachfolgende Konversation. Formal folgt die User Story der Syntax »Als Anwender (Rolle), möchte ich (Funktion), um Nutzen zu erhalten«. In dieser Reduziertheit zwingt sie einerseits den Verfasser, auf den Punkt zu kommen sowie prägnant und damit auch verständlich zu formulieren. Andererseits fordert die augenscheinliche Unvollständigkeit zum Dialog auf. User Storys führen entlang der Anwendererfahrung. Ähnlich wie die Titelblätter großformatiger, bildreicher Tageszeitungen erzählt uns eine User Story signalhaft das »Tagesgeschehen« – in unserem Fall die Essenz einer Funktionalität.

Gegenüber herkömmlichen Spezifikationen erlaubt die vorliegende Syntax in sich schon einen Plausibilitätscheck. Sind Rolle und Nutzen konkret und aussagekräftig formuliert, lässt sich damit überprüfen, ob die gewünschte Funktionalität dazu auch die geeignete ist. Gerade im Anforderungsmanagement, bei Portierungen bestehender Systeme oder der Weiterentwicklung von Hardware, hilft die User Story, die Innovation entlang der gesamten Wertschöpfungskette weiterzuentwickeln. Und sie erlaubt, Entscheidungen zur Ausgestaltung einer Funktionalität innerhalb des Teams zu treffen, da wesentliche Kontextinformationen zur Verfügung stehen.

Vor dem Hintergrund der in Scrum angewandten Prinzipien des Design Thinkings ist eine User Story in ihrem Beitrag zu einer gelungenen, explorativen Dialogführung zwi-

schen Product Owner und Entwicklungsteam zu bewerten und für diesen Dialog weiterzuentwickeln. Die »Verschlimmbesserung« besteht in der Regel darin, dass User Storys
mehr technische Informationen und Spezifikationen bekommen, anstatt die kontextuali-
sierenden Elemente (Rolle/Nutzen) zu schärfen. Gute User Storys lösen, ganz wie
Schlagzeilen von Tageszeitungen, angeregte Gespräche und kontroversielle Diskussionen
aus. Hinsichtlich der Traceability und den mit den User Storys verbundenen Informationen bieten die gängigen Systeme ausreichend Möglichkeiten der Verwaltung und Spei-
cherung an.

❙ Für User Storys gilt: Weniger ist mehr!

Die bessere User Story

Die bessere User Story ist vielleicht schon ein kleines Requirement – oder auch eine Verschlimmbesserung. Als Versprechen und Anstoß für ein weiteres Gespräch verbessern
sich User Storys dadurch, dass sie immer präzisere Gesprächseinladungen werden, kla-
rere Impulse geben für den Dialog zwischen Team und Product Owner. Doch daran sind
die meisten vorerst nicht interessiert, das mag mangels Wissens und Erfahrung so sein.
Die natürliche Entwicklung in der Arbeit mit User Storys verläuft meist so: Es wird versucht, immer mehr Details und Aspekte in die Story hineinzuschreiben, damit sie möglichst komplett würde. Wie umfassend ist ein Buchtitel oder gar eine Zeitungsschlagzeile?
Und doch reicht beides für heftige und leidenschaftliche Expertendiskussionen aus. Selbst
bunte, bildreiche Zeitungen bringen die Fragen und Themen einer ganzen Nation mit nur
wenig Inhalt auf einen Punkt.

Würden doch nur alle User Storys in Unternehmen so polarisieren wie bunte Magazin-
titel und Headlines, dann würden sich Teams daran reiben und damit auseinandersetzen.
So aber fällt alles dem professionellen, geglätteten Spezifikationsdeutsch zum Opfer. In
einer allgemeinen, alle Unterschiede im kleinsten Ansatz nivellierenden und jeden Kun-
denwunsch versachlichenden Sprache quälen die Product Owner ihre User Storys heraus.
Wenn dieses unselige Anforderungsgebrabbel schon unverständlich ist, geht damit die
professionelle Sinnleere einher. Hier kann man keinem denkenden Menschen, keinem
fühlenden Wesen mehr Empathie, Anteilnahme oder sogar Begeisterung für das Produkt
abverlangen. Aber genau das ist die Aufgabe einer User Story: *»Zieh dein Publikum mit
hinein. Erzähle die Geschichte deines Nutzers.«* Die Aufgabenstellung könnte so lauten:
Gestalte User Storys als Daily-Reality-Soaps über deine Nutzer mit deinem Produkt und
du wirst Neugier und Begeisterung im Team gewinnen. Wenn es einen Professionalismus
unter Product Ownern gibt und wenn User Storys zu verbessern sind, dann darin, stärker
zu polarisieren und Teams in Gespräche zu bewegen.

6.3   Erfolg in Zahlen, Daten und Fakten

Die Frage dahinter ist wohl für alle Beteiligten die gleiche: »Werden wir es schaffen? Wie wahrscheinlich ist das? Und wie weit sind wir vom Ziel entfernt? Was müssen wir unternehmen, um es zu erreichen?« Im PKW auf dem Weg zu einem weit entfernten Ziel können wir mithilfe der Bordelektronik mehr oder minder genaue Aussagen darüber treffen, wann wir ankommen werden. So nicht ein unvorhergesehenes Ereignis den Verkehr zum Stocken bringt, folgen wir unserem Fahrplan exakt. Die neuen Generationen von Navigationsgeräten justieren die Vorhersage sogar entsprechend dem Fahrverhalten, Verkehrsaufkommen und der Baustellensituation. Das ist es, was wir uns auch für unsere Projekte wünschen. Der Haken an der Sache ist, dass Projekte keine Autos sind, die bekannte Straßennetze abfahren.

Vielmehr verhält es sich mit Entwicklungsprojekten wie mit Fußballmannschaften in der Champions League. Klar ist das Ziel, zum Beispiel: »Wir wollen mit zwei Toren Vorsprung gewinnen, um den Aufstieg ins Finale zu schaffen.« Ebenso stehen Spielfeld, die Spieldauer, die Anzahl der Spieler, ihre grundsätzliche Fähigkeit und Tagesverfassung fest. Zusammen mit einer Spielstrategie betreten sie den Platz. Das Match wird angepfiffen, und 90 Minuten lang, manchmal mit etwas Überzeit, zittern Trainer, Vereinsmanager und zehntausende Fans beider Mannschaften auf den Tribünen und noch mehr vor dem Fernseher, wie das Spiel wohl ausgehen mag. Wie viele entschiedene Partien haben wir schon gesehen, die sich in letzter Sekunde gedreht haben? Wie oft glaubten wir den Fußball verloren und wurden im letzten Drittel von großartigem Sport überrascht? Dann erfolgt irgendwann der Schlusspfiff und das Ergebnis steht fest. Damit gehen die Mannschaften nach Hause, und es gilt: Nach dem Spiel ist vor dem Spiel.

Gleiches gilt auch für Entwicklungsprojekte, umso mehr, wenn sie unterschiedliche Technologien und Anforderungswelten in sich vereinen müssen. Es ist eine Sache, eine Software zu entwickeln, eine andere, eine solche in Verbindung mit einer Hardware zu entwickeln (z. B. Maschinensteuerung) und eine dritte, ein Produkt wie in der Medizintechnik zu entwickeln, das noch chemische Substanzen mitzuberücksichtigen hat. Es wäre naiv, Entwicklungsvorhaben solcher Natur mithilfe eines Navigationssystems an- und aussteuern zu wollen. Und doch ist das oft genau die Art und Weise, wie an die Arbeit mit KPIs herangegangen wird.

Die Einladung besteht darin, KPIs zu definieren und zu formulieren, die geeignet sind, eine Fußballmannschaft im Endspiel der Champions League zu steuern. Wer das konzeptuell hinbekommt, ist bereit, das Reporting für Entwicklungsprojekte aufzusetzen. Das heißt nicht, dass alle klassischen KPIs falsch oder nutzlos wären. Vielmehr regen sie an, das eigene Informationscockpit für das Entwicklungsmanagement steuerungs- und sachgerecht auszustatten. Sehen wir uns die wichtigsten Erfolgs- und Kontrollmessungen an, die das altbekannte Cockpit ergänzen.

Velocity und Burndownchart

In der Herleitung ist es als ein einfacher KPI, in der Interpretation und als Ausgangsbasis für die Steuerung als indirekter KPI zu werten: Die *Teamvelocity* quantifiziert den Umfang der Produktlieferung je Zeiteinheit, konkret die Anzahl der Storypoints, die durch gelieferte User Storys innerhalb eines Sprints abgearbeitet wurden. Gezählt werden ausschließlich die Storypoints tatsächlich komplett gelieferter User Storys, keine Teillieferungen. Fehlt also noch ein Teil der Lieferung hinsichtlich Funktionsumfang oder bestimmter Qualitätsmerkmale, gilt die Lieferung als nicht geleistet, und die Storypoints werden erst in dem Sprint abgerechnet, in dem abgeschlossen wird.

Der Vorteil: Bereits innerhalb der Entwicklung werden Erfolg und Fortschritt aus Kundensicht ausgedrückt. Die Teamvelocity drückt also die Fähigkeit des Teams aus, in einer Zeiteinheit Lieferschuld abzubauen und Wert für den Kunden zu schaffen, anstatt Aufwand zu produzieren.

Die Herausforderung: Die verkürzte und vor allem vergleichende Anwendung in Bezug auf mehrere Teams führt schnell in die Irre. Vorrangig ist die Teamvelocity innerhalb eines einzelnen Teams zu betrachten und in der spezifischen Entwicklungsleistung und -dynamik zu interpretieren.

Unterstehen Sie sich, die Velocitychart Ihrer Teams miteinander zu vergleichen! Das entbehrt jeder Sinnhaftigkeit. Das Velocity-Chart ist auch kein Gesprächsanlass für Walk-by-Management, ganz nach dem Motto: »Sagt einmal, ich sehe da gerade keine Veränderung im Burndown. Was ist denn hier los?« Versuchen Sie lieber, als Gasthörer im Daily Scrum dabei zu sein und einen Beitrag zu identifizieren, den Sie selbst konkret leisten könnten, um das Team in seiner Leistungs- und Lieferfähigkeit an diesem Tag oder in diesem Sprint zu unterstützen.

Das *Burndownchart* ist das (selbst-)steuerungsorientierteste Reporting auf der Projektfläche. Auf der x-Achse werden die Sprinttage aufgetragen, auf der y-Achse die Anzahl der Storypoints. Der Ausgangspunkt auf der y-Achse bildet die Summe der Storypoints aller durch das Team für den Sprint committeten User Storys ab. Jeden Tag wird im Anschluss an das Daily Scrum-Meeting der Graph aktualisiert. Sobald eine User Story geliefert und abgenommen ist, werden die entsprechenden Storypoints abgetragen.

Zeigt der Graph am Ende des Sprints (vielleicht sogar innerhalb nur eines Tages) den Abfall aller Storypoints, so sprechen wir von einem »Hockeystick«. Das ist ein Zeichen für eine risikobehaftete Vorgehensweise im Team. Anstatt kontinuierlich eine User Story nach der anderen zu bearbeiten, werden viele Themen parallel angerissen und dann gegen Ende oft hektisch abgeschlossen. Das reduziert den Fokus, führt zu Aufwandssteigerungen, Leistungsabfall und erhöhtem Integrationsrisiko. Ein »gutes« Burndownchart im Sinne einer positiv zu bewertenden Entwicklung zeigt eine schrittweise Reduktion der Storypoints und damit eine laufende Lieferung durch das Team.

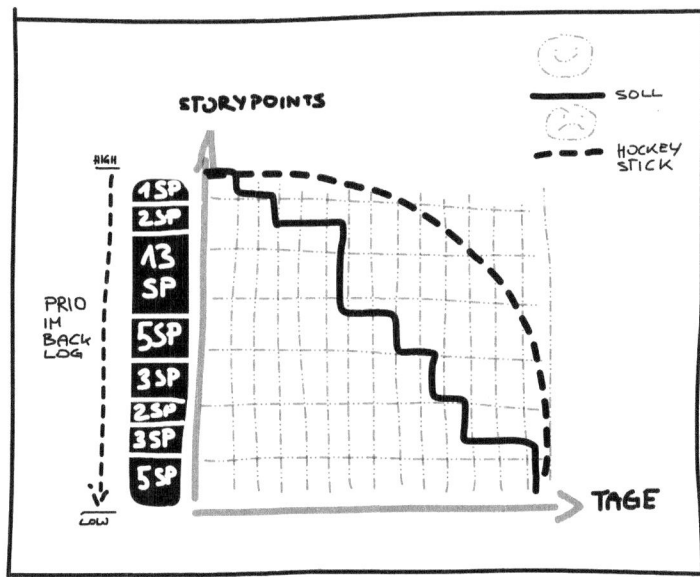

Abb. 10:
Ein »gesundes« Burn-
downchart und
ein »Hockeystick«

6.4   Die richtige Besetzung wählen

In der Transitionsphase stellt sich oft die Frage nach der Besetzung der Rollen. Wer kann wohin »umgetopft« werden? Wer will oder soll welchen Job machen? Dabei beeinflusst insbesondere die Bewertung einer neuen Rolle und damit die Wertigkeit dieser in einem Unternehmen die Optionen. Für viele Projektmanager, -leiter und ähnliche Funktionen heißt es in Scrum »quo vadis?«. Für manchen Langgedienten klingt Product Owner nach Rückstufung auf Requirements-Engineer (oder noch schlimmer: User Storys herunter-schrubben), und ScrumMaster ist der Zettelschubser am Taskboard, der dem Team das Leben schwer macht. So gesehen ist es kein Wunder, dass hier nur Notentscheide zu-stande kommen.

Diese beiden Rollen adäquat zu besetzen bedeutet, dass wir dorthin die High Potentials entwickeln – jene die sich, vielleicht aus der Umsetzung kommend, in Richtung Business entwickeln werden. Die Kennzahl, an der sich ein Product Owner orientiert, ist nicht zuletzt der ROI. Auf der anderen Seite suchen wir für die Rolle des ScrumMasters Men-schen, die Organisationen verändern und diese in ihrer Liefer- und Leistungsfähigkeit nachhaltig weiterentwickeln können. Dies ist eine Aufgabe, die auf einer anderen Ebene dem COO zukommt. Damit sollten wir Menschen bestellen, die das Potenzial haben, sich in der Organisation durch Managementaufgaben zu entwickeln.

Investieren Sie an dieser Stelle in Erfahrung. Auch wenn sich aus der bisherigen Orga-nisationslogik heraus der Overhead hier überproportional zu verhalten scheint: Niemand würde das Trainerteam einer Fußballmannschaft aus der Bundesliga mit schlechten Spie-lern aus dem Kader besetzen. Ein guter Spieler ist ein guter Spieler. Ein guter Trainer ist ein guter Trainer. Manchmal werden gute Spieler zu guten Trainern. Vor allem ScrumMaster sind ein Hebel, den es ein- und daher richtig zu besetzen gilt.

Wie geht es nun weiter? Sollte es einmal nicht gelungen sein, unserem Kunden den Nutzen von mehreren Beratern in seinem Projekt plausibel zu machen oder schlichtweg das Geld auf Kundenseite fehlt, nutzen wir häufig eine einfache Tabelle zur Selbstbefragung.

Die erste Frage lautet: Was habe ich konkret beobachtet? Jede Beobachtung bekommt eine eigene Zeile. Wir versuchen sehr konkret zu sein. Neben jede Beobachtung notieren wir in einem weiteren Feld unsere Interpretation. Also das, was uns spontan einfällt. Wir schreiben die Bedeutung auf, die als Impuls als Erstes auftritt. Daneben notieren wir dann eine Frage und zwar jene, die wir gerne den Menschen, die Teil der Beobachtung waren, stellen möchten. Natürlich fragen wir nicht, ob unsere Interpretation richtig war oder nicht. Vielmehr öffnen wir mit unserer Frage den Raum für gemeinsamen Gedankenaustausch, um zu lernen, womit wir hilfreich sein könnten. Vielleicht ist die beste Hilfe der nicht gegebene Rat, der ohnehin überbewertet wird. Angeblich liegt im Ratschlag nur eine Effektivität von 5 bis 8 Prozent. Nach dem nun folgenden Gespräch notieren wir mögliche Interventionen. Halten Sie für ein paar Tage die Beobachtungen auf diese Weise fest. Es wird Ihnen ermöglichen, ein besseres Bild über Ihre Scrum-Organisation zu gewinnen.

Und was jetzt? Back to business as usual? Politics, defense, attack – die üblichen Spielchen, die zum Alltag im Management dazugehören? Oder vielleicht nehmen wir doch das eine oder andere, das auf der agilen Projektfläche in den Scrum-Teams zu beobachten war, in die Arbeit in Lenkungskreisen, Projekt- und Produktboards mit?

6.5 Aus der Praxis: Agiles Führungsverständnis bei AutoScout24

Als AutoScout24 zehn Jahre alt war, begab es sich auf eine agile Reise mit dem zunächst klaren Ziel: drastisch höhere Agilität, Effizienz und Qualität in der Softwareentwicklung. Doch als die ersten Ziele erreicht waren, stellten Managing Director André Stark und Joachim Gmeinwieser, Head of Agile & Lean Management, fest, dass neue, weitgehendere Ziele erstrebenswert erschienen. Insgesamt haben sie die Arbeitswelt von AutoScout24 nachhaltig verändert. Der Weg ist das Ziel! Ein Erfahrungsbericht von André Stark und Joachim Gmeinwieser.

Führungsverständnis anno 2008

Skizzieren wir unseren Ausgangspunkt im Jahr 2008, um leichter verstehen zu können, wie der Verlauf unserer Reise unser Führungsverständnis, unsere Methoden und Instrumente verändert hat. Das Selbstverständnis der Führung war 2008 noch stark transaktional geprägt. Unsere Führungskräfte verstanden wir primär als ausführende Manager. Deren Kernaufgabe war es somit, die wesentlichen Managementdisziplinen – Kontrollieren, Organisieren und Planen – zu erfüllen. Die grundlegende Überzeugung und Legitimation dafür speiste sich aus ihrer formalen Autorität und Verantwortung innerhalb der Organisation. Dementsprechend waren auch unsere Kultur und unser Wertesystem geprägt: Wir glaubten an Belohnung und Bestrafung, unsere Fehlertoleranz war nur schwach ausgeprägt. Vor allem waren wir davon überzeugt, dass Einzelne linear mit den Führungsebenen ansteigend auch höhere Verantwortung tragen: Wer den Anweisungen folgte, sollte für die korrekte Ausführung belohnt werden. Genauso waren wir überzeugt, dass Risiken frühzeitig abgesichert werden müssen und dazu zum Beispiel im Verlauf eines gesetzten Projektes die Entscheidungen des Managements nötig sind. In diesem Zusammenhang war es normal, dass der Zeitpunkt, zu dem wir über den Erfolg eines Projektes entschieden, weit vor der tatsächlichen Ablieferung des Projektes lag. Es war eine vollkommene und deterministische Welt, leider fern der Realität, wie wir immer wieder feststellen mussten.

Plan and Do: Transition der Ablauforganisation von Wasserfall zu Agil

Trotz unseres Erfolgs, oder vielleicht gerade deswegen, hatten wir vor allem in unserer IT-Organisation immer größere Schwierigkeiten, die steigenden Erwartungen zu erfüllen. Interessant und schmerzhaft war, dass das zwar konstante, aber meist nur lineare Wachstum unseres Unternehmens mit einem exponenziell ansteigenden Konsum an Ressourcen einherging. Im Wesentlichen waren die Aufbau- und Ablauforganisation betroffen, allerdings wurden allmählich auch Probleme in unserer IT-Infrastruktur offensichtlich. Alles zusammen wirkte sich negativ auf die Produkte, also unsere originäre Kundenleistung, aus. Das Zusammenwirken dieser Effekte machte unsere Leistungserbringung immer komplexer:

- Die Zahl unserer User und Kunden wuchs, gleichzeitig wurde unser Unternehmen internationaler. Damit stiegen auch die Anforderungen, und das Liefern der passenden Produkte wurde zu einer ständig komplexeren Aufgabe.
- Je mehr Features und Produkte wir lieferten, desto größer wurde die System- und Anwendungskomplexität.
- Um mehr Produkte zu liefern, brauchten wir mehr Mitarbeiter. Die Folge: komplexere Interaktionen und Prozesse.
- Zusätzlich konnten wir das Phänomen einer Komplexitätsspirale beobachten. Komplexe Systeme verstärken sich selbst, indem zu komplexen Problemen komplexe Lösungen gesucht und auch gefunden werden.

Aus wirtschaftlicher Sicht bedeutete dies, dass unser Mitteleinsatz exponenziell wuchs, bei gleichzeitig linearer Entwicklung des Umsatzes. Prozessual und technisch betrachtet nahmen die Effizienz und die Qualität unserer Leistung mit eben dieser steigenden Komplexität kontinuierlich ab.

Es war nicht mehr zu leugnen: Wir mussten unser gesamtes Selbstverständnis darüber, wie wir die Dinge taten, hinterfragen und unser Vorgehen ändern! Die Mittel unseres transaktionalen und deterministischen Ansatzes waren vollständig erschöpft. Wir gingen hart mit uns ins Gericht und änderten die Dinge, die sich immer wieder als nicht nützlich erwiesen hatten:

- Das Prinzip der Arbeitsteilung ersetzten wir durch das Prinzip der interdisziplinären Kollaboration:
  - autonome Teams in der Produktentwicklung (Koexistenz von Matrix und Linie),
  - direkte Kommunikation durch Kollokation,
  - Bewegung von Spezialisten hin zu Generalisten (T-Shapes),
  - Neudefinition der Rollen, die an der Produktentwicklung beteiligt sind.
- Determinismus ersetzt durch Probabilismus
  - Einführung eines iterativen und inkrementellen Vorgehensmodells (Scrum),
  - Das Team glättet seinen Arbeitsfluss durch das Pull-Prinzip. Dadurch verkürzen sich die Wartezeiten und die funktionsübergreifende Zusammenarbeit wird effizienter.

Am Ende der ersten Jahreshälfte 2010 hatten wir die Ablauforganisation vollständig verändert. Mit dem nachhaltigen und signifikanten Ergebnis, dass unsere Effizienz um 150 Prozent und die Qualität um 70 Prozent gestiegen waren. Nun wussten wir, wie wir die Dinge richtig anpacken mussten und hatten unsere Interaktions- bzw. Prozesskomplexität wieder im Griff! Aber das war nur der Anfang.

Check and Act: Auswirkungen auf die Aufbauorganisation – von transaktional zu transformational

Die Veränderungen im Ablauf veränderten auch die Aufbauorganisation grundlegend. Die weitgehend autonomen, interdisziplinär besetzten und kollokierten Teams stellten unsere Führungsmannschaft vor erhebliche Herausforderungen:

- Die räumliche und inhaltliche Distanz zwischen Führungskraft und Mitarbeiter wurde größer.
- Verantwortungs- und Entscheidungsgrenzen verlagerten sich.
- Es wurde notwendig, die Zielsetzungen verschiedener Abteilungen und Bereiche zu synchronisieren.
- Auf allen Führungsebenen stieg der Führungsbedarf.
- Das Geschäft musste ganzheitlich verstanden werden.

Uns wurde klar, dass wir die Veränderungen auch auf der Führungsebene begleiten mussten. Im Jahr 2009 begannen wir – mit externer Unterstützung – einen internen agilen Coach und ein Support-Team aufzubauen. Sie bekamen die Aufgabe, die agilen Teams methodisch zu begleiten, im Teaming und beim »Gehenlernen« zu unterstützen sowie Hindernisse (Impediments) zu identifizieren und zu lösen, die den Teams beim Erreichen der Ziele im Weg standen. Darüber hinaus bauten wir eine Steuerungseinheit ein, das sogenannte Transition-Team (bzw. heute Change-Team). Es bestand aus dem Senior und Middle Management der Bereiche Produkt, IT und HR sowie dem internen Scrum-Coach als Moderator, Facilitator und Change-Manager.

Das Transition-Team nutzte in der Zusammenarbeit ebenfalls Scrum. Diese Arbeit mit dem Transition-Team war entscheidend, wenn sie auch manchmal schmerzhaft und anstrengend für alle Teilnehmer war. Das Transition Team hatte im Wesentlichen die folgenden Aufgaben:

- Auflösen der residualen, zumeist cross-funktionalen Impediments, die durch die Aufbau- oder Ablauforganisation und unternehmerische Zielstellungen entstanden waren
- Schaffen von Rahmenbedingungen, um die Teams beim Erreichen ihrer Ziele zu unterstützen.
  - Infrastruktur: Erforderliche globale Änderungen in der Anwendungs- und Systemlandschaft, aber auch Auflösung räumlicher Constraints, die Kollokation behindern,
  - Prozesse: Aufsetzen und Managen von Projekten, um Prozesse zu optimieren (Build, Release, Test etc.),
  - Menschen: Identifikation erforderlicher Rollen und Integration der Rollen in die Teams oder aus den Teams,
- Kontinuierlicher Abgleich von Abteilungs- und Bereichszielen.

Wir spürten umgehend den positiven Effekt, den die methodische und strukturierte Arbeit im Transition-Team auf uns alle hatte. Es gab uns die Kraft und den nötigen Glauben, diese Herkulesaufgabe stemmen zu können. Aber da entstand noch mehr, denn zusätzlich und quasi als Nebenprodukt der deutlich engeren und anderen Art der Zusammenarbeit, veränderte sich auch die Kultur und das Wertesystem des Unternehmens. Der Führungsgedanke begann sich weiterzuentwickeln, denn die alten Paradigmen, das merkten wir deutlich, brachten uns nicht mehr weiter.

Heute ist das ehemalige Transition- bzw. Change-Team ein wesentlicher Bestandteil unserer Führungsarbeit. Natürlich hat sich der Fokus des Teams verschoben. Ursprünglich hatte es die Aufgabe, den Wandel von klassisch geprägten Arbeitsabläufen zum agilen Arbeiten zu ermöglichen und zu unterstützen. Doch immer mehr bekam es auch den Auftrag, den Rahmen für das Erreichen von Geschäftszielen zu gestalten.

> Wie bereits erwähnt, bekamen wir durch die Veränderungen unsere Interaktions- und damit Prozesskomplexität wieder in den Griff. Unsere Build- und Delivery-Phasen wurden dadurch immer kürzer, gleichzeitig stieg der Output. Unsere Produkt- und damit technische Komplexität war aber noch immer groß und erhöhte sich durch die Optimierung von Effizienz und Qualität sogar. Auf unserer agilen Reise zeigte sich also mehr als deutlich: Man muss nicht nur die Dinge richtig tun, sondern auch die (für den Kunden und damit das Unternehmen) richtigen Dinge tun!

Nur in diesem Zweiklang wird Kundenwert geschaffen. Als wir das verstanden hatten, war uns klar, dass wir noch radikaler umdenken und vorgehen mussten.

Warum noch radikaler vorgehen?

Zwar hatten wir Durchsatz und Ausstoß in Build und Delivery deutlich verbessert, dennoch dauerte es weiterhin sehr lange, bis die Produkte als »(Groß-)Projekte« unsere Kunden erreichten. Und noch schlimmer: Häufig hatten diese Produkte nicht die gewünschte Kundenakzeptanz und lieferten daher nicht den nötigen Wertbeitrag. Unsere Kunden honorierten offensichtlich unsere Anstrengungen nicht im angenommenen und erwarteten Maße. Der Fehler musste also irgendwo früher im Prozess liegen! Wir analysierten die

Großprojekte und stellten fest, dass wir zwar immer weniger Zeit für die Delivery brauchten, aber Ideation und Evaluation noch immer sehr viel Zeit brauchte.

Der Grund dafür war einfach: Sehr früh und vor allem sehr aufwendig wurden Annahmen formuliert und als wahr postuliert. Auf dieser Basis konnte man ja nicht falsch liegen und sowohl die bereits getätigten als auch alle weiteren Aufwände waren damit gerechtfertigt. Allerdings trafen diese Annahmen eben meistens nicht zu. Fatal war dabei jedoch das enorme Backlog mit großen Projekten, die alle durch die Führungsebene priorisiert und damit gerechtfertigt waren. »Death by Backlog« oder »Wir haben einen Großflughafen, unsere Projekte sind Flugzeuge und alle müssen irgendwann landen.«

Neben der Tatsache, dass das Ganze ausgesprochen ressourcenintensiv war und vom Kunden selten belohnt wurde, war es vor allem ein Prozess, der sich selbst bestätigt. Sobald ein Projekt gestartet war, durften wir uns nicht mehr korrigieren oder gar irren. Weder lernten wir noch erkannten wir unsere Fehler. Aber eben diese waren meistens kostspielig.

Ein radikal neuer Ansatz musste her: Die richtigen Dinge richtig tun. Wie findet man heraus, was richtig ist? Zu dieser Erkenntnis gelangt man, indem man den »Moment of Truth« dahin verlagert, wo er hingehört – an den Zeitpunkt, an dem ein Kunde mit einer neuen Produktidee erstmals in Interaktion tritt. Das bedeutet für das Vorgehen und Denken, wissenschaftlich und probabilistisch zu denken, d. h. zu akzeptieren, dass am Anfang eine Hypothese steht. Diese muss im Rahmen von Experimenten schnell überprüft werden, um dabei zu lernen, ob man richtig liegt. Und das geschieht immer ganz unvermittelt, also kontinuierlich am und mit dem Kunden. Dazu wählten wir den Lean-Startup-Ansatz von Eric Ries, den wir mit anderen Mitteln verfeinerten. Die Essenz lautet: Bilde wertgetriebene Hypothesen über den Kundennutzen, baue ein Minimum Viable Product (MVP), teste, lerne und verwirf oder verbessere – und Letzteres rigoros! Das mussten die Teams erst einmal akzeptieren, dann üben, denn es war und ist hart! Aber neben vielen Bausteinen war ein Grundsatz wesentlich: Das Fehlermachen ist gewollt, denn nur so lernt man. Aber es muss eben auch kostengünstig sein, diese Fehler zu machen. Es ist das Gegenteil eines Großprojekts, ein Kleinstexperiment, um die Wertthese zu verifizieren. Wir nannten das CVDD oder Customer-Value-Driven-Development. Das war unser größter Change-Prozess überhaupt und er erfasste das ganze Unternehmen!

Einer der Erfolgsfaktoren für diesen übergeordneten Wandel war die Refokussierung der Managementebenen auf strategische Entscheidungen, weg vom »Was wir wie tun«. Wir erinnern uns: Um die agile Transition zu erreichen, befasste sich das »alte« Transition-Team noch stärker damit zu definieren, »wie, wann, wo und von wem« Dinge getan werden sollen. Um die Transformation im Unternehmen zu erreichen, befasste sich das »neue« Change-Team ausschließlich damit, den Zielrahmen zu definieren und die Rahmenbedingungen zu gestalten bzw. zu optimieren: »Was tun wir in welchem Kontext? Warum für wen und um was wozu zu erreichen?« Zusätzlich lernten wir, dass ein echter Leadership-Ansatz und damit der Rollenwechsel vom (Mikro-)Manager zum »Ermöglicher« und Coach erforderlich ist, um konsequent Verantwortung an die relevante operative Entscheidungsebene, unsere agilen Teams, zu übertragen. Durch diese Übertragung verbesserte sich sowohl die Qualität der Ergebnisse als auch die Motivation unserer Mitarbeiter. Diese entscheidenden Erkenntnisse für unser Führungsverständnis waren mit folgenden Einsichten verbunden:

- Unser System muss ganzheitlich optimiert werden. Das Optimieren einer Ebene alleine reicht nicht aus.
- Unsere Kunden entscheiden.
- Effizienz ist kein grundlegendes Erfordernis für Effektivität, die sinnvolle Paarung macht uns wirtschaftlich erfolgreich.
- Wir müssen lernen loszulassen.
- Fehler sind wertvoll und die Quelle nachhaltigen Lernens.
- Unsere primäre Leistung als Führungskräfte gilt nicht dem Vermeiden von Fehlern und damit der Vermeidung des Lernens. Wir ermöglichen das Lernen aus Fehlern.

Fazit

Wir sind auch heute noch auf unserer Reise unterwegs. Wir haben viele der gesteckten Ziele erreicht, aber auf dem Weg auch neue, erstrebenswerte Ziele kennen- und schätzengelernt. Ähnlich wie Christoph Kolumbus, der eigentlich nach Indien wollte, haben sich durch diese Reise für uns neue Horizonte eröffnet. Mit dem neu erlernten Selbstverständnis können wir uns auf die neuen Horizonte einlassen und anerkennen, dass auf unserer Reise der Weg und damit die kontinuierliche Veränderung das Ziel ist. In unserer alten, deterministisch geprägten Welt wäre das eine absurde Vorstellung gewesen. In unserer neuen, probabilistischen Welt ist es die einzige und eine verheißungsvolle Chance. Das bedeutet weder, dass wir orientierungslos nach vorne blicken noch, dass wir bereits angekommen sind.

Wir sind weiterhin auf dem Weg. Wir akzeptieren, dass wir nie »fertig« sein werden. Wir arbeiten hart an uns und unserem Selbstverständnis, definieren uns als lernende Organisation und damit den Lernprozess als Erfolg. Wir haben Spaß daran, unseren Kunden wieder auf Augenhöhe zu begegnen und freuen uns gemeinsam, unabhängig von hierarchischen Grenzen, mit und an unseren Kunden weiterzulernen und zu wachsen.

Teil III
Die Umsetzung

Boris Gloger

7 Basiswissen für die Veränderung

Sinn und Zweck von agilen Unternehmen sollte es sein, die Probleme ihrer Kunden schneller zu lösen als es der Wettbewerber kann. Dazu müssen Sie die Organisation auf den Kunden hin ausrichten und ihn wieder in den Mittelpunkt stellen. Ein (Change-) Manager, also derjenige, der die Veränderung will, muss erreichen, dass die Mitarbeiter spüren, wie der eigentliche Anwender das Produkt nutzt, um daraus Erkenntnisse für die nächste Produktgeneration ziehen zu können. Gleichzeitig sind die Ideen von Scrum einleuchtend: schnell, iterativ und inkrementell zu entwickeln. Es gilt, kurze Feedbackzyklen zu etablieren, in denen eine teamzentrierte Organisation immer wieder hinterfragt, wie sie ihre Produktentwicklungsprozesse noch effektiver gestalten kann. Scrum ist dazu ein erster entscheidender Schritt.

Klingt toll. Aber wie oft haben Sie in Ihrer Karriere den Freudenschrei gehört: »Hurra, Veränderung! Fangen wir sofort an!« Trösten Sie sich, auch meine Kollegen und ich hören nicht immer ein: »Hurra! Wir machen Scrum, fangen wir sofort an!« Auch wenn die einzelnen Teams von Scrum begeistert sein sollten: Spätestens auf der Managementebene treffen wir irgendwann auf Widerstand. In dem Moment, in dem man die ersten Schritte in die neue Richtung gehen will, bekommt man den Treibsand der Organisation zu spüren. Die Beharrungskraft des Widerstandes ist fühlbar, obwohl er zunächst meist unsichtbar sein wird. Er wird deutlich durch die Schwierigkeiten, denen man begegnet. Niemand wird sich offen gegen eine Verbesserung seiner Arbeitsprozesse aussprechen, aber so einfach mitmachen wird auch nicht jeder.

Rechnen Sie damit, dass Sie sich auf eine lange Reise begeben werden. Ich zeige Ihnen in diesem Kapitel, wie diese Reise in vielen Fällen aussieht, und mit welchen Gefahren und Klippen man rechnen muss.

Am Ende eines Scrum Trainings, selbst wenn in einer Firma schon alle Zeichen auf »GO!« stehen, wenn das Management bereits signalisiert hat »Das ist der Weg, den wir gehen wollen«, selbst dann ist der Kommentar von ca. 50 Prozent der Trainingsteilnehmer: »Ich bin gespannt, wie unsere Organisation Scrum einführen wird.« Es ist vertrackt: Obwohl wir gerade zwei Tage mit allen darüber gesprochen haben, wie wichtig bei Scrum der eigene Beitrag ist, besteht bei vielen die Erwartungshaltung, dass die Veränderung von anderen »gemacht« wird.

Widerstand ist ein gutes Zeichen

Was ist die schlimmste Situation in jeglicher Form von Beziehung? Wenn man ignoriert wird. Wenn jeglicher Austausch abgebrochen wird. Wenn man vom anderen nicht einmal mehr beschimpft wird, sondern wenn es einfach still wird. Seien Sie deshalb froh, wenn Sie Widerstand spüren und manchmal völlig unverblümt ins Gesicht geschleudert bekommen – das System kommuniziert mit Ihnen. Es widersetzt sich, und das ist nichts Schlechtes, Böses oder ein Indiz dafür, dass Ihr Veränderungsvorhaben zum Scheitern verurteilt ist. Zum einen ist Widerstand einfach eine Tatsache. Zum anderen entsteht durch diesen

Widerstand Energie. *Diese Energie, den Impuls des Systems sich zu wehren, wollen wir bei unserer Veränderungsarbeit positiv für uns nutzen. Suchen Sie deshalb diese Reibungsflächen, lernen Sie den Widerstand zu lieben!*

Vielleicht fragen Sie sich, warum ich dem Widerstand so viel Raum gebe? Warum ich sogar davon ausgehe, dass Sie diesen Widerstand selbst erspüren und ihm ans Licht helfen müssen? *Veränderungsarbeit braucht den Widerstand der Menschen, der Manager, der Organisation als Ganzes.* Reibung gibt den Halt, an dem man ansetzen kann. Physikalisch gesehen ist Bewegung nur möglich, wenn man Reibung oder einen Rückstoß erzeugen kann.

Die Arbeit *am* Widerstand ist die effektivste Arbeit des Change-Managers. Es geht in der Tat um die Arbeit *am oder mit* dem Widerstand, nicht *gegen* den Widerstand. Im Change-Management gibt es unzählige Formen der Intervention, mit denen man mit und am Widerstand arbeiten kann. Widerstand wird Ihnen auf den folgenden vier Ebenen begegnen:
1. Individuum,
2. Team,
3. Organisation,
4. Netzwerk (Lieferanten, Kunden, Partner …).

Aufgabe des Change-Managements ist es, Wege zu finden, wie die Beteiligten mithilfe von Interventionen »beeinflusst« werden können, um die Energie des Widerstands geschickt in die Richtung der gewünschten Veränderung lenken zu können.

Wenn Sie bereits mehrere Change-Projekte, vielleicht als Berater oder auch als Linienvorgesetzter, begleitet haben, sind Sie natürlich mit den meisten Theorien und Modellen

Abb. 11:
Rückstoß erzeugt
Bewegung

des Change-Managements vertraut. Aufgrund meiner eigenen Erfahrungen gehören bestimmte Change-Modelle dazu, die sich für mich als Hilfslinien immer wieder als nützlich erweisen.

An die acht Schritte der Organisationsänderung nach John P. Kotter schließt sich eine kurze Erläuterung an, weshalb Menschen motiviert sind, bei einer Veränderung mitzumachen. Wir werfen einen kurzen Blick auf die Professional Service Firm, die eine Blaupause für die agile Organisation ist: An welchen Aspekten müssen wir arbeiten, um eine ähnliche Funktionsweise zu etablieren? Ein Exkurs in ein berühmtes Beispiel zeigt, auf welchen Wegen die Veränderung in einer ausschließlich wissensbasierten Professional Service Firm geschehen kann. Die »Seele der Veränderung«, also das Empfinden des Menschen in diesem Prozess, betrachten wir anhand des Change-Modells von Virginia Satir.

Mit dem Basiswissen im Gepäck machen wir uns an die Vorarbeiten, dann geht es ans Eingemachte: Die erste Konfrontation mit dem Widerstand von Individuum, Team und Organisation. Machen wir uns also auf die Suche nach einem Weg, wie wir auf diesen Ebenen mit den Beteiligten arbeiten können, um die Energie des Widerstands in die angepeilte Richtung zu lenken.

7.1   Die acht Schritte der Organisationsveränderung

Es ist wohl das wichtigste Modell des Change-Managements der letzten Jahre: die acht Schritte der Organisationsveränderung von John P. Kotter *(Kotter 2012)*. Dieser Basisframework inspirierte mich bei meinem ersten Auftrag im Scrum-Consulting und er ist auch heute, über zehn Jahre später, immer wieder ein gutes Hilfsmittel, um die eigene Veränderungsarbeit zu beobachten. Er bestätigt sich in der Praxis stets aufs Neue.

In *Leading Change* beschreibt Kotter acht Aspekte, die zu beachten sind, will man eine Organisation ändern:
1. die Einsicht der Dringlichkeit erzeugen,
2. eine Führungskoalition aufbauen,
3. Vision und Strategien entwickeln,
4. die Vision des Wandels kommunizieren,
5. Empowerment auf breiter Basis,
6. kurzfristige Ziele ins Auge fassen – »Short Term Wins« generieren,
7. Erfolge konsolidieren und weitere Veränderungen ableiten,
8. neue Ansätze in der Kultur verankern.

Kotter betont, dass alle acht Schritte notwendig seien, um eine Organisation zu ändern. Der erste Schritt sei dabei aber essenziell für den Veränderungsprozess: die Einsicht der Dringlichkeit (*a sense of urgency*). Sehen wir uns Schritt für Schritt an, denn sie dienen uns später bei der Implementierung der agilen Organisation als Orientierung.

Aufgaben für den Change-Manager

Ich mache Ihnen ein Angebot: Nach jedem der acht Schritte werde ich Ihnen Fragen stellen. Beantworten Sie diese Fragen zunächst für sich und später gemeinsam mit Ihrem Team. Seien Sie dabei ehrlich zu sich selbst und tun Sie es am besten schriftlich. Nehmen Sie sich für jede Frage ein bis zwei Stunden Zeit. Sie werden sehen: Damit haben Sie eine fundierte Basis für Ihre Veränderungsarbeit!

7.1.1   1. Schritt: Die Einsicht der Dringlichkeit schaffen

Wann ändern Menschen in ihrem Leben etwas? Meistens nach tiefgreifenden Erlebnissen, positiven wie negativen, die Spuren in ihrer Gefühlswelt hinterlassen. Mit der Veränderung in Unternehmen ist das nicht anders: Wenn es keinen Anlass gibt sich zu ändern, dann wird es auch niemanden in der Organisation geben, der sich dabei einbringen will. Dringlichkeit ist kein Aspekt des Verstandes, sondern ein emotionaler Zugang zu einem Problem. In uns muss es einen starken emotionalen Antrieb, wie zum Beispiel ein Unbehagen geben, einen emotional begründeten Willen, der zur Änderung führt *(Heath 2011)*. In allen Change-Initiativen, die mein Team und ich begleiten durften und dürfen, machen wir immer wieder die Erfahrung, dass es nicht genügt, über die Dringlichkeit zu reden und sie völlig rational zu untermauern. Die beteiligten Menschen müssen »betroffen« sein. Diese Betroffenheit muss so lange erhalten bleiben, bis der Veränderungsprozess tatsächlich überall angekommen ist, wie Kotter in *A Sense of Urgency* deutlich macht *(Kotter 2008)*. Gelingt dies nicht, entsteht durch die ersten gelungenen Verbesserungen oft eine gewisse Selbstgefälligkeit. Statt den eingeschlagenen Weg konsequent zu Ende zu gehen, führt das geradewegs in eine Zufriedenheitsstarre.

Kotter kann ich nur bestätigen. Immer wieder tritt dieses Phänomen nach drei bis vier Sprints auf: Die Teams sind produktiver als zuvor, die ersten Probleme sind bewältigt und die Scrum-Teams beginnen zu liefern. Oft mag sich dann niemand mehr damit auseinandersetzen, dass die Änderungen tiefer gehen müssen. Ein Indiz dafür ist, dass Scrum-Teams zwar genau das liefern, was sie zugesagt haben, sie denken aber nicht darüber nach, wie sie noch besser werden können. Schließlich liefern sie ja, was sie versprochen haben.

Aufgabe 1

1. Stellen Sie sich die Fragen: Welches Problem wollen wir lösen? Was bremst die Organisation, welche Herausforderungen stehen an? Und wie kann uns Scrum dabei helfen? Führen Sie Scrum nicht zum Selbstzweck ein, weil es gerade en vogue ist.
2. Wenn Sie das Problem kennen: Wie können Sie dieses Problem für andere Menschen, Ihre Kollegen, darstellen, damit sie emotional betroffen sind?
3. Schreiben Sie das Bedürfnis auf, das dem Problem zugrunde liegt. Ein Elevator-Pitch, also ein Statement, das Sie in 30 Sekunden vortragen können, ist dafür ein gutes Format.

7.1.2   2. Schritt: Verantwortliche mit Veränderungsbereitschaft gewinnen und zusammenbringen

Die Veränderung wird mehrere Jahre dauern. Eine so lange Reise wird wesentlich leichter, wenn man dafür ein Team aus Gefährten und Vertrauten zusammenstellt, die einem zur Seite stehen. Suchen Sie sich diese Verbündeten so schnell es geht. Mein Vorschlag: Beginnen Sie mit zwei Gefährten und bilden Sie eine »Triade«. In einer solchen ist es einfacher, nicht den Mut zu verlieren. Ihre Überlegungen im Vorfeld der eigentlichen Veränderungsarbeit sollten Sie miteinander austauschen, viel diskutieren und ein gemeinsames Bild der Reise erarbeiten. Das Ziel wird dadurch klarer.

Nicht immer sind die Initiatoren von Veränderungen – und damit auch die Mitglieder der Triade – ausgesprochene Change-Experten. Die Triade muss darüber hinaus natürlich Kenntnisse über Veränderungsprozesse erwerben und vor dem Start einige Vorarbeiten durchführen, damit das Vorhaben gelingen kann. Arbeiten Sie an gemeinsamen Werten und Überzeugungen. Entscheidend bei dieser Konstellation ist, dass jede Person der Triade verantwortlich für die Qualität der Beziehung zwischen den anderen beiden Mitgliedern ist. So gesehen ist auch ein Scrum-Team eine Triade. Der ScrumMaster ist explizit für die Qualität der Beziehung zwischen Product Owner und Entwicklungsteam zuständig. Aber an sich sollten alle Rolleninhaber darauf achten, dass die beiden anderen ebenfalls gut miteinander harmonieren.[16]

Das von Kotter vorgeschlagene Prinzip, das er Führungskoalition nennt, hat noch einen weiteren Vorteil: Sie finden sofort heraus, ob Sie mit Ihrer Idee Anhänger finden und ob Ihnen jemand bei Ihrem Vorhaben folgen wird. Mit und in Ihrem Team können Sie sofort jede Idee überprüfen. Noch wichtiger: Ihre Ideen gewinnen sofort an Einfluss, da diese zwei Menschen wiederum andere Menschen gewinnen können. Auf diese Weise breiten sich die Ideen viel schneller aus als zuvor, was einen nicht zu unterschätzenden Vorteil darstellt.

Aufgabe 2
1. Wer kommt für Ihre Triade in Frage?
2. Diskutieren Sie mit diesem ersten Team die Antworten aus Aufgabe 1.
3. Stellen Sie Teamregeln auf, die Sie bei Ihrer Zusammenarbeit berücksichtigen wollen.
4. Vereinbaren Sie Scrum als äußeren Rahmen der Triaden-Arbeit.

---

16 Wenn Sie mehr darüber wissen wollen, warum Sie gerade mit drei Personen anfangen sollen, empfehlen wir die Lektüre von *Tribal Leadership (Logan, King, Fischer-Wright 2008)*.

7.1.3 3. Schritt: Die Zukunftsvision ausformulieren und eine Strategie entwickeln, wie Sie dahin kommen werden

Das Prinzip der Orientierung ist für viele Führungspersönlichkeiten eine Selbstverständlichkeit – wenn es um sie selbst geht. Allerdings versagen sie oft darin, ihre Ideen und Erkenntnisse *anderen* so mitzuteilen, dass diese es verstehen und sich *selbst-orientieren* können. Selbstorientierung bedeutet so gesehen auch, sich selbst ausrichten zu können. Ob Sie eine Führungskraft sind, die eine Abteilung selbst umstellt, oder ob Sie als Organisationsentwickler beauftragt wurden: Orientierung geben Führungskräfte – und daher auch Sie – durch eine klare Vision und das Aufzeigen des Weges, auf dem man dorthin kommt.

Aufgabe 3

Diese Aufgabe ist nicht einfach, und es kann einige Tage dauern, bis Sie damit fertig sind.
1. Sehen Sie sich das Video von Simon Sinek an: How great leaders inspire action (http://www.youtube.com/watch?v=qp0HIF3SfI4)
2. Lesen Sie Kapitel 7 bis zum Ende und arbeiten Sie dann Ihre Vision aus. Lassen Sie sich dabei von dem Gedanken leiten: »Wo soll die Organisation in fünf Jahren sein?«

7.1.4 4. Schritt: Die Zukunftsvision bekannt machen

Eine Zukunftsvision zu haben und sie dann nicht mitzuteilen, ergibt wenig Sinn. Die Zukunftsvision muss so formuliert sein, dass sie emotional von Ihren Kollegen angenommen werden kann. Gute Erfahrungen habe ich mit der sogenannten Springboard-Story gemacht. Die Idee dazu stammt von Stephen Denning *(Denning 2011)*, der folgende Hauptcharakteristika einer Springboard-Story nennt:
1. Die Veränderungsidee wird durch die Story deutlich und interessant vermittelt.
2. Die Story zeigt, was ohne die Veränderung geschehen würde.
3. Die Geschichte wird minimalistisch erzählt.
4. Der Sinn der Geschichte wird in der Erzählung deutlich.
5. Die Story ist wahr und wird aus der Sicht des Hauptakteurs erzählt.

Mithilfe einer Springboard-Story können Sie in der Regel die Kernaussagen und Erfolge so vermitteln, dass die Adressaten selbst in der Lage sind, die notwendigen Veränderungsschritte zu gehen. Sie ist ein Führungswerkzeug, das zwar den Rahmen im Sinne des Zieles vorgibt, gleichzeitig ermöglicht sie es aber dem Einzelnen, eigene Entscheidungen im Hinblick auf das gesetzte Ziel zu treffen.

Aufgabe 4

In Kapitel 8.2 finden Sie ein Beispiel für eine Springboard-Story. Jetzt sind Sie an der Reihe: Schreiben Sie Ihre eigene!

1. Machen Sie sich Ihre Veränderungsidee, Ihre Vision bewusst.
2. Suchen Sie eine »wahre Geschichte« in Ihrer Organisation, die zeigt, dass es für diese Veränderungsidee bereits erste Beispiele gibt.
3. Versetzen Sie sich in den Protagonisten. Wer hat diese Geschichte erlebt?
4. Wo und wann hat das Erzählte stattgefunden?
5. Überlegen Sie, was passiert wäre, wenn dieses Ereignis nicht stattgefunden hätte.
6. Schreiben Sie Ihre Geschichte auf etwa einer Seite auf. Bleiben Sie dabei minimalistisch – also nicht zu blumig werden, nichts ausschmücken.

Ein Tipp: Nutzen Sie für das Schreiben die Methode des Freewritings (sehr gut erklärt auf http://en.wikipedia.org/wiki/Free_writing)

7.1.5 5. Schritt: Das Handeln im Sinne der neuen Vision und der Ziele ermöglichen

Die ersten vier Schritte lassen sich noch im stillen Kämmerlein gemeinsam mit Ihrer Triade, Ihrem Change-Team, erledigen. Mit Schritt fünf beginnen Sie aber in der Organisation zu handeln: *Sie implementieren die Veränderung.* Gezieltes Handeln erfordert allerdings eine Strategie, die Vorstellung eines Weges. In Kapitel 10 zeige ich Ihnen eine Möglichkeit, wie Sie diese Implementierungs-Strategie entwickeln können. Die besondere Herausforderung in diesem Schritt besteht darin, Ihre Handlungen und damit Ihre Entscheidungen so zu wählen, dass sie nicht mit dem Ziel der agilen Organisation konkurrieren. Wieso betone ich das? Genau an diesem Punkt, bei den ersten Schritten der Implementierung, erkenne ich beim Aufsetzen des ersten Scrum-Teams oft schwerwiegende Fehler. Natürlich passiert es nicht willentlich, aber man muss sich darüber im Klaren sein, dass der Mindshift hin zu Scrum fundamental ist. Wenn man keine Fehler machen will, müsste man eigentlich alles sofort ändern. Aber das geht nicht, denn die Organisation wird bei voller Fahrt verändert. Ans Ziel gelangt man daher auf Umwegen, allerdings – und das ist die große Kunst – muss man wissen, warum man diesen Umweg geht und sich darüber im Klaren sein, dass man ihn gerade in Kauf nimmt.

Nicht gegen die Lehrmeinung handeln. Vorprogrammiertes Scheitern beobachte ich immer dann, wenn man sich aus Ignoranz gegen die Lehrmeinung entscheidet. Eine solche Fehlentscheidung ist zum Beispiel, gleich im Pilotprojekt den besten Entwickler zum ScrumMaster zu machen, mit einem leichthin gesagten: »Es wird schon gehen.« Klar geht es *irgendwie*. Aber wie sollen die Kollegen das Gefühl bekommen, dass Scrum ein wirklich neuer Weg ist, wenn schon beim Versuch die einfachsten Regeln von Scrum über Bord geworfen werden?

Eine Entscheidung ist auch ein Signal. Sie macht deutlich, was man nun nicht mehr tut. Die Entscheidung für Scrum bedeutet unter anderem, dass man die Kollegen ernst nimmt und ihnen die Mittel an die Hand gibt, mit denen sie erfolgreich sein können. Dies führt zu Konflikten mit dem Rest der Organisation. Machen Sie sich bewusst, dass dieser

Widerstand notwendig ist. Den einen oder anderen Widerstand müssen Sie dennoch so schnell wie möglich überwinden, sonst sind Sie als (Change-)Manager nicht mehr glaubwürdig. Außerdem entsteht nur durch Tun Erfahrung und nur durch die Erfahrung wird deutlich, wo es noch Verbesserungsbedarf gibt. Ein neues Verhalten, ein neues Mindset, eine neue Einstellung braucht Zeit. Selbst wenn die neuen Dinge im »Training-on-the-Job« erledigt werden, muss den Beteiligten, vor allem den Vorgesetzten, klar sein, dass sie ihren Kollegen Zeit für das Neue einräumen müssen.

Was auch geschehen wird: Die neuen Methoden werden andersartige Resultate erzielen. Möglicherweise werden die Resultate am Anfang sogar schlechter sein als bei einem anderen Verfahren. *Genau deswegen brauchen wir aber den (Change-)Manager als Visionär.* Er kann sehen, dass diese Aktivitäten zielführend sind, und er ist bereit, dieses Investment in die Kollegen und ihre Fähigkeiten zu leisten. Er sieht, dass er damit die Überlebensfähigkeit seiner Organisation verbessert.

Aufgabe 5

1. Was können Sie tun, um möglichst schnell einen ersten Schritt in Richtung Implementierung von Scrum zu machen?
2. Welche Personen müssen Sie darüber informieren, was ein ScrumMaster und ein Product Owner wirklich tun?
3. Woran erkennen Sie mit Sicherheit, dass sich ScrumMaster und/oder Product Owner in die richtige Richtung entwickeln?

7.1.6   6. Schritt: Kurzfristige Erfolge planen und gezielt herbeiführen

Um erfolgreich zu sein, braucht man die entsprechenden Beweise. Kotter rät daher, kurzfristige Erfolge zu planen und herbeizuführen. In Veränderungssituationen ist das essenziell, schließlich braucht man einen Kompass, der zeigt, ob man auf dem richtigen Weg ist. Als (Change-)Manager sind Sie daher gefordert, geeignete Projekte auszuwählen und damit den Teams erste Erfolgsmöglichkeiten zu bieten.

Unseren Kunden »versprechen« wir immer eine merkliche Veränderung innerhalb der ersten sechs Wochen. Das ist nicht einfach so dahingesagt: Wir wissen, dass ein Scrum-Team nach nur drei Sprints signifikant besser liefern kann. Das Versprechen alleine garantiert aber noch keinen Erfolg. Solche Zusagen können wir machen, weil wir dafür sorgen, dass unsere betreuten Teams erfolgreich sein können. Wir räumen zum Beispiel gemeinsam mit dem ScurmMaster die Impediments aus dem Weg, wir machen Meetings zu Workshops mit Ergebnis und arbeiten mit allen, damit die Veränderung verstanden wird.

Aufgabe 6

1. Welchen kurzfristigen Erfolg haben Sie in Sichtweite? Wo hängen die Früchte in einer günstigen Höhe, damit Sie und Ihre Kollegen sie gewissermaßen als Geschenk bekommen?
2. Wie können Sie diese Erfolge so schnell wie möglich realisieren? Welche Menschen müssen Ihnen dabei helfen?

3. Wie können Sie im Anschluss diese Erfolge positiv bekannt machen? Wer sollte davon wissen? Vielleicht können Sie so den nächsten Erfolg bereits planen?

7.1.7 7. Schritt: Erreichte Verbesserungen systematisch weiter ausbauen

Auf den ersten Erfolgen Ihres Pilot-Scrum-Teams können Sie aufbauen und weitermachen. Dazu müssen Sie das, was bereits erreicht wurde, zunächst festigen und die Verbesserungen dann systematisch auch in anderen Bereichen einführen. Haben Sie beispielsweise ein erfolgreiches Scrum-Team etabliert, nutzen Sie die Erfahrungen dieses Teams, um ein oder zwei neue Teams aufzusetzen. Halten Sie das erste Team dennoch zusammen.

Eines der wichtigsten Instrumente ist in diesem Zusammenhang die Retrospektive. Jedes Team führt die »Retro« am Ende eines Sprints systematisch immer wieder durch. Es versucht dabei, Verbesserungen zu identifizieren und im nächsten Sprint eine bis drei dieser Verbesserungen anzustoßen. Dieses System nutzen meine Kollegen und ich auch bei einer Transition. Am Ende von jeweils zwei Wochen begeben wir uns mit dem Kunden in die Retrospektive, um herauszufiltern, was funktioniert hat und wo es im nächsten Schritt noch Luft nach oben gibt.

Aufgabe 7
1. Bevor Sie beginnen: Führen Sie eine initiale Retrospektive durch! Was funktioniert heute schon? Wo sehen Sie für die Zukunft Verbesserungspotenzial?
2. Wem wollen Sie in Zukunft davon erzählen, wenn sich Verbesserungen eingestellt haben?

7.1.8 8. Schritt: Das Neue fest verankern

Der achte Schritt ist entscheidend und findet trotzdem häufig nicht statt. Erfolge verleiten dazu, selbstgefällig zu werden. Dann bringt man die Dinge nicht ordentlich zu Ende und wendet sich dem nächsten Problem zu. Seien Sie also ehrlich zu sich und den anderen. Bremsen Sie sich, wenn Sie sich gerade zu sehr auf die Schulter klopfen und sich über etwas hinwegschwindeln wollen. Nehmen Sie sich Zeit und institutionalisieren Sie die Veränderungen erst einmal. Dazu braucht man Disziplin. Mit dem Scrum-Prinzip etablieren Sie unter anderem die Rolle des ScrumMasters. Auf der Ebene des Scrum-Teams ist es seine Aufgabe, die Veränderungen zu festigen. Auf der Ebene der Organisation ist es die Aufgabe des Managements, das neue Handeln zu festigen. Das bedeutet also: Sie etablieren Strukturen! Strukturen machen immer auch ein wenig steif und unbeweglich. Was ist, wenn die neuen Strukturen in ein paar Monaten oder in einem Jahr nicht mehr passen? Wenn sich herausstellt, dass wir wieder eine neue Arbeitsweise brauchen? Woher wissen wir denn, dass Scrum das Richtige ist?

Der Vorteil vom Scrum-Prinzip ist, dass Sie in Wahrheit einen Management-Framework etablieren, der ständige Veränderung möglich macht. In *Leading Change* schreibt Kotter: *»Speed of change is the driving force.«* (Kotter 2012, Kindle Edition Pos. 58.) Genau dafür brauchen wir aber einen neuen Management-Framework, der die ständige Veränderung, die permanente Rekonstruktion des gerade Existierenden, systematisch und planmäßig ermöglicht.

Zum Nachdenken

Eine Change-Initiative mit Scrum ist in vollem Gange und die ersten Erfolge stellen sich ein. Die Kollegen sind voll bei der Sache. Einer der ScrumMaster geht mit dem CTO über die Straße zu einem Fast-Food-Restaurant und als sie an der Ampel warten, fragt der ScrumMaster: »Was meinen Sie, wann können wir mit den Verbesserungen aufhören? Wann haben wir uns genug geändert?« Der CTO antwortet: »Gar nicht. Ein Sportler hört doch auch nicht auf sich zu verbessern.«

Aufgabe 8

1. Wenn Sie bereits unterwegs sind: Reden Sie mit Ihren Kollegen und fragen Sie nach, was sie von den Veränderungen halten.
2. Befragen Sie die Kollegen einmal im Jahr, immer wieder mit dem Schwerpunkt: Können wir uns noch weiter verbessern?

7.2 Die Motivation zu Veränderung

Menschen ändern, wie alle Säugetiere, ihr Verhalten dann, wenn sie
1. etwas von der Veränderung haben und
2. wissen, was von ihnen erwartet wird.

Es ist nicht ganz so einfach, wie das berühmte Reiz-Reaktion-Prinzip der Konditionierung, aber im Grunde ist es nicht viel anders. Es gibt für diese These sogar eine relativ einfache Formel:

$$f = (D \times M \times P) + E$$

D steht für die Unzufriedenheit mit der gegenwärtigen Situation, M für das Modell des zukünftigen Erfolges (Ziel, Weg) und P für den Prozess, also für die Erklärung, wie man den Weg gehen kann. E steht für einen sehr wichtigen Faktor: Glück. Das muss man nämlich auch haben, will man eine erfolgreiche Veränderung durchführen können. Folgt man dieser Formel, ist es im Grunde ganz einfach, eine Veränderung zu bewirken: Man muss jemandem nur klar machen, dass der momentane Zustand weniger erstrebenswert ist als der gewünschte Zustand. Gleichzeitig müssen wir ihm zeigen, wie das neue Verhalten, das an den Tag gelegt werden soll, aussieht und auf welchem Weg er dorthin kommt.

Abb. 12:
Wann verändern sich Menschen?

Für denjenigen, der sich ändern soll, muss vollkommen klar sein, wie sich diese Anstrengungen auszahlen werden. In der Theorie ist das plausibel, bei einfachen Problemstellungen ist das schnell und erfolgversprechend umsetzbar. Ein Pferd zu trainieren ist zum Beispiel sehr einfach: Nehmen wir an, Sie wollen einem Pferd beibringen, auf Kommando ein Bein zu heben. Sie tippen das Bein des Pferdes an. Und nichts passiert. Also tippen Sie es wieder an. Sollte das Pferd sein Bein aus reinem Unbehagen auch nur minimal bewegen, wird es dafür sofort (möglichst innerhalb von zwei Sekunden) mit einem Keks und einem gedehnten »Braaaaaav!« belohnt. Die Prozedur wiederholen Sie so lange, bis das Pferd verstanden hat: »Wenn ich ein Bein hebe, bekomme ich einen Keks.« Meine Erfahrung ist, dass es ungefähr drei Minuten dauert, bis das Pferd diese Übung beherrscht.

Damit will ich keinesfalls sagen, dass sich Menschen derart einfach konditionieren ließen – es sei denn, sie sind noch nicht älter als drei Jahre. Aber dieses kleine Beispiel zeigt,
wie es prinzipiell auch bei Menschen funktioniert:

1. Sie zeigen dem Menschen den Zielzustand.
2. Dann machen Sie ihm klar, dass seine Veränderungsbemühungen von Ihnen bemerkt
   werden und stellen dafür eine Belohnung in Aussicht.
3. Wenn er die erwünschten Resultate erzielt, wird er »belohnt«.[17]

Auch der Mensch freut sich über Kekse – über echte und solche im übertragenen Sinne.
Wir werden noch sehen, dass Menschen auf fünf verschiedenen Ebenen belohnt werden
wollen. In Kapitel 9.1 stelle ich das SCARF-Modell als ein effektives Belohnungssystem für
den Einzelnen vor.

7.3   Blaupause Professional Service Firm

Um eine neue Struktur zu etablieren braucht man neben der Erkenntnis dafür, wie man
den Einzelnen erreicht, auch eine Idee für die Veränderung der Organisation. Natürlich
sollen nicht alle Unternehmen zu Beratungsfirmen werden. Aber rufen wir uns noch einmal in Erinnerung, dass diese Organisationsform schon heute im Kern agil ist. Das ist
keine neue Idee: Tom Peters stellte sie bereits 1999 ausführlich in *The Professional Service
Firm (Peters 1999)* dar und hat sie in *Re-Imagine (Peters 2003)* wieder aufgegriffen. Für
unsere Zwecke ist es wichtig, dass Sie die grundsätzliche Struktur einer Professional Service Firm (PSF) verstehen, damit Sie später die Transformation hin zu einer agilen Organisation durchführen können. Die PSF dient uns gleichzeitig bei der Implementierung als
Blaupause für die organisationalen Impediments (Kapitel 8). In der Veränderung muss
man auf allen diesen Ebenen einer Organisation arbeiten und auf jeder Ebene sind Widerstände zu erwarten

Stars. Vom Einstellungsprozess bis zum Ausscheiden eines Kollegen muss die gesamte
HR-Kette überdacht und für die agile Organisation tauglich gemacht werden. Professional
Service Firms stellen hoch engagierte Kollegen ein, die zur Organisation und zur Kultur
eines solchen Unternehmens passen.

Leadership. Einer der wichtigsten Aspekte der Führung von Kollegen in der PSF ist das
Vorzeigen und Vorleben. Führung geschieht durch die gemeinsame Arbeit in Projekten,
wobei von neuen oder jungen Kollegen erwartet wird, dass sie die Herausforderungen
möglichst rasch selbstständig bewältigen. Ein Anwalt muss seine Fälle eigenständig vorbereiten. Möglicherweise wird er immer wieder korrigiert, aber grundsätzlich werden die
neuen Kollegen ins kalte Wasser geworfen. Genauso erwartet man es vom Mitglied eines

---

17   Ken Blanchards *The One Minute Manager* basiert auf genau diesem Prinzip *(Blanchard 1991).*

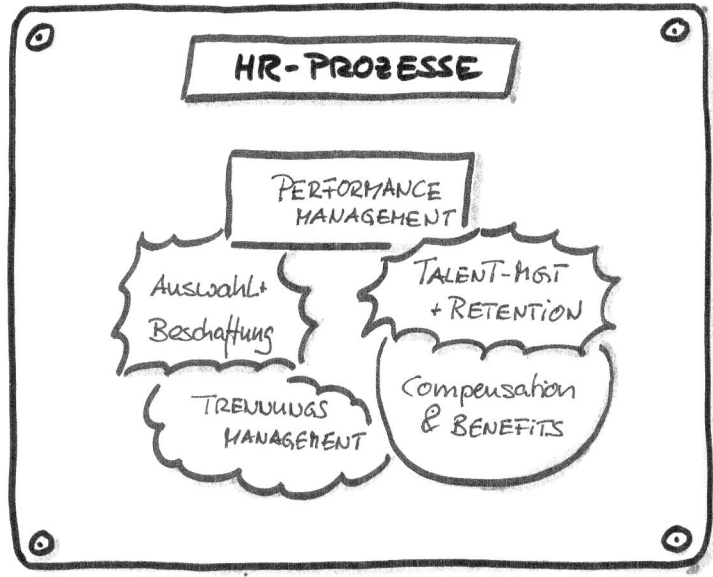

Abb. 13:
HR-Prozesse

Scrum-Teams. Leadership in einer Professional Service Firm geschieht allerdings auch dadurch, dass die »Chefs«, Partner oder erfahrenen Berater in ihren Jobs authentisch agieren, ihre Aufgaben tatsächlich erledigen und so als Vorbild fungieren.

Diese neue Art der Führung muss meistens erst gelernt werden: Bei einem unserer Kunden war dem Direktor »Test« erst nach einem Jahr wirklich klar, wie er als »agiler« Manager agieren und managen sollte – wie er es heute auch noch tut. Nach seinen eigenen Aussagen hat sich vieles für ihn geändert. Das Führungsverständnis lässt sich also nicht über Nacht umkrempeln. Dafür sind viele Gespräche nötig, vor allem über die Erfahrungen, die Führungskräfte auf diesem Weg machen.

Kultur. Die Kultur der Organisation wird sich automatisch ändern, wenn anders geführt wird, allerdings nicht, ohne sich dabei zu »widersetzen«. Man muss mit der Kultur, statt gegen sie arbeiten. Es ist entscheidend, dass Sie die Elemente einer bestehenden Kultur nutzen, um den Change voranzubringen. In einem großen Automobilkonzern konnten wir zum Beispiel erfolgreiche Veränderungsarbeit leisten, weil wir eine »Ansage« gemacht haben. Es war Ironie des Schicksals bzw. eine interessante Spielart menschlichen Verhaltens: In einer hierarchischen Organisation funktioniert hierarchisches Denken, um agiler zu werden.

Struktur und Governance. Die Aufgabe des Managements ist es, Strukturen und Entscheidungsregeln zu schaffen. Bei einem Change-Prozess müssen diese Strukturen aufgeweicht werden, damit wieder Raum für die Bewegung hin zu einer neuen Struktur geschaffen werden kann. Über die Jahre sind in vielen Unternehmen erfolgreiche Strukturen und Entscheidungswege entstanden. Programme zur Kosteneffizienz gab und gibt es in fast jedem Unternehmen, ebenso Richtlinien zum Prozessmanagement, Initiativen zum Businesss-Reengineering. Durch diese Maßnahmen haben diese Firmen gute Prozesse, die *innerhalb* ihres Systems hervorragend funktionieren. Mit der absolut »schlanken« Aufstellung wird diesen Systemen aber häufig auch jede Redundanz genommen. Das bedeutet, dass man bei Änderungen sofort Gefahr läuft, nicht mehr optimal reagieren zu können. Spezialisierung hat den Nachteil, für gewisse Zwecke zu speziell zu sein.

Das zweite Problem kann sein, dass die einzelnen Bereiche lokal optimal funktionieren, aber ihr Zusammenspiel im Sinne des Ganzen funktioniert nicht mehr optimal. Solche Firmen merken irgendwann trotz ihrer Hyper-Optimierung, dass sie am Markt zu langsam werden. Plötzlich wirken diese Strukturen wie ein Korsett, das ihnen nicht mehr genug Luft lässt, um die Gelegenheiten des Marktes zu nutzen. Lapidar wird das mit »Time-to-Market« abgehandelt, was aber nur oberflächlich zutrifft. In Wahrheit geht es hier um viel mehr: Im Prinzip müssen alle Prozesse hinterfragt werden und oft bleibt keine andere Option, als der Organisation eine Neuausrichtung zu geben. Die Neuausrichtung auf den Kunden ist dabei mit Sicherheit die erfolgreichste Strategie. Alle Strukturen und Entscheidungswege müssen danach beurteilt werden, ob sie der Problemlösung beim Kunden dienen oder nicht. Nicht immer passiert das so konsequent wie bei Steve Jobs, der nach seiner Rückkehr zu Apple eine Reihe von Produktlinien einfach einstellte und die gesamte Führungsmannschaft auswechselte *(Isaacson 2011)*, es ist aber zumindest ein Weg. Wichtig ist nur, sich klarzumachen, dass die Struktur zu den Zielen passen muss (siehe Kapitel 8).

7.4   In sieben plus eins Schritten zur Veränderung

Will man eine Organisation verändern, muss man sich klar machen, welche Strategie der Veränderung die richtige ist. Ich zeige Ihnen einen Ansatz, der dann funktionieren kann, wenn Sie die Möglichkeit haben, Dinge einfach zu tun – also gewissermaßen eine Form von Macht.

Es gibt ein sehr bekanntes Beispiel für eine erprobtermaßen erfolgreiche Vorgehensweise für diesen Fall: Die tiefgreifende Veränderung des Equity-Research-Departments von Lehman Brothers durch Jack Rivkin zwischen 1990 und 1992. Erhältlich ist diese lesenswerte Fallstudie bei der Harvard Business Review *(Nanda, Groysberg, Prusiner 2008)*. Analysiert man diese Studie, kommt man zu dem Schluss, dass es acht Schritte gibt, mit denen eine organisationale Veränderung gelingen kann:

1. Mit den richtigen Ressourcen starten,
2. eine Vision generieren und den Weg festlegen,
3. Strukturen und Regeln,
4. Public Shooting,
5. Anerkennungs- oder Anreizsysteme ausrichten,
6. Kollegen einstellen,
7. Training und Ausbildung,
8. Investieren in die Kultur.

Diese Schritte sind allerdings nur angebracht und erfolgversprechend, wenn folgende wesentliche Voraussetzungen erfüllt sind:

- Der Manager, der sich für diese Maßnahmen entscheidet, hat große Kenntnisse über die Organisation und den Markt sowie
- die Macht, die Veränderungen durchzusetzen.
- Es gibt bei allen Beteiligten das Bewusstsein, dass eine Krise existiert.
- Es gibt die Unterstützung von höherer Stelle.

7.4.1 Mit den richtigen Ressourcen starten

Veränderung ist eine Investition in die Organisation. Kollegen müssen trainiert und on-the-job gecoacht werden, sie müssen sich mit neuen Strukturen auseinandersetzen, brauchen vielleicht neue oder zusätzliche Arbeitsmaterialien. All das kostet nicht nur Geld, sondern auch Zeit. Daher ist das Commitment und die Rückendeckung des Topmanagements zur Veränderung nötig. Auch Rivkin ließ sich schon vor seinem Amtsantritt Ressourcen durch die Geschäftsleitung zusichern. Von Anfang an machte er unmissverständlich klar, dass er Zeit und Budget brauchen würde, um erfolgreich zu sein.

Wie bekommen Sie so ein Commitment vom Topmanagement? Am besten mit einem kurzfristigen Gewinn, den auch Kotter für so wichtig hält. Sie wissen, dass Sie mit der einen oder anderen neuen Ressource auf jeden Fall den ersten Schritt in die richtige Richtung tun. Zeigt diese kleine Veränderung Erfolg, dürfen Sie wahrscheinlich den nächsten Schritt gehen.

> Einer unserer Kunden ging sehr ähnlich vor. Er startete mit eigenen Ressourcen ein erstes kleines Scrum-Team. Zunächst wollte er selbst herausfinden, ob überhaupt etwas an Scrum dran ist. Als ihm klar war, dass es funktionierte, überzeugte er erst seine Abteilungsleiter. Dann, als seine gesamte Mannschaft hinter ihm stand und er wusste, was ihn die Implementierung von Scrum über ca. zwei Jahre kosten würde, ließ er sich dieses Investment vom Vorstand bewilligen.

Natürlich ist auch die Einführung von Scrum nicht ohne ein Investment von Zeit und Geld umzusetzen. Das Schöne an Scrum ist aber: Die Erfolge zeigen sich innerhalb eines so kurzen Zeitraums, dass sich die Investition spürbar sofort bezahlt macht. Scrum ist wie ein Perpetuum Mobile: Es erzeugt durch die schlichte Einführung eine so hohe Produktivitätssteigerung, dass Sie die von Kotter geforderten »Short Term Wins« sicher in der Tasche haben.

7.4.2 Eine Vision generieren und den Weg festlegen

Für Jack Rivkin war klar: Er wollte sein Equity-Research-Department unter die Top 5 der Wall Street bringen – eine klare Vision und ein klares Ziel für die Organisation. Eine Vision muss so stark sein, dass sich die Mitarbeiter auf den Weg machen. Die Vision und die klare Vorgabe aus der Organisation muss also von den Führungskräften gefüllt und umgesetzt werden. Rivkin gab nicht nur den Weg in die Zukunft vor, er wollte auch von seinen Mitarbeitern wissen, was bisher funktioniert hatte und was für die Zukunft verbessert werden musste. In Scrum würden wir dazu »Retrospektive« sagen. Wenn man diese lernende Rückschau immer wieder durchführt, erreicht man die Änderung der Organisation ganz evolutionär.

7.4.3 Strukturen und Regeln

Ist die Vision einmal da, beginnt man konsequent an der Struktur zu arbeiten und neue Regeln zu etablieren. So verlegte Rivkin zum Beispiel Meetings vor und sorgte dafür, dass die Mitarbeiter sich dorthin setzen mussten, wo ihre Arbeit effektiv werden konnte: in die Nähe der Händler, für die das Research-Department arbeitet. Mit Scrum führen Sie diese neuen Strukturen und Regeln quasi »über Nacht« ein. Scrum bringt drei einfache Kategorien von Strukturänderungen mit, die an sich einfach zu implementieren sind, aber zu Widerstand führen:

1. Es werden neue Rollen etabliert und das Team in den Vordergrund gestellt.
2. Durch den Scrum-Prozess entstehen neue Arbeitsabläufe.
3. Mit der konsequenten Fokussierung auf den Kunden gibt es ein klares Ziel für die Teams.

Diese Strukturänderungen führen am Anfang einer Scrum-Implementierung einerseits zu Unsicherheit, machen aber auch allen Beteiligten klar, was von ihnen erwartet wird. Sie geben Orientierung in der Unsicherheit der Veränderung, die mit Scrum-Implementierungen einhergehen. Ich erlebe in den von meinem Team und mir begleiteten Veränderungsprozessen oft, dass genau an dieser Stelle viele Manager der Mut verlässt. Sie verlassen sich nicht darauf, dass die durch Scrum etablierten Strukturen die notwendigen Sicherheiten bieten und untergraben sie zu früh. Erst wenn Manager es selbst aushalten, dass sich die Dinge für einige Zeit unbequem anfühlen, bekommen nach unserer Erfahrung die Scrum-Teams die Chance, sich in diesen Strukturen einzuleben und mit ihnen erfolgreich Produkte zu liefern.

7.4.4 Public Shooting

Mitarbeiter müssen merken, dass der Change ernst gemeint ist. Dann verfliegt eine der Hauptursachen für Widerstand in Organisationen, nämlich die Angst, dass man etwas von Wert verlieren könnte. Entweder man ändert sich, oder man wird entfernt und verliert alles. Das klingt alles andere als nett, aber es geht bei so einem Veränderungsvorhaben um den Weiterbestand eines ganzen Unternehmens. Alternativ dazu kann man darauf warten, dass der Markt einfach den Rest erledigt – aber so weit soll es ja nicht kommen.

Als probates Mittel wird, wenn auch manchmal zu oft, das sogenannte Public Shooting eingesetzt. Ein Kollege, der, von allen bemerkt, nicht die erforderliche Leistung bringt, wird tatsächlich gefeuert. Das erzeugt klaren Veränderungsdruck.

Wir erleben es sehr häufig, dass ein Kollege alle aufhält, die geforderte Leistung nicht bringt, auch die Veränderung zu Scrum nicht mittragen will und trotzdem gehalten wird. Das Signal an die anderen in der Organisation ist also: »Macht, was ihr wollt. Wer sich nicht verändern will, braucht sich nicht zu verändern.«

Einem Kunden hatten wir erklärt, er müsse einen seiner Manager von einer gewissen Position entfernen, weil er dort eher blockierte als förderlich sei. Sechs Monate zog es sich hin. Diese sechs Monate waren für alle Beteiligten schwierig, weil einfach nichts weiterging. Am Ende musste der Manager dann doch gehen.

Joe Stump, Co-Founder von attachments.me, Sprint.ly und SimpleGeo sowie ehemaliger Lead-Architect bei Digg, bringt es auf den Punkt: »*A lot of people say don't fire great engineers – but they're wrong. Even if you have an engineer who is exceptional, but an asshole, you should fire them [sic] immediately. Your team will thank you for it afterwards. It only takes one asshole to destroy an entire team, so act quickly and remove any bad seeds no matter how good they are at writing software.*« (Stump 2013[18])

7.4.5 Anerkennungs- oder Anreizsysteme ausrichten

Woran erkennen die Kollegen, dass sie sich in die richtige Richtung entwickeln und ihre Anstrengungen belohnt werden? Dies geschieht ausschließlich durch eindeutige und transparente Vergleichszahlen. Es muss also klar werden, was gewertet wird und was zu einer Belohnung führt. Rivkin erhob Daten über absolut alles und lies diese Daten innerhalb des Unternehmens veröffentlichen. Es ist bekannt, dass sich Kollegen nach dem ausrichten, was gewertet und beobachtet wird. Metriken sind in der agilen Welt weiterhin heftig umstritten und immer wieder sehen wir, dass auch die falschen Metriken eingesetzt werden.

Mein Team und ich führen in jedem Projekt Velocity Charts ein und wir zählen die offenen Defects sowie die gelieferten Storys pro Sprint. Oftmals zählen wir sogar, wie oft ein Teammitglied den Code eingecheckt hat. Zählen Sie das, was in Ihrem Umfeld Sinn ergibt, aber tun Sie das immer nur diagnostisch! Also für eine kurze Zeitspanne, um Trends erkennen zu können. Danach ändern Sie diese Metrik wieder. Noch besser: Sie beschließen diese Messungen mit den Menschen, die Sie erreichen wollen, zum Beispiel mit dem Entwicklungsteam oder mit Ihrem Management-Team. Definieren Sie gemeinsam, welche Metriken für dieses Team sinnvoll sind.

---

18 http://bit.ly/13fmUH5

7.4.6   Kollegen einstellen

Bei jedem Business-Modell, in dem die Mitarbeiter die »Besitzer des Kapitals« – in diesem Fall des geistigen – sind, ist es wichtig, die richtigen Kollegen zu finden. Auch Rivkin wusste das: Nach einem Merger mit einer anderen Bank behielt er nicht, wie vielleicht von vielen erwartet bzw. erhofft, die eigenen Kollegen. Er entschied sich für jene, die besser geeignet waren. Schließlich war seine Vision ja, das beste Equity-Research-Department der Wall Street aufzubauen. Reinhard Sprenger schreibt: »*Finden Sie die Richtigen, fordern Sie sie heraus, sprechen Sie oft miteinander, vertrauen Sie ihnen, bezahlen Sie gut und fair, und gehen Sie dann aus dem Weg.*« (Sprenger 2012, Kindle Edition Pos. 3190) Die Richtigen lassen sich herausfordern, sie wollen sich beweisen und nehmen die Herausforderungen an, die man an sie stellt.

Mein eigenes Unternehmen hat in seinen Anfangsjahren eine sehr hohe Fluktuation erlebt. Wir stellten viele Mitarbeiter ein und verloren auch wieder viele, weil sie einerseits die Belastung des Jobs nicht aushielten und sich andererseits nicht schnell genug entwickelten oder das hohe Tempo in unserem Beratungsunternehmen nicht mitgehen wollten. Es waren nicht die Richtigen, das ist keine moralische Wertung, sondern ein Fakt. Mittlerweile bin ich mir sicher, dass man es nicht ändern kann. Wenn ich den Vergleich zu Turn-Over-Raten anderer Beratungsunternehmen ziehe, wird klar, dass selbst ausgeklügelte Auswahlverfahren nicht verhindern können, dass immer wieder Mitarbeiter gehen. Trennung ist in wissensbasierten Unternehmen ein ganz normaler Prozess.

7.4.7   Training und Ausbildung

In meiner Praxis als Berater wird eines sehr deutlich: Wenn die Kollegen ihren Job nicht beherrschen, also die fachlichen Fertigkeiten nicht besitzen, um ihn gut und richtig durchzuführen, kann ich auch nicht erwarten, dass sie ihre Aufgaben eigenständig erfüllen. Dass Menschen ihren Rollen entsprechend ausgebildet werden, ist daher unumgänglich, sowohl in formellen als auch informellen Trainings. Allerdings können nur die besten Kollegen auch andere ausbilden. Dieses Prinzip gilt nach Lorsch in allen Professional Service Firms. Die besten Kollegen dürfen nicht »nur« operativ eingesetzt werden. Deren Know-how ist notwendig, um die nächste Generation ausbilden zu können. Dieses Investment ist zugegebenermaßen ein schwieriges Thema, denn die Kollegen können jederzeit gehen und damit ist das Investment erst einmal verloren, aber es gibt keine Alternative. Wissensbasierte Berufe leben davon, dass man immer mehr weiß als der Kunde.

7.4.8   Investieren in die Kultur

Gerade wenn Sie diese hier beschriebene Form der Veränderungsstrategie wählen, ist es um so wichtiger, als (Change-)Manager Vorbild zu sein. Man muss also die geeigneten Maßnahmen ergreifen, um eine Kultur zu prägen, die nicht nur den eigenen Zielen, sondern allen dienlich ist. Wenn Sie den Teamgeist entwickeln wollen, geben Sie Ihren Kollegen die Möglichkeit zu gemeinsamen Aktivitäten. Teamgeist entsteht nur im gemeinsamen Tun, nicht durch das Reden darüber. Investieren Sie also in Dinge, die Ihre Kollegen neben dem Job gemeinsam tun können.

Unser Team besuchte zum Beispiel gemeinsam die Modellfabrik der Fachhochschule Koblenz. Einen ganzen Tag lang lernte dieses hochspezialisierte Team von Scrum-Consultants, wie die Prozesse in einer Fabrik nach dem Vorbild von Toyota funktionieren. Während sie fachlich wuchsen, wuchsen sie auch wieder ein wenig mehr zusammen.

7.5   Das Change-Modell von Virginia Satir

Mit dem Change-Modell von Kotter und dem Modell nach Rivkin haben wir grundlegende Informationen darüber, was beachtet und welche Schritte befolgt werden müssen, um den Change in der Organisation voranzutreiben. Beide Modelle sind sehr technokratisch und beschreiben die Schritte, die ein Change-Manager durchführen sollte. Was aber noch fehlt, ist ein Modell, das Einblick in die Seele der Veränderung gibt. Was passiert in den

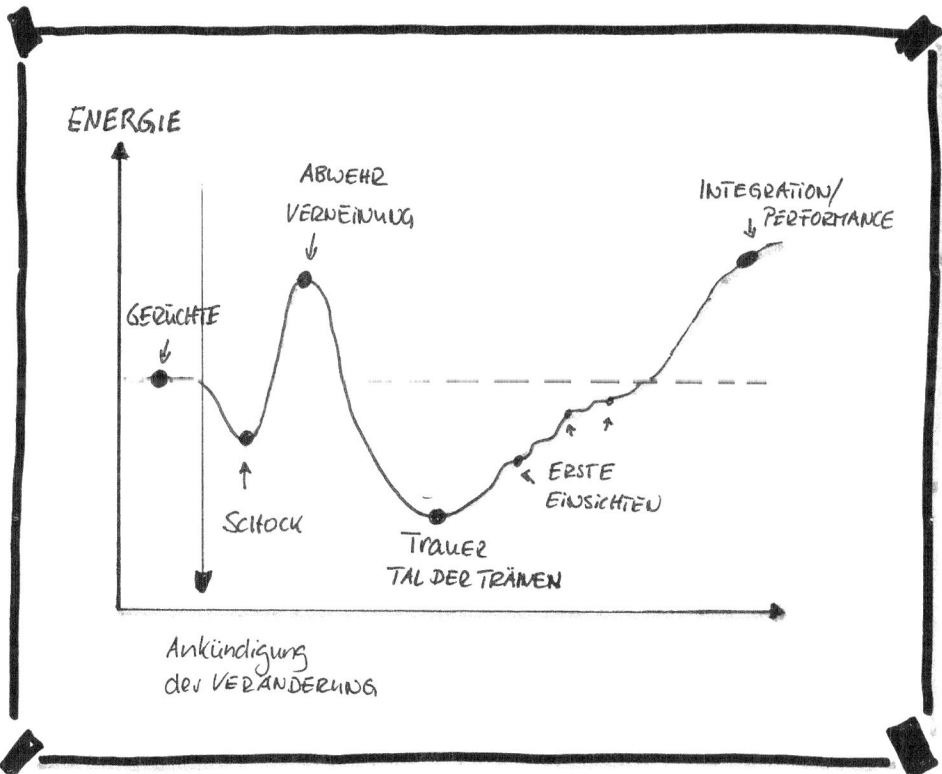

Abb. 14: Der Veränderungsverlauf nach Virginia Satir. Quelle: Satir et al. 1991

Menschen? Wieso ist Widerstand unumgänglich, und wieso kann er als notwendige Bereicherung gesehen werden? Das Change-Modell von Virginia Satir gibt Antwort.

Satir, oft als »Mutter« der Familientherapie bezeichnet, entwickelte in den späten 1980er-Jahren ein Change-Modell für ihre Familientherapie, um zu erklären, warum Veränderungen in Familien schwierig sind. Ihr Modell zerlegt die von einem Familiensystem geleistete Veränderungs- und Verdrängungsarbeit in fünf Phasen, die zeigen, welche soziale Dynamik in menschlichen Systemen ausgelöst wird, wenn es um Veränderung geht. Dieses Modell hilft auch das Verhalten auf den vier Ebenen eines Unternehmens im Zuge von Veränderungen zu verstehen, denn sowohl einzelne Personen als auch Teams, Abteilungen oder ganze Organisationen sowie ganze Verbände von Organisationen reagieren als »Systeme« auf dieselbe Weise. Jede Phase beschreibt die Auswirkungen auf die Performance, auf die Gefühlswelt und das Denken der Betroffenen. Bei Veränderungsprozessen sinkt zunächst die Produktivität. Wird dieser Prozess schlecht begleitet, führt das zur langfristigen Demotivation der Mitarbeiter.

7.5.1   Phase 1: Der Status quo

In dieser Phase befinden sich die meisten Systeme, ob es nun Organisationen oder Familien sind: Die Regeln sind etabliert, Prozesse und Strukturen existieren. Alles läuft effizient und geregelt. Es wird selbst dann nichts geändert, wenn die Team- oder Familienmitglieder nicht mehr zufrieden sind, denn der Status quo trägt zur Orientierung bei. Das System, also die Organisation, ist gewissermaßen erstarrt. Manche Menschen in den Organisationen bemerken in diesem Stadium bereits eine »Gefahr«, oft werden sie aber nicht gehört und ihre kassandrischen Rufe verhallen, denn noch gibt es nicht genügend Hinweise darauf, dass sich etwas ändern muss.

Verbesserung der Situation. Den Status quo in dieser Situation direkt anzugreifen, bringt meist nicht viel. Helfen kann man einem Team oder einer Person in dieser Phase am besten, indem man Vergleiche mit dem Außen anstellt und deutlich macht, dass es auch noch andere Wege gibt. Ein zarter Hinweis, dass andere Organisationen auf diese oder jene Art und Weise arbeiten, ist an der einen oder anderen Stelle sehr effektiv.

7.5.2   Phase 2: Ein »fremdes« Element einfügen

Etwas passiert in der Gruppe! Häufig geschieht das durch eine Störung von außen. Die Regeln im Umfeld ändern sich oder es wird ein neues Teammitglied aufgenommen, das sich nicht sofort anpassen will. Oder ein Manager macht die Ansage: »Wir müssen etwas ändern. Ich will in unserer Organisation mit Scrum arbeiten!« In diesem Fall beginnt sich das Individuum, das Team oder die Organisation zu wehren. Jetzt entsteht der Widerstand gegen die Veränderung. Man hört Sätze wie: »Das ergibt keinen Sinn, das haben wir hier schon immer anders gemacht!« oder »Bleib du erst einmal ein paar Monate dabei, dann wirst du schon sehen, dass wir hier die Dinge richtig machen.« Der Grundtenor ist eine ganz simple Verneinung. Es kann nicht sein, was nicht sein darf.

Verbesserung der Situation. Befindet sich ein Team in dieser Phase, geht es erst einmal darum, es für die Veränderungen zu öffnen. Der Change-Manager tut gut daran, hier nicht zu schnell vorzugehen. Effektiver ist es, Verständnis zu zeigen und dem Team dabei zu helfen, sich mit dem Neuen auseinanderzusetzen. Die Retrospektive ist dafür das geeignete Mittel: In einem geschützten Raum ist es einfacher darüber nachzudenken, wie die eigenen Reaktionen aussehen und es ist leichter, dem Team oder auch anderen Beteiligten bewusst zu machen, wo sie stehen.

7.5.3 Phase 3: Das Chaos beginnt

Die anfängliche Phase der Verneinung ist überwunden und es tritt Resignation ein. Sich gegen den Change zu wehren ist unmöglich, denn er ist da. Diese Resignation verwandelt sich schnell in ein Gefühl der Desorientierung, das Ängstlichkeit und Verletzbarkeit erzeugt, weil deutlich wird, dass die alten Verhaltensmuster nicht mehr funktionieren. In dieser Phase wird gejammert und punktuell versucht, den alten Zustand wiederherzustellen. Oft führen die Beteiligten endlose Diskussionen, das ist bei Scrum Implementierungen nicht anders. Ob Ihre Organisation oder Ihr Team gerade in diese Phase eingetreten ist, merken Sie daran, dass öfter über Scrum als über die Projekte geredet wird. Diese Phase kann wochen-, manchmal auch monatelang andauern.

Verbesserung der Situation. Diese Phase ist in der Regel mühsam und zäh, sie verlangt von den Beteiligten viel Mut. Sie kann nur schneller durchschritten werden, wenn Management und Führungskräfte auf allen Ebenen Zuversicht darüber ausstrahlen, dass man auf dem richtigen Weg ist. Das bietet emotionale Sicherheit, die gerade im tatsächlichen oder vermeintlichen Chaos extrem wichtig ist. Es gibt in dieser Phase keine schnellen Lösungen. Teams und Organisationen müssen sich selbst aus ihr befreien. Wichtig ist der Glaube daran, dass diese Phase vorbeigehen wird. Hier ist vor allem der (Change-)Manager gefragt, er muss den Teams und allen Beteiligten die Sicherheit geben: Es geht vorbei!

7.5.4 Phase 4: Die Integration

Aus dem Chaos wird langsam Sicherheit. Erste Erfolge zeigen den Betroffenen, dass sie auf dem richtigen Weg sind, die neuen Rollen und Arbeitsabläufe fühlen sich nicht mehr nur falsch an. Die neuen Prozesse sind allmählich eingeübt und immer öfter bemerken die Beteiligten, dass sie nützlicher als die traditionellen Verfahrensweisen sind. Auf diese Weise entstehen erste »Belohnungen«. Aber dieser Zustand ist noch sehr fragil, es ist ein ständiges Auf und Ab. Erfolge stellen sich ein, während gleichzeitig neue Unsicherheiten entstehen, da die neue Form des Verhaltens und des Arbeitens noch nicht hundertprozentig sitzt. Schwierig kann das für die Beteiligten in Organisationen sein, in denen sich eine Kultur etabliert hat, die Fehler kaum verzeiht. Doch zu Beginn jeder Veränderung müssen die Neuerungen erst geübt werden, und dabei passieren nun mal Fehler. Wieder gilt also: Führungskräfte müssen in dieser Phase besonders darauf achten, ihren Mitarbeitern immer wieder klar zu machen, dass diese kleineren Frustrationen an der Tagesordnung sein werden und dass es vollkommen ok ist, etwas nicht sofort zu können.

Verbesserung der Situation. In dieser Phase können nur Angebote gemacht werden. Als (Change-)Manager können Sie neue Wege zeigen und den Menschen die Chance geben, sie für sich auszuprobieren. Dazu müssen Sie aber in der Lage sein, Ideen vorzugeben ohne sie einzufordern. Sie müssen wissen, wie man bestimmte Prozesse gestalten kann und diese als Angebot formulieren. Lassen Sie dann die Teams ausprobieren, ob das für sie passt.

7.5.5   Phase 5: Der neue Status quo

Der neue Status quo unterscheidet sich vom alten durch neue Prozesse und eine messbar höhere Produktivität oder Performance. Meist ist das System nun besser in der Lage, mit Änderungen umzugehen. Die Betroffenen haben dazugelernt, die Veränderungen waren positiv und vielleicht lassen sie sich auch wieder auf andere Veränderungen ein. Der Prozess ähnelt ein wenig dem Training im Aikido oder Karate: In diesen Kampfkünsten werden in den verschiedenen Phasen beständig neue Lerninhalte eingeführt. Im Aikido muss man sich langsam über Jahre durch das Erlernen von immer neuen Techniken auf die Meisterschaft vorbereiten. Auf diese Weise lernen die Schüler, dass sie sich immer wieder neuen Herausforderungen stellen müssen. Ähnlich verhält es sich mit Scrum-Teams: Sie begreifen nach einer Weile, dass es wenig sinnvoll ist, etwas anderes als den Management-Framework, also das Scrum-Prinzip, stabil halten zu wollen. Fix sind nur die Werte und Prinzipien, die nicht verändert werden können. Die Inhalte der Arbeit oder die Anpassungen auf prozeduraler Ebene (Best Practices) sind nicht nur erlaubt, sondern natürlich erwünscht.

Verbesserung der Situation. In dieser letzten Phase verbessert sich die Performance hauptsächlich durch Übung. Man führt die Aufgaben wiederholt aus und kann auf diese Weise die neuen Erkenntnisse schneller anwenden. Leider erleben wir in der Praxis immer wieder, dass die »Übungsphasen« zu schnell abgebrochen werden. Kaum haben die Teams erlernt, wie die neuen Prozesse funktionieren, glauben sie, sie müssten jetzt nicht mehr mit der gleichen Aufmerksamkeit gemacht werden. Dabei gilt auch hier: Übung macht den Meister.

Sie sind schon durch diese Kurve gelaufen
Das Vertrackte bei einem Veränderungsprozess ist, dass Sie als (Change-)Manager die wichtigste Strecke des Modells von Satir bereits gegangen sind. Würde man sich in dieser Position selbst auf der Kurve des Modells platzieren, hätte man wahrscheinlich schon ihren aufsteigenden Ast erklommen und würde darüber nachdenken, wie man all das neue Wissen umsetzen will. Man hat schon vor einiger Zeit erkannt, dass man etwas verändern will oder muss, um Ziele zu erreichen. Die Chaos-Phase liegt hinter einem, man beschäftigt sich bereits mit der Lösung: Die Integration hat begonnen.

»Geduld« heißt es nun also für Sie, wenn Sie in dieser Rolle des (Change-)Managers sind. Dazu gehört Geduld mit Ihren Kollegen, die Sie ebenfalls auf diesen Weg führen müssen, ihnen aber auch gleichzeitig ermöglichen müssen, in vielen Aspekten alleine zu gehen. Die Veränderungen, die Einsichten, all das braucht Zeit, denn jeder Kollege muss den Prozess selbst durchwandern. Nicht jeder und jede ist so schnell wie Sie, also halten Sie Ihre Ungeduld mit Ihren Kollegen und Ihrer Umgebung im Zaum. Da Sie den Weg schon kennen: Nutzen Sie dieses Wissen, um Ihre Kollegen zu leiten. Das macht Führung in diesem Moment aus: Zu wissen, wohin es geht und den Kollegen die Sicherheit zu geben, dass Sie für sie da sind. Damit Sie als Tour-Guide möglichst effektiv sein können, machen wir uns an die Arbeit und bereiten die nächsten Schritte vor.

8   Vorbereitung für die Arbeit am Widerstand

Mit der eigentlichen Arbeit am Widerstand sollten Sie als (Change-)Manager erst beginnen, wenn Sie einige Vorbereitungen abgeschlossen haben. Dazu stelle ich Ihnen als Orientierung einige Schritte vor, die Sie gemeinsam mit Ihren »Verbündeten«, also in Ihrer Triade, durchgehen und abarbeiten sollten, um den Veränderungsprozess begleiten zu können.

Wenn die Triade zu arbeiten beginnt, werden Sie und Ihre Verbündeten möglicherweise schnell erkennen, dass Sie die Gruppe, die sich mit dem Change beschäftigen soll, erweitern müssen. Oft entsteht nun ein Team aus Freiwilligen, die gemeinsam die Arbeit durchführen werden. Dieses Team nennen wir in unseren Implementierungen »Transition-Team«.

Diese Vorarbeiten sind nicht mit einem Planungsprozess zu verwechseln. Meine Kollegen und ich sind der Meinung, dass sich Veränderungen nicht planen lassen, denn die Anzahl der Variablen ist viel zu groß. Vielmehr will ich mit Ihnen ein Mentaltraining durchführen. Aus unseren eigenen Erfahrungen heraus zeige ich Ihnen und bereite Sie darauf vor, was alles geschehen kann, damit Sie anschließend eine bessere Sicht auf die Lage haben. Sie sollen danach besser beurteilen können, welche Aktionen zielführend sein werden und welche nicht.

Starten wir also folgendes Übungsprogramm:
1. eine Vision für die Veränderungsarbeit erzeugen,
2. eine Springboard-Story schreiben,
3. ein Pilot-Scrum-Team für die Veränderung auswählen,
4. sehen lernen und analysieren,
5. das erste Transition Backlog aufstellen.

8.1   Schritt 1: Eine Vision für die Veränderungsarbeit erzeugen

Vorbildlich hatte einer unserer Kunden ein Transition-Team gegründet. Aber dieses Team war einfach nicht in der Lage zu arbeiten. Ständig verstrickte es sich in Diskussionen und kam überhaupt nicht vom Fleck. Wir diskutierten die Situation und allmählich wurde klar, dass der Abteilungsleiter, der Product Owner des Transition-Teams, zwei unterschiedliche Visionen hatte. Die eine für das Transition-Team und die andere für das, was er aus seiner Abteilung machen wollte. Erst beim Gespräch wurde ihm klar, dass er beide Ebenen vermischte. Von da an konnte das Transition-Team innerhalb weniger Stunden Fahrt aufnehmen.

»Wir als Organisation müssen schneller werden.« Bitte vermeiden Sie solche Plattitüden und »Alles-und-nichts-Sätze«, wenn Sie über die Vision für den Change reden. Beschreiben Sie mit Ihrer Triade und dann später noch einmal mit dem Transition-Team vor dem Start ein klares, gemeinsames Ziel: »Was ist der Zweck dieses Unterfangens? Warum wollen wir diesen Weg gehen?« Ihre Triade, also der Initiator der Veränderungen, kann nicht alle Aufgaben selbst erledigen und daher sollte sich die Triade gemeinsam sehr genau überlegen, was ihre Aufgabe und ihr Zweck ist.

Auf keinen Fall ist der Zweck zum Beispiel, das Transition-Team als eine neue Führungsstruktur auf Dauer zu etablieren. Agilität soll irgendwann der Normalfall sein und nichts, worüber man »wachen« müsste. Daher müssen Sie mit Ihrem Transition-Team vereinbaren, zu welchem Zeitpunkt es sich wieder auflösen wird. Ich empfehle sogar, dem Transition-Team ein klares »Ablaufdatum« zu geben. Woran erkennt das Transition-Team, dass es seine Arbeit erledigt hat? Sie brauchen also eine klare Vision über den gewünschten Endzustand.

In unserem Berater-Team sind wir der festen Überzeugung (und die Praxis bestätigt diese Theorie), dass ein Workshop der schlechteste Weg ist, um eine wirklich begeisternde und attraktive Vision zu formulieren. Institutionalisiertes Reden nach Agenda über etwas, das einen im Innersten bewegen und anfeuern soll? Reden – ja. Frei, ungezwungen, viel und oft miteinander daran arbeiten. Veränderung entsteht nicht am Reißbrett, sondern durch ständigen Diskurs. Vielleicht gehen Sie gemeinsam zum Italiener und reden die ganze Nacht durch. Gut möglich, dass das eine Glas Rotwein zu viel den Durchbruch bringt. Vielleicht machen Sie an einem Sonntagmorgen gemeinsam ausgedehnte Spaziergänge durch den Wald und lassen die Gedanken schweifen. Der Durchbruch kommt meistens dann, wenn das Gehirn aufgehört hat, rational zu sein. In diesen Momenten entsteht wahrscheinlich ein besseres Bild, um gemeinsam vom Gleichen zu reden. Sie dürfen sehr wohl querdenken und völlig verrückte Dinge ausspinnen. Wichtig ist nur: Tun Sie es!

Wenn Sie von Ihren Gedanken-Wanderungen wieder zurück sind, sitzen Sie vielleicht auf einer Alm bei der Brotzeit. Aber stellen Sie sicher, dass Sie sich Indikatoren überlegt haben, an denen Sie erkennen, dass der gewünschte Zustand erreicht ist. Das kann so banal sein wie:

- Das erste Scrum-Team ist gestartet.
- Der Kunde hat Sie angerufen und Ihnen mitgeteilt, dass er die neue Art miteinander zu arbeiten wunderbar findet.
- Sie finden heraus, dass Ihre Kollegen den neuen Management-Framework anderen gegenüber erklären und verteidigen.

8.2   Schritt 2: Eine Springboard-Story schreiben

Der nächste Schritt ist für viele der schwierigere. Werden Sie nun konkret, indem Sie sich eine Story ausdenken, mit der Sie den Zweck der Veränderung, die Vision, an alle Beteiligten, also zunächst an Ihr Transition-Team, später dann an alle anderen, kommunizieren können. Erinnern Sie sich? Kotter war der Meinung, Sie müssten Dringlichkeit erzeugen, und ich habe die sogenannte Springboard-Story vorgeschlagen *(Denning 2011)*.

Diese Story erzeugt Zuversicht, denn sie ist optimistisch und aus der Perspektive der Adressaten geschildert. Die real fundierte Geschichte zeigt allen Zuhörern einen Weg, ohne ihn zu beschreiben. In der Vorstellungswelt der Zuhörer entzündet sie einen Funken, der dazu führen kann, dass das Publikum von Ihrer Vision fasziniert sind. Mit einer Geschichte ermöglichen wir dem Gehirn, neue Muster zu bilden und neue Verknüpfungen einzugehen.[19]

Eine Springboard-Story besteht, hier noch einmal zu Wiederholung, aus folgenden Elementen *(Denning 2011)*:

1. Die Veränderungsidee muss klar kommuniziert werden.
2. Die Geschichte basiert auf einem aktuellen realen Beispiel.
3. Die Geschichte wird aus der Sicht eines Protagonisten erzählt.
4. Dieser Protagonist ist exemplarisch für die Zuhörer.
5. Die Story wird innerhalb eines Kontextes geliefert.
6. Die Story sollte so minimalistisch wie möglich erzählt werden.
7. Die Story ist optimistisch und hat ein glückliches Ende.
8. Es wird mit der Geschichte eine Brücke zum eigentlichen Zweck geschlagen.

Eine Springboard-Story zu erstellen ist im Grunde ganz einfach: Sie beginnen mit der Person, die diese Dinge erlebt hat. Wenn es tatsächlich passiert ist, lassen Sie sich von dieser Person erzählen, was passiert ist. Dann reduzieren Sie die Story auf die wesentlichen Elemente und beachten die aristotelische Struktur der drei Akte (Exposition, Entwicklung, Lösung).[20] Hier ein Beispiel dafür, wie eine solche Springboard-Story aussehen kann:

Einer unserer Abteilungsleiter war zu Anfang der Transition zu Scrum überhaupt nicht begeistert. Er war sogar der eigentliche Quertreiber und machte in jedem Gespräch deutlich: Scrum, so wie wir es uns vorstellten, funktioniert nicht! Am Anfang versuchten wir ständig, ihn von Scrum zu überzeugen. Aber immer hielt er dagegen. Schließlich gaben wir es auf und konzentrierten uns auf die Personen, die mitmachen wollten. Wir arbeiteten mit den Menschen, die interessiert waren, involvierten den Abteilungsleiter aber auch immer wieder, hielten ihn informiert und stärkten ihn in seiner Funktion. Seine Störfeuer ignorierten wir und irgendwann wurden sie bedeutungslos.
Als wir ihn 12 Monate nach der Implementierung wieder trafen, war er Feuer und Flamme für Scrum. In einem Training erklärte er uns mit der gleichen Heftigkeit, mit der er immer seine Ablehnung zum Ausdruck gebracht hatte, wie man als Manager in Scrum funktionieren muss.

Dieses Beispiel zeigt, dass eine solche Story nicht wirklich schwierig zu erstellen ist. Sie auszuformulieren und sich im Erzählen zu üben, bleibt Ihnen aber nicht erspart.

---

19 Wie das funktioniert, beschreibt David Rock wunderbar in seinem Buch *Your Brain at Work* *(Rock 2009)*.
20 »Dilbert« Cartoons folgen dieser Struktur, aber auch fast jeder Spielfilm ist so angelegt.

8.3   Schritt 3: Ein Pilot-Scrum-Team für die Veränderung auswählen

Ihr Team aus Vertrauten, die Triade, ist etabliert. Sie haben außerdem ein Transition-Team formiert. Gemeinsam haben Sie in der Triade eine Vision entwickelt und das Transition-Team teilt diese Vision. Sie wissen, was Sie erreichen wollen, der Startschuss ist gefallen.

Jetzt könnten Sie den Fehler machen und zu planen beginnen. Ich habe Transition-Teams gesehen, die monatelang darüber nachgedacht haben, wie man die anstehenden Veränderungen am besten angeht. Tun Sie das bitte nicht! Vertrauen Sie dem Scrum-Prinzip selbst – beginnen Sie einfach. Nutzen Sie den Management-Framework für das Change-Projekt. Der erste Schritt dazu, den ich an dieser Stelle schon einmal vorziehe: Starten Sie so schnell wie möglich ein Pilot-Scrum-Team. Sie brauchen jetzt möglichst umgehend Fakten, also: Widerstand. Den Widerstand brauchen Sie, um herauszufinden, an welchen Dingen Sie arbeiten müssen. Das System soll Ihnen auf diese Weise »zeigen«, wo es verändert werden will.

Ein Pilot-Scrum-Team ist gewissermaßen ein »kontrolliertes Experiment«. Dazu suchen Sie unverzüglich eine Gruppe von Personen, die mit Ihnen diese Änderungen durchleben wollen, also Menschen, die auf der Arbeitsebene Scrum durchführen wollen. Dieses Pilot Scrum-Team wird für uns herausfinden, an welchen Stellen der traditionelle Status quo infrage gestellt wird. Es wird exemplarisch für uns die Phasen des Satir-Modells durchlaufen, wir werden den Widerstand erkennen, um dann mit ihm arbeiten zu können.

Wie sollte dieses Pilot-Scrum-Team zusammengesetzt sein?
Die Antwort auf diese Frage würde ein eigenes Buch füllen, denn sie hängt wesentlich ı folgenden Faktoren ab:
* *Zusammenarbeit:* Die Änderungen, die Sie erreichen wollen, geben auch vor, wi .s Pilot-Scrum-Team beschaffen sein sollte. Wollen Sie beispielsweise erst einmal ei-chen, dass die Produktentwicklung enger mit der Produktion zusammenarbeit wer-den Sie das Pilot-Scrum-Team so wählen, dass diese Kollegen auch mitmache ollen.
* *Neuentwicklung:* Vielleicht wollen Sie aber auch sehr schnell ein neues Pro . erzeu-gen und stellen deshalb sofort ein neues Team für ein neues Projekt zusa .en.
* *Schwenk:* Sie bitten eines der existierenden Teams, von seinen alten E .cklungsver-fahren auf das neue umzuschwenken. Diese Vorgehensweise ist die ·igste, die wir antreffen, aber leider auch die komplexeste in der Umsetzung. ⌐ ıaran, dass diese Teams sofort den Änderungsdruck ausüben und daher .ıell gegen den Widerstand laufen, dass Sie dabei zuschauen können.

Neben diesen Hard Facts, den äußeren Faktoren, sind aľ . Soft Facts zu berücksich-tigen: die Motivation der Teammitglieder und ihre Ei ıgen zur Veränderung. Wenn Sie ein neues Team zusammenstellen, empfehle iˇ ı, bei der Auswahl der Mitglieder sorgsam auf folgende Eigenschaften zu achte·
* Die Teammitglieder müssen mutig unˇ ˌtzungsstark sein.
* Sie sollten Änderungen mögen · ˌuem begeistert sein.

- Sie sollten ihren Job sehr gut beherrschen. Wenn möglich, nehmen Sie Ihre Vorzeige-mannschaft. Die Wahrscheinlichkeit, dass dieses Team genügend Ehrgeiz hat, ist am höchsten.
- Die Teammitglieder haben den Willen, sich schnell in die neue Materie, den neuen Prozess einzuarbeiten. Sie müssen daher ihren eigentlichen Arbeitsprozess beherr-schen.

Wie findet dieses Team zusammen?

Das Scrum-Prinzip ist ein Management-Framework, der

1. das Team,
2. den Kundenfokus und
3. die ständige Lieferung in den Mittelpunkt stellt.

Diese drei Aspekte sind es, die man mit dem Pilot-Scrum-Team sofort umsetzen muss. Daher ist die Arbeit an realen Dingen, die echte Erfolge erzielen müssen, absolut notwen-dig. Wichtig ist, dass dieses Team zusammenfindet – und zwar schnell.

Wenn Ihr Pilot-Scrum-Team zuvor noch nie miteinander gearbeitet hat, sollten Sie es durch eine eigenständige Teambuildingmaßnahme näher zusammenbringen. Das darf ruhig eine ganze Woche dauern! Verglichen mit der Gesamtinvestition für Ihre Transition sind diese Ausgaben verschwindend gering, und es wird sich garantiert rechnen. Die Adaption neuer Ideen gelingt einfach besser, wenn Teams einige Tage ihr eigenes Denken reflektieren können und ihre gemeinsame Arbeit definieren. In diesem Workshop darf es auch, aber nicht nur, um die Beziehungen untereinander gehen. Ein Moderator sollte die Teams dazu mit Fragen konfrontieren, zum Beispiel: »Wie wollen wir miteinander umge-hen? Gibt es etwas, das du dir von mir wünschst?« Ein guter Facilitator kann wahre Pro-duktivitätsschübe bewirken und gerade bei Ihrem Pilot-Scrum-Team sollten Sie sich diese Zeit nehmen.

Einer unserer Kunden wollte ein Scrum-Projekt starten. Die Fachabteilung und der Liefe-rant kannten sich noch nicht wirklich gut, da die Teams der Fachabteilung neu zusam-mengestellt worden waren. Wir vereinbarten mit dem Kunden ein dreitägiges Training für dieses Team, damit sich alle ausführlich mit Scrum auseinandersetzen konnten. Als die 16 Teilnehmer morgens in der Schulung saßen, wurde mir plötzlich klar: Das ist die Chance, aus diesen 16 Menschen ein Team zu machen! Drei Tage Zeit. Ich änderte das Trainingsdesign on-the-fly, warf meine ursprüngliche Agenda über den Haufen und ließ dieses Team während des Scrum Einführungstrainings ca. 20 Mal miteinander in unter-schiedlichen Zusammensetzungen arbeiten. Bei der ersten Aktion mussten sie gemein-sam die Tische im Raum neu formieren, bei der letzten Aktion mussten sie gemeinsam vor ihrem Abteilungsleiter vortragen, wie sie ab sofort arbeiten wollten. Innerhalb von drei Tagen war ein Team entstanden: Die Mitglieder hatten ein klares Ziel, vertrauten einander und wollten gemeinsam daran arbeiten, das Ziel zu erreichen.

8.4   Schritt 4: Sehen lernen und analysieren

Das Pilot-Scrum-Team ist gebildet und fängt mit seiner Arbeit an. Freuen Sie sich schon auf die vielen Widerstände, die Ihnen entgegenschlagen werden? Wie erkennen Sie diese und mit welchen Widerständen ist überhaupt zu rechnen? Auf den nächsten Seiten stelle ich Ihnen das Top-Ranking der immer wieder auftretenden Widerstände auf vier Ebenen vor:

- Level 1: Widerstand des Individuums,
- Level 2: Widerstand der Gruppe,
- Level 3: Widerstand der Organisation,
- Level 4: Widerstand zwischen Organisationen.

Ich habe sie jeweils nach dem Organisationslevel zusammengefasst, die uns auch in den nächsten Kapiteln weiterbegleiten werden. Dort werde ich Ihnen zeigen, mit welchen Mitteln Sie diese Widerstände positiv für Ihre Veränderungsarbeit nutzen können. Dabei leitet uns das Credo: »Widerstand ist eine Form der Kommunikation und hilft uns zu verstehen, wo die nächste Chance für Veränderungsarbeit liegt.«

8.4.1   Level 1: Widerstand des Individuums

Eine Gruppe können Sie nicht ändern, ohne dass sich jeder und jede Einzelne in dieser Gruppe ändert. Die für mich schönste Metapher für Teams ist nicht die in diesem Kontext oft strapazierte Kette, die nur so stark wie ihr schwächstes Glied ist. Das Stahlseil ist für mich ein passenderes Bild: Es ist flexibel und sollte ein Draht reißen, halten dennoch die übrigen Drähte das Team aufrecht.

Jeder Einzelne stärkt also das Team, kann es aber nicht grundlegend zerstören, das ist meine Erfahrung der letzten Jahre. Teammitglieder kommen und gehen. Solange nicht mehr gehen als das Team ausmachen, wird es Bestand haben. Aber wie viele Teammitglieder formen die Kultur eines Teams? Ein einziges und doch alle. Es ist widersprüchlich, ein dialektischer Prozess. Entscheidend ist dabei die Führung eines Teams: Diese kann formell oder informell sein, ganz egal, aber der »Anführer« ist der Kristallisationspunkt eines Teams.[21] Die Teamkultur selbst wird durch jedes Teammitglied geprägt, aber nur so weit es der Anführer zulässt. Ändern kann diese Person die Gruppe nur dann, wenn es ihr gelingt, etwa ein Drittel des Teams auf ihrer Seite zu haben. Es ist also einerseits wesentlich, dass der Anführer der Gruppe von einer neuen Idee überzeugt ist, andererseits benötigen Sie etwa ein Drittel aller Beteiligten im Team als Unterstützer, sonst wird das Änderungsprojekt scheitern.

Veränderungen in der Organisation beginnen also damit, dass Person A mit Person B spricht und B in irgendeiner Form überzeugt – durch das simple Gespräch, durch Vorleben oder durch eine erhellende Idee. Und nun kommt der entscheidende Aspekt: Es wird

---

21   Ich verwende den Begriff des Anführers, um klar zu machen, dass es hier nicht um die Leitung des Teams geht oder um das Managen, sondern um Führung in einem ganz archaischen Sinne.

Widerstand kommen, das ist unvermeidlich. Im Gegensatz zu landläufigen Meinung ist es aber wichtig, sich nicht auf die Personen zu konzentrieren, die hartnäckig Widerstand leisten. Druck erzeugt nur wieder Gegendruck. Konzentrieren Sie sich auf diejenigen, die sich schnell überzeugen lassen. Überzeugen Sie dazu jeden Einzelnen auf seine zu ihm passende Weise und versuchen Sie so schnell wie möglich, das Unterstützer-Drittel zu erreichen.

Auf Ihrer Suche nach Unterstützern werden Ihnen sehr viele Gründe genannt werden, warum sich genau diese einzelne Person in genau dieser bestimmten Situation nicht verändern will. Meine Empfehlung ist, sich nicht um diese Gründe zu kümmern. Natürlich müssen Sie die Gründe kennen. Aber machen Sie sich bewusst, dass Sie es mit Erwachsenen zu tun haben: Der einzelne Mensch ist für sich selbst verantwortlich. Es ist die Verantwortung des Einzelnen, zu handeln, sich zu ändern oder sich eben nicht zu ändern. Kurzfristige Veränderungen etablieren Sie am schnellsten dadurch, indem Sie sich überhaupt nicht um den Einzelnen kümmern, sondern indem Sie ein Umfeld schaffen, in dem sich der Einzelne von sich aus verändern will. Der einfachste Weg dazu ist: *Verstärken Sie innerhalb des neuen Rahmens, also innerhalb der neuen Regeln, das gewünschte Verhalten und ignorieren Sie das negative (unerwünschte) Verhalten.*

> Natürlich muss man unerwünschtes Verhalten erkennen können. Dazu ein simples, aber für mich extrem lehrreiches Verhalten aus meiner Arbeit mit Pferden: Mein Pferd trabt mit mir, ich führe es am Strick und wir laufen gemeinsam. Es trabt, ich jogge. Plötzlich dreht es den Kopf zu mir und biegt leicht nach links in meine Richtung ab. Hätte meine Frau mir nicht erklärt, dass das ein Dominanzverhalten meines Pferdes ist und es gerade dabei ist, die Führung zu übernehmen, hätte ich nicht richtig reagieren können. Ich dachte zuerst, ich bin ihm nicht schnell genug und habe sogar eine Entschuldigung für das »Fehlverhalten« meines Pferdes gesucht. Fakt war: Das Pferd wollte übernehmen.

Freilich sind die Reaktionen in menschlichen Gruppen komplexer und die Gegenreaktionen vielschichtiger. Kinder bilden etwa im Alter von sieben Jahren die Fähigkeit aus, ihre Interessen in einer Gruppe durchzusetzen. Als wichtigen Prozess des Lebens lernen sie, in der Gruppe auch zu tricksen und ihre Vorteile auszunutzen. Warum sich der Einzelne widersetzt, ist also vollkommen gleichgültig. Wichtig ist nur: *Sie dürfen es nicht durchgehen lassen.* Sehen wir uns die Widerstands-Hitlist in punkto Scrum auf der Ebene des Individuums an.

Platz 1: Niemand will ScrumMaster sein

Unangefochtener Spitzenreiter unter den individuellen Widerständen ist das Ablehnen der Rolle »ScrumMaster« durch den Teamleiter und/oder den Projektmanager. Vordergründig werden diese Rollen als sinnvoll begriffen und das werden Ihnen die betroffenen Personen auch so kommunizieren. Sobald Sie aber mit den Beteiligten konstruktiv darüber nachdenken wollen, wer als ScrumMaster infrage kommt, werden einige Teamleiter gleichzeitig Argumente finden, warum diese Rolle nicht besetzt werden kann.

Die Ursache für diesen Widerstand ist meistens der krasse Gegensatz der neuen Rollen zum traditionellen Wertesystem der Firma. Positionen bringen auch einen Status mit sich und es ist einfach »cool«, die Position des Teamleiters oder Projektmanagers innezuhaben. Diese Personen wussten seinerzeit bei ihrer Ernennung zwar, was ein Teamleiter oder Projektmanager macht. Aber was zur Hölle macht ein ScrumMaster? Sie haben einfach keine Vorstellung davon.

Die meisten Menschen lernen durch das Nachahmen dessen, was sie einmal gesehen haben. In der bisherigen Organisation war klar, welches Verhalten und welche Fähigkeiten irgendwann in der Position des Teamleiters oder Projektmanagers münden. Aber es gibt kein Rollenmodell dafür, wie man als ScrumMaster agiert. Statt sich nun damit auseinanderzusetzen und zu lernen, was ein ScrumMaster tut, agieren die Betroffenen genauso wie vorher, nur mit der neuen Bezeichnung ScrumMaster.

Platz 2: Der »Beste« als ScrumMaster

Einer der am schwierigsten zu korrigierenden Fehler des Managements bei der Einführung von Scrum: Der beste Kollege (Entwickler, Tester, Analyst) im Team wird zum ScrumMaster.[22] Aus der Sicht des Managements ist der Beste oft derjenige Mitarbeiter, der am besten kommunizieren kann und in der Lage ist, die Dinge umzusetzen, die vom Management erwartet werden. Oftmals ist es auch die Person im Team, die das System (das Produkt, die Applikation oder das Geschäft) am besten überblickt. Gerade in Organisationen mit vielen Legacy-Systemen[23] ist es der Mitarbeiter, der diese Systeme am besten versteht und deshalb bei Problemen am schnellsten Abhilfe schaffen kann (z. B. bei neuen Funktionalitäten, Fehlern in der Software, den Kundenwünschen etc.). Dieser Kollege ist aus Sicht vieler Chefs geeignet, als ScrumMaster zu arbeiten, hat er doch die höchste Reputation unter den Entwicklern und kann sich am besten durchsetzen.

Widerstände entstehen genau deshalb, weil dieser Kollege die Legacy (also die Historie des gegenwärtigen Status quo) kennt wie seine Westentasche. Die genaue Kenntnis der Sachlage, der Kunden, des Produktes, der Prozesse und all der anderen Rahmenbedingungen verführt diese Mitarbeiter häufig dazu, wieder genau das zu tun, was sie bisher erfolgreich gemacht hat. Das ist nur zu verständlich, schließlich hat das alte Verhalten etwas gebracht. Der Kollege wäre nicht in seine Position gekommen, hätte er in der Vergangenheit nicht zur Zufriedenheit aller Beteiligten gearbeitet. Sein in der »Tradition« erfolgreiches Verhalten war für ihn persönlich sehr angenehm und hat ihm das eingebracht, was er wollte. Er oder sie wurde von der Organisation genau für dieses Verhalten belohnt.

Allerdings war dieses Verhalten in der Vergangenheit unter Bedingungen erfolgreich, die sich mit Scrum geändert haben. Vor allem in Stresssituationen tendieren Menschen

---

22 Natürlich ist »der beste Kollege« eine Kategorie, die so lange eine Hülle bleibt, wie im Unternehmen nicht klar ist, was »der Beste« bedeutet. Das ist vollkommen individuell und von Ihrer Organisation abhängig.

23 Unter Legacy-Systemen versteht man in der Softwareentwicklung eine Applikation, zum Beispiel für die Finanzbuchhaltung, die über Jahre »gewachsen« ist und in viele Bereiche des Unternehmens hineingreift.

dazu, ihr eingeübtes, bisher erfolgreiches Verhalten fast reflexartig auszuführen. Die Neurowissenschaften und die Evolutionsgenetik sind sich mittlerweile darüber einig, dass genau diese biologische Eigenschaft des Menschen seinen Erfolg gesichert hat. Nicht lange nachdenken: Erst schießen, dann fragen. Heute steht das aber der schnellen Veränderung im Weg. Die Ängste und Unsicherheiten, die zwangsläufig zu Beginn aufgrund der Veränderung entstehen, erzeugen Stress, der der Veränderung entgegenwirkt.

Platz 3: Das Teammitglied soll schätzen

Für mich ist das immer wieder die unverständlichste Widerstandshaltung: Jeder jammert über die alten, zeitintensiven, anstrengenden und erwiesenermaßen nicht funktionierenden Schätz- und Planungsmethoden. Kurioserweise werden sie aber in genau dem Moment verteidigt, in dem man sie durch ein neues, unbekanntes Schätzverfahren ablösen will.

Fragt man bei anderen Projekten fernab der Softwareentwicklung nach »Wie lange wird es dauern?«, winden sich alle beteiligten Personen, zum Beispiel Architekten, Product Designer oder Autoren. Es ist eine unbequeme Frage, und wie wir wissen, ist sie auch so gut wie nicht zu beantworten.[24] In unseren Trainings oder Einzelgesprächen wird dieses Thema systematisch aufbereitet und alle Beteiligten sind sich einig: Das Schätzen von Aufwänden ist nicht zielführend, obwohl es verlangt wird. Die Gründe dafür sind mangelnde Sachkenntnis, unvollständige Informationen, zu wenig Wissen über den Kontext, am Anfang des Projekts nicht abzusehende Änderungen etc.

Und trotzdem erlebt man plötzlich ein auf den ersten Blick geradezu schizophrenes Verhalten der Teammitglieder: Die Kollegen, die gerade noch gesagt haben, dass das Schätzen sowieso blödsinnig ist, halten sich krampfhaft am Falschen fest und wollen unbedingt Aufwände schätzen, sobald es ans Eingemachte geht.

Einer der Gründe dafür ist sicher, dass zu Anfang das alte Verhalten noch nicht durch ein neues ersetzt worden ist. In der Regel geht es aber tiefer und jeder Einzelne im Team tut sich schwer damit. Dramatisch wird die Situation, wenn man mit den Teammitgliedern darüber zu reden beginnt, wie viel sie in einem Sprint liefern *wollen*. Scrum überlässt den Teammitgliedern die Entscheidungsverantwortung darüber, was und wie viel bis wann geliefert wird. Dahinter verbirgt sich die Idee des »Commitments«: Ich entscheide selbst, was ich bis wann liefern kann, denn ich weiß selbst, was auf dem Spiel steht.

Genau das erzeugt wiederholt Unsicherheiten, denn was passiert, wenn man dieses »Versprechen«, diese »Selbstverpflichtung« nicht einhalten kann? Wieder schlägt der Faktor Stress zu: Reflexartig wird wider besseren Wissens doch versucht, den Aufwand zu schätzen. Wieder verfällt man in die alten Diskussionen, wie denn etwas genau sein soll und flüchtet sich in die erfolglosen, aber vermeintlich sicheren Schätzverfahren.

---

24 Siehe dazu auch *Der agile Festpreis (Opelt et al. 2012)* oder andere Darstellungen, warum das Schätzen von Aufwänden sehr schwierig bis unmöglich ist.

Platz 4: Das Teammitglied mit neuer Verantwortung

»Willst du dieses Produkt (diese Funktionalität, diese Aufgabe etc.) in den nächsten zwei Wochen liefern?« Auf diese einfache Frage reagiert postwendend jeder Kollege mit Widerstand. Erwarten Sie nicht, dass Sie ohne längere Diskussionen ein klares »Ja« oder ein klares »Nein« hören werden. Das Festnageln auf eine klare Antwort führt zu erheblichen Irritationen. Was Sie auf jeden Fall hören werden, sind eine Menge Ausflüchte, vor allem dann, wenn Sie die Frage im Kreise des gesamten Teams zum Beispiel im Sprint Planning 1 stellen.

Wieder scheint die Frage auf den ersten Blick sehr klar und direkt zu sein. Die klare Aussage »Ja, wir werden es schaffen« oder »Nein, wir werden es nicht schaffen« nimmt den Einzelnen klar in die Verantwortung und gibt ihm die Entscheidung darüber, ob er etwas liefern will oder nicht. Aber genau diese Entscheidung ist ungewohnt. Vorgesetzte fragen ihre Kollegen in der Regel nicht, ob sie etwas liefern *wollen*. Auch fragen sie nicht, ob der Termin zu halten ist. Deadlines stehen und die Kollegen sollen versuchen, sie zu halten. Mittlerweile ist es wesentlich einfacher, einem Chef zu sagen, dass man nicht glaubt, den Termin halten zu können – man werde es aber auf jeden Fall versuchen. Damit hält man sich alle Optionen offen.

Obwohl man also den Teams mehr Freiheiten, mehr Selbstbestimmung und (damit) mehr Verantwortung gibt, produziert genau dieser Weg enormen Widerstand.

Platz 5: »Schon wieder ein Meeting«

Meetings sind für viele Menschen eine Plage. Das liegt daran, dass dieses Instrument überstrapaziert wird und sehr oft nur den Zweck des ergebnislosen Zuwerfens heißer Kartoffeln hat. Man verplempert Zeit in »Arbeitssitzungen«, in denen man selbst ohnehin nichts zu sagen hat und in denen doch wieder nur die gleichen Menschen jedes Mal aufs Neue die gleichen endlosen Diskussionen führen.

Und dann kommt Scrum gleich mit einem ganzen Bündel von Meetings daher. Obwohl für diese eigentlichen »Workshops« andere Regeln gelten, werden sie erst einmal boykottiert. Praktisch äußert sich das, wenn Ihre Kollegen zu den Daily Scrums nicht erscheinen oder ständig zu spät kommen. Scrum-Meetings sind ja »freiwillig«, weil der Chef sie nicht »ansagen« kann. Sie gehören zum Arbeitsprozess und wenn jemand der Meinung ist, dass dieses Meeting für ihn nicht hilfreich sei, dann braucht er auch nicht zu erscheinen. Schön wäre es, wenn es nach diesem Muster auf Anhieb funktionieren würde, das tut es aber nicht. Meiner Erfahrung nach ist es »leider« in der Realität nicht möglich, solche vollkommen selbstbestimmten Meetings ad hoc einzuführen, obwohl ich es sehr begrüßen würde. Wie man bei Ricardo Semler nachlesen kann, würden diese Meetings am Anfang überhaupt nicht stattfinden *(Semler 2004)*. Im realen Arbeitsalltag wären die adäquaten Reaktionen darauf auch gar nicht durchführbar. Zum Beispiel müsste der ScrumMaster konsequent dafür sorgen, dass fehlende Teammitglieder keinerlei Informationen darüber erhalten, was in einem Meeting besprochen wird oder er müsste dem Team klarmachen, dass es jetzt aufgehalten wird. Konsequenterweise müsste er dann auch dem betreffenden Kollegen vorwerfen, dass er gerade das Team aufgehalten hat. All das benötigt ein bereits eingespieltes Scrum-Team. Wenn Sie anfangen, das Scrum-Prinzip zu leben, sind die Beteiligten zu Beginn noch zu ungeübt, um auf solche Situationen entsprechend zu reagieren. In der Theorie kann ein wirklich meisterhaftes Scrum-Team sogar entscheiden, Meetings nicht durchzuführen. In der Praxis sind die Meetings jedoch verpflichtend.

Gründe für den Widerstand gegen Besprechungen gibt es zahlreiche, und ihnen allen kann man begegnen, wenn man sie konkret und sofort angeht. Was ich im Laufe der Jahre gelernt habe, ist dass die Scrum-Meetings zu »befehlen« nicht wirklich funktioniert. Dennoch müssen sie stattfinden, und es muss dem ScrumMaster etwas einfallen, damit sich die Teammitglieder an den Meetings beteiligen (hier kommt es also darauf an, dass Sie einen ScrumMaster finden, der das kann). Genau das ist aber schon der Weg, wie man mit diesem Widerstand umgeht.

Platz 6: »Ich bin doch kein x!«

Teambasiertes Arbeiten steigert aus vielen Gründen die Produktivität. Allerdings tritt dieser Effekt nur ein, wenn die Teammitglieder bereit sind, auch andere Aufgaben außerhalb ihres Spezialgebiets auszuführen – natürlich im Rahmen ihrer Möglichkeiten. Und da haben wir es schon, eines der bestgepflegtesten und am weitest verbreiteten Missverständnisse in Scrum: Cross-Funktionalität wird gerne verkürzt auf »In einem Scrum-Team muss jeder alles können«. Das stimmt nicht. Niemand verlangt von einem Teammitglied *alles* zu können. Richtig ist vielmehr: Viele im Scrum-Team sollten möglichst viele Aufgaben übernehmen können.

Nichtsdestotrotz fangen hier die Widerstände in der Regel an. Das einzelne Teammitglied will nur eine Aufgabe erledigen, nämlich die, für die es sich kompetent fühlt oder für die es die richtige Ausbildung hat. Wieder ist die Komfortzone des Bewältigbaren gefährdet. Nicht jeder Kollege möchte Aufgaben aus anderen Bereichen übernehmen. Gefördert wird diese Einstellung dadurch, dass in den meisten Unternehmen die Spezialisierung der Mitarbeiter über die Jahre hochgehalten und gefördert wurde. Damit wird der Blick auf die Tatsache verstellt, dass es sich eigentlich um eine Chance handelt, die eigenen Kompetenzen zu erweitern.

Diese Chance wird nicht gesehen, weil es zu Beginn keine sichtbaren Vorteile für den Einzelnen gibt. Der Rahmen der Organisation »zwingt« ihn in die Spezialisierung und obwohl es eine Bereicherung wäre, sprechen andere Faktoren, wie zum Beispiel eine Stellenbeschreibung, dagegen, dies anzunehmen.

Platz 7: »Das ist doch Aufgabe des Teams!«

In einer Professional Service Firm kennt jeder das »Produkt« so umfassend wie möglich. Im Idealfall hat jeder im Laufe seiner Karriere alle Stadien der Produktion durchlaufen und übernimmt selbst noch als Manager eigene operative und taktische Aufgaben. Also muss sich auch ein Product Owner, der in der Regel vom Produktmanagement gestellt werden sollte, damit auseinandersetzen, wie das Produkt tatsächlich hergestellt wird. Ein Produktmanager für Textilien, der nie selbst etwas genäht hat, ist nicht in der Lage zu verstehen, wie Kleidungsstücke hergestellt werden. Das bedeutet für den Produktmanager oder Product Owner, dass er seine Produkte bis ins letzte technische Detail verstehen muss, im besten Fall entwickelt er sogar eine Leidenschaft dafür.

Das wäre logisch, aber Sie werden erleben, wie sehr sich Product Owner gegen die Beschäftigung mit ihrem eigenen Produkt stemmen können. Dazu müssten sie sich nämlich darauf einlassen, technische Details zu verstehen. Sie müssten lernen, wie das Produkt hergestellt wird, welche Arbeitsschritte notwendig sind, wie es betrieben wird, was es im Inneren ausmacht. Dazu sind leider nicht alle Product Owner bereit, denn wirkliche Einarbeitung in ein Produkt bedeutet einen erheblichen Aufwand.[25]

> Während einer Veranstaltung kam der Teamleiter des Scrum-Teams eines österreichischen Konzerns auf mich zu und fragte mich, ob denn nicht der Product Owner im Review das Produkt gegenüber dem Kunden präsentieren könne. Ich antwortete naiv: »Das sollte das Team tun, damit es näher am User ist.« Der Teamleiter war ganz unglücklich über die Antwort, also fragte ich, wieso das für ihn nicht passte. Die Antwort war, dass er gerne den Product Owner im Review sehen würde, denn dann müsste er wenigstens zu diesem Zeitpunkt mit dem Produkt wirklich arbeiten und sich damit auseinandersetzen.

Leider ist dies kein Einzelfall. Es gibt viele Product Owner, die sich nicht mit dem Produkt befassen wollen, für das sie schlussendlich geradestehen müssen.

8.4.2 Aus der Praxis: Entwicklung der Scrum-Rollen bei der KUKA Robot Group

> Die KUKA Robot Group liefert Hightech-Industrieroboter. Neben der Weiterentwicklung der PC-basierten Steuerung und der Antriebstechnologie ist die Entwicklung neuer Applikationen ein Schwerpunkt. Dr. Klaus Schlickenrieder erzählt aus seiner Sicht als Leiter der Abteilung »Application«, wie er die Transition zu Scrum erlebt hat. Sein Resümee: Veränderung fordern ist leichter als Veränderung leben.

Software trägt in immer größerem Maße zu den Erfolgen der KUKA Robot Group bei, die sich als Hightech-Unternehmen versteht. Für die Entwicklung dieser Software gibt es einen offiziell gültigen Prozess, dem das phasenorientierte V-Modell zugrunde liegt. Vor zwei Jahren haben wir damit begonnen, zusätzlich im Rahmen von Scrum agil zu entwickeln. Welche Erfahrungen habe ich dabei als Leiter dieser Abteilung gemacht?

Zu Beginn der Transition war die Abteilung in horizontale Fachteams inklusive Teamleiter und mehrere Projektleiter organisiert. Die Entwickler bekamen über den Teamleiter ihre jeweiligen Aufgaben zugeteilt, die technische Verantwortung lag bei den Teamleitern. Durch diese Form der Organisation waren in den Teams sehr viele Spezialisten vorhan-

---

25   Auch Marty Cagan, ehemaliger CTO von Ebay, schreibt in *Inspired,* dass ein erfolgreicher Produktmanager mehr von der Produktentwicklung als vom -marketing verstehen muss und sehr gute Produktkenntnisse haben muss. *(Cagan 2008)*

den, die als Einzelkämpfer ihren Beitrag zu einem Ganzen lieferten. Virtuelle Projekt-teams arbeiteten die Projekte anhand des V-Modell-Entwicklungsprozesses ab. Also eine Ausgangssituation, wie man sie in vielen Unternehmen antrifft. Zwei Aspekte sind nun meines Erachtens – aus der Sicht des agilen Managers – bei der Einführung von Scrum besonders zu beachten: Die Rolle des Projektleiters und die Teamarbeit der ScrumMaster und Product Owner.

Die Rolle des Projektleiters in Scrum

Klassische Entwicklungsprozesse setzen zur Produktentwicklung Projektleiter ein, die lateral das Team führen und bestimmen, wo es langgeht. Bei Scrum wird diese Rolle auf den ScrumMaster und den Product Owner aufgeteilt. Aus Teamsicht ist das kein Problem, da Ansprechpartner und Aufgaben geklärt sind. Vor allem am Anfang einer Scrum-Imple-mentierung ist aber häufig unklar, wie der vorherrschende Prozess, zum Beispiel das V-Modell, durch Scrum-Teams bedient werden soll. Schließlich verlangt die klassische Projektorganisation einen Ansprechpartner, der dem Rest des Unternehmens gegenüber für das Projekt hinsichtlich Termin, Inhalte und Qualität verantwortlich ist.

Für diesen häufigen Fall existieren unterschiedliche Lösungsmöglichkeiten. Eine nahe-liegende Lösung ist beispielsweise, den Product Owner aus Sicht des Unternehmens zum verantwortlichen Projektleiter zu machen und intern die Aufgaben auf ScrumMaster, Pro-duct Owner und Team aufzuteilen. Aus meiner eigenen Erfahrung schließe ich allerdings, dass diese Lösung nicht unbedingt zielführend ist. An klassische Projektleiter werden gänzlich andere Anforderungen gestellt als an Product Owner. So sind viele bisherige Projektleiter gut im Organisieren eines Projektes, können Arbeitspakete verteilen und die Erfüllung überwachen, tun sich aber schwer, die Sicht des Kunden gegenüber dem Team zu vertreten. Umgekehrt können natürlich auch bisher eher mittelmäßige Projektleiter zu exzellenten Product Ownern werden. Ein organisatorischer Overhead wäre es, neben den Product Ownern und ScrumMastern zusätzlich für jedes Projekt einen separaten Projekt-leiter zu installieren – das macht wenig Sinn.

Die Lösung, die momentan in meiner Abteilung getestet wird, ist ein Kompromiss. Ich habe wenige Projektleiter definiert, die für die organisatorischen Aspekte aller Projekte zuständig sind. Auf diese Weise halten sie den Product Ownern den Rücken frei, sodass sich diese vollständig auf die Kundensicht konzentrieren können. Gleichzeitig müssen sich die Projektleiter nicht mehr um die Vertretung der Kundensicht und die Kommunika-tion der Anforderungen kümmern. In den monatlich stattfindenden Projektreviews kön-nen dann Projektleiter und Product Owner gemeinsam auftreten und die jeweiligen Schwerpunkte gegenüber der Organisation vertreten. Aus Sicht des agilen Managers sehe ich das als Möglichkeit, wie die Vorgaben eingehalten, aber gleichzeitig maximale Freihei-ten für die Scrum-Teams geschaffen werden können.

Die Teamarbeit der ScrumMaster und Product Owner

Meines Erachtens ist es essenziell, die ScrumMaster und Product Owner als unterschiedliche Scrum-Teams zu organisieren, wie es auch in vielen Büchern zur Scrum-Einführung treffend beschrieben wird. Ich gebe zu, dass ich das im Zuge unserer Scrum-Implementierung nicht berücksichtigt habe, weil ich davon ausgegangen bin, dass diese Organisation von allein passiert. Mit diesem Tipp will ich anderen die Zeit bis zur Erkenntnis ersparen: Dem ist nicht so. Rückblickend würde ich heute die Einführung von Scrum mit der Organisation der Teamarbeit von ScrumMastern und Product Ownern beginnen und nicht mit den einzelnen Entwicklerteams.

Daher habe ich bis vor kurzem diese Kollegen klassisch weitergeführt. Als Ergebnis kam es zu vielen Eins-zu-eins-Gesprächen zwischen mir und den einzelnen Product Ownern oder ScrumMastern. Mir oblag es dann, die Informationen zu verteilen, was von außen betrachtet nicht effektiv sein kann. Mit dieser Erkenntnis habe ich auch ein Product Owner-Team mit einem Abteilungs-Product Owner und ein ScrumMaster-Team mit einem Abteilungs-ScrumMaster eingeführt. Wirklich überrascht hat mich die Tatsache, dass ich dabei bei den Product Ownern und ScrumMastern auf dieselben Probleme, Widerstände und Zweifel an der Sinnhaftigkeit der Teamarbeit gestoßen bin, die ich gemeinsam mit ihnen bei der Umstellung der Entwicklungsteams angetroffen habe. Sogar auf dieser Ebene, die ja die Arbeit der Entwicklungsteams mit Scrum anleiten und unterstützen soll, war das Bewusstsein über die Bedeutung des Zusammenarbeitens und der Abstimmung untereinander nicht per se vorhanden – wir mussten dieses Bewusstsein erst erarbeiten. Wir sind inzwischen auf dem richtigen Weg, aber ich gebe zu: Die Haltung hat mich verwundert, weil die Product Owner und ScrumMaster die Scrum-Philosophie ihren Teams gegenüber einwandfrei vertreten.

Trotz all der Umwege, trotz vieler Versuche und einiger Irrtümer kann ich nur jedem raten, sich auf den Weg zu machen. Es werden sich viele Abgründe auftun, viele Steine werden aus dem Weg geräumt werden müssen und es kann durchaus sein, dass sich das Selbstverständnis des Managers auf dem Weg zu einem »agilen« Manager ändern muss. Die Erkenntnis für mich aus den letzten Jahren ist: Es ist immer einfacher zu sagen, dass sich andere verändern müssen. Schwieriger ist die Erkenntnis, dass man zu allererst an sich selbst arbeiten muss und nichts von alleine passiert.

8.4.3   Level 2: Widerstand des Teams

Viele Widerstände auf der Teamebene entstehen durch die Dynamik der Gruppe. Die Gruppe selbst erzeugt ein Set von Regeln, einen (Verhaltens-)Kodex, der es dem Einzelnen sehr schwer macht, sein Verhalten in ihrem Kontext zu ändern. Meist kann der Einzelne den Kodex (die Verhaltensmuster der Gruppe) so gut wie nicht alleine »brechen«. Er benötigt dazu Unterstützung von außen, wie Arnold M. Ludwig und Frank Farrelly in ihrem Artikel »Der Kodex der Chronizität« darlegen (*Farrelly, Ludwig 1966*). Gruppen können also einen so starken Anpassungsdruck aufbauen, dass es der Einzelne nicht wagt, sich gegen sie zu stellen. Das geht so weit, dass der Einzelne bei »Regelverletzungen« mit Sanktionen zu rechnen hat.

Solche Regeln existieren in allen Gruppen von Menschen, wie Schulklassen, Vereinen, kirchliche Gruppen und Familien. Sie entwickeln einen Kodex, den man zu akzeptieren und zu befolgen hat. Sehen wir uns daher die Widerstände an, die in den Teams selbst entstehen – einfach dadurch, dass Gruppen ihre eigenen Gesetzmäßigkeiten entwickeln.

Platz 1: »Das ist doch die Aufgabe von Abteilung X«

Abteilungsdenken ist der Klassiker bei Aufgaben der Produktentwicklung. Ob es sich um Softwareentwicklungsprojekte oder Projekte anderer Entwicklungstypen handelt: Das schöne Bild der cross-funktionalen, multidisziplinären Teams, in denen jeder versucht, da mitzumachen, wo er gebraucht wird, ist in den meisten Unternehmen fern jeglicher Realität. Firmen wie IDEO (www.ideo.com), in denen die Kollegen projektbezogen miteinander arbeiten und denen egal ist, was jemand von seiner Ausbildung her ist, gibt es viel zu selten. Spannend ist, dass nicht zwingend die Organisation das Aufbrechen der Abteilungsstrukturen verhindert, es sind oft die Teams selbst, die diese Haltung haben.

So ist es für viele Entwicklungsteams undenkbar, ihre Resultate selbst zu testen, geschweige denn direkt zum Kunden zu fahren, um dort die Ergebnisse zu besprechen. Oft begegne ich dem Phänomen, dass Projekt-Teams nicht mit den Kollegen aus den Fachabteilungen gemeinsam in einem Raum arbeiten wollen. Es fallen Sätze wie: »Die telefonieren so viel. Das stört uns und wir brauchen unsere Ruhe« oder »Wir wissen es ohnehin besser, wir finden die Lösung auch ohne sie.« Unangefochtene Nummer 1 ist gerade in Softwareentwicklungs-Teams die klare Haltung, dass Testen und Fertigstellen des Produktes nicht zu den eigenen Aufgaben gehöre.

Es ist gut möglich, dass Sie diese Form des Widerstands zu Beginn nicht gleich bemerken werden. Aber er ist oft massiver und wirksamer, als man annimmt. Ein weiterer Grund ist eher auf der individuellen Ebene zu sehen: Der Einzelne übernimmt gewisse Aufgaben aus dem definierten Kompetenzbereich eines anderen Teams nicht, weil er damit die eigene Identität infrage stellen würde.

Platz 2: »Das muss uns der Product Owner geben« oder »Wir stellen uns dumm«

Ähnlich, wenn auch im Detail anders, ist der Widerstand der Teams, wenn es darum geht, Verantwortung für die Ausgestaltung des Produktes zu übernehmen. Natürlich gibt es immer berechtigte und sinnvolle Fragen, die geklärt werden müssen. Wird gehandelt und entstehen situations- und erkenntnisabhängig neue Fragen, ist das durchaus zu begrüßen. Zum Widerstand wird das Fragenstellen erst, wenn sich Verständnisfragen endlos aneinanderreihen und damit zum Stillstand führen. Dahinter steckt mitunter die Taktik Dummstellen. Der Product Owner möchte mit seinem Entwicklungsteam eine neue Funktionalität, ein neues Produkt, entwickeln. Er braucht das Team auch zum Spinnen neuer Ideen, hört aber nur Fragen wie: »Wie soll es *genau* sein?«, »Kannst du das noch besser definieren?« Das ist zulässig, solange das im Geiste des gemeinsamen Erfolges geschieht. Oft wissen die Entwicklungsmannschaften sogar besser als die Fachabteilungen, wie ein Produkt sein sollte und sind sogar die Einzigen mit dem nötigen Know-how. Aber anstatt dieses Wissen konstruktiv zu nutzen, wird das Vorankommen durch massive Frageattacken geblockt.

Die Gründe dafür finden sich auch in diesem Fall in der Vergangenheit einer Organisation, in der das Kräftemessen zu einem Teil der Kultur geworden ist. Es wird nicht miteinander an einer Lösung gearbeitet und die, die am Ende das Produkt erzeugen sollen, sitzen dabei immer am längeren Ast.

Bei einem Kundenprojekt stellten wir den ScrumMaster. Nach acht Tagen waren wir kurz davor, das Projekt abzugeben und dem Kunden zu sagen, dass wir nicht mehr weiterarbeiten würden. Was war geschehen? Das Entwicklungsteam des Dienstleisters mauerte. Die Teammitglieder weigerten sich etwas zu tun, solange der Product Owner nicht jede kleinste Detailinformation lieferte. Ihre eigene Entwicklungskompetenz gaben sie damit komplett ab und forderten eine hundertprozentige Lösung vom Product Owner. Der Widerstand war so groß geworden, dass das Projekt zu einem vollständigen Halt kam, dazu wurde auch auf der politischen Ebene sofort scharf geschossen. Der Dienstleister machte natürlich nicht das eigene Team verantwortlich, sondern sagte sofort: »Seht her, bis jetzt ging es ja auch. Aber mit Scrum funktioniert gar nichts mehr.«

Platz 3: »Wie, jetzt sollen wir auch noch die Storys schreiben?«

In der Softwareentwicklung werden die an die Produkte gestellten Eigenschaften gerne in Form von Aussagesätzen formuliert. Diese Aussagesätze umschreiben eine gewünschte Funktionalität aus der Sicht der Nutzer des Produktes. Wie wir seit Kapitel 3 wissen, lauten diese »User Storys« folgendermaßen: »Als End-Anwender (z. B. Student) möchte ich gerne eine Funktionalität (z. B. alle meine Notizen abspeichern), damit ich einen gewissen Nutzen habe (z. B. für Prüfungen schneller die gewünschten Informationen wiederfinde).«

In der traditionellen Produktentwicklung werden die zu erschaffenden Funktionalitäten meistens von einer anderen Personengruppe definiert als von der, die diese Anforderungen umsetzt. Das Erheben der Anforderungen ist sehr zeitaufwendig und oft möchte man gleich am Anfang so viele Eigenschaften des Produktes wie möglich definiert haben. Daraus entsteht die eindeutige Verantwortungszuschreibung: Die definierende Personengruppe »bestimmt« und die ausführende Personengruppe »gehorcht«.

In einem agilen Entwicklungsmodell nach dem Scrum-Prinzip kehrt sich diese Rolle nicht vollständig um. Aber beide Personengruppen werden gleichermaßen in die Verantwortung genommen: Sowohl dafür, die Eigenschaften zu definieren, als auch gemeinsam dafür zu sorgen, dass die gewünschten Funktionalitäten erfolgreich umgesetzt und auf den Markt gebracht werden können. Das Motto lautet: Miteinander statt gegeneinander.

So sinnvoll sich das anhört, so offensichtlich führt dieser Gedanke zu Widerstand. Das Entwicklungsteam, das das Produkt erzeugen soll, ist zu Anfang oft nicht willens, auch die Verantwortung für das Definieren der Anforderungen (User Storys) zu übernehmen. Die Teammitglieder fühlen sich zu dieser Verweigerung berechtigt, denn dafür gab es bisher immer die andere Abteilung oder die andere Personengruppe, die bis dato ihrerseits immer sehr deutlich gemacht hat, dass *sie* und nur *sie* die Anforderungen erstellt. Und nun sollen die »Ausführenden« quasi über Nacht auch noch die Ideen generieren? Also noch mehr Verantwortung übernehmen? »Wieso eigentlich?«, werden Sie oft auf den Fluren hören.

Platz 4: »Wir können nicht gemeinsam an einer Story arbeiten«

Wie in Kapitel 3 beschrieben, ist einer der Werte, die durch das Scrum-Prinzip gelebt werden soll, *Fokus* – die Konzentration auf *eine* Sache, auf das Wesentliche.[26] Aus der Arbeit mit Scrum-Teams wissen wir, dass diese Forderung nur schwer umzusetzen ist, denn sie bedeutet, dass das gesamte Team zunächst eine Anforderung (User Story) umsetzt und dann erst die nächste Anforderung. Die Beteiligten sehen den Sinn zwar ein, wehren sich aber gegen die Umsetzung. Es werden etliche Gründe angeführt, weshalb es gerade in dieser bestimmten Situation nicht sinnvoll ist, dass das gesamte Team an einer User Story arbeitet. Argumente wie: »Da arbeitet ja nicht jeder an dem, was er am besten kann« oder »Da müsste man sich ja viel zu lange einarbeiten, das ist doch nicht effektiv« werden angeführt. Wie immer sind sie gut und oft auch richtig.

Doch eigentlich geht es darum, die Vorgabe des maximalen Fokus umzusetzen, und das würde bedeuten, sich zunächst gemeinsam auf die wichtigsten Aufgaben zu konzentrieren. Das Development-Team müsste dazu beginnen, seine Arbeitsweisen zu ändern. Paradoxerweise greifen oftmals die Teammitglieder aber genau in diesem Moment zu dem Mittel, sich vom Management Hilfe zu erbitten. Das Management versteht natürlich zu Anfang auch nicht sofort, wieso das gemeinsame Arbeiten an einer User Story prinzipiell hilfreich ist. Dabei wäre die umgekehrte Herangehensweise die effektivere: Jeder konkrete Grund, der das gemeinsame Arbeiten derzeit behindert, liefert uns eine Möglichkeit, die Zusammenarbeit zu verbessern.

Solche verbesserungswürdigen Aspekte wären zum Beispiel:

- Die Entwicklungsumgebung lässt nicht zu, dass man parallel am gleichen Code arbeitet.
- Es gibt unter den Teammitgliedern nicht genug Erfahrung mit der Arbeit, und man versteckt die eigene Unkenntnis durch das Arbeiten an »seinem« Teil des Produkts.
- Im Team gibt es noch nicht die Kultur, gemeinsam an Dingen zu arbeiten. Im Grunde besteht es aus einer Ansammlung von Menschen, die zufällig am gleichen Produkt beschäftigt sind.

Platz 5: »Das Taskboard ist doof – können wir nicht ein Tool nutzen?«

Das Problem der Wissensarbeit ist ihre »Unsichtbarkeit«. Was sich nicht sofort physisch manifestiert, verleitet zu der Annahme, dass man die Teams mit immer noch mehr Aufgaben überfrachten kann. Wichtiges Element des Scrum-Prinzips ist es daher, den Arbeitsfluss, oder besser die zu erledigenden »geistigen« Aufgaben sichtbar werden zu lassen. Die Methode ist einfach: Aufschreiben aller anstehenden Aufgaben oder Anforderungen. Mithilfe knallbunter Haftnotizen, die man vertikal an einer Wand anbringt, wird die Arbeitsmenge plötzlich überschaubar. Am sogenannten Taskboard wandern die Aufgaben durch die einzelnen Stadien ihrer Bearbeitung, die geistige Arbeit wird damit be-greifbar.

---

26 Das Limit des Work-in-Progress sollte im Idealfall nicht größer als Eins sein. Diese Terminologie stammt aus dem Toyota Production System und heißt als Prinzip »Limit Work in Progress« *(Liker 2003)*.

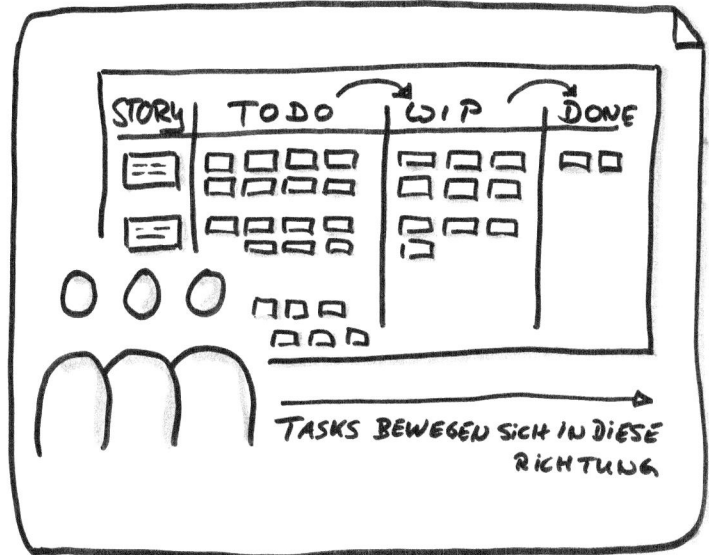

Abb. 15:
Arbeit mit dem
Taskboard

Wir empfehlen für jede Form von Arbeitssynchronisation ein solches Scrum- oder Taskboard. Häufig kommen Product Owner und/oder die Entwicklungsmannschaften und sagen: »Wir wollen das aber elektronisch organisieren.« Sie werden auch sofort gute Gründe dafür hören:

* Es gibt keinen Platz für ein Board.
* Man muss es ständig aktualisieren und Zettel umhängen.
* Es sieht unordentlich aus.
* Was ist, wenn eine Aufgabe verloren geht?
* Wir müssen die Aufgaben doch archivieren, dokumentieren und reporten.
* Teammitglieder, die von zu Hause arbeiten oder nicht am gleichen Standort sind, können damit nichts anfangen.

Das trifft zu, doch für jeden dieser Punkte gibt es eine Lösung, meist sogar eine sehr einfache. Dabei geht es nicht um ein striktes Entweder-Oder. Elektronische Tools können eine sinnvolle Ergänzung sein. Wickelt man die Prozesssteuerung aber ausschließlich darüber ab, geht damit mit Garantie auch die Kommunikation zwischen allen Beteiligten flöten, im Extremfall werden diese Instrumente zu einem Datengrab, so wie es mit Millionen von Spreadsheets tagtäglich passiert. Abgesehen davon, dass es meist umständlicher ist, in einem Programm hin- und herzuklicken, statt einfach einen Zettel umzuhängen. Physisch greifbare Werkzeuge sind wesentlich geeigneter dafür, die eigene Arbeit bewusst zu machen und vor allem fördern sie die Kommunikation. Das Taskboard an der Wand ist ein täglicher Kommunikationstreff. Für bessere Produkte brauchen wir einfach auch bessere Kommunikation.

Platz 6: »Wir haben die Verantwortung für das Ergebnis?«

Ende des Sprints: Das Team hat nicht vollständig die versprochenen Ergebnisse geliefert und kommentiert dieses »Versagen« achselzuckend mit: »Hat halt nicht gereicht.«[27] Hat sich diese Haltung erst einmal eingeschlichen, ist sie so gut wie nicht mehr zu korrigieren. An genau diesem Punkt zeigt sich, ob das Entwicklungsteam die eigentliche Aufgabe (die Vision) wirklich verinnerlicht hat und den Job erledigen wollte, oder ob es einfach mit einer neuen Methode so weiterarbeiten wollte wie zuvor.

Hier schlägt das von Farrelly beobachtet Phänomen zu: Die Gruppe will sich gegen das Außen schützen. Die mit dem Scrum-Prinzip einhergehende Eigenverantwortung wird zunächst nur als Ausrede für Nicht-Leistung missbraucht, obwohl das Team natürlich weiß, dass seine Einstellung keineswegs korrekt ist. Was hier passiert, ist Selbstbetrug: Das Team kann sich – und schon gar nicht nach außen – zunächst nicht eingestehen, dass es einmal getroffene Aus- bzw. Zusagen nicht halten konnte.

Das ist dramatisch, denn genau hier läge die Chance zur Verbesserung: Ein Sportler, der bei einem Turnier nicht die Leistung bringt, die er sich erwartet hat, geht anschließend schonungslos mit sich ins Gericht. Er versucht die Gründe dafür zu finden, warum er sein Ziel nicht erreicht hat. Dann ändert er sein Training, seine Ernährung – alles was notwendig ist, um beim nächsten Turnier eine bessere Leistung zu erzielen. Hätte er die Einstellung »Ich war der Beste, die anderen hatten bloß mehr Glück«, wird er sich nie verbessern. Sein Selbstbetrug führt in die Verschlechterung, nicht in die Verbesserung.

Das Erkennen dieser Reaktion als Widerstand und das Aufdecken der Ursachen können wieder lohnende Quellen für mögliche Verbesserungen des Ist-Zustandes sein.

Platz 7: Das Team akzeptiert die Storys des Product Owners nicht[28]

In der Praxis werden Sie wahrscheinlich beobachten können, dass das Scrum-Prinzip zu Beginn gerne als Deckmantel verwendet wird, um traditionelle Widerstandsspiele auch in einer neuen Organisationsform weiterzuspielen. Ein deutliches Anzeichen dafür ist, wenn die Entwicklungsmannschaft zu hinterfragen beginnt, ob die Anforderungen des Product Owners (eingebracht in Form der User Storys) »sinnvoll« oder gut genug für die Applikation sind. Plötzlich werden mit dem Product Owner Diskussionen darüber vom Zaun gebrochen, ob eine Funktionalität auch wirklich in das Produkt gehört.

Dabei wird sinnvolles, kritisches und konstruktives Hinterfragen, das alle Beteiligten in ihren Erkenntnissen weiterbringen kann, zu einem deplatzierten Machtgerangel zwischen Team und Product Owner. Sie begegnen dann oft einem Product Owner, der wegen der ständigen Diskussionen tief verzweifelt ist, aber sich gleichzeitig nicht sagen traut: »Halt! Das ist meine Verantwortung darüber zu entscheiden, welche Story geliefert werden soll. Ich muss sie nicht rechtfertigen. Möglicherweise erkläre ich sie, vielleicht aber auch nicht.«

Diese Form des Widerstandes weist auf zwei mögliche Hauptursachen hin:

1. Das Team respektiert den Product Owner nicht.
2. Das Team vertraut dem Product Owner in seinen Entscheidungen nicht.

---

27   Danke an Alex Kämpfens und Daniel Wäber für dieses Beispiel!
28   Diesen Hinweis verdanke ich Martin Domig!

Beides tritt meist gleichzeitig auf und beruht oft auch auf Gegenseitigkeit. Ich werde später noch detaillierter darauf eingehen, was der Product Owner tun kann, um respektiert zu werden und das Vertrauen zu gewinnen. Im Grunde ist es eine Führungsaufgabe, die durch das Scrum-Prinzip deutlich herausgestellt wird. Die Best Practices von Scrum-Consultants decken oft auf, dass diese Führungsaufgabe durch den Product Owner nicht korrekt wahrgenommen wird, oder dass eben dieser vom Team nicht respektiert wird.

Platz 8: Lokale Optimierung vs. globale Optimierung[29]

»Meine Teams schauen nicht mehr über den Tellerrand«, klagte uns einer der Manager in einem großen deutschen Unternehmen sein Leid. »Wir haben es geschafft, dass jedes Team für sich seine Storys abarbeitet. Aber sie wollen einfach nicht sehen, dass sie alle gemeinsam mit einem großen Ganzen beschäftigt sind und deshalb auch einander unterstützen müssen.« Auf den ersten Blick ist das grotesk. Manager sehen von außen, dass die einzelnen Teams nicht miteinander arbeiten und wollen die Zusammenarbeit per Dekret verordnen. Einerseits haben sie dazu allen Grund, denn offensichtlich kommt es zu Abstimmungsproblemen und Mehrarbeit. Andererseits stören sie damit die Selbstorganisationskraft der Scrum-Teams. Dabei sollte man vielleicht einfach nur abwarten: Möglicherweise haben wir es hier noch gar nicht mit Widerstand im eigentlichen Sinne zu tun, sondern einfach mit Überforderung oder mangelhafter Arbeit der Product Owner, die noch nicht deutlich genug gemacht haben, dass es nun notwendig ist »zusammenzuarbeiten«.

Wann entsteht Überforderung? Die Scrum-Teams haben zu Beginn einer Transition genug mit sich selbst zu tun. Sie versuchen zunächst einmal, ihre eigenen Commitments zu erfüllen, jeder ist sich selbst der Nächste. Vielleicht ist auch der Rahmen noch zu komplex, der die Teams umgibt. In diesem Fall versucht man sich auf das einzustellen, was man selbst beherrschen kann. Überkomplexität macht es oft unmöglich, auch für andere Teams die Mitverantwortung einzugehen, weil man am Ende des Tages durch andere Faktoren aus der Organisation überstimmt wird. Dieser Umstand tritt häufiger auf, als man glaubt und es ist oftmals der eigentliche Widerstand, um den sich der Change-Manager kümmern muss.

Im Laufe der letzten zehn Jahre sind im Rahmen des Scrum-Prinzips eine Reihe von Best Practises entstanden, mit denen man sehr gut große Projekte mit bis zu 200 und mehr Personen managen kann. Das bedeutet aber nicht, dass alle Beteiligten – und darunter vor allem der »nicht agile« Rest der Organisation – diese Verfahren gleich von Anfang an beherrschen oder gar die Regeln respektieren. Im Gegenteil, hier zeigen sich die ersten gravierenden Widerstände, von denen meist drei sehr deutlich hervortreten:

- Das Misstrauen in den Teams wächst.
- Die meist neu gebildeten Teams bekommen selbst auf Nachfrage nicht alle Informationen.
- Die Manager der einzelnen Teammitglieder wissen nicht zwingend, was zu tun ist.

---

29   Vielen Dank an Cengiz Cevik!

Eine andere Ursache für Widerstand kann sein, dass die Scrum-Teams selbst sehr wohl verstanden haben, dass sie gemeinsam für dieses Projekt geradestehen. Sie versuchen sogar alles, was in ihrer Macht steht, doch dann wirkt urplötzlich das Management von außen ein und »stört« die Selbstorganisationskraft dieser Großgruppe, weil zum Beispiel der eine ganz bestimmte Mitarbeiter nun in einem anderen Team gebraucht wird.

8.4.4   Level 3: Widerstand der Organisation

Verlassen wir die Ebenen des Individuums und der Gruppe und sehen uns an, wie sich die Organisation verhält. Kann eine Organisation Widerstand leisten? Das kann sie, obwohl diese Widerstände systemisch natürlich in der Organisation liegen, treten sie doch in personifizierter Form zutage: durch den einzelnen Manager oder das Management.

Der Manager steht dafür gerade, dass die Organisation ihre Aufgaben erfüllt. Man kann es sogar noch drastischer sehen, zum Beispiel wie Reinhard Sprenger und Edwin Catmull. In *Radikal führen* schreibt Sprenger zur Rolle des Managers und der Führung: *»Was ist der Zweck der Führung? Die konzentrierteste Antwort lautet: das Überleben des Unternehmens zu sichern.«* (Sprenger 2012, Kindle Edition Pos. 239) Der vierfache Oscar-Preisträger und Präsident der Walt Disney Animation Studios, Edwin Catmull, schreibt im Artikel »How Pixar Fosters Collective Creativity«, dass die Rolle des Managements darin bestehe, nicht Risiken zu minimieren, sondern als Organisation mögliche Fehler durchzustehen: *»Management's job is not to prevent risk but to build the capability to recover when failures occur.«* (Catmull 2008, S. 65)

Dieser Verantwortung sind sich die meisten Managers sehr wohl bewusst und wollen sie auch leben. Dennoch erzeugt sie einen immensen Druck. Wenn die Teams möglicherweise Dinge falsch machen, ist es die Verantwortung des Managers, die Fehler wieder zu korrigieren bzw. dafür geradezustehen. Die Gegenstrategie lautet: keine Risiken eingehen, Fehler vermeiden. Wenn man nichts riskiert, kann man auch nicht für Fehlentscheidungen zur Rechenschaft gezogen werden. Leider bedeutet das aber auch, dass Manager – wenn sie keinen anderen Weg finden, um damit umzugehen – drei Aspekte der Organisation selbst kontrollieren müssen *(Mintzberg 1975)*:

1. Wissen,
2. Prozesse,
3. Macht.

Also ein kompletter Widerspruch zur Idee des Scrum-Prinzips, dass der Wissensarbeiter das Wissen besitzt, um seinen Job korrekt durchzuführen. Es widerspricht den Forderungen, dass er

1. die Legitimation haben muss, dieses Wissen schnellstmöglich in Produktivität umzusetzen,
2. als Mitarbeiter die Art und Weise, wie er das Ergebnis erzeugt, selbst kontrolliert,
3. die Macht hat, die notwendigen Entscheidungen im Produktions- oder Entwicklungsprozess zu treffen.

Ich habe Manager getroffen, die sich von Scrum daher sehr wohl eine Entlastung erwarten, aber instinktiv bemerken, dass diese Erwartungshaltung an die Teams am Anfang zu hoch ist. Gleichzeitig begrüßen sie die Forderung, dass die Teams von Anfang an, bei Einhaltung aller Qualitätsstandards fertig, vollständig zu liefern haben. Genau an dieser Stelle wird daher schnell deutlich, dass Scrum-Teams in der Regel zu Anfang *noch nicht* vollständig liefern können, da sie erstens nicht das notwendige Wissen haben, zweitens nicht die notwendigen Prozessvollmachten haben und drittens nicht die Entscheidungsmacht bekommen.

Sehen wir uns diese drei Bereiche im Detail an und gehen wir die Top 10 der Reihe nach durch.

Wissen

Platz 1: Das Scrum-Team darf nichts entscheiden

Ein Trainingsteilnehmer aus dem Bereich Spezialmaschinenbau erzählte mir: »Mittlerweile haben nicht mehr alle Mitarbeiter in der Prototypenfertigung das Wissen, um zu verstehen, warum die Dinge so umgesetzt werden, wie sie umgesetzt werden. Die Softwareentwicklung ist nun in der Situation, als Integrator zwischen allen anderen Projektteams vermitteln zu müssen. Die Software liefert unter anderem die Simulation für alle Prozessschritte und kann daher alle Aspekte des Produktes vereint anzeigen.«

Viele Organisationen haben ihre Produktentwicklung auf verschiedene Abteilungen, ja manchmal sogar ganze Firmen aufgeteilt. Sagt man Managern in solchen Organisationen, dass Scrum-Teams sehr wohl entscheiden dürfen, welche Funktionen erzeugt werden sollen, reagieren sie mit Erschrecken auf diese Idee. Sie können sich nicht vorstellen, dass die Scrum-Teams das *vollständige* Wissen haben können. Stellen Sie sich vor, Sie wollen tatsächlich dem Dienstleister die Entscheidung überlassen, wie er das Produkt anlegt! Das ist für viele Manager undenkbar.

Einerseits ist das richtig, denn wir haben es im traditionellen Verfahren mit einer starken Arbeitsteilung zu tun. Genau deshalb werden Scrum-Teams auch cross-funktional aufgestellt. Dennoch fühlt sich das Management häufig sehr unwohl bei dem Gedanken, dass dort alle relevanten Entscheidungen getroffen werden sollen. Sie wissen nicht, ob ihre Scrum-Teams die notwendigen Informationen haben. Diese instinktive Vermutung ist in der Regel auch richtig. Wir wissen von Henry Mintzberg, dass in der traditionellen Organisation der Manager die Entscheidungen trifft, weil die relevanten Informationen bei ihm liegen – Manager sind also klassisch die eigentlichen Wissensträger in Organisationen: »*Folklore: The manager is a reflective, systematic planner. The evidence of this issue is overwhelming, but not a shred of it supports this statement. Fact: Study after study has shown that managers work at a unrelenting pace, that their activities are characterized by brevity, variety, and discontinuity, and that they are strongly oriented to action and dislike reflective activities.*« *(Mintzberg 1975, S. 164)*

Mintzberg selbst schreibt, dass eine mögliche Problemlösung wäre, den Mitarbeitern in regelmäßigen Abständen die notwendigen Informationen zu geben. Er sah sogar 1975 schon voraus, dass der Druck auf das Management in modernen Organisationen höher statt niedriger wird: »*But the pressures of a manager's job are becoming worse. Where before managers needed to respond only to owners and directors, now they find that subordinates with democratic norms continually reduce their freedom to issue unexplained orders, and a growing number of outside influences (consumer groups, government agencies, and so on) demand attention.*« (Mintzberg 1975, S. 168)

Genau in diesem Dilemma liegt also der Widerstand: In Scrum soll der Manager Entscheidungen an die Teams abgeben, aber wie? Dazu müsste er erst einmal sicherstellen, dass die Mitarbeiter die tatsächlich relevanten Informationen erhalten.

Platz 2: Wissen ist Macht

Selbst über alle Information zu verfügen, festigt natürlich den eigenen Status und die Position, die man sich im traditionellen Gefüge erarbeitet hat. Das ist auch einer der Gründe, warum einige Manager ihr Wissen ungern teilen. Gebe ich Wissen an meine Teams ab, könnte das ja bedeuten, dass meine Funktion als »Entscheider« irgendwann nicht mehr gefragt ist. Und wie kann man dann noch kontrollieren, ob die vom Team gelieferten Funktionalitäten den Richtlinien entsprechen? Wie kann ich als Manager gegenüber meinem eigenen Vorgesetzten versichern, dass alles mit rechten Dingen zugeht? Ja, wozu braucht es überhaupt noch einen Manager, wenn er nicht entscheidet, sondern »nur« anleitet?

Diese Haltung drückt sich häufig in einer halbherzigen Besetzung der Rolle des Product Owners aus. Er darf das Produkt nicht wirklich so gestalten, wie er es will. Manche Product Owner trauen sich auch nicht gleich, diese Verantwortung voll zu übernehmen und schon bricht es aus dem Manager heraus: »Wusste ich es doch! Er kann es sowieso nicht, ich *muss* mich ja einmischen.« Bestenfalls darf der Product Owner also Vorschläge zur Priorisierung machen, die vom Manager wohlwollend geprüft werden. Wie gesagt: Solange der Manager tatsächlich die meisten Informationen über die Umstände der Produktentwicklung hat, wenn er also den Kunden, das Produkt, die Mitarbeiter und die Rahmenbedingungen am besten kennt, ist es mit hoher Wahrscheinlichkeit sogar korrekt, dass der Manager all diese Entscheidungen selbst trifft.

Den Widerstand werden Sie als Change-Manager dann spüren, wenn Sie Vorschläge dazu machen, wie man dieses entscheidungsrelevante Wissen an die Teams weitergeben könnte. Das Killerargument lautet dann meistens: »Ich habe keine Zeit.«

Lassen wir wieder Mintzberg sprechen. Das Management muss wichtige Informationen mit den Key-Personen teilen, damit es effektiver werden kann: »*The manager is challenged to find systematic ways to share privileged information. A regular debriefing session with key subordinates, a weekly memory dump to the dictating machine, maintaining a diary for limited circulation, or other similar methods may ease the logjam of work considerably. The time spent for disseminating this information will be more than regained when decisions must be made.*« (Mintzberg 1975, S. 173)

Platz 3: Das versteckte Unwissen

Versuchen Sie bei Ihrer Scrum-Implementierung von den zuständigen Managern genauestens zu erfahren, wie das zu schaffende Produkt sein soll. Erfragen Sie aber bitte nicht die Anforderungen, sondern: »Für wen soll es welchen Nutzen bieten? Welches Problem soll damit gelöst werden?«[30] Sie werden auf diese Frage möglicherweise keine Antwort bekommen, sondern bestenfalls darauf hingewiesen, dass das doch die Aufgabe des Product Owners sei. Der ist aber – und hier schließt sich der Kreis – darauf angewiesen, dass er entweder die Legitimation hat, sich »seine« Probleme selbst zu suchen, oder er muss von seinem Management damit beauftragt werden, ein Problem zu lösen. Meine Beobachtung ist in fast allen Unternehmen, in denen ich in den letzten Jahren Scrum eingeführt habe, dass das Management das konkret für den Kunden zu lösende Problem nicht klar benennen konnte und deshalb den Product Owner nicht entsprechend anweisen konnte.

Inwiefern ist die Unfähigkeit, diese Frage zu beantworten, eine Form von Widerstand? Sie entlarvt schonungslos, dass sich das Management und damit die Organisation um sich selbst dreht, statt sich mit den Problemen der Endanwender zu beschäftigen. Anstatt diese Frage zu beantworten, wird in endlosen Diskussionen mit zu vielen Beteiligten darüber spekuliert, ob und wann eine Funktionalität entwickelt werden soll. Politische Motive spielen dabei eine stärkere Rolle bei der Entscheidung für oder gegen eine Funktionalität als rationale Business-Argumente.

Der Grund dafür ist Überforderung. Ein Manager kann nicht mehr alle Implikationen seiner Entscheidungen überblicken. Für ihn ist es sicherer, dass alle zwar unwissend und nicht auf Fakten basierend, aber zumindest gemeinsam das Unentscheidbare entscheiden. So kann am Ende, sollte das Produkt ein Flop sein, ihm niemand vorwerfen, er hätte nicht alle beteiligt und um ihre Meinung gefragt.

Die Prozesse

Die nächste Kategorie, für die das Management in der Regel verantwortlich zeichnet, sind die Prozesse – oder policies – in einer Organisation.[31] Zu allererst sind die existierenden Richtlinien und Prozesse zu würdigen. Sie sind nicht grundlos entstanden und sie haben die Organisation bis zum gegenwärtigen Zeitpunkt am Leben erhalten. Das ist nicht unwesentlich, im Grunde ist es sogar entscheidend. Ohne funktionierende Prozesse wäre die Organisation nie dorthin gekommen, wo sie heute ist.

Existierende Prozesse haben allerdings eine Historie. Die Realität, auf der sie basieren, liegt immer in der Vergangenheit. Diese Realität war, wie sie war und hat erfordert, dass das Management die Prozesse auf diese Realität hin optimiert. Das ist gut und richtig und dagegen ist zunächst nichts zu sagen. Die Sparprogramme der deutschen Unternehmen in

---

30 Reinhard Sprenger macht in *Radikal führen* deutlich: *»Die historische Wurzel eines Unternehmens ist (…) immer ein gemeinsames Problem. Ein Unternehmen, das nicht für sich selbst existiert, ist immer auf die Probleme seiner Kunden angewiesen.«* (Sprenger 2012, Kindle Edition Pos. 830)

31 Ich konzentriere mich hier auf die bei der Produktentwicklung relevanten Prozesse. HR, Finanz und andere Rahmenthemen werden u.a in *Der agile Festpreis* (Opelt et al. 2012) und *Erfolgreich mit Scrum – Einflussfaktor Personalmanagement* (Gloger, Häusling 2011) behandelt.

den letzten beiden Jahrzehnten haben auch dazu beigetragen, dass Deutschland besser durch die Wirtschaftskrise steuerte als der Rest von Europa.

Allerdings greift die Optimierung von Prozessen nur, solange sich die Umwelt nicht gravierend ändert. Wie wir aus der Biologie und Genetik lernen können, braucht Flexibilität – also die Anpassung im Zeichen der Unsicherheit – den Überfluss (die Redundanz). Die Natur plant die Evolution nicht, indem sie »vorher« darüber nachdenkt, was wohl der nächste beste Schritt wäre. Sie »experimentiert« und ist dabei sehr verschwenderisch, sie erzeugt Potenzial durch Fülle: Von der Elterngeneration werden massiv Ressourcen eingesetzt, um Nachkommen zu zeugen, die sich von den Eltern erst einmal genetisch unterscheiden und möglicherweise das Potenzial für eine Neuerung in sich tragen. Innovation ist in der Natur, wie wir von Darwin wissen, nicht ein gerichteter, sondern ein »zufälliger« Selektionsprozess. Etwas, das aus irgendeinem Grund »zufällig« besser angepasst ist (Adaptation), oder eine leichte Veränderung, die sich plötzlich in einem gänzlich anderen Kontext als großer Vorteil erweist (Exaptation).[32]

Auch innerhalb eines Systems ist Innovation ohne Überfluss – in der Management-Literatur als »Slack« bezeichnet – nicht möglich.[33] Die existierenden Prozesse und Vorschriften sind auf die gegenwärtige Situation eingestellt und optimiert. Innovation ist nur dann möglich, wenn der existierende Prozess negiert wird und die Regeln gebrochen werden. Sehen wir uns die vier Hauptprozessgruppen in der Produktentwicklung an, die bei der Einführung von Scrum sofort mit Widerstand reagieren – gegen die man das Scrum-Prinzip also gewissermaßen als Regelverletzung einsetzen kann: Das Projektmanagement, das Qualitätsmanagement, Einkauf und Verkauf.

Platz 4: Das Projektmanagement

In den meisten Unternehmen wurden in den letzten 20 Jahren ganze Abteilungen zu Ausbildungen für Projektmanagement geschickt. Projektmanagement ist zu einem ernst zu nehmenden Berufszweig geworden, der wiederum Unternehmen hervorbringt, die Projektmanager verleihen. Mittlerweile gibt es mehrere Organisationen, die Standards des Projektmanagements definiert haben:

- das amerikanische Project Management Institute,
- das britische Office of Government Commerce,
- die International Project Management Association.

Dazu gibt es in den einzelnen Ländern wiederum nationale Ausprägungen, wie die Gesellschaft für Projektmanagement (GPM). Entscheidend ist, dass diese Institute Projektmanagement nach klaren Regeln festlegen und sich Personen oder Firmen, die danach verfahren, sogar dafür zertifizieren lassen können. Für die Agilisierung einer Organisation ist das Projektmanagement auf den ersten Blick ein Segen. Denn wie, wenn nicht in Projekten, sollten Teams gemeinsam über die Abteilungsgrenzen hinweg arbeiten? So gibt es

---

32   Eine eingängige Erklärung der Exaptation findet sich in einem Vortrag von Dave Snowden, der hilft, Komplexität besser zu verstehen. http://vimeo.com/53734972
33   Siehe dazu *Spielräume* von Tom DeMarco (*DeMarco 2001*)

einen Projektmanager, der sich sein Team zusammenstellt und mit diesem Team gemeinsam bis zur Fertigstellung am Projekt arbeitet.

Soweit die Theorie. Obwohl es diese Konstellation gibt, ist sie in den Unternehmen meist nicht anzutreffen. Und das Mindset, das hinter dem Projektmanagement steckt, mit all seinen Implikationen, passt nicht zu einer agilen Vorgehensweise.

Die Rolle des Projektmanagers. Bei der Einführung von Scrum werden neue Rollen definiert, die zunächst ähnlich klingen wie die des Projektmanagers. Sie haben dennoch vollkommen andere Kompetenzen und Handlungsspielräume. Scrum selbst kennt die Rolle des Projektmanagers nicht, denn der planerische Aspekt wird in dieser Form zunächst nicht benötigt. Wird nun Scrum in einer bisher projektgemanagten Organisation eingeführt, führt das zwangsläufig zum Kulturschock auf Seiten des Projektmanagements. Entgegen der Idee, dass ein Projektmanager die Lieferung verantwortet, wird plötzlich erwartet, dass er inhaltlich genau weiß, was er will und sein Team so gut es geht in Ruhe arbeiten lässt. Er ist auch nicht in der koordinierenden Funktion und sorgt dafür, dass jeder weiß, was er zu tun hat. Diese Aufgabe wird vom Entwicklungsteam ebenfalls alleine durchgeführt.

Es entsteht also eine gewisse Hilflosigkeit unter den Projektmanagern. Sie fragen sich, woher all die Dinge kommen sollen, die sie brauchen, um ihr Projekt zu steuern. Es werden also Fragen gestellt, wie:

- »Wer hat die Verantwortung, wenn nicht geliefert wird?«
- »Wer teilt die Aufgaben zu?«
- »Wer kontrolliert, ob die Aufgaben erfüllt werden?«

Diese Fragen sind alle in einem Projektmanagement-Kontext notwendig, müssen aber auch nur im Paradigma des Projektmanagements beantwortet werden. In einer Scrum-Organisation sind diese Fragen nicht notwendig, weil sie dort keine Entsprechung haben müssen.

Die Dokumente. Projektmanagement verlangt nicht per se Dokumente. Es ist nur zu einer Regel geworden, weil es innerhalb eines wissensbasierten Prozesses außer den Dokumenten nicht viel gibt, das man beobachten könnte. Um zu wissen, ob ein Ergebnis erreicht wird oder bestimmte Aufgaben erledigt wurden, braucht es einen Beweis. In allen bekannten Verfahren des Projektmanagements werden daher Berichte in jeder erdenklichen Form erwartet. Das beginnt bei Meeting-Minutes, Ablaufbeschreibungen, Prozessdokumentationen, und hört bei ganzen Architekturdiagrammen auf.

All das sind nur Zwischenschritte hin zum eigentlichen Produkt. Gleichzeitig will man wissen, ob man im Plan liegt. Zu Beginn des Projektes wird ein idealer Verlauf angenommen und als Referenz herangezogen, um zu erkennen, ob das Projekt noch auf Kurs ist. Widerstand ist vorprogrammiert, wenn das Scrum-Team gewisse Dokumente nicht mehr liefern will, weil sie überflüssig geworden sind. Jetzt wird plötzlich klar, dass der Prozess des Projektmanagements selbst Ergebnisse verlangt, die nicht unmittelbar mit dem herzustellenden Produkt zu tun haben.

Die Durchführung. Es gibt kein Projekt, das sich während seiner Laufzeit nicht mit Änderungen der Rahmenbedingungen oder des zu Liefernden auseinandersetzen muss. Das klassische Projektmanagement weiß das, dennoch ist der Grundgedanke, dass der Plan im Wesentlichen umgesetzt wird, also nur marginal vom Plan abgewichen wird.

Beim Scrum-Prinzip geht man davon aus, dass es kurzfristig einen Plan geben muss. Kurzfristig benötigt ein Scrum-Team Stabilität, sonst kann es nichts liefern. Aber schon auf mittelfristige Sicht, etwa vier Wochen, ist jedem Projektteilnehmer bewusst, dass sich Änderungen ergeben werden, auf die wir bei der Produktentwicklung eingehen müssen.

In den letzten Jahren sind unter dem Dach von Scrum hunderte kleinere Ideen dazu entstanden, wie man Plan und Änderungen so abbilden kann, damit alle größtmögliche Transparenz über den Stand der Produktentwicklung haben. Aber diesen Widerstand werden Sie erfahren: Von Scrum-Teams wird immer wieder erwartet, dass sie auf den Tag genau wissen, wann sie mit dem Produkt komplett fertig sein werden, obwohl alle Beteiligten wissen, dass es bis zum gewünschten Lieferzeitpunkt des Gesamtproduktes noch etliche Änderungen geben wird. Diese Frage wird kontinuierlich wiederholt, auf allen Ebenen der Organisation, denn alle wollen die Unsicherheit ausräumen.

Dabei ist diese Frage in einem Scrum-Umfeld nicht mehr zulässig. Das Produkt wird ständig geliefert – inkrementell und iterativ. Es ist also in kleinen Schritten ständig verfügbar. Am Anfang weniger, aber mit dem zeitlichen Fortschritt der Entwicklung in immer größeren Teilen. Die Frage »Wann ist es ganz fertig?« ist in der Produktentwicklung nach Scrum obsolet.

Das Monitoring. Traditionelles Projektmanagement erzeugt eine Flut von Dokumenten und Reports. Bis auf die letzte Nachkommastelle sollen Mitarbeiter dokumentieren, wie lange sie für gewisse Aufgaben gebraucht haben. Kreatives Arbeiten wird in Zeit gemessen, Kosten werden dabei festgehalten, aber nicht in Relation zum Nutzen gebracht. Ob ein Projekt am Ende finanziell erfolgreich ist, können die meisten Organisationen nicht beantworten.

Basierend auf der Kostenerhebung von Arbeitsstunden, die in Vergleich zum einmal »geschätzten« Aufwand des Gesamtprojektes gesetzt werden, wird dann so getan, als wisse man, ob man *in time* ist. Dabei kann gegen Ende des Projektes noch alles so schief gehen, dass selbst bei genauester Einhaltung der Stunden und Pläne ein totales Desaster entsteht, wie zum Beispiel beim Flughafen Berlin-Brandenburg.

Obwohl alle wissen, wie unaussagekräftig Statusreports sein können, wird sofort Einspruch dagegen erhoben, dass es in Scrum den »standardmäßigen« Statusreport nicht gibt. Man müsse doch über den Fortschritt Bescheid wissen. Dabei wird in Scrum *immer* berichtet: auf Basis dessen, *was tatsächlich fertig ist* und nicht auf Basis dessen, wo man stehen müsste. Damit ändert sich natürlich das gesamte Reporting-Paradigma. Das zwingt allerdings alle Beteiligten, in »gelieferter Funktionalität« statt in »geleisteter« Arbeit zu denken.

Platz 5: Das Qualitätsmanagement

Eine Schwester des Projektmanagements ist das Qualitätsmanagement. W. Edwards Deming *(Deming 1982)* und seine Nachfolger, zum Beispiel Philip B. Crosby *(Crosby 1979)* hatten die lobenswerte Idee, die Qualität der Produkte hochzuhalten. Das würde dazu führen, dass weniger Kosten durch Nacharbeit entstehen. Daraus wurde ein Reglementierungswahn, der heute die meisten Produktentwicklungsprojekte verteuert und verlangsamt. Demings Grundidee war, dass die Qualität nicht nachträglich in die Produkte hineingeprüft werden kann. Qualität ist so wichtig, dass sie für jeden Mitarbeiter das Hauptkriterium seiner Arbeit sein muss. Deming begriff Qualität also als »Professionalitätsfaktor« – nicht als Prozessschritt. Diese Grundidee wurde aus den Köpfen der Mitarbeiter hinaus in Regelwerke und Richtlinien verlagert, die heute in gesetzlichen Regulatorien gipfeln. Vorschriften geben Firmen genauestens vor, wie Produkte zu entwickeln sind.

Beim Qualitätsmanagement wird viel stärker auf das Einhalten von Vorschriften geachtet als darauf, ob die Produkte tatsächlich einen Vorteil für das Unternehmen bringen. Beim Scrum-Prinzip gilt generell, dass sich die Scrum-Teams an die Regeln halten müssen, die in ihrem jeweiligen Kontext – Branche oder Technologie – gelten. Eigentlich sollten also gar keine Widerstände durch die Organisation auf dieser Ebene zu erwarten sein. Doch genau das Gegenteil ist der Fall.

Zertifizierungen und Reglementierungswahn. Qualitätsmanager in Unternehmen haben die Macht, Produkte im Entwicklungsprozess zu stoppen, wenn die gerade aktuelle »zertifizierte« Methode »verletzt« wird. Auch wenn der Kunde laut jubelt, weil er das Produkt liebt und das Produkt trotz Missachtung der Richtlinien ein voller finanzieller Erfolg werden könnte: Es werden immer wieder Entwicklungen zum Teil deswegen eingestellt, weil Prozessschritte ganz oder teilweise nicht eingehalten wurden. Das wäre noch nachzuvollziehen, wenn diese Schritte die Produkte selbst prüften, so wie bei einer Lebensmittelkontrolle in der Joghurtproduktion. Selbstverständlich muss regelmäßig geprüft werden, ob das Produkt, das an den Endverbraucher gehen soll, gesundheitlich unbedenklich ist.

Wird aber geprüft, ob gewisse Meetings in der vorgeschriebenen Art und Weise durchgeführt und ihre Durchführung und die Ergebnisse auf dem dafür vorgesehenen Formular dokumentiert wurden – ist da noch nachvollziehbar, was das zur Qualität beiträgt?

Auf meiner Liste der organisatorischen Widerstände ist dieses Thema nur deshalb nicht die Nr. 1, weil es noch bedeutendere Widerstände gibt. Aber ein Scrum-Team ist den heftigsten Widerstände ausgesetzt, wenn eine Organisation »blind« ihren Prozessen vertraut, obwohl sie die eigentliche Produktentwicklung in einem Grad verlangsamt hat, der beinahe geschäftsschädigend ist. Gerade deshalb wurde darüber nachgedacht, die Organisation auf Scrum umzustellen. Fakt ist, diese Form des Qualitätsmanagements verursacht gigantische Transaktionskosten:

- *Cost-of-Delay*: Die Auslieferung von Produkten wird verzögert.
- Die Arbeit an der *Dokumentation* ist in der Regel, bis auf Ausnahmen, nicht wertschöpfend.

- *Nicht wertschöpfende Arbeiten*: Die Zahl der Menschen, die *nicht operativ*, also nicht produktiv arbeiten, steigt in den Unternehmen von Tag zu Tag. Die hohen Kosten entstehen durch die Kontrolle der Mitarbeiter auf ihre Prozesskonformität – ein kostspieliger Verlust des Vertrauens.
- *Frustration*: In den Augen vieler Mitarbeiter ist die Reglementiererei unnötig und verhindert das produktive Arbeiten.

Nicht der Inhalt zählt, sondern die Form. Ein anderes faszinierendes Resultat dieses an den Grundideen vorbeientwickelten Qualitätsmanagements ist seine Loslösung vom Produkt. Für die Urahnen des Qualitätsmanagements wäre das undenkbar gewesen. Dabei hatte Philip B. Crosby schon in seinen 14 Punkten zum Management erklärt: »*5. Erhöhe das Qualitätsbewusstsein und den persönlichen Einsatz dafür bei allen Beschäftigten. Und (...) 11. Ermutige Beschäftigte, dem Management mitzuteilen, welche Hindernisse ihnen beim Erreichen der Verbesserungsziele im Wege sind.*« (*Crosby 1979*[34]) Es geht also um die reale Qualität des Produktes und nicht um die Konformität zu einem Prozess.

Genau an dieser Stelle entsteht erneut ein Konflikt zwischen Qualitätsmanagement und Scrum. Menschen, die nach dem Scrum-Prinzip arbeiten wollen, bewerten den Inhalt höher als die Form (Form follows function!). Das Endprodukt muss nach allen Qualitätsmaßstäben im Idealfall mit null Fehlern, wie schon von Crosby gefordert, geliefert werden. Erst wenn es ausreichend und so lange wie eben notwendig entwickelt worden ist, um es fehlerfrei zu liefern, wird es dem Endkunden gezeigt. Dazu werden nicht zwingend vorgeschriebene Prozeduren benötigt. Möglicherweise muss man sie sogar umgehen oder noch verbessern, um den Null-Fehler-Modus zu erreichen.[35]

Validität und Variabilität – der Horror der Innovation. »Wenn wir es (das Projekt) schon machen, dann muss es auch erfolgreich sein« und »Wenn wir es *gleich richtig* machen, dann können wir sicher sein, dass es funktioniert wie gewünscht.« Diese beiden Grundannahmen sind korrekt, aber sinnlos im Rahmen einer Produktentwicklung, die etwas Neues, noch nicht Dagewesenes, entwickeln soll. Welchen Sinn ergibt es, bei einem ganz neuen Produkt die Funktionalität so zu spezifizieren, dass man ganz genau weiß, wie es sein soll? Und dann überprüft man, ob man das Gewünschte erreicht hat, obwohl man noch gar nicht weiß, ob das Gewünschte am Markt funktionieren wird?

Produktentwicklungsverfahren fordern von den »Erfindern« neuer Produkte, zunächst ganz genau aufzuschreiben, was sie haben wollen, dann zu notieren, wie es sein soll und dann genau das zu entwickeln, was sie dokumentiert haben. Post-its wären so nie entstanden. Steve Jobs Ideen wären nie umgesetzt worden und wir hätten heute sicher keine Bücher, hätte Gutenberg seine erste Druckerpresse so gebaut.

---

34   *http://de.wikipedia.org/wiki/Philip_B._Crosby*
35   Die Logik dahinter ist, dass der gegenwärtige Qualitätsmanagementprozess es noch nicht geschafft hat, null Fehler zu erreichen. Folglich ist er mangelhaft.

»Testen gegen die Spezifikation« ist nur dann sinnvoll, wenn man etwas entwickelt, für das es aus sinnvollen Gründen eine klare Spezifikation gibt: Produktionsprozesse. Dazu muss klar sein, wie das Produkt beschaffen ist, und dass es am Band gemäß einer klar vereinbarten Spezifikation geliefert werden muss. Wenn ein Architekt die Stärke einer Hauswand definiert hat, weil er durch Studium, Kenntnis der Materialien (deren durch den Hersteller definierten Materialeigenschaften) und seine Erfahrung weiß, dass er bei dieser Bauweise eine 16 cm dicke Schicht Dämmung braucht, dann ist das so und er kann diese Spezifikation an den Lieferanten der Materialien weitergeben. In diesen Kontexten ist nichts gegen »Testen gegen die Spezifikation« zu sagen.

Wenn man aber den Dämmstoff selbst entwickelt, ergeben solche Verfahren keinen Sinn. Man muss ja erst herausfinden, was mit diesem Dämmstoff möglich ist. Sinnvoller ist es in diesem Fall, die Validität zu prüfen: Erreicht man den Zweck mit der angestrebten Lösung? Das aber ist in Wahrheit kein Test, sondern ein Ausprobieren und Einholen von Feedback. Es ist nicht möglich, schon vor dem ersten Akt der Uraufführung eines Theaterstückes zu wissen, ob es dem Publikum gefallen wird. Das kann man nicht testen oder gegen die Spezifikation laufen lassen. Ein Theaterstück kann in einer Bevölkerungsschicht gut ankommen und in einer anderen komplett durchfallen. Ein Film braucht nur im falschen Monat in die Kinos zu kommen und er floppt.

Scrum-Teams gehen dieses Problem vollkommen anders an und laufen deshalb bei definierten Prozessen, wie wir sie in der Produktentwicklung bei den meisten Unternehmen finden, gegen den Widerstand der Qualitäts- und Projektmanagement-Abteilungen an. Wenn ich das Scrum-Team als Taskforce mit einem klaren Auftrag losschicke, hat es das Problem der Organisation und damit des Kunden zu lösen. Wüsste ich schon die Lösung, bräuchte ich kein Scrum-Team, das andere Wege gehen kann.

Das berühmteste Beispiel für eine solche Taskforce ist wohl der Bau des ersten Kampfjets der US-Airforce, die P-80 (später die F-80).[36] Es war 1943 ein unmögliches Projekt: In nur 180 Tagen sollte Lockheed Martin ein neues Kampfflugzeug entwickeln, das gegen die neuen Strahlflugzeuge der Deutschen Luftwaffe bestehen konnte. Der damals damit betraute Ingenieur Kelly Johnson lieferte dank eines genial neuen Produktionskonzepts (später nannte man diese Projekte bei Lockheed Martin »Skunk Works«), die P-80 Shooting Star in nur 143 Tagen. Es gab folgende Spezifikation: »Baue ein Flugzeug, das 600 mph fliegt und eine Chance gegen die deutsche Luftwaffe hat.« Ein solches Projekt hätte in einem deutschen Unternehmen heute keine Chance. Es verletzt nämlich alle Sicherheitsbestimmungen: Kelly Johnson verlegte die Arbeitsplätze in eine Zirkuszelt und zog 23 Designingenieure und 30 Flugzeugmechaniker aus der vollen Produktion der damaligen Fabriken ab *(May 2013)*. Aber er war erfolgreich. Er baute ein Flugzeug aus dem Nichts. Hätte er erst eine Spezifikation erstellt, sie dann abnehmen lassen und anschließend umgesetzt mit der Maßgabe, dass er nur bauen darf, was zuvor spezifiziert wurde, wäre das Flugzeug sicher nicht in 143 Tagen entwickelt worden.

---

36 http://www.lockheedmartin.com/us/aeronautics/skunkworks.html

Alle bewegten sich auf derselben Ebene. Die Zeichner konnten sehen, wie die Mechaniker ihre Zeichnungen sofort umsetzen, sie konnten miteinander reden. Meine Vermutung ist: Wenn etwas nicht funktionierte, wurde der Fehler nicht erst der Qualitätsmanagement-Abteilung gemeldet und dann dokumentiert und beraten, ob man diesen Fehler verbessern und eine neue Zeichnung erstellen sollte. Das aber ist heute leider Qualitätsmanagement. Kommt ein Scrum-Team und will dank »leichter« Spezifikation die ersten Fakten erzeugen, fühlen sich die Vertreter dieser Prozesse hintergangen und versuchen ihre Interessen durchzusetzen. Wie immer gilt auch hier Augenmaß. Natürlich sollten nicht alle Regulatorien und Richtlinien außer Kraft gesetzt werden. Es geht eben darum, sich im Projekt genau anzuschauen, was sinnvoll ist und was behindert.

Die Organisation selbst wird zum Widerstandsnest. Bei Qualitätsmanagement-Abteilungen, die vollkommen losgelöst von den Kunden und ihren Problemen sind, zeigt sich häufig, dass sie sich immer mehr mit sich selbst beschäftigen und Gründe für ihre Daseinsberechtigung finden müssen. Diese Organisationen haben gar kein Interesse daran, dass die übrigen Mitarbeiter – wie im Toyota Production System gefordert – den Qualitätsgedanken verinnerlichen. Dann nämlich könnte die Qualitätsmanagement-Abteilung obsolet werden. Nun kommt so ein Scrummer daher und meint, dass die Teams selbst für die Qualität verantwortlich sind. Klar stößt das in diesen Abteilungen auf Unverständnis. Sofort wird infrage gestellt, ob denn ein Entwickler die Qualität überhaupt selbst prüfen kann. In der Wettspielindustrie gibt es sogar das klare Regulativ, dass es eine von der Produktentwicklung getrennte Organisationseinheit geben »muss«, um die Produkte zu testen. Es darf also gar nicht im Scrum-Team selbst getestet werden.

Platz 6: Ein- und Verkauf

Projekte existieren nicht im luftleeren Raum. Sie sind in Organisationen eingebunden, die in der Regel eine Linienstruktur haben. Dagegen ist nichts zu sagen, das lässt sich zunächst nicht ändern – es sei denn, man geht den Weg, den uns Kelly Johnson mit seinen Skunk-Works-Projekt gezeigt hat. Soll oder muss das Produkt aber innerhalb der organisationalen Rahmenrichtlinien stattfinden, ist das für die umgebende Organisation nicht ganz so einfach.

Schauen wir uns das exemplarisch für die unterschiedlichen Organisationseinheiten Ein- und Verkauf an: In beiden Organisationseinheiten gibt es Mitarbeiter, die selbst wieder klare Prozessvorgaben und Ziele haben. Ziele und Prozesse sind häufig aufeinander abgestimmt. Will er sich nicht selbst schaden, hat der einzelne Mitarbeiter im Einkauf oder auch Verkauf eigentlich gar keine andere Wahl, als dem in der Abteilung gängigen Vorgehensmodell zu folgen.

Im Kontakt mit den Organisationseinheiten, die das Scrum-Prinzip ausprobieren, führt das zu Widerständen in kleinen wie in großen Dingen. Sowohl der Ein- als auch der Verkauf einer Organisation sind für ihren Erfolg entscheidend: Die eine Abteilung versucht, Ressourcen so günstig wie möglich zu beschaffen und die andere bemüht sich, die Produkte der Firma so teuer wie am Markt durchsetzbar anzubieten. Die Mitarbeiter in diesen Abteilungen wollen das Beste für das Unternehmen und sind sich darüber im Klaren, dass sie zu wesentlichen Teilen den Erfolg sichern. Aus diesem Grund braucht eine Produktentwicklung nach dem Scrum-Prinzip Kontakt zu diesen beiden Abteilungen, denn sie sind Schnittstellen der Organisation nach außen.

Veränderungen während der Laufzeit des Projektes. Herz des Scrum-Prinzips ist das Bewusstsein, dass Veränderung notwendig dazugehört. Über die Laufzeit des Projektes, das etwas Neues schaffen will, wird man ständig zu neuen Erkenntnissen kommen. Mit diesem Denkansatz tun sich Mitarbeiter in Unternehmen schwer, die nach außen Stabilität und Wertschöpfung erzeugen sollen. Der Einkauf möchte etwas Feststehendes und klar Umgrenztes einkaufen – also Güter und Dienstleistungen zu möglichst günstigen Preisen. Der Verkauf kann nur etwas verkaufen, das existiert oder von dem man zumindest sicher sein kann, dass es am Ende so sein wird, wie bestellt. Dazu muss man im Grunde das Produkt kennen, nur dann kann man es an den Kunden bringen. So ist jedenfalls die traditionelle Sichtweise auf diesen Prozess.

Für diese Abteilungen wäre es am besten, wenn schon am Anfang eines Projektes vollkommen klar wäre, was am Ende da sein wird. Bei existierenden Produkten möchte man gerne wissen, wie viel im Laufe einer Periode zu ändern ist, damit man auch hier basierend auf der angenommenen Anzahl der Änderungen einen Preis kalkulieren kann.

Sie müssen mit *heftigem* Widerstand sowohl von Ver- als auch Einkauf rechnen, wenn Sie mit Scrum beginnen. Alleine die Vorstellung, zunächst mit einem minimalen Umfang das Projekt zu starten, ist für Verkäufer ein nicht denkbarer Umstand. Wie soll man lediglich das anfänglich Produzierte verkaufen, wenn man doch augenscheinlich nur das Gesamte verkaufen kann? »Der Kunde wird das nie akzeptieren! Ich kann nur alles anbieten. Es ergibt überhaupt keinen Sinn, die Dinge zu zeigen, bevor sie vollständig fertig sind!«

Die exakt gleiche Diskussion werden Sie auch mit dem Einkauf haben, denn der will genau wissen, wie viel Leistung er für ein Projekt zukaufen soll. Eine korrekte Sichtweise, denn die Einkäufer bekommen bei der heutigen Art der Verhandlungen dann günstigere Preise, wenn sie große Kontingente von Leistungen einkaufen.[37]

Das Einkaufen von »Mengen« (also quasi Arbeit auf Halde) ist aber ein Pestizid gegen die Agilität. Agilität basiert auf der Idee der kleinen Stapel: also wenig Menge immer im Fluss abarbeiten. Kauft man große Mengen, legt man Halden an, die für längere Durchlaufzeiten sorgen. Der Einkauf müsste also kurzfristig in der Lage sein, immer wieder kleine Mengen mit ständig neuen Anforderungen einzukaufen, sei es Dienstleistungen oder Material, denn man weiß bei vielen Produkten noch nicht ganz genau, was man einsetzen will. Erst zur Laufzeit der Produktentwicklung stellt sich heraus, was benötigt wird.

---

37 Haben Sie einmal darüber nachgedacht, wie unsinnig es ist, Dienstleistungen in der Produktentwicklung nach Menge zu kaufen? Wer sagt denn, dass der Designer, Tester oder Programmierer nicht in wenigen Stunden durch eine zündende Idee das gesamte Projekt beschleunigen kann? Oder durch einen fatalen Fehler das Projekt massiv teurer macht? Dann hilft es überhaupt nicht, große Kontingente einzukaufen. Wissensarbeit lässt sich nicht wie körperliche Arbeit beschaffen. Wir müssen das endlich einsehen und ändern. Übrigens: Wer Arbeiter einkauft, bekommt auch Arbeiter und keine Genies.

Das ist für den Einkauf eine Katastrophe, denn er kann nun nicht mehr mit Abnahme-garantien und anderen Ideen aus der Massenproduktion einkaufen. Er muss vielmehr mit vielen kleinen Einheiten operieren, heute mal mehr und morgen mal weniger. Das bedeu-tet aber für den Einkauf, dass er diese entstehende »unsichere« Auftragslage durch höhere Einkaufspreise kompensieren muss. Die Idee, dass der Einkauf immer günstiger einkaufen muss, als das Angebot des Lieferanten war, wird zu einer Zumutung für den Einkäufer. Seine Ziele decken sich nicht mehr mit den Prozessen, die er zu Verfügung hat. Es dauert einige Zeit, bis die Ziele, Prozesse und Verhandlungen mit Dienstleistern wieder so aussehen, dass der Einkauf seine Aufgaben wie gewohnt erfüllen kann. Aber das ist nur einer der Aspekte, die beim Einkauf zum Tragen kommen. Entscheidend sind die Einkäufer im Rahmen des Scrum-Prinzips dann, wenn die Organisation auf Dienstleistung von außen angewiesen ist.

Qualität des Einkaufsprozesses. Der Einkauf ist nun ein weit wichtigeres Bindeglied zum Dienstleister als zuvor. Er muss sicherstellen, dass die Scrum-Teams nicht nur Dienstleistungen und Güter erhalten, er muss bei schnell wechselnden Umfeldern auch dafür sorgen, dass er die besten Dienstleister schnell und flexibel zur Verfügung hat. Ich habe in Projekten schon das genaue Gegenteil erlebt: Die Einkäufer kauften auf Rah-menverträgen basierend ein. Die »gelieferten« Entwickler entsprachen zwar auf dem Papier den Anforderungen, aber die Realität strafte den Anbieter Lügen. Leider musste dennoch mit diesen Mitarbeitern weitergearbeitet werden, weil laut Rahmenvertrag die Kategorie passte.

Bei einem anderen Projekt verlangten interne Bestimmungen der Organisation, mit der Schwesterfirma an einem Standort in Polen zu arbeiten. Es stellte sich sehr schnell her-aus, dass dort nicht das Wissen verfügbar war, um das Produkt in der gewünschten Tech-nologie herzustellen. Da der Einkauf den Dienstleister nicht wechseln wollte, gingen viele Tage ins Land, bis man sich schließlich gezwungenermaßen doch darauf einließ, den Dienstleister zu wechseln.

Die Konsequenz ist: Der Einkauf muss näher an die Produktentwicklung rücken und ständig mitbekommen, was benötigt wird. Dies geschieht nicht über Dritte oder irgend-welche Manager, sondern über das eigenständige Mitarbeiten am Projekt. Nur dann lernt der Einkäufer, was wirklich gebraucht wird. Wenn er keine Ahnung von den Problemen der Produktentwicklung hat, kann er auch nicht auf die Suche nach den geeigneten Gütern oder Dienstleistungen gehen. Dies erfordert eine vollkommen andere Art einzu-kaufen, als es bisher geschieht. Im üblichen Ablauf müssen erst die Anforderungen an das Gut oder die Dienstleistung aufgeschrieben und verifiziert werden, dann sucht der Ein-kauf anhand seiner »Liste« nach Anbietern. Er weiß aber nicht, wozu er die Dinge ein-kauft oder wie er durch das Finden von etwas noch Passenderem das Projekt vielleicht voranbringen kann. Chefköche gehen aus gutem Grund selbst auf den Markt. Der Küchen-junge könnte doch genauso gut die Kartoffeln holen, oder? Natürlich nicht. Nur der Chef-koch weiß wirklich, wie die Zutaten beschaffen sein müssen, die er zu einem Kunstwerk kombinieren will.

Der Verkauf des Produktes. Was unterscheidet den guten vom schlechten Verkäufer? Es geht hier wirklich um einen Verkäufer, nicht um einem Kleiderständer, der Ware über die Theke reicht. Es geht um die Fähigkeit, den »Match« der Kundenbedürfnisse mit den Eigenschaften des Produktes zu erfüllen. Folglich muss ein Verkäufer sehr viel Ahnung von seinem Produkt haben. Das kann man sich aneignen und erlernen, und das geht bei vielen Produkten, wie Schuhen, Taschen oder Computern. Aber in der Praxis sind die besten Schuh- oder Taschenverkäufer jene, die selbst Schuster sind. Die Verkäufer, die also wissen, wie ein Schuh oder eine Tasche gemacht wird. Warum konnte Steve Jobs so unglaublich gut verkaufen? Er kannte seine Produkte in- und auswendig, er hatte sie zum Teil selbst entworfen und sie vor allem in ihren Eigenschaften geprägt.

Wenn ein Scrum-Projekt ein Produkt erzeugen soll, so entsteht es erst beim Tun. Kennenlernen kann man das Produkt also am besten, wenn man mit dabei ist – und zumindest bei den Reviews anwesend ist. Schon regt sich Widerstand. Bringen Sie einen Verkäufer dazu, sich in den Reviews positiv kritisch mit dem Produkt auseinanderzusetzen, als Agent seiner Kunden und End-User. Sie werden scheitern. Garantiert. Verkäufer kommen nicht zu diesen Reviews. Die meisten Verkäufer – selbst von Dienstleistungen – sehen ihre Aufgabe im Kundenkontakt: Im Reden mit dem Kunden und im Anpreisen dessen, was sie im Angebot haben oder versprechen können. Sie sehen ihre Aufgabe aber nicht mehr darin, ihre Produkte in- und auswendig zu kennen und das Richtige für den Kunden zu finden. Ich verstehe bis heute nicht, wieso es Pre-Sales-Consultants gibt. Wozu braucht es zuerst einen Verkäufer und dann jemanden, der weiß, wie die Lösung aussieht?

Haben Sie noch eine Lieblingsbuchhandlung, in der die Buchhändlerin Ihnen zuhört? Die Sie fragt, was Sie gerne lesen und Ihnen dann eine Auswahl an Büchern präsentiert? Sie hat selbst hunderte Bücher gelesen. Sie weiß, warum sie die Bücher verkauft, die sie im Laden hat. Sie kann für Sie das Richtige finden, wenn sie das Buch hat und wenn Sie beide sich sympathisch sind. Das ist etwas vollkommen anderes als die Bücherverteilungsmaschinen, die es überall gibt. Diese »Maschinen« sind viel profitabler als ein kleiner Buchladen, weil ihr Sortiment die Masse bedient. Auch dort bekommt man Bücher. Um einen Bücherdschungel zu schaffen, in dem sich der Kunde schlussendlich im Dickicht des Kaufrausches verheddern soll – dafür braucht man ihn nicht, den wissenden Buchverkäufer, der wie ein Bibliothekar findet, was Sie brauchen, obwohl Sie gar nicht wussten, dass es das gibt. Verkäuferinnen und Verkäufer in Großbuchhandlungen haben keine Ahnung mehr davon, in welchen Gebieten sie suchen müssen – dafür sind sie zu schlecht ausgebildet und bezahlt.

Platz 7: Der Kunde und der Lieferant

Flexibilität und Agilität haben einen Preis: ständige Wachsamkeit. Sehr wendige Flugzeuge sind instabil und lassen sich nur mit Computerunterstützung fliegen. Nicht anders verhält es sich mit agilen Verfahrenssystemen: Scrum-Organisationen müssen wachsam sein, nach innen und nach außen. Wer schnell auf Veränderungen reagieren will, muss Änderungen im Umfeld

1. extrem schnell entdecken,
2. rasch beurteilen und dann,
3. geeignete Maßnahmen zügig umsetzen.

Das ist nur möglich, wenn man am Puls der Zeit ist. Kunde, Lieferanten und Markt sind das Umfeld jeder Organisation. Will ein Unternehmen seine Reaktionszeit verkürzen, um auf die Bedürfnisse der Kunden zeitnah zu antworten, braucht es einen direkten Zugang zum Anwender und die Bereitschaft, sich mit ihm konstruktiv und proaktiv statt reaktiv zu beschäftigen.

Wieder erzwingt dieses Denken eine Verhaltensänderung bei denjenigen, die noch immer damit beschäftigt sind, sich erstens auszudenken, zweitens zu erfragen und drittens zu vermuten, was Kunden denn so von den Produkten wollen. In der Mehrzahl der Unternehmen finden diese Prozesse gar nicht so statt, wie es im Lehrbuch steht. Die Entscheidung darüber, was man dem Kunden anbieten will, entsteht nicht durch die Arbeit mit ihm. Jemand im Management stellt sich vor, wie es sein soll und dann wird das geliefert, was dieser Manager haben zu wollen glaubt. Marty Cagan beschreibt in *Inspired* eindrucksvoll einen Schuss in den Ofen:

»In the mid 1980s, I was a young software developer working for HP on a high-profile product. (…) Our assignment was a difficult one: to deliver software on a low-cost, general-purpose workstation that until then required a special-purpose hardware/software combination that cost over $100,000 per user – a price few could afford. We worked long and hard for well over a year, sacrificing countless nights and weekends. (…) We developed the software to meet HP's exacting quality standards. We internationalized the product and localized it for several languages. We trained the sales force. We previewed our technology with the press and received excellent reviews. (…) We released. (…) Just one problem: No one bought it. The product was a complete failure in the marketplace. (…) But soon we began to ask some important questions: Who decides what products we should actually build? How do they decide? How do they know that what we build will be useful? (…) many teams have discovered the hard way: It doesn't matter how good your engineering team is if they are not given something worthwhile to build.« (Cagan 2008, Kindle Edition Pos. 39)

Aus meiner eigenen Praxis kann ich viele Fälle aufzeigen, die ähnlich liegen. Projekt-Teams, die von ihrem Produktmanagement nicht viel mehr erklärt bekommen als: »Wir brauchen einen Erfolg auf der Cebit! Baut uns das, was wir schon haben, damit wir etwas zeigen können.« Nur leider wollte das bis jetzt auch niemand haben.

Dann wiederum gibt es Projekt-Teams, die von ihrem Management gezwungen werden, einen Prototypen nach dem anderen am Markt zu testen. Dabei kommen nie die Ergebnisse heraus, die sich das Management erhofft und so wird das Produkt nie realisiert, obwohl das Key-Feature dennoch von allen gebraucht wird. Der Grund dafür liegt darin, dass man sich nicht einigen kann, wie das Design des Produktes sein soll.

Auf der einen Seite die vollkommene Unklarheit, auf der anderen Seite der verzweifelte Versuch, es auf jeden Fall richtig zu machen – das zeigt, dass Menschen, die Produkte konzipieren, oft nicht wissen, was zu tun ist. Doch man kann den Spieß umdrehen: In einem Scrum-Projekt wird häufig der Kunde als Vorwand genommen. Dann sagen die

Auftraggeber, der Kunde würde nicht mit Scrum klarkommen. Er müsse ja ständig entscheiden, ob er das Produkt in der Form will, wie man es ihm zeigt.

Der Widerstand zeigt sich also nicht bei den Anwendern selbst, sondern bei denen, die für diese Anwender liefern. Sie unterstellen dem Anwender, in der Regel dem Kunden, dass er nicht an einer kontinuierlichen Einbindung in den Entwicklungsprozess interessiert sei. Dabei handelt es sich um eine Nebelgranate, die verschleiern soll, dass es bisher noch niemanden gab, der mit dem End-Anwender während des Entwicklungsprozesses konstruktiv gearbeitet hat.[38]

Außerdem reagieren die für ein angefordertes Produkt verantwortlichen Abteilungen auf Kundenseite selbst sehr langsam, vor allem, wenn sie gezwungen sind, sich am Ende des Projektes mit den Produkten auseinanderzusetzen. Das ist auch verständlich, denn diese Kunden werden in der Regel nicht als Kunden, sondern als Anforderer gesehen.

Selbst sind wir viel involvierter. Wir wollen niemandes Anforderungen umsetzen, wir wollen gute Produkte entwickeln! Da stören Anforderungen nur. Es sei denn, es geht um klare Anforderungen wie beim P-80 Projekt. Hier setzte man alles dran, um diese sehr einsichtige Anforderung in ein sensationelles Produkt zu verwandeln.

Wird der Kunde aber als Anforderer gesehen und ist er tatsächlich noch nicht bereit, während seines normalen Arbeitsalltags Rede und Antwort zu stehen, ist er im Grunde überfordert. Dann wäre es auch widersinnig zu glauben, dass man den Anwender einbinden kann. In diesem Fall würde ich an dieser Stelle nicht von Widerstand sprechen. Zum Widerstand wird es erst, wenn diese Überlegungen dazu dienen, Argumente gegen eine Einführung von Scrum zu finden. Dann wird das Argument dazu instrumentalisiert, den eigenen Unwillen zur Auseinandersetzung mit dem End-Anwender zu verschleiern bzw. um zu vermeiden, ständig auf diese Notwendigkeit hingewiesen und damit konfrontiert zu werden. Dies könnte nämlich zu neuen Überlegungen führen, die eine potenzielle Bedrohung für die alten Denkmuster sind. In einem Scrum-Umfeld ist das gut, in einem traditionellen Konzept führt es aber zu starkem Unbehagen.

Platz 8: Wir verlieren unsere »Macht«

Die meisten Evangelisten haben in den Anfangszeiten von Scrum einen schweren Fehler gemacht: Aus schierer Begeisterung für die Sache haben sie übersehen, dass Manager in großen Organisationen notwendig, ja geradezu eine Bedingung für die Existenz dieser Organisationen sind. Stattdessen lag der Fokus ständig auf den Teams und dem Scrum-Master, selbst die intensivere Beschäftigung mit dem doch schon teils managementlastigen Product Owner hinkte etwas hinterher. Nur allzu verständlich ist es daher, dass die Manager in vielen Organisationen einige Zeit gebraucht haben, um sich mit dem neuen Modell anzufreunden.

Auch die Coaches und die meisten ScrumMaster waren dem Management nicht wirklich freundlich gesinnt. Statt den Kontakt zu suchen, haben sich Scrum-Teams, unterstützt

---

38 Exakt all diese Argumente wurden auf dem Treffen des Agile Requirements Circle in Wien am 15.3.2013 vorgebracht: http://v-arc.at/

durch die neue Heilslehre, gegen das »Establishment« gestellt. So wurden die Fronten nicht abgebaut, sondern teilweise sogar verhärtet.

Heute wissen wir es besser. Es hätte dem Miteinander gut getan zu verstehen, dass Manager bis dato ihre Aufgabe so gemacht haben, wie es im System notwendig war. Auch dann, wenn das zu Dysfunktionalitäten geführt hat. *Alle haben immer ihr Bestes gegeben.*

Verinnerlichen Sie als (Change)-Manager eine der wichtigsten Regeln für die Begleitung der Veränderung, insbesondere beim Umgang mit Managern: *Wir müssen am Anfang des Veränderungsprozesses unseren Frieden mit den existierenden Zuständen schließen.* Akzeptieren wir, dass es bis jetzt so war, wie es war und deshalb sind auch Manager so zu akzeptieren, wie sie sind. Mit ihrer Verzweiflung, ihren Ängsten, ihren existenziellen Krisen und ihren Schmerzen *(vgl. Satir et al. 1991)*. Jeder Mensch trägt eine Veränderung lieber mit, wenn er ernst genommen und auf die Reise mitgenommen wird. Aber ich möchte gleichzeitig betonen: Das bedeutet nicht, kontraproduktives Verhalten zu akzeptieren, wenn man eigentlich agil werden will. Es bedeutet nur: Manager sollen nicht das Gefühl bekommen, in der Vergangenheit versagt zu haben. So erzeugt man extreme Ablehnung und alles bleibt beim Alten. Aber für jetzt und die Zukunft wird ein verändertes Verhalten erwartet, was sich sehr wohl entsprechend einfordern lässt. Der dabei entstehende Widerstand ist nicht zu vermeiden.

Der Linienvorgesetzte. Der Vorgesetzte entscheidet ungewollt intransparent. Das macht er in den meisten Fällen korrekt und hat dies sicher auch in der Vergangenheit ausreichend erfolgreich getan. Allerdings glauben die meisten Manager, ständiges Entscheiden sei allein *ihre* Aufgabe, statt ihren Mitarbeitern die Kompetenz zu geben, selbst zu bestimmen. Im Rahmen des Scrum-Prinzips werden die Entscheidungsbefugnisse für fast jeden Aspekt der Produktentwicklung in die Scrum-Teams verlagert. Daher ist es notwendig zu definieren, welche Arten von Entscheidungen es gibt und auf welchen Grundlagen sie getroffen werden. Aus dem großen Ganzen der Entscheidungskompetenzen eines Managers werden also nach ihrer Klassifizierung verschiedene Kompetenzen herausgelöst und verlagert: die Kompetenz für den Entwicklungsprozess in die Entwicklungsteams, die Kompetenz für Inhalt und Wert des Produkts zum Product Owner und die Kompetenz zur Verbesserung der Produktivität zum ScrumMaster. Für den Manager entsteht durch dieses Delegieren eigentlich die Chance, sich mit den eigentlichen Aufgaben eines Managers zu befassen: *Er kann sich mit Grundsatzentscheidungen befassen und den Rahmen für die Entscheidungen seiner Mitarbeiter vorgeben. Seine Aufgabe ist das Entwickeln von Strategien, um das Überleben des Unternehmens zu sichern.*

Diese Chance wird selten gesehen, auch weil man diese eigentliche Managementaufgabe noch gar nicht beherrscht. Stattdessen blinkt eine Befürchtung wie ein emotionales Warnschild auf: »Mir wird etwas weggenommen!« Dazu kommt noch das große Fragezeichen: »Ja was soll ich denn dann noch tun?« Unsicherheit entsteht durch Orientierungslosigkeit. Auf jeder Managementebene stellt alleine das Sichtbarmachen der Entscheidungskompetenzen eine Bedrohung dar. In vielen Fällen ist bisher noch nie darüber gesprochen worden, wer was entscheiden darf und wie entschieden werden soll.

Dazu kommt eine zweite Hürde: Wer soll überhaupt die Kompetenzen »entziehen«? Das Scrum-Prinzip selbst fordert die Umverteilung, aber das Modell an sich kann die Kompetenzen nicht umverteilen. Das können nur die Manager selbst tun, also wären die nächsten Vorgesetzten am Zug. Dies wäre der schnellste Weg, aber es ist auch der des maximalen Widerstandes. Denn wie fühlt sich dann der betroffene Manager? Als hätte er etwas falsch gemacht, für das er jetzt mit Kompetenzentzug bestraft wird. Es ist essenziell, sich auf die Widerstände im Management vorzubereiten, denn es sieht ganz so aus, als hätten Manager am meisten zu verlieren. Die Aspekte des Verlustes werden bei vielen Scrum-Einführungen leider nicht klar durchgesprochen. Daher lassen sich auch Widerstände beobachten, die nicht sofort als solche erkennbar sind:

- *Fassaden-Ja.* Der betroffene Manager sagt gegenüber seinem Vorgesetzten, den Coaches und Mitarbeitern »ja« zu Scrum und den neuen Regeln. Aber er informiert seine Mitarbeiter nicht, geht nicht zu Meetings, interessiert sich nicht wirklich für die neue Methode. Gleichzeitig behauptet dieser Manager, er mache sowieso schon immer alles wie gefordert und habe alles verstanden haben. Meistens hat er ein Buch gelesen und ist der Meinung, es sei alles klar. Er setzt sich dem Neuen nicht aus.
- *Boykott.* Der betroffene Manager ändert sein Entscheidungsverhalten nur auf dem Papier. Er setzt zwar einen Product Owner ein, verlangt aber Einblick in die Backlogs und bestimmt selbst die Reihenfolge der Storys oder legt ein Veto ein. Diese Form des Widerstands geht mit dem Argument einher, der betreffende Product Owner habe noch nicht die notwendigen Kenntnisse.
- *Indirekte Kontrollitis.* Ständig neue Ideen und Fragen: Manager akzeptieren es nicht, dass sie ihre Mitarbeiter zwei Wochen »ungestört« arbeiten lassen sollen. Die für sie aktuell wichtigen Themen sind plötzlich wichtiger als alles andere.
- *Verweigerung.* Scrum erfordert nicht viele Arbeitsmittel. Trotzdem können die wenigen nötigen Anschaffungen zum Problem werden, seien es Raumänderungen, eine Kamera für die Daily Scrums mit verteilten Teams oder ein Whiteboard. Teilweise wollen Manager den Teams diese Arbeitsmittel nicht geben, teilweise wird die Bereitstellung durch Prozesse verhindert. Aber genau da, wenn ein Prozess ein gutes Ergebnis vereitelt, ist der Manager gefordert!

Platz 9: Die Angst vor der Entscheidung

Was mich in großen Organisationen immer wieder aufs Neue fasziniert, ist, dass keine *eigenen* Entscheidungen getroffen werden. Gremien sind der Ausdruck dieser Entwicklung: Sie stellen den idealen Lagerplatz für Entscheidungen dar. Man kann sie dort ewig durchkauen und kommt nicht in die Verlegenheit, selbst eine möglicherweise falsche Entscheidung zu treffen. Und die anderen wollen sowieso immer bei allem mitreden.

Führt man Scrum ein, hört man entscheidungsverängstigte Manager immer wieder sagen: »Da muss ich erst die Meinung von XY, 08/15 und 4711 einholen.« Es ziehen Tage und Wochen ins Land, in denen sich nichts ändert. Am deutlichsten manifestiert sich diese Taktik bei der Auswahl der ScrumMaster oder Entwicklungsteams, die mit Scrum beginnen sollen. Meine Kollegen und ich bieten sogar an, auch mit existierenden Teams zu arbeiten, aber schon kommt der Zug quietschend zum Stehen, weil der zuständige

Manager voll auf die Bremse steigt: Das ginge nicht, schließlich bräuchte Scrum ja cross-funktionale Teams und ein solches müsse erst entsprechend aufgestellt werden. Dies kann dann gut und gerne einige Woche dauern. Die Ideen von Scrum werden ins Absolute gedreht, um daraus ein Argument für das eigene Nicht-Handeln-Müssen zu kreieren.

Dabei ist das Zögern und Nicht-Entscheiden nur allzu verständlich. Keiner der Beteiligten weiß bis jetzt genau, wie man die Teams am besten zuschneiden soll. Entscheidungen in unsicheren Situationen fallen jedem schwer, aber das Zögern darf nicht dazu führen, dass der gesamte Prozess (kostspielig) aufgehalten wird und die übrigen Beteiligten allmählich ihre Motivation verlieren.

Platz 10: Abteilung gegen Abteilung

Was ich bisher über den Widerstand auf Managementebene dargestellt habe, ist noch der kleinere Teil der Problematik. Ob wir Unternehmen in Deutschland, Österreich, Großbritannien, USA oder Tschechien untersucht haben – überall erzeugen ihre Abteilungsstrukturen und die traditionellen Managementsysteme das gleiche Problem: Jede Abteilung will besser dastehen als die andere. Informationen werden nicht bereitwillig geteilt, und es wird wesentlich schlechter zusammengearbeitet, als es eigentlich sein müsste. Auf den höheren Ebenen werden in einigen Unternehmen sogar ganz unverhohlen politische Kämpfe ausgefochten, denn es geht um Karrieren. Konkurrenz ist an der Tagesordnung und kein Management-Guru der letzten zwei Jahrzehnte konnte das bisher ändern. Abteilungen arbeiten oft gegeneinander – manchmal gewollt, manchmal ungewollt.

Transparenz untereinander – wir können nicht liefern. Scrum erzeugt Transparenz. In einem Scrum-Projekt wird dank der Daily Scrums, der Burndowncharts, durch den ScrumMaster und durch die Reviews vollkommen klar, dass geliefert werden muss. Wenn die Teams nicht liefern, stehen sie im Regen. Sofort zeigt sich, dass es dabei schnellere und weniger schnelle Abteilungen gibt – beim Liefern, beim Adaptieren von Scrum, bei der Geschwindigkeit, mit der Dinge verbessert werden etc. Im klassischen Projektmanagement haben viele Teams und Abteilungen gelernt, sich so lange still zu verhalten, bis eine andere Abteilung meldet, dass sie nicht rechtzeitig fertig wird. Das funktioniert in Scrum nicht: Es wird umgehend sichtbar, welche Abteilung und welches Team wo steht. Als Manager kann man nur mehr versuchen, den tatsächlichen Stand der Dinge mit einem Ablenkmanöver zu verschleiern.

Wir haben keine Ahnung. Tragisch an der Forderung der permanenten Lieferung ist, dass die meisten Organisationen nicht in der Lage sind, sie umzusetzen. Traditionelle Managementmethoden, und darunter vor allem das klassische Projektmanagement, gehen von einem anderen Paradigma aus. Deshalb werden in Scrum-Umfeldern vollkommen neue Entwicklungspraktiken verlangt. Obwohl das offensichtlich ist, gibt es seitens des Managements massive Widerstände. Es bedeutet nämlich, dass man seine Mitarbeiter entsprechend ausbilden muss bzw. käme nun ans Licht, dass man in der Vergangenheit nichts dafür getan hat, damit die Mitarbeiter in Zukunft fit für diese Aufgabe sind.

Wir brauchen mehr Leute, wir sind verantwortlich. Eines der ersten Argumente des Managements gegen Scrum ist immer: »Wenn wir alle Ebenen richtig besetzen wollen, dann brauchen wir mehr Leute.« An diesem Gedanken wird der Widerstand am sichtbarsten. Hat Scrum nicht das Ziel, mehr Effektivität durch bessere Methoden zu erreichen? Was also bedeutet, mit der gleichen Anzahl von Mitarbeitern die Ziele besser zu erreichen. Sonst wäre der Versuch, Scrum einzuführen, ein massiver Fehler. Hier ist daher die Veränderungsbereitschaft am dringendsten. ScrumMaster und Product Owner müssen aus der Organisation kommen, die schon existiert. Dazu muss man sie trainieren und ihnen ein Coaching zur Seite stellen. Aber es braucht nicht mehr oder andere Leute. Würde man mehr Personal einstellen, entstünde eine Parallel-Organisation.[39]

8.4.5 Level 4: Widerstand zwischen Organisationen

Auf geht's auf die letzte Ebene des Widerstandsberges! Die Veränderungsprozesse sind hier am schwierigsten zu managen. Vor allem ist es noch weitgehend unbekanntes Terrain: Scrum wurde lange Zeit als interne Veränderung eines Unternehmens begriffen, nicht aber als eine Veränderung des gesamten Wertschöpfungsprozesses. Genau das passiert aber und dieser Prozess beginnt außerhalb des Unternehmens, an seinen Schnittstellen zu Lieferanten und Kunden. Jedes Unternehmen hat im Laufe seiner Geschichte sein Wertschöpfungsnetz optimiert. Es arbeitet mit den Lieferanten zusammen, die eine gewisse Qualität liefern und es hat Kunden, die etwas Bestimmtes vom Unternehmen erwarten. Dieses Wertschöpfungsnetz hat die Tendenz, sich gegen Veränderungen zu wehren, denn die Unternehmen als Knoten sind den derzeitigen Gesetzmäßigkeiten innerhalb des Netzes »ausgeliefert«. Das Wertschöpfungsnetz selbst erzeugt ein eigenes größeres Ganzes, das sich wiederum auf die Unternehmen auswirkt, die in diesem Netz agieren. Was lässt sich beobachten?

Verträge/Prozesse/Richtlinien

Verstehen wir Unternehmen als Knoten in einem Netz, besteht die Verbindung untereinander aus Kommunikation. Sie hält Informationen vor, die einen Unterschied machen.[40] Kommunikationsbeziehungen zwischen Unternehmen werden laut Luhmanns *Theorie der sozialen Systeme* in Form von Verträgen und Geldströmen ausgedrückt *(Luhmann 2006)*. Unternehmen handeln Verträge, Prozesse und Richtlinien miteinander aus, um ihre Beziehungen möglichst günstig zu strukturieren. Wenn aber diese Beziehungen Unterschiede beinhalten, wenn es also nicht egal ist, ob ich diese Beziehung eingehe oder nicht, ist es entscheidend, dass sich der Vertrags- oder Prozesspartner so verhält, wie ich es erwarte.

---

39 Ich schreibe im Grunde gegen meine eigenen Interessen, denn mein Beratungsunternehmen stellt u. a. Interim-ScrumMaster und Product Owner. Aber das kann immer nur die letzte Möglichkeit sein. Die Menschen im Unternehmen selbst sind die erste Wahl.

40 »Information ist ein Unterschied, der einen Unterschied macht.« *(Bateson 1985, S. 90)*

Stellen wir uns vor, der Lieferant arbeitet nach den klassischen Methoden des Projektmanagements. Natürlich hat er alle seine Prozesse und damit auch sein Geschäftsmodell so angepasst, dass er am Ende des Projektes das gewünschte Ergebnis liefern kann. Er hat aus seinen Erfahrungen der Vergangenheit gelernt, dass er auf Schätzungen Aufschläge machen muss. Er hat gelernt, wie er mit dem Kunden umgehen muss, wenn Fehler auftreten. Er hat gelernt, wie er erreicht, dass der Kunde möglicherweise mehr kauft als ursprünglich gewünscht. Nun verlangt der Kunde plötzlich, dass nach Scrum gearbeitet wird: Er will alle zwei Wochen eine Lieferung in einem nutzbaren Zustand. Mal davon abgesehen, dass nun beim Lieferanten alle Widerstände erwachsen, die wir uns bisher angesehen haben, entsteht von außen auch noch eine massive Bedrohung aus dem Firmennetz: Das eingespielte Geschäftsmodell, das durch Verträge abgesichert ist, funktioniert nicht mehr. Der Lieferant sieht eine existenzielle Bedrohung. Beim Einkauf haben wir bereits gesehen, dass das massive Änderungen nach sich ziehen kann, es kann aber auch auf alle anderen Prozesse im Unternehmen Einfluss haben.

Zum Beispiel kann wieder das Qualitätsmanagement der eigenen Organisation gefordert sein: Es müsste zulassen, dass in neuer Art und Weise geliefert wird. Wenn man es sich genau überlegt, müssen wir uns sogar die Frage stellen, ob sich in den nächsten Jahren nicht einige Gesetze ändern müssen, um agil arbeiten zu können. Denn gerade auf gesetzlicher Ebene entstehen mehr und mehr Vorschriften darüber, wie Unternehmen untereinander zu agieren haben.

Andere Teams. Was passiert, wenn mit Teams aus anderen Unternehmen ein Produkt erzeugt werden soll? Wenn zum Beispiel Teilprodukte von einem anderen Team geliefert werden sollen? Zunächst müssen wir natürlich darauf achten, ob das Geschäftsmodell des Vertragspartners kompatibel ist. Aber was ist mit den Mitarbeitern in den Teams?

Diese Mitarbeiter sind nicht in erster Linie unserem Projekt verpflichtet, sondern natürlich ihrem eigenen Unternehmen. Möglicherweise arbeiten diese Mitarbeiter auch mit Zielen und Vergütungsstrukturen, die nicht zu einer agilen Arbeitsweise passen. Eines der klassischen Phänomene ist, dass Sie einen Mitarbeiter »ausleihen«, der nach Stunden bezahlt wird. Hat dieser Mitarbeiter einen Anreiz, in möglichst kurzer Zeit möglichst effektiv zu sein? Nein. Will das sein Management? Sicherlich auch nicht. Hier entstehen also Dynamiken, die nicht einfach zu kontrollieren sind.

The Innovator's Dilemma – Technologie

Ein Unternehmen, das Scrum implementiert, tut das, um einen Vorteil gegenüber seinen Mitbewerbern zu erlangen. Es will interne Prozesse umstellen, um effektiver und effizienter zu werden. Meist beginnen Unternehmen in dem Moment, in dem sie mit den klassischen Verfahren nicht mehr weiterkommen. Wir haben schon gesehen, dass bei Prozessen und Richtlinien möglicherweise Widerstände auftreten werden, aber wie ist das bei der Produktentwicklung selbst?

Stellen Sie sich vor, Ihr Unternehmen will eine neue Art von Leiterplatinen herstellen, iterativ nach Scrum. Ihr Unternehmen selbst erzeugt die Platinen gar nicht. Dafür gibt es einen Lieferanten, der seine Prozesse darauf abgestellt hat, möglichst effektiv und effizient zu sein. Jetzt fordern Sie von ihm, dass er mit Ihnen alle zwei Wochen ein neues Design erzeugt und auf die Leiterplatte bringt. Sie werden so schnell niemanden finden, der das für sie macht, weil es die Technologie der Hersteller gar nicht kann. Es lohnt sich für ihn auch nicht, denn Ihre Kleinstbestellung stört seinen Betrieb und verdienen kann er daran im Vergleich zu seinen übrigen Produkten so gut wie nichts.

Die beiden Betriebe sind in Wahrheit gefangen. Die Innovation rechnet sich nicht für den Lieferanten. Sein Geschäft ist auf das optimiert, was der Markt will. Den Status quo kann er besser bedienen als jeder andere. Aber wenn er davon abweicht, ist das nicht lukrativ.

Das Neue zu erzeugen zerstört also das alte Business-Modell. Aufeinander aufbauende Modelle bzw. Innovationen zu finden, in denen das neue Produkt das alte nicht infrage stellt, ist äußerst schwierig und bei den meisten Unternehmen nicht machbar. Apple ist wohl eines der wenigen Unternehmen, die das können und wollen.

Andere Widerstände entstehen wiederum, weil die eigene Infrastruktur viel Geld gekostet hat. Stellen Sie sich vor, dass die vielen Tools, Datenbanken, Dokumentenmanagement-Systeme, die zugekaufte Software im Lichte der agilen Organisation sinnlos werden. Einfachste Beispiele sind Tools wie DOORS oder HP OpenView, sie sind aus vielen Softwareentwicklungsfirmen nicht mehr wegzudenken. Aber es kann auch die gerade angeschaffte Maschine in der Fertigungsindustrie sein – das alles sind Investitionen in eine Art zu arbeiten, die nicht agil ist. Diese Instrumente wurden unter der Maßgabe eines alten Gedankenmodells beschafft. Sagen Sie Ihrem Management einfach, Sie brauchen keine Anforderungsdatenbank oder keinen Defect-Tracker mehr, weil diese Aufgaben jetzt Karten und Post-its übernehmen. Schon müssen Sie sich anhören, dass der Firmenstandard aber den Einsatz dieser Tools erwartet. Auch hier werden Sie wieder ungläubiges Staunen erleben. Denn gerade diese Werkzeuge haben dafür gesorgt, dass man jetzt zu langsam wird und deshalb Scrum ausprobieren will. Wieder, sogar in der Herstellung der eigenen Produkte, ist man nicht frei so zu arbeiten, wie man will, weil es innerhalb der Firma einen einzuhaltenden Technologiestandard gibt.

8.5   Schritt 5: Das erste Transition-Backlog aufstellen

Sie kennen nun die Widerstände, mit denen Sie auf den verschiedenen Ebenen zu rechnen haben. Sie lassen sich auf eine schwierige, langwierige, verwickelte Reise ein. Eine Reise, die man nur anfangen kann und deren Ende ungewiss ist. Sie wissen dank des ersten Kapitels wenigstens, in welche Richtung die Reise geht und Sie kennen mit den Informationen aus den letzten Kapiteln zumindest die ersten Klippen und Untiefen des zu erwartenden Widerstands. Jetzt ist es an der Zeit, Ihre eigene Organisation kennenzulernen, Zeit für eine Ist-Analyse. Dabei geht es nicht um eine vollständige Analyse aller Bedingungen und Abhängigkeiten. Aber bevor Sie anfangen, sollten Sie in der Lage sein, die Abhänge links und rechts Ihres Weges zu erkennen. Wo können Sie Hilfe erwarten, wo müssen Sie tatsächlich an sich und Ihren Weg glauben und einfach unverzagt weitergehen?

Ich empfehle Ihnen keinen Prozess für die Analyse Ihrer Organisation, der wieder Tag um Tag ins Land ziehen lässt und für den Sie alle möglichen Leute benötigen. Die Übung, die ich Ihnen vorschlage, ist sehr einfach. Sie benötigen:

- ein paar Bögen Flipchart-Papier,
- ein paar gute Stifte,
- 2–4 Stunden mit Ihrer Triade.

Die Idee zu dieser Analyse basiert auf dem Buch *The Back of the Napkin* von Dan Roam *(Roam 2009)*. Er zeigt in diesem Buch, wie man mit einfachsten Visualisierungen Business-Probleme lösen kann. Hat man die Fakten visuell vor sich, erlaubt es dem Gehirn, nicht nur richtig zu schauen, sondern vor allem genau *hinzusehen*. Dieses genaue Hinsehen auf die nun »daliegenden« Fakten macht es möglich, die Lösung bildhaft zu imaginieren und die Lösung entweder anderen zu zeigen oder selbst die notwendigen Schritte zu machen. Sie können nicht gut zeichnen? Keine Angst, so wie man etwas auf eine Serviette kritzeln würde, das reicht vollkommen aus.

Ich will Sie jetzt auch gar nicht zu einem Zeichenkurs verdonnern, sondern den Problemlösungs-Framework von Dan Roam nutzen, damit Sie Ihre Organisation beschreiben können. Diese Variante ist am besten kontrollierbar und am wenigsten disruptiv. Natürlich gibt es aus der Methoden-Riege des Change-Managements gute Ansätze für diese Arbeit und moderne Aufstellungsverfahren machen im Grunde das Gleiche. Doch diese Verfahren konfrontieren die Mitarbeiter sofort mit sich selbst, was sehr schnell kontraproduktiv sein kann und unter Umständen schlafende Hunde weckt. Der Ansatz, den ich Ihnen vorstellen werde, ähnelt der Aufstellung von Organisationen mithilfe von Figuren oder Menschen. Er ist analytisch und kreativ zugleich.

Zuerst wollen wir

- die Beobachtung schärfen (look), dann werden wir
- versuchen zu sehen (see), damit wir später
- einen Plan entwickeln können (imagine),
- der dann umgesetzt werden kann (show).

Am Anfang steht das Hinschauen oder Beobachten. Zunächst trägt man dazu Fakten zusammen und schaut genau hin. *Wer* oder *was* ist betroffen? Diese Daten lassen sich später in Bezug zueinander setzen. Dazu ist der erste Schritt, die Anzahl der jeweiligen Menschen oder Dinge festzuhalten *(wieviele?)*. Hat man diese Information gesichert, muss man herausfinden, in welchem Bezug die Teile zueinander stehen *(wo?)*.

8.5.1 Der Zustand in der Organisation

Die Vision ist klar, Ihre Weggefährten stehen in den Startlöchern. Ich lade Sie ein, die nächsten Schritte möglichst visuell durchzuführen. Wie gesagt: Es müssen keine Kunstwerke sein, Kritzeleien reichen – so gut Sie es eben können. Fangen Sie vielleicht mit Schmierpapier oder der Rückseite eines Umschlags an, das gibt Ihnen das Gefühl, dass es nicht perfekt sein muss. Oder reißen Sie Papier von einer Rolle: Ausgefranste Ränder verstärken den »Es muss nicht perfekt sein«-Effekt. Ich selbst überliste den Perfektionisten in mir auf ähnliche Weise. Das iPad ist ein Medium, das mir ermöglicht, immer im Stadium des Unperfekten zu zeichnen und es wirkt Wunder. Wenn Sie gemeinsam mit Ihren Kollegen arbeiten, nehmen Sie einfach große Bögen Packpapier, ein Whiteboard oder ein Flipchart.

Möglicherweise werden Sie sich jetzt fragen, was sie kritzeln sollen? Ich finde die Idee von Dan Roam genial: Weg mit all den ausgeklügelten Fragen! Wir gehen die wichtigsten Fragen durch, die gestellt werden können: *Wer, was, wie viele, wo, wann und wie.* Diese Fragen bringen unsere Überlegungen zum Kern zurück.

Wer und Was?

1. Wer ist betroffen und/oder involviert? Wer muss mitmachen? Wer wird Widerstand leisten?

Bitte beantworten Sie diese Fragen mit Strichmännchen für jede Person, für jede Gruppe von Personen oder für jede Position. Skizzieren Sie einfach alle involvierten Menschen. Wenn Sie es noch schaffen, für jede Person ein »eindeutiges« Strichmännchen zu kritzeln, wäre das schon mehr als ausreichend. Damit Sie später noch wissen, welche Figur wer ist: beschriften!

2. Was ist betroffen? Welche Produkte? Welche Industrie? Welche Kunden? Welche Projekte?

Nun zeichnen Sie für jedes Produkt, für jeden Prozess – was immer es ist, das von der Veränderung betroffen sein könnte – ein kleines Objekt: einen Kasten, einen Kreis, ein Haus, ein Mini-Prozess-Diagramm usw.

Wenn Sie diese Übung gemeinsam durchführen, wird sehr schnell deutlich, wer und was involviert ist. Sie erschaffen mit Ihrer Triade ein gemeinsames »Bild«. Das ist wichtig, denn wenn man eine gemeinsame Repräsentanz der Dinge hat, auf die man zurückgreifen kann, erleichtert das später die Diskussionen.

Tipp

Bei solchen Übungen verfällt man schnell in den Versuch, alles erkennen und komplett haben zu wollen. Gehen Sie iterativ vor: Zeichnen Sie auf, was Ihnen in maximal 10 Minuten einfällt, dann gehen Sie zur nächsten Frage über. Sollten Ihnen später, wenn Sie schon bei den anderen Themen sind, noch eine Person oder ein Objekt einfallen, können Sie es immer noch ergänzen. Diese Bilder dürfen »wachsen«, sie sind erst einmal nicht fertig.

Ein Beispiel (Teil 1): Analyse in einem Energiekonzern

In einem Geschäftsbereich eines Energielieferanten zeigte sich, dass die traditionellen Projektmanagementmethoden nicht mehr zielführend waren. Der Energiemarkt beschleunigt sich ständig und die Organisation kam mit dem Abarbeiten von Anforderungen nicht mehr hinterher.

Bei der Analyse der Ist-Situation zeigten sich sehr schnell die unterschiedlichen Akteure mit ihren unterschiedlichen Interessen. Wir hatten zum Beispiel mit dem Fachbereich zu tun, innerhalb dieses Fachbereiches wiederum mit einer ganz bestimmten Abteilung. Als zweiter Akteur stellte sich die IT-Abteilung heraus, die wiederum andere Beweggründe als der Fachbereich hatte. Und es wurde schnell klar, dass es noch einen Dienstleister gab, der wiederum ganz anders an die Problemstellungen heranging.

In der Kritzelei konnte man das sehr gut identifizieren. Nach genauerem Nachfragen stellte sich heraus, dass sich die Fachabteilung ungewollt damit abmühen musste, ständig fachlich zu testen. Sie selbst sahen sich in Wahrheit als Kunden und wollten mit dem System einfach nur arbeiten. Sie erwarteten eigentlich, dass der Dienstleister gemeinsam mit der IT-Fachabteilung ein Produkt liefert und nicht ständig darauf pocht, dass die Fachabteilung eingebunden ist.

Durch diese Fragen wurde auch sehr schnell deutlich, dass es als »Dienstleister« noch einmal eine eigenständige Projektmanagement-Organisation gab (wir werden später sehen, dass genau hier auch einer der Haken bei der Implementierung zu Scrum lag). Die Frage nach dem »Was« war relativ einfach zu beantworten: Es wurde ein großes monolithisches System im Aufsatz auf ein Standardprodukt entwickelt.

Ich habe in diesem Beispiel nicht alle Akteure gelistet und auch nicht jedes Detail erwähnt, es fehlen rund 80 Prozent der Informationen. Es zeigt allerdings, wie der Prozess funktioniert. Investieren Sie eine Stunde Arbeit auf diese Weise und Sie werden in der Lage sein, die wichtigsten Akteure und Dinge zu identifizieren, die an einem Projekt beteiligt sind. Der nächste Schritt ist dann herauszuarbeiten, welche Problemstellungen es zwischen den Akteuren und Dingen gibt. Weitere Fragen könnten sein:

- Welche Verantwortlichkeiten und Zuständigkeiten gibt es und wie sehen sie genau aus?
- Wer hatte einmal die Rollen?
- Wer ist später dazugekommen? Wer war von Anfang an da?

Tipp

Versuchen Sie in diesem Schritt nicht zu viel auf einmal. Auch hier kann man wieder den großen Fehler machen, zu sehr ins Detail zu gehen. Aber darum geht es wirklich nicht. Wenn sie 60 Prozent der möglichen wichtigen Relationen erkannt haben, reicht das völlig – wir stehen am Anfang eines zwei bis fünf Jahre dauernden Prozesses.

Wie viel?

Haben Sie die Frage nach dem »Wer« und »Was« fürs Erste ausreichend beantwortet, wenden Sie sich der Frage nach dem »Wie viel (davon)?« zu. Zunächst sind das einfache Fragen:

- Wie viele Menschen sind betroffen?
- Wie viele Personen gibt es pro Abteilung?
- Wie viele Beziehungen gibt es untereinander?
- Wie viele Produkte oder Prozesse sind betroffen?
- Wie groß ist der Kundenstamm?
- Wie hoch ist das Budget?
- Wie viele Projekte existieren?
- Wie viele Projekte werden abgeschlossen?
- Wie viele Lines of Code gibt es?

Ein Beispiel (Teil 2): Analyse in einem Energiekonzern

In diesem speziellen Fall war es relativ einfach: Die Zahl der Projektmanager war auf beiden Seiten ungefähr gleich. Es ging um eine Gesamt-Organisationsgröße von ca. 120 Personen, davon waren ca. 70 Prozent Entwickler. Der Rest bestand aus Projektmanagern, Teamleitern, Anforderungsspezialisten etc.

Auch diese Übung wird Sie möglicherweise nicht überraschen und Sie werden sehen, was Sie ohnehin schon wussten. Durch das gemeinsame Zeichnen wird Ihnen aber klar werden, wie das Bild ist. Es ist in unserer Arbeit immer wieder ein Aha-Erlebnis, wenn die Gruppen plötzlich selbst sehen, wie sehr ihre Bilder auseinanderdriften.

Anzahl der Produkte. Eine sehr interessante Frage ist jene nach der Anzahl der Produkte oder Neuerungen, die in einem gewissen Zeitraum fertiggestellt wurden. Fast alle Manager in Organisationen tun sich schwer sie zu beantworten. Häufig bekommt man nur die Antwort darauf, wie viele Projekte abgearbeitet wurden. Aber auf die Frage »Wie viele Produkte, Funktionalitäten, Neuerungen usw.« wird meist nur sehr vage reagiert.

Cost-of-Delay. Eine weitere Frage ist für die Betrachtung, ob die Organisation geändert werden muss, ebenfalls unerlässlich: Die Frage nach den Costs-of-Delay. Wie viel Geld verliert das Unternehmen, wenn das Produkt einen Monat später auf den Markt kommt? Oder umgekehrt: Wie viel gewinnt das Unternehmen, wenn es gelingt, früher als geplant auf den Markt zu gehen?

Ich erlebe in unserer Praxis, dass diese Frage als provokant und unzumutbar angesehen wird. Die meisten Organisationen können sie nicht beantworten. Sie wissen nicht, was es ihnen finanziell bringt, zu einem bestimmten Zeitpunkt auf dem Markt zu sein. Dennoch sollten Sie diese Frage unbedingt stellen. Sie birgt den Sprengstoff, den viele Organisationen benötigen, um sich ändern zu können. Mit der ehrlichen Antwort entsteht oft der notwendige Leidensdruck, damit man sich ändern kann bzw. will.

Wo?

Diese Frage dient der Orientierung und den Überlegungen dazu, wo die Dinge stattfinden. Die Frage nach dem Ort verweist auf die Struktur der Firma, also ihren Aufbau. »Wo« im Unternehmen findet was statt? Machen Sie sich bitte klar: Die Kommunikationswege einer Organisation spiegeln sich immer auch in der Architektur des Produktes wider. Die strukturellen Entscheidungen, die vom Management zum Aufsetzen der Organisation (von Linie und Projekt) getroffen werden, wirken sich direkt auf das Produkt aus und das lässt sich nicht verhindern.[41] Ein Unternehmen, mit dem wir ein sehr großes Scrum-Projekt umgesetzt haben, hatte sich zum Beispiel eine Organisationsform gegeben, in der die Zyklen des Projektmanagements und der Entwicklung abgebildet waren. Das verhinderte, dass die Projekt-Organisation den notwendigen Überblick über das gesamte Produkt und seinen Zustand hatte.

Andere Organisationen lassen in der Produktentwicklung wiederum viel von Dienstleistern erstellen. Aufgabe der »internen« Produktentwicklung ist es in diesem Fall, die Dienstleister zu koordinieren und ihre Arbeit zu überwachen. Mithilfe des Projektmanagements sollen sie also kontrollieren und Ergebnisse sichern.

Ein mögliches Bild für eine Organisation könnte wie in Abbildung 16 aussehen. Die Verteilung der Organisation auf verschiedene Standorte ist in Abbildung 17 beispielhaft dargestellt:

Sie zeigen mit diesen Bildern also in Wahrheit die Struktur Ihrer Organisation oder Ihrer Projekte. Ein typisches Bild möchte ich Ihnen nicht vorenthalten: Das klassische Bild der verschiedenen Abteilungen (Abb. 18). Hier sieht man sehr deutlich, dass die Mannschaft, die neue Produkte erzeugen soll, gegenüber dem Rest der Organisation viel zu klein ist. Genau das findet man bei sehr vielen Unternehmen. Die eigentliche Produktentwicklung ist zwar auf den ersten Blick riesig, wir sehen auf dem Bild 29 Personen. Aber bereits 10 gehören zu den Anforderern, denen nur 14 Menschen gegenüberstehen, die diese Anforderungen umsetzen sollen.

Wann?

Zum Thema Zeitpunkt geht es um Fragen wie:
- Wann gab es welche entscheidenden Änderungen in Ihrem Projekt?
- Wann haben Sie die Mitarbeiter für Ihr Projekt aufgenommen?
- Wann finden welche Prozessschritte statt?
- Wann muss das Projekt geliefert werden?
- Wann soll es welche Meilensteine geben?

---

41 Conway's law – nachzulesen im Artikel »Exploring the Duality between Product and Organizational Architectures: A Test of the ›Mirroring Hypothesis«« *(MacCormack, Rusnak, Baldwin 2007)* oder http://de.wikipedia.org/wiki/Gesetz_von_Conway

Abb. 16: Beispiel für die Visualisierung von Zulieferern

Abb. 17: Beispiel für die Visualisierung virtueller Teams

Diese Fragen klären die zeitliche Dimension Ihrer Produktentwicklung und machen die Vor- und Nachbedingungen sichtbar. In einem unserer Projekte war es klar, dass die Implementierung von Scrum nur in einem bestimmten Bereich der Softwareentwicklung angesiedelt war. Das ließ sich über die Strukturen der Frage »Wo?« bereits sehr gut illustrieren und gab dem Ganzen etwas Statisches. Diese Sicht auf die Strukturen äußerte sich auch in der Sprache der Beteiligten. Für sie war das Ganze ein *Teil* innerhalb der Firma und deshalb war vollkommen klar, dass sich Scrum nicht weiter ausbreiten konnte. Das Ausdehnen der Best Practices auf den Rest der Organisation konnte nicht stattfinden, weil die eigenen Aufgaben gar nicht als Prozess gesehen wurden, sie waren tatsächlich nur in der eigenen Organisationseinheit angesiedelt.

Als wir die Wann-Frage stellten und damit den zeitlichen Ablauf der Produktentwicklung visualisierten, wurde für die Beteiligten Schritt für Schritt sichtbar, dass sie Vor- und Nachbedingungen hatten und sogar Arbeiten doppelt und dreifach durchführten, weil sie eine Vorstellung von der Arbeit mit Scrum hatten, die die Dinge komplizierte statt zu vereinfachen.

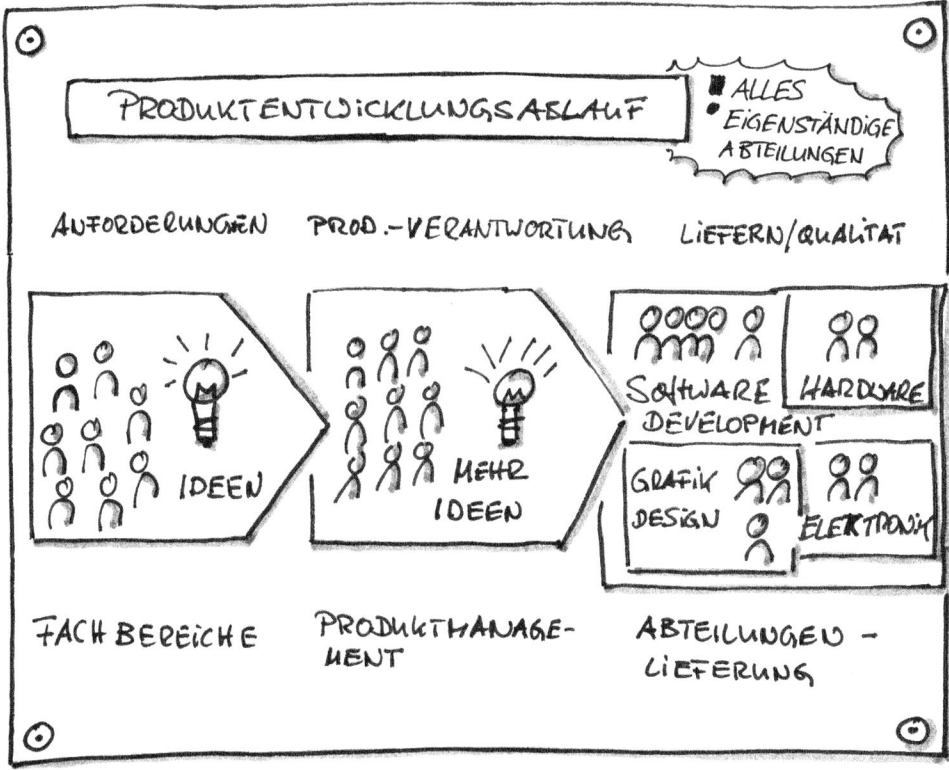

Abb. 18: Missverhältnis zwischen der Anzahl der Anforderer und der Liefernden

Weitere Fragen lauten:
• Was passiert zu welchem Zeitpunkt?
• Wann werden Anforderungen erhoben?
• Wann muss geliefert werden?
• Wann werden die Meetings durchgeführt?

Für diese Art der Fragen sind Visualisierungen hilfreich, die einen Zeitstrahl beinhalten oder in anderer Weise aufzeigen, dass es sich um einen Verlauf oder Prozess handelt.

Wie?
Diese Frage ist sozusagen die »Addition« der vier vorangegangen Fragen. Dabei suchen Sie nach Ursache und Wirkung, nach Verbindungen, nach Abläufen, bei denen Sie die Ergebnisse der vorherigen Überlegungen benötigen. Es ist aber auch ein Schritt mehr: Die Frage »Wie?« bringt die Ursachen für Entscheidungen und Verbindungen zutage:
• Wie wird an dieser Stelle entschieden?
• Wie sind Ursache und Wirkung miteinander verbunden?

Typische Darstellungsformen für diese Art der Überlegungen sind Flowcharts, die für die meisten Analysen vollkommen ausreichen und häufig am einfachsten zu erstellen sind. Flowcharts sind sehr gut geeignet, um die existierenden Prozessabläufe in einer Organisation darzustellen. Sie zeigen den derzeitigen Ist-Prozess wie er sein sollte, oft aber gar nicht ist und sind daher für die Analyse unverzichtbar.

Systemdiagramme. Allerdings haben Flowcharts einen Nachteil: Sie berücksichtigen selten, dass es auf jede Aktion auch eine Reaktion gibt. Daher ist es in vielen Fällen hilfreich, wenn die Analyse auch darauf abzielt, sogenannte Feedback-Loops sichtbar zu machen. Das geht hervorragend und relativ einfach mithilfe der »Systemdiagramme«, die diese Feedback-Loops skizzenhaft darstellen. Diese Diagramme wurden von Peter Senge in *Die fünfte Disziplin* (*Senge 1998*) beschrieben. Dort zeigt er sehr schön, wie einfach diese Diagramme zu erstellen sind. Um diese Loops zeichnen zu können, ist es aber zunächst notwendig zu verstehen, welche grundlegenden Arten es gibt.

Exkurs Feedback-Loops

Es gibt zwei Arten von Feedback-Loops: Jenen des verstärkenden Feedbacks und jenen des sich ausbalancierenden Feedbacks.

1. »Sich verstärkende Loops« erzeugen Systeme mit Wachstum oder sich beschleunigender *Schrumpfung*.

Ein wunderbarer verstärkender Feedback-Loop entsteht, wenn man beginnt, regelmäßig Sport zu treiben, zum Beispiel Laufen. Sie beginnen sich besser zu fühlen und haben das ein oder andere Erfolgserlebnis, das Hinauflaufen der Treppen gelingt leichter. Also verstärkt das wiederum den Wunsch, laufen zu gehen. Oder ein gutes Produkt erzeugt Mundpropaganda. Das führt dazu, dass mehr Menschen das Produkt kaufen, was zu noch mehr guten Meldungen führt usw. Ein dysfunktionaler Feedback-Loop ist jener von Magersüchtigen. Sie werden dünner, das gewünschte Aussehen entsteht, sie finden es schön und wollen noch schöner werden, also hungern sie noch weiter.

Scrum etabliert Feedback-Loops durch die konsequente Fokussierung auf die Sprints. Dadurch entstehen sich verstärkende Feedback-Loops, die nur durch limitierende Umgebungs-Faktoren gebremst werden können.

2. »Sich ausbalancierende Feedback-Loops« entstehen immer dann, wenn ein System auf einen Zielzustand hinstrebt. Besser wäre es vielleicht, vom Halten eines bestimmten Niveaus zu sprechen. Es gibt unzählige Feedback-Loops dieser Art. Der Raumtemperaturmesser Ihrer Heizung sorgt dafür, dass sich die Temperatur von selbst regelt. Der Regensensor Ihres Autos, die automatische Lichteinschaltung der Scheinwerfer, oder aber auch der Versuch, die monatlichen Haushaltskosten im Griff zu halten – immer gibt es ein begrenzendes Limit und das System versucht, den Pegel zu halten.

Verzögerungen. Will man Systeme verstehen, benötigt man noch einen weiteren Aspekt der Feedback-Loops: *Die Verzögerung.* Sie tritt ein, wenn die Reaktion auf die Änderung im System zu langsam, also verzögert abläuft. Die meiner Meinung nach »hinterhältigste« Verzögerung ist die Auswirkung von Weihnachtskeksen auf der Waage. Der Körper

Abb. 19:
Positiver Feedback-
Loop

reagiert nicht sofort auf die überflüssigen Kalorien. Erst nach zwei Wochen spannt die Hose. Aus Frust sagt man sich »auch schon egal«, und trinkt das eine Glas Wein zu viel. Auch in der nächsten Woche schlägt die Waage in die falsche Richtung aus.

Das Phänomen der Verzögerung begegnet uns vor allem im Management. Je weiter »oben« die Entscheidungen getroffen werden, desto länger dauert es, bis zum Beispiel Neuerungen in Organisationen greifen. Will also eine neue Führung etwas bewirken, muss sie sich darauf einstellen, dass ihre heute initiierten Änderungen erst nach Monaten sichtbar werden. Ungeduldig, wie eine Führungskraft nun mal sein sollte, versucht sie in der Regel, die Änderung schneller herbeizuführen, als das System wegen der Verzögerung reagieren kann, und handelt durch weitere Entscheidungen. Bevor noch die letzte Entscheidung greifen kann, gibt es schon wieder eine Änderung. Das Resultat ist oft, dass sich aufgrund der unterschiedlichen Richtungen die Wirkung der Entscheidungen aufhebt.

Archetypen der Systemarten. Es gibt in der Betrachtung von Systemen zwei Archetypen, die wir besonders beachten sollten: das limitierende Wachstum und das System der Verschiebung der Schwierigkeiten.

Limits to Grow – limitierendes Wachstum

Definition: Dieser Archetyp besteht aus einem sich verstärkenden Feedback-Loop. Oft wird sogar explizit etwas dafür getan, dass die gewünschten Resultate erreicht werden. Die Wachstumsspirale, also der Erfolg, erzeugt aber einen Sekundäreffekt, der das Wachstum einbremst und sogar zum Stillstand bringen kann.

Lösung: Die Lösung für ein solches System ist nicht etwa, dass man seine Bemühungen verstärkt, also noch mehr tut, damit das Wachstum beschleunigt wird. Die Lösung besteht darin, den limitierenden Faktor zu entfernen.

Ein Beispiel für dieses Phänomen ist die Erhebung von Impediments im Rahmen einer Retrospektive. Die Teammitglieder werden befragt, was sie verbessern würden, um effektiver arbeiten zu können. Am Anfang machen sie sich viele Gedanken und bringen viele sehr gute Ideen ein. Nun zeigt sich aber, dass Aspekte geändert werden müssen, die nicht in ihrer Hand liegen. Dafür bräuchten sie die Zuarbeit des Managements. Spricht der ScrumMaster diese Dinge aber beim Management an, wird oft sichtbar, dass vom Management wichtige Entscheidungen nicht getroffen werden. Das Nicht-Entscheiden wird als negativ empfunden, denn offensichtlich nimmt das Management die für die Produktivität wichtigen Dinge nicht ernst.

Das lässt nun wiederum den betroffenen Manager nicht gut aussehen und er beginnt Scrum abzulehnen. Was wiederum zu Frustration beim Scrum-Team führt, das nun keine neuen Impediments mehr erkennt (bzw. erkennen will). Die Retrospektiven verkommen zu einer Farce. Und das gibt dem Manager wiederum die Chance zu sagen, dass Scrum ja wohl gescheitert sei.

Die Lösung für ein solches System liegt darin, den Manager mitzunehmen und ihm zu zeigen, dass er selbst durch die Verbesserung der Verhältnisse für die Teams gewinnt. Dann wird er die notwendigen Entscheidungen treffen.

Shifting the burden
Definition: Ein Problem erzeugt Symptome, die adressiert werden müssen.

Lösung: Vermeiden Sie es, nur Symptombekämpfung zu betreiben. Gerade in der Softwareentwicklung, aber auch in jeder anderen Projektmanagement-Organisation, lässt sich das Verschieben von Schwierigkeiten permanent und gehäuft beobachten. Weil zu Beginn eine Schätzung und eine Planung gemacht wurde, erwarten viele Manager, dass die Teams on time liefern (nicht zuletzt beruhen darauf auch die eigenen Bonuszahlungen).

> Wir waren bei einem Scrum-Audit bei einem Kunden. Dort war klar, dass man nicht mehr »on time« liefern können würde. Alle Beteiligten erklärten, dass u. a. die Performance der Software an der schlecht gewählten Ursprungsarchitektur kranken würde. Naiv wie ich bin, fragte ich, ob man nicht einfach dieses Symptom korrigieren könne und das Problem damit radikal lösen würde. »Nein, das geht nicht, sonst verlieren wir noch mehr Zeit.« Ich fragte, ob man denn ohne schnellere Performance ausliefern könne. Die Antwort war: »Nein, auf keinen Fall!« Man müsse einfach noch mehr Leute auf das Projekt bringen, dann könne man die Performance erhöhen und gleichzeitig alle geplanten Funktionalitäten implementieren.
> Beim Weiterfragen stellte sich heraus, dass alle Lösungen zu weiteren Verlängerungen des Projektes führen würden. Die Angst der Projektmanager war also durchaus real. Die Teams sagten aber spannenderweise, dass sie mit weniger Leuten auf dem Projekt und der Chance, jetzt die Architektur zu verändern, sehr wohl in der Lage wären, die Termine zu halten, nur versprechen konnten sie es nicht.

Meist werden solche oder ähnliche Probleme offenkundig, wenn man sich schwierige Projektkonstellationen anschaut. Statt die Produkte in der richtigen Qualität auszuliefern, werden die Richtlinien aufgeweicht und es dann dem nächsten Prozess überlassen, die Scherben aufzulesen.

Wenn Sie diese notwendigen Vorarbeiten erledigt haben, schließt sich der Kreis wieder. Sie sehen, warum Sie handeln müssen, warum Sie an ganz bestimmten Stellen möglicherweise früher etwas hätten tun sollen und dafür andere Stellen erst einmal ignorieren können. Sie haben sich eine innere Repräsentanz der Realität aufgebaut, die Sie erkennen lässt, wo die Probleme und Blockaden liegen, die Ihre Organisation daran hindern, die von Ihnen gesteckten Ziele zu erreichen.

8.5.2 Das Transition-Backlog

Aus der bildhaften Analyse extrahieren Sie nun ein Ergebnis, mit dem Sie so schnell wie möglich mit der Umsetzung des Prozesses beginnen können.

Bei einer Scrum-Transition wird die Liste der Dinge, die angegangen werden müssen, als Transition-Backlog bezeichnet. Es ist das Steuerungsinstrument für die Implementierung von Scrum. Es wird also Scrum genutzt, um Scrum einzuführen. Das gibt den Hinweis darauf, was nötig ist, um die Organisation erfolgreich am Widerstand entlang zu entwickeln: eine Vision, das Transition-Backlog und ein Scrum-Team. Das Scrum-Team, das die Transition durchführen soll, wird als »Transition-Team« bezeichnet.

Das Transition-Team ist nicht zu verwechseln mit der Triade, Ihren Gefährten, oder dem Team, das Scrum auf der Produktebene einführt (Pilot-Scrum-Team). Es ist gewissermaßen ein »Meta«-Team, das die Organisation selbst als zu lieferndes Produkt sieht. Es »liefert« die neue Organisation, die optimal auf die Bedürfnisse des Marktes angepasst ist.

Das Transition-Backlog setzt sich aus folgenden drei Teilen zusammen:
1. Erkenntnisse der Analyse,
2. Standard-Transition-Backlog,
3. politische Aspekte, die nur Sie kennen können.

Erkenntnisse aus der Analyse. Die vielen Kritzeleien waren nicht umsonst. Sie weisen darauf hin, welche Aspekte während der Transition zu berücksichtigen sind. Ich bin sicher, dass Sie, während Sie Ihre Zeichnungen gemacht haben, unzählige Ansatzpunkte für notwendige Veränderungen in Ihrer Organisation gefunden haben. All diese Ansatzpunkte finden nun Platz in Ihrem Transition-Backlog.

Das Standard-Transition-Backlog. In unserer Arbeit besteht das Standard-Transition-Backlog aus »Epics«, also Themen, die wir im Laufe einer Transition in den kommenden Wochen durchführen müssen. Diese »Standards« sind durch die Arbeit mit einigen dutzend Teams und in unterschiedlichen Projekten entstanden. Sie haben sich im Laufe unserer Arbeit entwickelt, erheben daher auch keinen Anspruch auf Vollständigkeit. Hier sind einige exemplarische Themen:

Organisatorisches
- ein Transition-Team aufsetzen,
- Räumlichkeiten für das Transition-Team finden,
- einen Scrum-Berater aussuchen und unter Vertrag nehmen,
- die Entwicklungs-Infrastruktur etablieren.

Leadership
- Einzelgespräche mit allen Beteiligten führen, damit sie wissen, was auf sie zukommt und was sie zu erwarten haben,
- Verständnis für Scrum bei allen Beteiligten erwirken,
- ein neues Führungsverständnis beim mittleren Management etablieren,
- mit der HR-Abteilung über die neuen Rollen in Scrum reden,
- die Teamleiter abholen und ihnen vermitteln, wohin sie sich entwickeln könnten,
- ScrumMaster suchen, einstellen und/oder ausbilden.

Scrum-Skills schulen
- alle Rollenträger ausführlich schulen,
- Einführungs-Sessions in Scrum, Lean und Kanban durchführen.

Erfolge erzielen
- ein Pilot-Scrum-Team aufstellen,
- die Rahmenorganisation um dieses Team etablieren,
- mit diesem Pilot-Scrum-Team so schnell wie möglich starten.

Betroffene abholen
- den Betriebsrat informieren,
- HR informieren,
- alle Abteilungen, mit denen wir arbeiten, informieren und ihnen ihre neuen Rollen erklären bzw. unsere Erwartungen an sie mitteilen,
- die Qualitätssicherungs- und Firmenprozesse hinterfragen, die Industriestandards sind einzuhalten, nicht die Firmenprozesse,
- den Kunden in die agile Transition frühzeitig einbeziehen,
- das Projektmanagement-Office informieren und mitnehmen.

Dieses Backlog sollte Ihnen als erster Anhaltspunkt dienen, kann aber trotz aller Erfahrungen nicht vollständig sein. Es enthält aber die Punkte, auf die Sie auf jeden Fall zu Beginn bereits achten müssen. Sehen wir uns im nächsten Kapitel an, welche Aspekte Ihnen beim Arbeiten mit dem Einzelnen, den Teams, der Organisation oder auch zwischen Organisationen helfen werden, den Wandel durchzuführen.

8.6   Interview mit Hélène Valadon

Der Umgang mit Widerständen

Boris Gloger: Die am häufigsten auftretenden Widerstände habe ich in den letzten Kapiteln dargestellt. Aber jetzt würde mich trotzdem interessieren, was Dir so alles an Widerständen begegnet.

Hélène Valadon: Das größte Thema ist immer der Statusverlust. Die Mitarbeiter können sich noch nicht vorstellen, wo sie Scrum hinbringen wird – und das erzeugt Unsicherheit. In vielen Teams haben sich natürlich Funktionen und Hierarchien anhand des Expertentums der einzelnen Mitarbeiter gebildet. Es sind bestimmte Karrierepfade bereits anerkannt. Und plötzlich steht das ganze Team im Fokus, nicht mehr so sehr der Einzelne. Je nach Organisation trifft das natürlich auch das mittlere Management, bei einem meiner Kunden geht es sogar um drei bis vier Hierarchieebenen. Natürlich können sich die Menschen zunächst in diesen drei Kernrollen ScrumMaster, Product Owner und Entwicklungsteam nicht gleich wiederfinden. Noch dazu sind diese Rollen nicht hierarchiebezogen, sondern haben einen bestimmten Fokus. Es ist im ersten Moment kein Äquivalent zur bestehenden Organisation und kein Sollbild, in dem sich Gruppenleiter, Teamleiter etc. zunächst einmal wiederfinden können.

BG: Im Management lässt sich das besonders gut beobachten: Scrum wird zwar befürwortet, alle sollen es machen, aber die eigene Position und die eigene Abteilung sollen unangetastet bleiben. Also wieder: Alle sollen sich ändern, nur ich nicht. Wie hilfst du deinen Kunden in dieser Situation? Wie kommt man da raus?

HV: In den Debatten kommt immer wieder der eine Satz: »Klingt gut, aber ich kann mir nicht vorstellen …« Meine Antwort darauf ist: »Ok, du kannst es dir nicht vorstellen, aber lass es uns versuchen.« Es geht wirklich um diesen ersten Schritt, den Versuch: Lass uns einfach einmal mit den bestehenden Rollen mit Scrum anfangen und dann sehen wir uns an, wie sich das Rollenbild verändert. Dazu muss man sich aber auch auf Managementebene dafür einsetzen, dass dieser Versuch wertgeschätzt und unterstützt wird und dass keine Köpfe rollen, wenn dabei nicht alles gleich so läuft, wie es sollte.

BG: Wir reden hier in erster Linie über Widerstände im mittleren Management. Hast du das Gefühl, dass es einfacher wäre, wenn man diesen Managern von Anfang deutlicher machen könnte, was ihr neuer Platz ist? Oder würde es gar nichts bringen?

HV: Die Frage kann ich so eigentlich gar nicht akzeptieren. Das mittlere Management ist in seinen Kompetenzen und Persönlichkeiten völlig heterogen. An ihre Position sind sie gekommen, weil sie über Jahre im Unternehmen sind und sie waren auf ihre Weise gut, deswegen sind sie jetzt in ihrer Position. Aber es gibt darunter ein paar geborene Product Owner, es gibt ein paar geborene ScrumMaster, andere können mit dem Team wirklich was weiterbringen, andere sind unglaublich gute Mentoren. Eine Transition, eine Veränderung, ist eine Chance, die Würfel neu zu werfen. Zu sagen: »So waren die Regeln früher und ab jetzt nutzen wir die Möglichkeit, damit du etwas machen kannst, das wirklich gut zu dir passt.«

BG: Das ist schon nachvollziehbar, aber wir wissen ja auch, dass sich die Menschen nicht bewegen, weil sie nicht wissen, wohin sie sich bewegen sollen. Und jetzt werfen wir einfach die Würfel neu – das finde ich eine super Idee, aber reicht das?

HV: Man muss ihnen natürlich die Wahl lassen. Uns muss bewusst sein, dass die neuen Rollen noch keinen »Wert« haben. Die alten Führungsrollen sind aufgeladen mit Anerkennung, die neuen noch nicht. In der Praxis habe ich bisher zwei Herangehensweisen erlebt: Bei der ersten sagt das Topmanagement: »Diese Rollen habe ich zur Verfügung, such dir eine aus.« Manche finden sich in diese Rollen ein, andere verlassen deswegen das Unternehmen. Bei der zweiten Herangehensweise sagt der Middle Manager von sich aus: »Ok, ich bin zwar gerade auf der Karriereleiter sehr weit oben, aber ich schaue mir an, was diese Veränderung bedeutet. Ich werde für drei Monate ScrumMaster.« Er oder sie nutzt die Chance, eine völlig neue Rolle auch völlig neu zu gestalten.

BG: Welche Widerstände findest du auf der Team-Ebene?

HV: Diese Widerstände beruhen meistens auf der Art und Weise, wie bisher gearbeitet wurde. Viele haben wenig Kompetenz in der Gruppenarbeit: Plötzlich muss man mit den anderen arbeiten: transparent machen, was man tut, mitteilen, konfrontieren, erklären. Die Menschen in den Teams sind einfach nicht gewohnt, so zu arbeiten. Der Reflex ist dann meistens: »Das ist doof!« Es ist doof, auf Post-its zu schreiben, es ist doof, etwas an die Wand zu kleben etc. Mich überrascht es immer noch: Diese Wand macht für alle transparent, was gerade passiert und wer gerade was macht. Aber zu Beginn ist es eigentlich der Regelfall: Die Leute können nicht in zwei bis drei Zeilen beschreiben, was sie tun.

BG: Der Einzelne kann also nicht sagen: »Ich mache gerade XY.«

HV: Zumindest nicht so, dass es ein anderer versteht.

BG: Merken die Betreffenden denn, dass sie es nicht können?

HV: Irgendwann sicher. Es gibt einen französischen Nobelpreisträger in Physik, der wahrscheinlich über sein Themengebiet mit 20 Leuten auf der Welt tiefgehend diskutieren kann. Aber er hat die Gabe, das was er macht, so einfach zu erklären, dass man es auch als Nicht-Physiker versteht. Das ist natürlich nicht jedem gegeben. Vordergründig hört man das an den Klagen des Product Owners: »Meine Leute wollen sich nicht darum kümmern ...« Das Nicht-Wollen ist ein Vorwand, meistens können sie es einfach nicht. Ein

Wissensarbeiter löst das Problem mit allem, was er hat, egal, wie groß oder klein sein Beitrag dazu ist.

BG: Das erinnert mich an den Film *Apollo 13*: Der Flight-Director schüttet den Ingenieuren lauter Zeugs auf den Tisch und sagt: »Das ist alles, was die da oben zur Verfügung haben, um eine Lösung zu bauen. Wenn ihr damit keine Lösung findet, sind sie in ein paar Stunden tot.«

HV: Exakt. Und in einem Sprint passiert es oft, dass das Team umdreht und dir erklärt, warum sie nicht können oder wollen oder warum etwas nicht funktioniert. Ich rate jedem Product Owner, mit diesen Diskussionen aufzuhören und stattdessen zu sagen: »Das ist mein Problem, das ich gelöst haben will. Aus.« Es ist eine Einstellungssache und manche Menschen bleiben einfach Sachbearbeiter. Es fehlt ihnen das Gefühl für das Problem. Scrum ist tatsächlich eine Erziehungsmethode für Menschen, die ständig nach Ausreden suchen.

BG: Hast du ein Beispiel, wie es dir gelungen ist, ein Team aus so einer Haltung herauszuholen? Was hast du dafür gemacht?

HV: Mein Ansatz lautet da: Das Big Picture begreiflich machen. Das geht am besten durch die Visualisierung an der Wand, wo für alle klar und übersichtlich ist, wann der nächste Kunden-Release ansteht. In einem Implementierungsprojekt legten wir im März los, im Mai stand der nächste Release an, also ging es um die nächsten sechs bis sieben Sprints. Der Product Owner wusste, dass wenn nicht wie versprochen die Top-3-Features an den Kunden geliefert werden, pro Tag ein Strafbetrag bezahlt werden muss – es ging um eine Summe zwischen 50.000 und 70.000 Euro. Er hatte schöne User Storys geschrieben und sie in ein elektronisches Tool eingegeben. Meine Reaktion darauf: »Lass uns das bitte an der Wand anbringen und dann diskutieren wir es mit dem Team.« Seine Antwort lautete: »Das geht doch nicht, das ist so viel und …« Ich entgegnete: »Lass uns das an die Wand hängen!« Er wollte nicht. Das Team diskutierte und diskutierte, teilweise schon über die nächsten Sprints. Der Product Owner hatte Bauchschmerzen, der Lead-Developer wollte unbedingt eine Funktionalität einbauen, die in dieser Form vom Kunden gar nicht gewünscht war, weil sie keinen Sinn ergab – also leere Kilometer für meinen Kunden und den Kunden meines Kunden. Mit der Rückfrage beim Kunden, ob er diese Funktionalität denn bräuchte, haben wir das Alphatier Lead-Developer wieder fokussiert. Irgendwann gaben der ScrumMaster und ich es auf, mit dem Product Owner zu reden und klebten den Release Plan einfach an die Wand. Ich schrieb alle aktuellen Storys auf Post-its, in unterschiedlichen Farben für die einzelnen Funktionalitäten, die bis Mai zu liefern waren. Plötzlich stand das Team vor der Wand und fing endlich an, über das Notwendige zu sprechen. Mit dem Bild vor Augen fiel den Teammitgliedern auf, dass sie einen Spezialisten aus einem anderen Team für eine bestimmte Aufgabe brauchten. Es wurde klar, dass jemand in den Urlaub geht und daher die Arbeit anders eingeteilt werden muss – lauter Dinge, über die sie sich vorher nicht den Kopf zerbrochen hatten, über die Teams aber stolpern, wenn die Deadline immer näherrückt. Sie fingen an, mit dem Release Plan zu spielen und lieferten schlussendlich pünktlich. Vor der Einführung von Scrum hatte sich der Chefentwickler zu den Deadlines hin mit dem Team immer in einem Hotelzimmer für einen dreitägigen Coding-Marathon verbarrikadiert, um alles doch noch irgendwie fertigzubekommen. Das konnten sie sich dieses Mal sparen: Keine Kosten für die Pönale, keine Kosten für den Chefentwickler, das Hotelzimmer und die Pizza.

BG: Also ist »einfach machen« und »transparent machen« das Geheimnis.

HV: Ja, und vor allem begreiflich machen: Es geht hier nicht um eine einzelne Story. Es gibt eine bestimmte Menge an Features zu entwickeln und es gibt eine Deadline. Damit steht dieses und jenes für uns auf dem Spiel, wenn wir es nicht schaffen. Was kannst also *du* dafür tun?

BG: Meine These ist ja, dass Widerstand nichts Schlechtes ist, sondern die Energie für die Verbesserung in sich trägt. Er zeigt an, wo man etwas tun muss. Siehst du das auch so und wie geht ihr als Consultants damit um?

HV: Natürlich. Wenn man etwas bewegt, gibt es Widerstand. Am Ende meiner Trainings wünsche ich den Teilnehmern immer fröhliches Scheitern. Scheitern will klarerweise niemand, denn wir haben eine Kultur der Fehlerintoleranz. Immer alles richtig machen, bloß keine Experimente und etwas falsch machen. Ich habe ein Diplom und jetzt muss ich dieses und jenes können. Auch in Unternehmen ist Fehlermachen und Feedback bekommen nicht die Regel, eher das Anbrüllen, wenn etwas schiefgegangen ist. Dabei könnte man ja auch fragen: »Ok, was ist passiert und wie können wir es beim nächsten Mal besser machen?« In den Büchern steht das, aber in der Realität? Je öfter man etwas aufs Dach bekommt, desto weniger Verantwortung übernimmt man. Dieses »Schuldkapitel« fehlt in vielen Scrum-Büchern und das irritiert manche.

Als Consultants drücken wir natürlich genau da drauf, wo es weh tut. Es nervt die Leute einfach, weil sie ja selbst schon wissen, dass etwas unrund läuft. Dann kommt auch noch jemand, der es transparent macht. Zusätzlich stellen wir Fragen, auf die Menschen von der obersten Hierarchiestufe bis zur untersten einfach keine Antwort haben. Sie wissen nicht, warum sie tun, was sie tun. Aber es ist meine Aufgabe, diese Frage zu stellen. Die große Kunst ist, sich nicht von den ausschweifenden, aber im Grunde ausweichenden Antworten ablenken zu lassen. Immer wieder auf den Punkt zurückkommen und schließlich die unangenehmste Frage von allen zu stellen: »Warum braucht es so lange, zu liefern?« Als Beraterin bin ich ständig im Provokations-Modus.

BG: Das ist sicher auch sehr anstrengend.

HV: Ja, man muss sich mit einem Trick schützen, um diese Fragen immer und immer wieder stellen zu können. Klar ertappe ich mich auch dabei, dass ich mich manchmal in die Nicht-Antworten hineinziehen lasse und beginne, die Ausreden zu entschuldigen.

Dann muss ich mir selbst auf die Finger schlagen und mir sagen: »Da hast du zu lange zugehört.« Diese Ausreden ziehen sich wie gesagt durch alle Hierarchieebenen. Meine Aufgabe ist es, zu einem Manager zu sagen: »Es ist *deine* Aufgabe, die Organisation zu ändern und *du* erzählst mir, dass sich nichts ändern kann? Wenn das so ist, packe ich meine Sachen und gehe wieder. Denn solange es so ist, bewegen wir uns nicht.«

BG: Du bist also auch der Meinung, dass es der Job des Managements ist, die Prozesse laufend zu verbessern statt sie zu zementieren?

HV: Ich sage ja, aber unter Vorbehalt. Jeder Mensch hat eine Verantwortung zu übernehmen. Es ist ein wenig ein Problem der traditionellen Organisation, alles auf eine Rolle zu reduzieren. Es werden Rollenbeschreibungen geschrieben und dann ist eine Person für dieses und jenes zuständig. Wenn ich nun Kollaboration und Kooperation haben will, geht es um ein Zusammenspiel. Natürlich hat weiterhin jeder bestimmte Schwerpunkte, wie in einer Fußballmannschaft. Aber wenn der Verteidiger gerade in der besseren Position ist, wird auch er ein Tor schießen. Es ist also ein neuer Deal: Je nach Situation tut der gerade besser Platzierte das, was getan werden muss, um alle vorwärts zu bringen. Keine Ausreden, dass man für etwas nicht zuständig ist oder es nicht zur Jobbeschreibung gehört.

9   Veränderungstechniken für die Transition

Welche Instrumente und Techniken gibt es, damit die Veränderung in einem Unternehmen gelingen kann? In diesem Kapitel zeige ich Ihnen, *wie* die Veränderung erfolgreich vollzogen werden kann. Wieder beginne ich beim Individuum und stelle Ihnen dabei ein grundlegendes Verständnismodell für den Wandel aus individueller Sicht vor. Die Erkenntnisse daraus sind auch für die übrigen Ebenen des Wandels wichtig. Danach beleuchte ich die Reaktion von Teams auf die Veränderung und wie man damit umgehen kann. Als Vertreter der Organisation und der wohl wichtigste Kristallisationspunkt agiler Transitionen beschäftige ich mich anschließend mit Lösungswegen für das Management, um schließlich wieder die Organisation in ihrem Netzwerk zu betrachten. Wie gelingt Veränderung auf inter-organisationaler Ebene?

9.1   Den Wandel aus Sicht des Individuums verstehen – SCARF

Eine gemütliche Runde. Wir sitzen mit Freunden bei einem Glas Wein und erzählen begeistert von dem Fahrsicherheitstraining, das meine Frau und ich besucht haben. Es war eine tolle Erfahrung, das Auto auf rutschiger Fahrbahn wieder unter Kontrolle zu bringen: Mit einer Vollbremsung und indem man in die Richtung lenkt, in die man will – ganz einfach. Während ich erzähle, merke ich, wie sich mein Freund ärgert: »Stimmt doch gar nicht. Erst heute Morgen habe ich meinen Wagen mit Gegenlenken und Gasgeben wieder aus der Kurve gezogen!« Natürlich musste ich noch eins drauflegen: »Du hattest doch bloß Glück. Das lag nicht daran, dass du Gas gegeben hast, du warst einfach langsam genug.« Vielleicht können Sie sich sein Gesicht vorstellen. Er war sauer. Vollkommen unabsichtlich hatte ich ihn gekränkt.

Warum war mein Freund plötzlich so aggressiv und wollte nichts mehr hören vom richtigen Fahren? Warum sagen Teammitglieder, sie hätten gerne ein elektronisches Board, wenn man gerade ein normales Taskboard an die Wand hängen will? Warum wollen Projektmanager nicht automatisch Product Owner sein? Warum probieren Teammitglieder nicht einfach die neuen Arbeitsweisen aus und stempeln stattdessen den Scrum-Consultant als Feind ab? Warum gibt es die endlosen Diskussionen darüber, ob nun alle Regeln von Scrum befolgt werden müssen oder nicht? Warum ist es für Menschen so schwer, etwas Neues zu lernen? Warum fällt es so schwer, offensichtliche Fehler in der eigenen Lebensführung, in der Art und Weise den Job zu machen, in der eigenen Lebensgeschichte, ja sogar im Fahrverhalten einzugestehen und in Zukunft einfach etwas Funktionierendes zu tun?

Henrik Ibsen prägte im ausgehenden 19. Jahrhundert den Begriff der »Lebenslüge«. Das Bürgertum postulierte nach außen Moralvorstellungen, die es nach innen nicht lebte. In seinen Dramen zeigte Ibsen, wie krampfhaft der Einzelne an seinen Vorstellungen festhalten muss, obwohl er sehr genau weiß, dass sie falsch sind. »Nehmen Sie einem Durchschnittsmenschen die Lebenslüge, und Sie nehmen ihm zu gleicher Zeit das Glück.«

(Henrik Ibsen: *Die Wildente*, 5. Akt) Diesem Phänomen begegnen Sie bei Ihren Veränderungsbemühungen laufend. Aber woher kommt das? Wieso ist es so schwer, einfach etwas Neues zu versuchen, etwas ganz einfach umzusetzen? Die Antwort ist einfach: *Weil es weh tut.*

Obwohl sich der moderne Mensch gerne seiner Selbstbestimmtheit brüstet, sind wir Sklaven unserer biologischen Beschaffenheit. Vor ein paar Jahren hätte ich wegen all der Widerstände beinahe resigniert, als mir die Arbeiten von David Rock in die Hände fielen *(Rock 2009)*. Er streicht in seinen Publikationen heraus, dass unser Gehirn immer einen bestimmten Level an Dopamin und Serotonin (also unserer glücklich machenden Neurotransmitter) halten will. Sinkt die Menge dieser Botenstoffe ab, führt das tatsächlich zu Schmerzen. Laut David Rock gibt es fünf grundlegende Bedürfnisse des Menschen (oder besser gesagt: seines Gehirns), deren Erfüllung sich positiv auf den Glückshormonhaushalt auswirken (als Akronym: SCARF):

1. Status *(status)*,
2. Sicherheit/Gewissheit *(certainty)*,
3. Autonomie *(autonomy)*,
4. Verbundenheit *(relatedness)*,
5. Fairness *(fairness)*.

Wahrscheinlich denken Sie jetzt sofort an die Bedürfnispyramide von Maslow, der verschiedene Bedürfnisebenen definierte. Ihm zufolge werden Menschen je nach Lebenssituation durch unterschiedliche Dinge motiviert. Die fünf von Maslow identifizierten Bedürfnisse sind in ihrer Reihenfolge der Dringlichkeit:

1. physische Bedürfnisse (essen, trinken, schlafen, Kleidung …),
2. Bedürfnis nach Sicherheit (Schutz, Orientierung),
3. Bedürfnis nach Zugehörigkeit (soziale Bindungen, Familie, Freunde, Partnerschaft),
4. Bedürfnis nach Selbstwert (Ansehen, Prestige, Unabhängigkeit …),
5. Bedürfnis nach Selbstverwirklichung.

Ich will an dieser Stelle nicht näher auf Maslow eingehen, aber bereits bei seiner Bedürfnispyramide zeigen sich entscheidende Hinweise darauf, worauf man achten muss, wenn man einen Menschen zur Veränderung bewegen will, auch wenn man kritisch mit dieser Skala umgehen muss. Deshalb haben mich die Arbeiten Maslows nie wirklich überzeugt. Auch andere Modelle, zum Beispiel die Pyramide nach Robert Dilts (Vision, Identität, Glauben, Verhalten, Fähigkeiten, Umwelt) sind simplifizierend und wenig handhabbar.

Auf den ersten Blick unterscheidet sich das Modell von Rock nicht wesentlich von denen Maslows oder Dilts. Aber Rocks Modell enthält ein entscheidendes Element: Die empirische Überprüfbarkeit dank der modernen Hirnforschung. Ihr ist zu verdanken, dass wir nun verstehen, was Bedürfnisbefriedigung auf neurologischer Ebene bedeutet. Diese Erkenntnisse lassen auch das Thema Veränderung in einem neuen Licht erscheinen. Unter anderem erklären sie auch, warum neuere Coaching-Ansätze, wie der lösungsorientierte Ansatz oder Aspekte aus der systemischen Arbeit, so erfolgreich sind.

9.1.1 Status

> **Regel Nr. 1**
> Vermeiden Sie bei jeder Organisationsveränderung Statusverluste.

Mit meinen Erkenntnissen aus dem Fahrsicherheitstraining wollte ich eigentlich auch zur Sicherheit meines Freundes beitragen. Es war ein schneereicher Winter und mir war wichtig, dass auch meine Freunde wissen, wie man in einer brenzligen Situation auf einer Schneefahrbahn passend reagieren kann: Bremsen und in die Richtung lenken, in die man will. Es ging um nichts (logisch wollte ich Recht haben). Es war keine lebensbedrohliche Situation und es konnte ihm nichts geschehen, dennoch hat er subjektiv einen großen Statusverlust empfunden. Natürlich kann er sich jederzeit einreden, er wisse es besser und das hat er ja auch getan. Aber was war passiert?

Unser Gehirn ist ein Dopamin-Junkie. Es belohnt sich selbst für Erfolge, Erkenntnisse und Statusgewinne, indem es Dopamin und Serotonin ausschüttet. Dauernd ist es bestrebt, einen gewissen Dopaminspiegel zu halten. Ist der »korrekte« Pegel erreicht, ist unser Gehirn zufrieden. Gleichzeitig nimmt das Niveau des Cortisols ab, eines Hormons, das den Körper auf Stress vorbereitet: Adrenalin wird ausgeschüttet und Cortisol selbst liefert eine erhöhte Energieleistung, damit wir optimal darauf eingestellt sind, wenn Gefahr droht. Bin ich aber im Status gewachsen und eine der dominanten Personen einer Gruppe, verringert sich der Cortisolgehalt.

Der Spiegel von Dopamin, Serotonin und Cortisol ist also steuerbar. Unter bestimmten Bedingungen steigt der Dopamin- und Serotoninspiegel, während der Cortisolpegel sinkt. Man fühlt sich motiviert und stark. Unter anderen Bedingungen sinkt hingegen der Spiegel von Dopamin und Serotonin und der Cortisolspiegel steigt: Dieses Absinken wird vom Gehirn als »schmerzhaft« empfunden und muss so schnell wie möglich wieder ausgeglichen werden. Das Absacken des Dopaminspiegels weckt negative Gefühle: Unsicherheit, Ohnmacht, Verlorenheit. Zustände, die per se unerwünscht sind. Menschen reagieren auf Ohnmacht, Unsicherheit und Verlorenheit in den meisten Fällen sehr direkt: mit Angriff. Diese Schutzreaktion unseres Körpers ist nicht steuerbar. Stress führt wiederum zur sofortigen Ausschüttung von Adrenalin und Cortisol, also von Stoffen, die den Körper auf eine sofortige Höchstleistung vorbereiten. In diesem Zustand hat die Toleranz ein Ende und man reagiert instinktiv: »Mach kaputt, was dich kaputt macht.«

Ist der Angriff erfolgreich, erhöht sich durch den Sieg der Status automatisch und weil das Hirn wieder Dopamin ausschüttet, tritt Befriedigung ein. Wir kennen die Bilder von Gorillas, die sich auf die Brust trommeln und auch beim Menschen lässt sich der Sieger genau erkennen: Er nimmt deutliche Posen der Dominanz ein, reißt die Arme hoch, schlägt sich auf die Brust oder macht sich größer.[42]

---

42 Probieren Sie es selbst einmal aus: Nehmen Sie eine Haltung ein, bei der Sie sich wie ein Sieger fühlen. Halten Sie diese Pose für zwei Minuten – Sie fühlen sich anschließend garantiert stärker. (siehe dazu zum Beispiel *Hanna 2010* oder das YouTube-Video zu einem TED-Talk von Amy Cuddy: »Your Body Language Shapes Who You Are«)

Empfundener Statusverlust kann aber auch eine Kettenreaktion auslösen. Bei Kindern kann man dieses Verhalten zwischen Geschwistern beobachten: Die Eltern sind mit einem der Kinder unzufrieden und bestrafen es auf irgendeine Weise. Das Kind lässt seinen Unmut sofort an den kleineren Geschwistern aus, die entstandene Aggression muss weg. Leider ist das ein Teufelskreis, denn den Kleineren wird natürlich nicht erlaubt, sich an den Geschwistern auszutoben. Was wieder zu einem Statusverlust führt. *Unter Erwachsenen ist es nicht viel anders: Der anscheinende oder eingebildete Statusverlust ist die wesentliche Ursache des Widerstandes gegen Veränderungen hin zur agilen Organisation.*

Wenn Sie mit Ihren Mitarbeitern über den anstehenden Wandel sprechen wollen, schlagen ihre Gehirne zum ersten Mal Alarm. Implizit sagen Sie nämlich: »So wie ihr bisher gearbeitet habt, war es nicht richtig.« Das setzt ungewollt den Status der Kollegen herab und kränkt sie. Gleichzeitig »erhöhen« Sie sich selbst, indem Sie beginnen, über Änderungen zu reden. Alleine das kann schon ausreichen, um Widerstand zu provozieren. Genau das Gleiche geschieht, wenn Sie als Manager oder Berater einen »Fehler« oder eine »falsche Vorgehensweise« ansprechen. Wieder entsteht beim anderen ein Statusverlust, obwohl Sie es gar nicht so gemeint haben. Schon der Hauch eines »Ich weiß mehr als du«, kann von Ihrem Gegenüber als Angriff auf den eigenen Status empfunden werden. Damit wird deutlich, warum viele Veränderungsinitiativen bereits auf der Ebene des Individuums scheitern.

Es muss nicht immer gleich eine Lebenslüge im Sinne Ibsens sein. Drohender Statusverlust kann alles bedeuten. Man verliert seinen angestammten Schreibtisch, oder es wird nicht mehr deutlich als Spezialist für etwas gelobt. Objektiv gesehen sind die meisten Veränderungsinitiativen positiv: Das Planen gegen den Forecast zu ersetzen, das Pull-Prinzip einzuführen, Taskboards aufzusetzen – alles Aktivitäten, die den Einzelnen an sich nicht bedrohen und doch zu Fallen werden können. Naive Scrum-Implementierungen (und ich nenne es bewusst so, weil es diese naiven Implementierungen tatsächlich gibt), führen beim Einzelnen zu einer Unmenge an Statusverlusten:

- Der Einzelne soll sein Wissen in Teams aufgehen lassen und bekommt dafür nichts weiter als die Aussage, er gehöre jetzt zum Team.
- Der Teamleiter ist plötzlich nicht mehr wichtig, es gibt stattdessen den ScrumMaster.
- Der Projektmanager ist plötzlich nicht mehr wichtig, stattdessen wird ein Product Owner bestimmt.
- Dem einzelnen Teammitglied wird gesagt, gemeinsame Arbeit sei nun wichtiger als sein Spezialistentum.
- Dem Manager wird in naiven Scrum-Implementierungen mitgeteilt, sein Job sei nunmehr wertlos.

Dieses Vorgehen fördert nicht gerade die Bereitschaft eines Menschen, agil zu werden. Auf den ersten Blick muss er nämlich viele in der Vergangenheit erworbene »Positionen« aufgeben. Dass er auch in der agilen Organisation neue »Positionen« – also Status – erwerben wird, die auch eine Form von Befriedigung mit sich bringen, kann der Einzelne am Anfang der agilen Transition nicht sehen. Umso mehr muss der (Change-)Manager in der Lage sein, dem Betroffenen die Sicherheit zu geben, dass er sich um seinen Status keine Sorgen machen muss. Er muss dem Mitarbeiter vermitteln, dass ihm durch diese Transition nichts »passiert«.

David Anderson nutzte in seinen Überlegungen, die in weiterer Folge zu KANBAN führten, diesen Umstand. Er arbeitet mit der Grundannahme, dass alles, was bisher in einer Organisation getan wurde, als richtig angesehen wird. Durch die Aussage, alle Policies zu schätzen, wie sie sind und erst einmal anzuerkennen, macht er es dem Einzelnen in der Organisation leicht, denn er sagt (zunächst): Du musst dich nicht verändern. Dieses Vorgehen sagt so viel wie: Du bist OK!

9.1.2   Sicherheit/Gewissheit

> **Regel Nr. 2**
> Schaffen Sie unter allen Umständen Orientierung, indem Sie den Weg aufzeigen und die Rolle beschreiben, die jeder Einzelne im Prozess einnimmt.

Status, also der Rang oder die Stellung einer Person in einer Gruppe, ist in allen sozialen Verbünden eine gelebte Tatsache. Das Wissen um den eigenen Status birgt in sich eine Gewissheit und Sicherheit darüber, wer man selbst ist. Es ist also ein Beitrag zu unserer Identitätsbildung. Das zeigt uns, wonach unser Gehirn laufend sucht: Es will Gewissheit darüber, was als Nächstes passieren wird. Es will wissen, wie die Dinge laufen und sucht durch die Position in sozialen Verbänden (Familie, Dorfgemeinschaft, Freunde, Partnerschaft) nach Sicherheit. Auch in diesem Fall, wenn diese Bedingungen erfüllt sind, erhöht sich der Dopaminspiegel. Er nimmt hingegen ab, wenn man unsicher ist oder sich die Bedingungen des eigenen Umfelds so ändern, dass unklar ist, was als Nächstes geschehen wird. Cortisol wird ausgeschüttet und das Individuum gerät wieder unter Stress.

Bei jeder Form von agiler Transition ist daher entscheidend, dass man den von der Änderung betroffenen Menschen so schnell wie möglich mitteilt, was als Nächstes passiert. Sie wollen über die Dinge, die um sie herum passieren, und die sich ihrer Kontrolle entziehen, informiert sein. Und sie wollen wissen, was von ihnen erwartet wird.

Wie entscheidend das ist, habe ich bei einem Kunden erlebt: Dort sollten neue Teams für das Arbeiten in Scrum-Teams aufgestellt werden. Grundsätzlich begrüßten alle diese Maßnahme, auch die Entscheidungsträger waren involviert. Aber anstatt die Teams zusammenzustellen, wurde darüber lange, sehr lange, gesprochen. Dabei wurde sichtbar, dass die Menschen einerseits die Aufstellung neuer Teams zwar begrüßten, unbewusst blockierten sie sie aber, indem sie jeden denkbaren Eventualfall erörterten. Sie wollten im Vorfeld genauestens wissen, was denn auf sie zukäme. Leider entsteht dadurch ein Patt: Fällt keine Entscheidung darüber, wer in welches Team geht, kann man dem Einzelnen auch nicht erklären, was ihn in seinem neuen Zuständigkeitsbereich erwartet.

Der Einzelne ist damit überfordert. Wie soll er auch entscheiden, ob er das alles will? Er hat nicht genügend Informationen darüber, was ihn erwartet und wie sich sein Umfeld verhalten wird. Also ist es sicherer, sich nicht zu bewegen, um kein Risiko einzugehen.

Hier kommt der (Change-)Manager ins Spiel: Er muss Vorgaben machen, eine Richtung vorgeben und demonstrieren, wie das angestrebte Ziel erreichbar ist, dann erst können sich die Betroffenen bewegen. Wie schafft ein (Change-)Manager aber diese Sicherheit? Indem er entweder einen Rahmen steckt und die Mitarbeiter selbst herausfinden lässt, wie die Arbeiten zu erledigen sind. Oder er macht eine klare Ansage, wer was zu tun hat. Welche Methode die bessere ist, muss situativ beurteilt werden und hängt in hohem Maß von der (bestehenden) Kultur der Organisation ab.

9.1.3 Autonomie

> **Regel Nr. 3**
> Lassen Sie den Mitarbeitern so viel Entscheidungsspielraum wie möglich – allerdings in einem klar definierten Rahmen.

Die Partnerin des Status heißt Autonomie. Sie ist sehr leicht eingeschnappt und funkt hin und wieder dazwischen, wenn Sie den Mitarbeitern gerade Orientierung geben. Wollen Sie zum Beispiel Sicherheit schaffen und für die anderen Entscheidungen treffen, kränken Sie deren Autonomie. Sie will selbst entscheiden. Das Gehirn mag es nicht, dass es nicht selbst die Kontrolle über die Situation hat. Es ist also ein doppelschneidiges Schwert: Zum einen fühlt sich ein Mitarbeiter in seinem Status infrage gestellt, wenn Sie ihm sagen, was zu tun ist. Zum anderen hat er möglicherweise das Gefühl, Sie nehmen ihm die Kontrolle über die Situation. Die meisten Menschen haben ein großes Bedürfnis nach Autonomie. Sie wollen Dinge selbst entscheiden und frei handeln können. Fühlen sie, dass man ihnen das nimmt, leidet ihr Dopaminspiegel darunter.

Bei Veränderungsinitiativen wie der Einführung von Scrum geschieht es häufig, dass jemand entscheidet: »Wir machen Scrum!« Gleichzeitig wird den Mitarbeitern erklärt, wie sie zu arbeiten haben. Das führt sofort zu einem Autonomieverlust und sieht stark nach einer Doppelbotschaft aus. Dass dies nicht der Fall ist, erkennt man nur von der Meta-ebene aus.

Jetzt befinden wir uns in einem Teufelskreis: Wir wollen Scrum einführen ➜ das führt zu Unsicherheit, weil der Status bedroht ist ➜ diese Sicherheit muss man durch Orientierung und klare Ansagen wieder herstellen ➜ das führt wiederum zu einem Autonomieverlust.

Wie kommt man aus diesem Teufelskreis heraus? *Die Antwort ist einfach: durch Führung.* Führung heißt nicht, Menschen direktiv zu sagen, was sie zu tun haben. Es bedeutet aber sicher auch nicht, den Mitarbeitern zu erlauben, alles selbst zu entscheiden. Es muss Rahmenbedingungen, also Orientierung geben. Ich erlebe immer wieder, dass Führungskräfte in dieser Situation zu viel Entscheidungsfreiheit über Themen einräumen, die weit über das hinausgehen, was die Mitarbeiter verkraften können.

Das ist mir in meinem Unternehmen selbst passiert. Ich wollte meine eigenen Ideale umsetzen, ohne zu sehen, dass meine Mitarbeiter noch nicht an diesem Punkt waren. Sie brauchten wesentlich mehr Orientierung, als ich anfangs glaubte. Auch Sie glauben hoffentlich so wie ich an die Kraft der Selbstorganisation und sagen Ihren Teams, dass sie sich selbst organisieren sollen. Aber was denken Sie, ist bei uns passiert? Genau das Gegenteil. Wir hatten wochenlang echtes Chaos in der Firma. Ich hatte übersehen, dass man für diese sehr freie Form der Selbstorganisation zum einen den geeignet gesteckten Rahmen braucht.

An diesem Rahmen entlang können sich die Mitarbeiter strukturieren. Zum anderen muss man diesen Rahmen an die Fähigkeiten zur a) Selbstorganisation und b) die Kenntnisse der Mitarbeiter über die Arbeit an sich anpassen. Erinnern sie sich an Morning Star aus dem ersten Kapitel: Die Mitarbeiter dieses Unternehmens können sich selbst organisieren, weil sie die einzelnen Arbeitsschritte in ihrem Unternehmen bereits kennen und wissen, wie sie gemeinsam ihre Prozesse organisieren müssen. Sie werden gleichzeitig auch darin geschult, wie man sich selbst organisiert.

Es war für mich erhellend zu sehen, was passiert, wenn Mitarbeiter und Kollegen einfach noch nicht wissen, was für einen Job notwendig ist. Dann wollen sie plötzlich gesagt bekommen, was sie zu tun haben und aus dieser Unsicherheit herausgeführt werden. Als ich diesen Sachverhalt bei einem Vortrag auf dem Scrum Day 2013 in Berlin schilderte, sagte danach ein junger Mann in der Fragerunde, dass er genau das erwarte. Er wolle gar nicht ständig selbst herausfinden müssen, wie die Dinge funktionieren. Ihm sei wichtig, dass ihm zum Beispiel ältere Mitarbeiter zeigen, wie es gemacht wird.

Wie kommt man also aus der Falle heraus, einerseits den Status des Mitarbeiters zu wahren und ihm andererseits die notwendige Orientierung zu geben? *Sie müssen wissen, was Sie zur Disposition stellen und was nicht.* Diese Aufgabe ist sehr kompliziert: Sie müssen erkennen und wissen, was jeder einzelne Mitarbeiter und Kollege benötigt.

Legitimation als Autonomieerfahrung. Bei der Einführung von Scrum oder KANBAN, aber auch bei jedem anderen Veränderungsprozess werden in der Regel Mitarbeiter mit neuen Aufgaben oder Kompetenzen betraut. Das geschieht aber oft nur auf dem Papier. Machen wir uns nichts vor, es ist auch nicht einfach. Bis zu diesem Zeitpunkt haben die Manager im Grunde fast alles entschieden und plötzlich sollen sie Entscheidungskompetenzen an ihre Mitarbeiter abgeben. An dieser Stelle machen viele Manager einen gedanklichen Fehler. *Sie verwechseln die Machtkompetenz, Entscheidungen im Einzelfall treffen zu können, mit ihrer Aufgabe, die Regeln für Entscheidungsfindungen aufzustellen.* Ersteres ist viel einfacher: Ich brauche nicht zu begründen, warum ich wie entscheide. Ich habe die Macht, also entscheide ich so. Viel schwieriger ist es, klare Regeln und Rahmenbedingungen dafür aufzustellen (Entscheidungsregeln), wie von Mitarbeitern selbst entschieden werden darf.

Am deutlichsten wird das für einen Mitarbeiter, wenn er vor der Wahl steht, ob er ScrumMaster, Product Owner oder Teammitglied sein möchte. Dabei gehen Entscheidungskompetenzen auf diese Rollen über, die in den meisten Organisationen beim Linienmanagement liegen:

Rolle	Aufgaben- und Entscheidungsfeld
ScrumMaster	Produktivität
Product Owner	Wertschöpfung
Teammitglieder	Entwicklungsprozess
Manager	Struktur und Governance

Abb. 20: Aufgaben- und Entscheidungsfelder der einzelnen Scrum-Rollen

Die meisten Linienvorgesetzten bedienen in der Regel die rechte Spalte selbst. Genau diese Kompetenzen werden vom Manager erwartet und dazu hat er die Legitimation. Soll die Autonomie des Mitarbeiters gestärkt werden und er eine Chance bekommen, selbst zu entscheiden, muss das Management festlegen, was der Mitarbeiter entscheiden darf. Das basiert zum einen auf der Rollendefinition, zum anderen aber auch auf den Rahmenbedingungen, die das Unternehmen vorgeben muss, weil die strukturellen Bedingungen (zum Beispiel gesetzliche Vorschriften) so sind, wie sie sind.

Manchmal entstehen bei diesem Vorgehen rein sachliche Widersprüche, an die man im Überschwang des Veränderns gar nicht gedacht hat. Beispiel Urlaubsregelungen: Ich würde meinen Mitarbeitern am liebsten sagen, dass es mir egal ist, wie viel Urlaub sie nehmen. Ich erwarte ja auch, dass sie in einem Projekt so lange arbeiten, wie es notwendig ist, wir zahlen keine Überstunden. Leider ist das in Deutschland aber nicht so einfach umzusetzen. Haben die Mitarbeiter den Urlaub nicht schriftlich beantragt und passiert ihnen etwas, während sie sich im Urlaub befinden, sind sie nicht mehr krankenversichert. Oder sie nehmen möglicherweise mehr Urlaub, als wir vertraglich und gemäß den gesetzlichen Vorschriften vereinbart haben – schon ist das eine zu versteuernde Zuwendung des Arbeitgebers. Leider konnte ich dieses Problem noch nicht lösen, aber wir arbeiten daran.

Es gibt immer wieder Einschränkungen der eigenen Entscheidung, die nicht in unserem Einflussbereich liegen. Solche Widersprüche gilt es auszuhalten. Der einzige Weg ist, mit den Mitarbeitern am Verständnis dessen zu arbeiten, wie ihre »Spielräume« zustande gekommen sind und was von ihnen erwartet wird, um diese Spielräume erhalten zu können. Das ist nicht ganz einfach, denn es bedeutet, die eigenen Entscheidungsregeln transparent zu machen und Lösungen zu finden. Eine große Aufgabe für den Change-Prozess besteht darin, die Mitarbeiter mitzunehmen und gemeinsam Lösungen zu finden. Es gilt, im Zusammenspiel herauszuarbeiten, was der einzelne Mitarbeiter entscheiden darf und was nicht – und das vielleicht auch zu individualisieren, statt alle über einen Kamm zu scheren. Denn Autonomie kann nicht nach dem Gießkannenprinzip verliehen werden, es ist eine individuelle Größe. Daher ist im Einzelfall immer zu überprüfen, wie weit sie gehen kann.

Einen Entscheidungsrahmen zu haben, hat natürlich auch eine Kehrseite: Der Mitarbeiter beginnt, ein Risiko mitzutragen, denn er könnte falsch entscheiden. Es kann sein, dass der Einzelne diese Risiken nicht tragen will. In diesem Fall braucht er die Anleitung des Managers oder seiner Führungskraft, die ihm zeigt, wie er in Zukunft besser entscheiden kann.

9.1.4   Verbundenheit

> **Regel Nr. 4**
> Finden Sie einen Weg, auf dem sich Ihre Mitarbeiter mit Ihnen solidarisieren können. Schaffen Sie Verbundenheit mit der Sache oder den Menschen.

Sokrates wusste, wie schwer es ist, die Einstellung von Menschen zu verändern. Daher wandte er bei seinen Schülern eine etwas eigenwillige Strategie an: Er sorgte dafür, dass sie sich in ihn verliebten. Nun war Sokrates Philosoph und kein Neurologe, aber instinktiv wählte er damit einen gehirnfreundlichen Weg. Er wusste sicher nicht, dass im Stadium der Verliebtheit, einer Form der Verbundenheit, Oxytocin ausgeschüttet wird. Oxytocin festigt unter anderem die Bindung zwischen Mutter und Neugeborenem und es mischt überall da mit, wo wir uns sonst mit einem Ding, Tier oder Menschen verbunden fühlen. Oxytocin wird immer nur dann ausgeschüttet, wenn man körperlichen Kontakt mit jemandem oder etwas hat. Das gilt auch für »vermittelnden« Körperkontakt, also für Varianten wie etwa die gleiche Sprache – kurz für alles, das den Einzelnen erkennen lässt: »Ich bin mit anderen Menschen verbunden.«

Ist Ihnen an sich selbst oder anderen schon aufgefallen, wie offen man für neue Meinungen und Eindrücke wird, wenn man verliebt ist? Menschen verlassen ihre Familien, wechseln den Beruf, durchqueren Kontinente, wechseln den Wohnort, lernen neue Sprachen und vieles mehr, wenn sie sich verlieben oder sich mit einer Gruppe von Menschen verbunden fühlen. Offensichtlich ist die Verbundenheit also ein Weg, um die drei Veränderungsantagonisten Status, Gewissheit und Autonomie zu überlisten. Man nimmt Statusverluste in Kauf, geht ins Ungewisse und akzeptiert manchmal sogar einengende Zustände, nur weil eine Verbundenheit existiert.

Machen Sie jetzt bitte nicht gleich alle Mitarbeiter in Sie verliebt, es gibt für den (Change-)Manager andere Wege! Zeigen Sie ihnen ganz einfach: »Ich bin auf eurer Seite.« Zeigen Sie, dass sie sich mit ihnen verbunden fühlen. Mein Business-Coach gab mir einmal den besten Rat, um die meisten meiner eigenen Managementprobleme zu lösen: »Verliebe dich in deine eigene Firma!« Er hatte vollkommen Recht. Ich hatte meine Firma tatsächlich als Belastung gesehen. Die Administration, das Marketing – alles schien mich davon abzuhalten das zu tun, was ich eigentlich wollte: Firmen dabei helfen, Scrum zu machen. Die Erfahrung war überwältigend. Als ich begann, mich in meine Firma zu »verlieben« und all das Nervende zu mögen, begannen meine Mitarbeiter Dinge zu tun, die ich von ihnen zwar fordern konnte, die sie aber bisher nur widerwillig gemacht hatten.

Ich fühlte mich wieder verbunden und war in der Lage, ganz neue Verbindungen zu meinen Mitarbeitern aufzunehmen.

> Eine meiner Mitarbeiterinnen, eine hervorragende Coach, rief mich verzweifelt an. Sie kam bei einem ihrer Teams einfach nicht weiter. Ich fragte sie, wie die Gruppe auf sie reagierte und dabei stellte sich heraus, dass dieses Team noch nicht akzeptierte, dass sie dort war. Sie war als Mensch für dieses Team ein Fremdkörper. Als ich ihr so zuhörte, regte sich in mir die Vermutung, dass meine Mitarbeiterin die Menschen in diesem Team nicht mochte. Die Chemie stimmte einfach nicht. Das soll vorkommen, auch bei Consultants. Als ich meine Vermutung aussprach, sagte sie völlig perplex: »Stimmt. Aber ich habe mich auch noch gar nicht bemüht, sie kennenzulernen.« Als sie begann, ihre Einstellung zu ändern und es als professionelle Aufgabe sah, dass sie diese Menschen einfach mögen können sollte, veränderte sich die Dynamik im Team komplett. Sie wurden nie dicke Freunde, aber es entstand eine arbeitsfähige Gemeinschaft.

Sich dem Einzelnen verbunden fühlen, mit ihm eine gemeinsame Basis erzeugen, ihn auf die eigene Seite bringen – all das führt dazu, dass sich Menschen bewegen. Dann lassen sie zu, dass Sie Ihnen hin und wieder auch unbequeme Dinge sagen können. Allerdings fängt es bei Ihnen an! Virginia Satir ist da übrigens sehr explizit: »*Damit ein Familiensystem offen genug für eine Veränderung ist, benötigen die Mitglieder eine liebenswerte, annehmende Atmosphäre, ein Klima des Vertrauens und der Sicherheit.*« (Satir et al. 1991, S. 94) Dieses Element ist unumgänglich. Das hat nicht nur Satir erkannt, schon Sokrates war es klar: *Du musst den Menschen, mit dem du arbeiten willst, ehrlich respektieren, wenn nicht sogar mögen.*

Noch ein Nachsatz zum Oxytocin: Es wird durch jede Form von Erneuerung der Verbundenheit ausgeschüttet. Es reicht sogar, an den anderen positiv zu denken, um dieses Gefühl zu verstärken. Sich an seine »Streicheleinheiten« zu erinnern, fördert die Verbundenheit. Anders gesagt: Je öfter Sie sich mit den Menschen positiv auseinandersetzen, mit denen Sie zu tun haben, desto mehr beginnen Sie, sich mit Ihnen verbunden zu fühlen.

9.1.5   Fairness

> **Regel Nr. 5**
> Sorgen Sie für klare Regeln, die von der Gruppe selbst durch entsprechende Maßnahmen transparent überwacht werden können.

Menschen wollen fair zueinander sein. Das ist ein Bedürfnis unseres Gehirns. Kleine Kinder gehen in ihren ersten Lebensjahren tatsächlich fair miteinander um, es ist eine anthropologische Konstante. Möglicherweise hat das etwas mit den Spiegelneuronen unseres Gehirns zu tun, die für die Empathie sorgen. Allerdings muss diese Fairness beobachtbar sein. Sieht man, dass sich alle an die Regeln halten, und dass diese Regeln allen bekannt sind, ist der Einzelne sogar stolz darauf, selbst mit ihnen konform zu gehen. Sind die

Regeln hingegen unklar und zeigen sich Verschiebungen zum Vorteil einzelner Personen, wird das Eigeninteresse über das Gesamtinteresse gestellt.

Wollen wir Veränderungen des Individuums möglich machen, müssen wir also dafür sorgen, dass positives Verhalten anerkannt und negatives Verhalten »bestraft« wird, und zwar für alle sichtbar und nach transparenten Regeln. Wenn Sie eine Regel einführen, und sei sie noch so verkehrt, müssen sich alle daran halten. Alle! Also auch Sie selbst.

Fairness bedeutet aber nicht Gleichmacherei. Sind Sie zum Beispiel der Meinung, dass ein ScrumMaster eine herausragende Leistung gezeigt hat, sollten Sie ihn auch vor allen anderen loben. Fairness bedeutet auch nicht, dass Sie alle gleich behandeln müssen. Bei einem sportlichen Wettbewerb ist es ja auch in Ordnung, dass die Besten auf das Podest kommen. Schließlich waren sie für alle nachvollziehbar die Besten und damit ist es nur akzeptabel und fair, dass sie ausgezeichnet werden. Das genaue Gegenteil von Fairness wäre es, diese Leistungen nicht zu würdigen.

9.1.6 Die drei Schritte zur Veränderung

Warum sollte ich mich oder meine Lebensumstände verändern? Ökonomen zufolge geschieht das einfach dann, wenn ich ein Interesse daran habe. Diese Interessen sind vielfältig, für jeden Mitarbeiter liegen die Gründe für eine Veränderung anders. Aber das bedeutet nicht, dass Sie es jedem Recht machen müssen. Versuchen Sie, drei sehr einfache Regeln zu beherzigen *(vgl. Heath 2011)*:

1. *Finden Sie den emotionalen Auslöser*, der den Einzelnen dazu anspornt, sich in die Richtung des neuen Zieles aufzumachen.
2. *Schaffen Sie Orientierung:* Machen Sie eine ganz klare Ansage, wie Sie sich den Weg zum Ziel vorstellen und wie sich also der Einzelne bewegen soll.
3. *Definieren Sie das Ziel.* Sagen Sie dem Einzelnen genau, *wohin* er sich bewegen soll.

Aber das reicht noch nicht aus. Sie benötigen eine Transferleistung. All das ist nur dann wirkungsvoll, wenn Sie dem Mitarbeiter glaubhaft versichern, dass

a) *bemerkt wird*, dass er sich auf den Weg gemacht hat und
b) dass es sich *für ihn lohnt*, sich zu bewegen.

Diese Metaspekte der Veränderung hängen eng damit zusammen, dass Sie den Mitarbeitern bei der Eigenmotivation helfen müssen. Das können Sie mit folgenden fünf Punkten schaffen *(vgl. Pink 2009)*:

1. *Finanzen:* Geld spielt nie eine Rolle. Es sei denn, es ist spürbar zu wenig oder der Markt zahlt wesentlich mehr als Sie und der Mitarbeiter ist schon aus anderen Gründen auf dem Absprung. Zahlen Sie Ihren Mitarbeitern also ein faires Gehalt.
2. *Anerkennung:* Wenn ein Mitarbeiter gute Arbeit gemacht hat, erkennen Sie das entsprechend an. Er braucht Ihre Bestätigung! Aber hüten Sie sich vor finanziellen Anreizen, es sei denn, Sie wollen von ihm gleichförmige Arbeit.

3. *Spielräume:* Zeigen Sie dem einzelnen Mitarbeiter, dass er in Zukunft noch größere Spielräume und somit noch mehr Handlungsfreiheit hat. Diese hat er sich selbst erarbeitet und die Spielräume sind dafür die Belohnung.

4. *Meisterschaft:* Helfen Sie dem Einzelnen zu erkennen, dass er gerade noch besser wird. Oder helfen Sie ihm herauszufinden, wie er auf seinem Gebiet noch besser werden kann.

5. *Sinn/Zweck:* Den Sinn der Arbeit zu vermitteln ist möglicherweise am wichtigsten.

»Belohnungen« für das veränderte Verhalten sind also nicht finanzieller Natur, sondern werden in Form von Freiraum, mehr Verantwortung und mehr Gestaltungsspielraum »ausbezahlt«. Mehr und mehr tragen die Mitarbeiter damit zur Sinnstiftung bei. Natürlich ist das alles leichter gesagt als getan. Daher möchte ich an einigen Beispielen genauer illustrieren, was mit den obigen Punkten gemeint ist.

Emotionen. Kotter nannte es »Urgency«, die Notwendigkeit zu erkennen, warum wir etwas ändern sollen. Auf der individuellen Ebene geht es nicht einseitig darum, dass der Einzelne die Dringlichkeit erkennt und deshalb handelt. In erster Linie muss er emotional betroffen sein. Wie wir aus der Hirnforschung wissen, entsteht der innere Antrieb durch Emotionen: Angst erzeugt eine Fluchtreaktion, Freude erzeugt Hinwendung. Für den (Change-)Manager bedeutet diese Erkenntnis, dass er den Einzelnen mit dem motivieren kann, was ihn berührt.

Orientierung. In vielen Change-Initiativen bemerke ich immer wieder das Gleiche: Wenn die Teilnehmer aus einem Scrum-Training, einem Workshop oder einem Gespräch kommen und das Gelernte umsetzen wollen, hindert sie nicht die mangelnde Motivation daran, die ersten Schritte zu gehen. Das Feuer ist entfacht, die (positiven) Emotionen schäumen über, der Einzelne brennt für die Idee. Es hindert sie aber die simple Tatsache, dass ihnen der Transfer in die eigene Organisation nicht gelingt. Sie wissen nicht, wo sie anfangen sollen. Stattdessen stehen sie vor dem scheinbar riesigen Berg und fragen sich: »Welches der vielen Probleme soll ich als Erstes angehen?«

Daher ist es notwendig, ihnen möglichst zeitnah nach der wie auch immer gearteten Initialzündung zu Scrum die notwendige Hilfestellung zu geben. Meine Beobachtung ist hier: Führungskräfte, die in dieser Phase die ersten Schritte *selbst* gehen, punkten. Sie verdienen sich den Respekt ihrer Mitarbeiter, indem sie zeigen: »Seht her, ich gehe genauso wie ihr durch die Schwierigkeiten. Deswegen werden wir sie auch gemeinsam meistern.« Wenn sich ein Manager die Zeit nimmt und seinen Teammitgliedern zeigt, wie man zum Beispiel ein Taskboard anlegt oder die notwendigen Meetings durchführt, wirkt das 100 Mal intensiver, als wenn man dafür einen Scrum-Berater einkauft. Traut man es sich als Manager nicht zu, sollte man wenigstens dabei sein. Wir machen als Berater gerne die Arbeit, aber der Manager sollte sich positiv und wertschätzend einbringen.

Bitte verwechseln Sie dieses Anleiten nicht mit Rechtfertigungen oder Überzeugungen oder einem besserwisserischen: »Schaut, es ist doch so einfach.« Wenn der Einzelne danach fragt, dann muss der Manager handeln. Noch besser wäre es natürlich, wenn er diesen Prozess nur anleiten muss und das Wissen über Scrum oder Selbstorganisation bei den Mitarbeitern schon vorhanden wäre. Dann braucht ein Manager seine Mitarbeiter nur zu unterstützen: Ihnen den Mut geben, den ersten Schritt zu gehen, indem er es selbst vormacht. Es ist so ähnlich, wie einem kleinen Kind zu zeigen, wie es seinen ersten Lego-Turm bauen kann. Das macht man ja auch nicht, indem man sagt: »Bau einen Turm, hier ist die Anleitung«, und dann verlässt man den Raum. Nein, man ist dabei, sucht die richtigen Steine heraus, hilft beim Lesen der Bauanleitung und lässt ansonsten das Kind so machen, wie es will.

Rollensicherheit. Das wirklich Problematische bei Scrum-Transitionen in Unternehmen sind die veränderten Aufgabenstellungen und Verantwortlichkeiten. Vor allem für Menschen in Managementpositionen ist die Umverteilung ihrer bisherigen Aufgaben, wie Arbeitseinteilung, Überwachung oder das Generieren von Informationen, mitunter ein »Schock«. Diese Neuinterpretation des Wortes Managers, die Umgestaltung und »Entwertung« der traditionellen Rollen, führt zu einer massiven Desorientierung aller Beteiligten. Plötzlich ändern sich alle erlernten und gelebten Beziehungen. Es ist nicht mehr klar, wer wofür zuständig ist und gleichzeitig werden Menschen tatsächlich für die Dinge »verantwortlich« gemacht, die sie laut ihrer *neuen* Rollen haben.

Diese Desorientierung müssen sie als (Change-)Manager so schnell wie möglich beseitigen, indem Sie klarstellen, wie die neuen Rollenverantwortlichkeiten aussehen und auf diese Weise jedem Einzelnen erklären, was Sie von ihm in der neuen Rolle erwarten.

In einer unserer Scrum-Transitionen war bereits klar, wie die Rollen aussehen sollten. Die Mitarbeiter hatten das sehr schnell verstanden. Doch die Abteilungsleiter wollten sich in Wahrheit nicht mit dem neuen Rollenmodell identifizieren. Nicht die Mitarbeiter waren in diesem Fall resilient, sondern das mittlere Management.

Dieses Verhalten erleben wir sehr oft. Meistens ist es dann der Fall, wenn eine Scrum-Transition »von oben« angeordnet wurde. Obwohl man dem mittleren Management in das Einfinden in die neue Rolle helfen will, ist dort eine starke Verunsicherung spürbar. Nicht zu wissen, wofür sie nun zuständig sind, verhindert gleichzeitig, dass sie sich bewegen *wollen*. Es ist auch allzu verständlich und dem Einzelnen gar nicht vorzuwerfen: Den Mut, den eigenen Job zu »riskieren« und »Erfüllung« in einer neuen Rolle zu finden, trifft man in Deutschland – vor allem in großen Unternehmen – kaum an.

Dabei wären es gerade die Teamleiter, Gruppenleiter und Abteilungsleiter, die ihren Mitarbeitern die so dringend gewünschte und notwendige Orientierung geben müssten. Sie sind es, die den Product Ownern und ScrumMastern den Rücken stärken müssten, obwohl sie möglicherweise selbst gar nicht wissen, was das bedeutet. Sie müssten hinter den neuen Strukturen stehen und sie gestalten, statt sich zu fragen: »Was wird aus mir?«

Wir erleben als Berater (und hier sind Change-Manager ebenso gefragt wie Manager), dass diese Verunsicherung des Managements viele Scrum-Tansitionen lähmt. In meinen Augen zeigt das aber bedauerlicherweise auch, dass die meisten Manager ihre funktionalen Managementaufgaben nicht wirklich leben oder ausüben. Sie vergessen, dass eine

Funktion des Managements das Führen und Anleiten ist. Durch ihre Weigerung, genau das in der gegenwärtigen Lage zu tun, machen sie sich eigentlich selbst überflüssig.

An dieser Stelle sei noch einmal gesagt: *Es braucht die Manager – vor allem das mittlere Management!* Manager haben es in der Hand: Sie können sich auf die Seite der Transition schlagen und auf diese Weise ein vollkommen neues Handlungsrepertoire aufbauen. Oder sie bewegen sich nicht. Dann werden sie bei der nächsten Sparrunde des Unternehmens sicherlich den Kürzeren ziehen.

Methodische Sicherheit. Neben der Klarheit über ihre Rolle brauchen Mitarbeiter auch Orientierung durch die methodische Klarheit: Wie soll ich mich verhalten? Was wird von mir erwartet? »Genchi Genbutsu« wird in diesem Zusammenhang von einem Manager erwartet[43]– sich vor Ort ein Bild machen. Es geht darum, die Methode zu verstehen, nach der die Mitarbeiter ab sofort arbeiten sollen. Dann kann man als Manager nämlich auch einschätzen, wie man den Mitarbeitern dabei helfen kann, ihren Job noch besser und effektiver zu machen. Es geht sogar noch besser: selbst vorleben, selbst die neuen Methoden anwenden. Was spricht dagegen, auch in der Führungsriege Daily Scrums abzuhalten? Auf einem Taskboard erlangt die Arbeit der Führungskräfte außerdem hervorragende Transparenz. Auf diese Weise versteht jeder Mitarbeiter: Auch das Management geht den Weg mit Scrum. Und noch einen Vorteil hat das Ganze: Auch die Manager verstehen, was ihre Mitarbeiter mit diesem Scrum eigentlich machen, es bleibt nicht länger ein großes Mysterium.

Der wichtigste Aspekt ist aber, dass die Mitarbeiter die Sicherheit bekommen, dass tatsächlich gesehen wird, was sie tun. Das neue Verhalten wird von der Führungskraft *anerkannt,* und das verstärkt wiederum die Veränderungsbereitschaft. Bei den meisten Scrum-Implementierungen geschieht genau das Gegenteil: Die Führungskräfte gehen nicht zu den neuen Meetings der Mitarbeiter, sie schauen nicht täglich, was ihre Leute den Tag über machen, sie versuchen auch nicht zu verstehen, dass Daily Scrums, Reviews und Retrospektiven wertvoll sind. Einige Teams versuchen es mit Pair-Programming und postwendend kommt von einigen Managern die Aussage: »Das ist doch vergeudete Zeit.« Damit geben sie zu, dass sie noch nicht verstanden haben, worum es den Teams wirklich geht.

Wenn das Selbstmachen aus irgendwelchen Gründen nicht gleich möglich ist, gibt es noch einen einfacheren Weg der Anerkennung: den Mitarbeitern einfach zuhören. Beim Mittagessen informell fragen, wie es denn so läuft, ob es positive oder eher negative Reaktionen gibt und diese Dinge dann auch mit den Teams besprechen. Es geht darum, den Mitarbeitern zu zeigen, dass man für sie da ist. Der Einzelne kann auf diese Weise leichter einschätzen, ob er sich in die richtige Richtung bewegt. Es bringt ihm von außen die Sicherheit, die er in seinem Inneren noch nicht hat. Das ist übrigens eine der wichtigsten Funktionen von Coaches und Consultants bei Scrum-Transitionen: den Mitarbeitern das Gefühl zu geben, dass sie auf dem richtigen Weg sind, ihnen beim täglichen Tun das Feedback geben, ob sie die Dinge richtig machen.

---

43 Genchi Genbutsu bedeutet »geh hin und schau« und ist eines der wichtigsten Prinzipien des Toyota Production Systems. Es beruht auf der Einsicht, dass man eine Situation nur vollständig verstehen kann, wenn man sich an den Orten aufhält, wo die Arbeit erledigt wird.

All das muss am Ende auch noch individualisiert werden. Jeder Mensch ist anders, jeder braucht eine andere Form der Ansprache, weil er als Individuum wahrgenommen werden möchte. Das führt den Manager aber in einen Konflikt: »Für jeden Einzelnen alles mundgerecht aufbereiten?« Nun, man muss es nicht ins Extrem treiben. Auf den Mitarbeiter eingehen heißt, ihm das Gefühl zu geben, dass sich seine Führungskraft um ihn kümmert. Den Rest macht der Mitarbeiter schon selbst, vor allem führt er sich selbst, wenn er es für sich als sinnvoll erachtet. Wichtig ist zu akzeptieren, dass nicht alle Mitarbeiter diese Wandlung gleich schnell mitmachen werden. Lassen Sie Ihnen Zeit und konzentrieren Sie sich bei der Anerkennung auf die, die sich offensichtlich bemühen.

Ziel. Um sich zu orientieren, braucht man ein Ziel. Zunächst sollte klar sein, dass Scrum, KANBAN oder etwas anderes nicht eingeführt wird, weil man einfach diese Methode anwenden will (weil so viele andere es auch mittlerweile tun). Als Manager oder Change-Manager müssen Sie den Menschen immer wieder das »Wozu?« deutlich machen, also die Frage nach dem Sinn beantworten. Manchmal darf man deswegen auch emotional werden – Steve Jobs war dafür das beste Beispiel. »*Als der Termin für die Fertigstellung des iMac näherrückte, zeigte Jobs mit aller Kraft seine legendäre Reizbarkeit, besonders wenn es um Fragen der Produktion ging. Im Rahmen eines Produktprüfungsmeetings wurde ihm plötzlich klar, dass der Prozess zu langsam vonstatten ging. »Er bekam einen seiner Furcht einflößenden Anfälle, und seine Wut war wirklich echt«, erinnerte sich Ive. Er lief um den Tisch herum und beschimpfte jeden Anwesenden, als Allerersten Rubinstein. »Du weißt ganz genau, dass wir hier versuchen, die Firma zu retten«, schrie er, »und ihr Typen verbockt es komplett!« (Isaacson 2011, Kindle Edition Pos. 6726)*

Erklären Sie den Menschen also nicht nur, warum sie sich in die neue Richtung aufmachen sollen, das haben wir schon mit dem emotionalen Effekt geklärt. Erklären Sie ihnen vielmehr auch, wozu sie sich aufmachen sollen. Was ist der Zweck und der Sinn der Reise ins agile Land? Was bedeutet es für sie selbst und welchen Nutzen werden sie selbst davon haben? Darum geht es am Ende: *Der Einzelne muss einen Nutzen von der Veränderung haben.* Dann wird er das Ziel auch anstreben.

Zusammenfassung – die Bewegung des Einzelnen

Ken Schwaber sagt immer wieder: »Der Wandel beginnt von Person zu Person, von einem Gespräch zum nächsten.« Ich gebe ihm hier vollkommen Recht. Jeder Einzelne muss für sich selbst wahrgenommen werden und die Chance zum Wandel bekommen. Deshalb ist es notwendig zu verstehen, wie sehr der Einzelne durch Status-, Sicherheits- und Autonomiedenken davon abgehalten wird, sich zu verändern. Der erste Schritt, ihm bei der Veränderung zu helfen, besteht deshalb darin, sich mit ihm verbunden zu fühlen und ihm die Chance zu geben, Sie als Change-Manager zu mögen. Dann wird er sich öffnen und auch mögliche Statusverluste hinnehmen. Erfolgreich wird das aber nur sein, wenn Sie dem Einzelnen zeigen können, warum er sich bewegen soll. Sie müssen ihm dabei helfen herauszufinden, wie er sich bewegen soll, und ihm das Ziel deutlich vor Augen führen. So dass er selbst sieht, dass es auch einen Gewinn für ihn geben wird. Einen Gewinn, den

Sie als Change-Manager sehr wohl sehen und für den Sie dem Einzelnen auch Anerkennung geben.

9.2 Den Wandel aus Sicht des Teams verstehen

Es gibt vier Ebenen, die wir betrachten müssen, wenn wir Teams zur Veränderung animieren wollen. Eine wunderbare Darstellung für diese vier Aspekte, die Sie als Change-Manager für Ihr Team deutlich herausstellen müssen, habe ich in *Leading Self-Directed Work Teams* von Kimball Fisher gefunden. *(Fisher 2000) Klarheit* und das *Bedürfnis zum Wandel* sind individuelle Aspekte, *Selbstachtsamkeit* und *Unterstützung durch die Organisation* sind gruppenspezifische Aspekte.

Klarheit

Dem Einzelnen zu zeigen, wie er seine neue Rolle ausfüllen soll, ist nur eine Facette der Klarheit. Mit den neuen Rollen verändert sich aber auch das soziale Gefüge innerhalb eines Teams. Es geht dabei nicht zwingend um die expliziten Rollen ScrumMaster, Product Owner und Teammitglied. Vielmehr muss darüber nachgedacht werden, wie sich das Team miteinander in den Rollen zurechtfindet. Wer ist für was zuständig? Ist das überhaupt noch festgelegt? Dieser Prozess ist gar nicht trivial und es wird für viele zunächst unklar sein, wie sich die neuen Rollen herausschälen werden.

> Wir hatten den Auftrag, eine Organisation über zwei Jahre hinweg bei der Transition zu Scrum zu begleiten. Die ersten drei Monate waren sehr zäh, weil die Abteilungsleiter zweier Bereiche sich nicht darüber im Klaren waren, wie sie die Team- und Gruppenleiter in Zukunft beschäftigen wollten. Sie konnten sich nicht vorstellen, was diese Mitarbeiter noch tun sollten. Erst als ihnen klar wurde, dass diese Führungskräfte selbst in die Rollen von ScrumMaster und Product Owner schlüpfen könnten, wurde der Weg für die Änderung frei.

Das Bedürfnis des Einzelnen zum Wandel aus Sicht des Teams

Wir wissen jetzt schon einiges über den Willen und Unwillen des Einzelnen, wenn es um Veränderung geht. Wenn wir die Teamperspektive einnehmen, haben wir es mit einem systemischen Aspekt zu tun.

Beginnt das Team, neue Regeln aufzustellen, bekommt der Einzelne in diesem Team das Gefühl: »Ich *muss* mich ändern, ich *muss* mitziehen.« Es ist wie das Henne-Ei-Problem oder wie ein Perpetuum mobile: Der Einzelne bewegt das Team und das Team den Einzelnen. Das System will zunächst aber nur eines: so bleiben, wie es gerade ist. Welches Element stößt man also als Erstes an? Für einen Neuanfang einfach neue Teams aufstellen und damit die alten Strukturen auseinandernehmen? Das ist eine Möglichkeit, die zum Erfolg führen kann. Aber auch dabei ist die Sicherheitsfrage für den Einzelnen sehr wichtig. Deshalb muss die Organisation für alle klar machen, dass ihre *Jobs* nicht infrage gestellt werden, schlimmstenfalls ihre *Position*. Auch nach dem Wandel werden alle einen Arbeitsplatz haben.

> Einer unserer Kunden löste das Problem, indem er die Mitarbeiter mithilfe von Organigrammen einfach in neue Positionen schickte. Das war zwar hierarchisch und ziemlich old school, aber es war die Art und Weise, wie in dieser Organisation immer mit Veränderung umgegangen worden war. Der Vorstand machte mehr als deutlich, dass er von den Führungskräften erwartete, die neuen Rollen einfach einmal auszuprobieren. Natürlich würden sie ein Jahr Zeit bekommen, um zu lernen, wie die neuen Rollen funktionieren. Dadurch entstand die notwendige Sicherheit, auf deren Basis die Abteilungsleiter reagieren konnten.

Selbstachtsamkeit – in der Reflexion zu den anderen

Das einzelne Teammitglied steht in Wechselwirkung mit jedem anderen. Wie schnell oder langsam sich der Einzelne ändern kann (oder will), ist daher auch eine Frage der Beziehungen innerhalb des Teams. Techniken aus dem Coaching, etwa Teamaufstellungen mit den Personen selbst oder auch mit Figuren, können dem einzelnen Mitglied zeigen, in welchen Beziehungen es zu den anderen steht.

Weit wichtiger ist in diesem Zusammenhang aber die Rolle des ScrumMasters: Er muss den Teammitgliedern klarmachen, dass ihre Handlungen und Einstellungen Wirkung auf die anderen haben. Eine Möglichkeit, diese Tatsache anzusprechen, ist das Daily Scrum oder er nutzt die Retrospektive, um diese Wechselwirkung ins Bewusstsein zu rufen. Für den (Change-)Manager heißt das also: Helfen Sie Ihrem ScrumMaster dabei, diese Beziehungsarbeit zu leisten!

> Eine der Beraterinnen aus meinem Unternehmen hatte diese Übung explizit mit einem ihrer Teams durchgeführt. Statt einer Retrospektive nutzte sie die Zeit, um mit dem Team alle Kommunikationsbeziehungen zwischen den Mitgliedern aufzuzeichnen. Im Anschluss daran half sie ihnen darüber zu reden, was sie voneinander erwarteten. Die Arbeitssituation änderte sich schlagartig zum Positiven.

Schwierigkeiten kann es geben, wenn der ScrumMaster vom »informellen« Leader eines Teams nicht anerkannt wird. Der Rest des Teams gerät damit in einen Zwiespalt: Der »neuen« Führungskraft ScrumMaster folgen oder dem informellen Teamleader die Treue halten? Was dabei oft entsteht, ist ein unausgesprochener Machtkampf, den der Scrum-Master dann verliert, wenn er sich selbst nicht darüber im Klaren ist, dass *er* das Scrum-Team führt.[44] Bevor sich dieser Konflikt auflösen kann, muss also zunächst der Scrum-Master dieses Selbst-Bewusstsein erlangen und er braucht dazu die Hilfe von außen: von einem Coach, Manager oder anderen ScrumMastern.

---

44 Zu dieser Situation hat die unsinnige Einstellung einiger Vertreter der Scrum-Community, der ScrumMaster sei nur ein besserer Facilitator für das Entwicklungsteam, leider viel beigetragen.

Unterstützung durch die Organisation – ein erster Vorgriff

Der Kontext, in dem wir uns befinden, beeinflusst unser Verhalten stärker als wir es wahrhaben wollen.

Je nachdem, in welchem sozialen Umfeld man sich gerade bewegt, verhält man sich unterschiedlich. Der Rahmen bestimmt also oft, wer wir (gerade) sind. Für ein soziales Wesen wie den Menschen ist das vollkommen logisch, denn die eigene Identität ist eine Zuschreibung durch das soziale Gefüge. Für eine Change-Initiative hin zu Scrum bedeutet das, dass es Scrum-Teams sehr viel einfacher haben, wenn die umgebende Organisation den Teams die notwendigen Rahmenbedingungen setzt. Ändert man die traditionellen Strukturen nicht und werden diese quasi im »Parallelbetrieb« weitergefahren, tut man sich damit keinen Gefallen. Das wohl radikalste Beispiel für einen Umbau ist Salesforce.com: Die Verantwortlichen wollten gar nicht erst ein Pilotprojekt beginnen, sondern vom Start weg mit allen Mitarbeitern scrummen – und der Erfolg gibt ihrer Strategie Recht.

Das muss nicht der richtige Weg für jede Organisation sein, aber es zeigt, wie wichtig die Rahmenbedingungen sind. Beispiele wie Salesforce.com sind selten anzutreffen. Oft beginnen Organisationen, Scrum langsam innerhalb der alten Strukturen einzusetzen. Allerdings sind diese Strukturen mächtig und obwohl es getan werden muss, ist es oftmals müßig, mit Vertretern des alten Gefüges darüber zu reden, wie Scrum ihre Bedürfnisse befriedigen kann. Ein (Change-)Manager hat also die Aufgabe herauszufinden, welche Strukturen bleiben sollen und welche so schnell wie möglich geändert werden müssen. Die ScrumMaster sind dabei auf die Hilfe des Managements angewiesen. ScrumMaster können Defizite nur aufzeigen, aber oft nicht selbst ändern.

> In einem unserer Projekte hatte der für Herstellung und Betrieb der Lösung zuständige Dienstleister eine starke Projektmanagement-Organisation aufgebaut. Der Kunde dieses Dienstleisters wollte Scrum, weil seine Kosten ausuferten. Als dieser Kunde sozusagen als »Außenstehender« verlangte, in dieser Organisation Scrum einzuführen, sagten alle Gruppen- und Abteilungsleiter des Dienstleisters: »Wunderbar! Das ist der richtige Weg.« Als wir aber mit der Arbeit begannen, stellte sich schnell heraus, dass dieses neue Arbeiten alles gefährdete, was man dort in den letzten Jahren aufgebaut hatte. Es war für die Mitarbeiter des Dienstleisters unvorstellbar, bereits abgestimmte Projektpläne zu ändern, denn das hätte ja Auswirkungen auf fast jedes Projekt des Dienstleisters für den Kunden. An diesen Projekten hingen bereits Zeitkontingente, für die man natürlich einen Auftrag bekommen hatte. Nicht auszudenken, wenn diese Umsätze möglicherweise wegbrechen würden!

Es dauerte einige Zeit, aber auch dieses Problem ließ sich mit der Unterstützung des Managements lösen. Genau darum geht es: Das Management ist für die Strukturen in einer Organisation verantwortlich. Wenn nötig, müssen Sie also auch die Rahmenbedingungen für die Scrum-Teams anpassen. Wir werden später noch sehen, wie wichtig dieser Aspekt ist.

Neben der Prägung der eigenen Identität ist die *Orientierung* an dem Umfeld ein weiterer Aspekt. Wenn das Umfeld von einem Team systematisch verlangt, dass es alle zwei Wochen liefert, wenn Manager, Kunden und vielleicht sogar die End-User in den Sprint Plannings oder den Reviews immer öfter dabei sind, wird sich das Team sehr schnell an die neuen Gegebenheiten anpassen. Was soll es auch anderes tun? Fatal ist immer nur die umgekehrte Variante: Die Organisation lässt zu lange zu, dass sich Teams nicht gemäß der Regeln von Scrum verhalten. Drei Beispiele illustrieren so ein kontraproduktives Verhalten:

- Das Team liefert am Ende eines Sprints nicht. Der Product Owner sagt nichts, sondern ist zufrieden.
- Das Team arbeitet weiterhin ohne bessere Qualitätsstandards – der Level of Done ist nicht mit der Organisation abgestimmt.
- Die Organisation lässt es den Teammitgliedern durchgehen, dass sie ihre Aufgabe als Softwareentwickler nicht ordentlich durchführen – »weil sie ja Scrum machen«.

Bekommt das System also von außen einen Rahmen gesetzt, nach dem es handeln soll, wird es sich danach ausrichten. Deshalb ist es notwendig, dass auch die äußeren Rahmenbedingungen adaptiert werden.

Das Verlangen fertiger Produktinkremente nach einer kurzen Zeitspanne ist der Treiber der Veränderung, wie ich immer wieder sehe: Ein Kunde hatte sich mit Scrum beschäftigt, seine unterschiedlichen Dienstleister waren davon begeistert, jeder machte sein Scrum-Derivat und sprintete wie er gerade wollte auf den Endtermin zu. Chaos entstand – nichts war rechtzeitig fertig. Der Projektleiter erzählte mir, dass er daher (ganz gegen Scrum-Selbstorganisationsprinzipien verstoßend) von allen verlangte, ab sofort in zweiwöchigen Releases defektfrei zu liefern. Er würde die Termine jetzt einfach festlegen, damit nach wenigen Wochen alle Beteiligten synchron liefern könnten. Ich sagte ihm nur: »Perfekt! Genau so gehts!«

9.2.1 Das Team führen – der ScrumMaster

Der ScrumMaster ist eine Führungskraft, die sowohl den Product Owner als auch das Entwicklungsteam führt. Aber was bedeutet das im Kontrast zum »traditionellen« Teamleiter? Zunächst »führt« der ScrumMaster den Product Owner und das Entwicklungsteam *nicht disziplinarisch*, sondern lateral. Er hat also keine Weisungsbefugnis und ist dennoch dafür verantwortlich, dass die Produktivität des Scrum-Teams beständig steigt. Wie das genau geht, ist umfangreich in *Scrum. Produkte zuverlässig und schnell entwickeln* beschrieben *(Gloger 2013)*. An dieser Stelle sei aber explizit der Unterschied zum klassischen Teamleiter anhand einiger Beispiele dargestellt:

Verantwortungsbereich	ScrumMaster	Teamleiter
Entwicklung der Kompetenzen des Teams	Der Fokus des ScrumMasters liegt auf dem Team, der Einzelne ist für seine Entwicklung selbst verantwortlich. Der ScrumMaster führt nur dann individuelle Gespräche über die Entwicklung des *einzelnen* Teammitgliedes, wenn dieses auf ihn zukommt. Er weist aber von außen wertfrei auf Defizite hin, die der Einzelne seiner Meinung nach hat.	Der Teamleiter entwickelt den Einzelnen und führt dazu zum Beispiel Mitarbeitergespräche.
Abstimmung mit Fachbereichen, Anforderungen etc.	Der ScrumMaster hilft dem Product Owner in seiner Funktion als »Produktentwickler«. Er zeigt ihm, wie man die Rolle als Product Owner lebt, übernimmt aber keinerlei Abstimmungen mit dem Fachbereich.	Der klassische Teamleiter fungiert als Schnittstelle zwischen den Fachbereichen und dem Entwicklungsteam.
Reporting zur nächsten Managementebene	Der ScrumMaster ist der nächsten Managementebene nur in punkto Produktivität verpflichtet. Er ist weder für die Qualität des Produktes noch für die pünktliche Lieferung verantwortlich. Er erstellt keine Statusreports für das Management.	Der Teamleiter muss in der Regel Rechenschaft für die Leistungen seines Teams abgeben.
Technische Expertise	Der ScrumMaster sollte verstehen, was in seinem Scrum-Team geschieht und wissen, wie die Technik funktioniert, die Produktionsprozesse etc. ablaufen. Er muss sie aber nicht zwingend selbst ausführen können.	Der Teamleiter ist meist der Mitarbeiter mit dem größten technischen Verständnis und dem umfangreichsten Produkt-Know-how. Er kann oftmals die Arbeit des Product Owners übernehmen.

Abb. 21: Zuständigkeiten ScrumMaster vs. Teamleiter

Der ScrumMaster ist also jener Mitarbeiter im Unternehmen, der dafür sorgt, dass die Rahmenbedingungen für das Team entstehen und einigermaßen stabil bleiben. Er orchestriert das System, findet die Bottlenecks und löst diese, oder zeigt dem Team, wie es sie selbst auflösen kann. Dazu darf er interne Ziele des Scrum-Teams mit den Teammitgliedern verhandeln, um sie dann gemeinsam umzusetzen.

9.2.2 Teamregeln

Auf der Ebene des Scrum-Teams übernimmt der ScrumMaster Aufgaben, die traditionell betrachtet dem Manager »zustehen« würden. Allerdings erfüllt er sie als taktische Aufgabe, operativ und auf täglicher Basis. Er kann dem Scrum-Team nur helfen, sich auf die

Ziele der Organisation auszurichten, aber keine eigenen Ziele definieren, die außerhalb des Scrum-Teams liegen.

Teamübergreifende Regeln definieren

Aufgabe des Managers ist in diesem Zusammenhang, am besten gemeinsam mit dem ScrumMaster dem Team zu zeigen, welche Regeln aus Sicht der Organisation gelten sollten. Eine solche Hilfestellung kann er ihm zum Beispiel bei der Etablierung geeigneter Entscheidungsregeln für das Team leisten. Sie sollen den Teammitgliedern bei operativen Entscheidungen bei der Orientierung helfen, was sie als Nächstes tun sollten. Darunter fallen nicht die Regeln, die das eigentliche Zusammenarbeiten im Team betreffen. Gemeint sind hier die Regeln, die team- oder abteilungsübergreifend gelten.

Als Manager den ScrumMaster innerhalb des Teams unterstützen

Eine wesentliche Schwierigkeit für den ScrumMaster besteht oft darin, dass er vom Management nicht wirklich ernst genommen wird.

> Ein ScrumMaster fragte mich, was er machen solle: Er hatte ein dysfunktionales Team, dessen Mitglieder einfach nicht arbeiten wollten. »Ich habe schon alles versucht«, seufzte er. Als ich ihn fragte, wieso sie sich denn weigerten, sagte er: »Sie sind schon lange dabei und haben einfach keine Lust mehr auf dieses Produkt.« Meine Antwort war, dass man ihnen dann wohl helfen müsste, einen neuen Job zu finden. Daraufhin meinte er, dass ihm das von seinem Manager nicht erlaubt worden sei. Er müsse mit dem Team leben.

Eine solche Situation geht weit über das Nicht-Ernstnehmen hinaus. In diesem Fall wurde der ScrumMaster vom Manager auf feige Art und Weise zerrieben. Wenn der ScrumMaster mit Menschen arbeiten soll, die einfach nicht mehr wollen, kann man ihn auch nicht für höhere Produktivität verantwortlich zu machen, das wäre unfair. Aufgabe des Scrum-Masters ist es, das Scrum-Team zu führen, nicht aber den Einzelnen. Wenn der nicht will, steht es ihm frei zu gehen, eine andere Aufgabe zu übernehmen oder was auch immer sich anbietet. Der ScrumMaster muss möglicherweise das Interesse des Einzelnen hinter das des Teams stellen.

Der Manager ist also notwendig, um den Rahmen um das Team herum zu definieren. Er dient aber auch als Meta-Entscheidungs- und Supportebene, wenn der ScrumMaster Hilfe benötigt. Die Organisation, und damit der Manager, muss dem ScrumMaster den Rücken stärken, damit er diesen Job erledigen kann.

9.2.3   Der ScrumMaster und der Product Owner

Die Arbeit des Product Owners mit dem Team ist eine ewige Quelle für Widerstand. Hier ein paar Beispiele:
- Der Product Owner wird vom Entwicklungsteam nicht anerkannt.
- Er nimmt sich nicht die Zeit, mit dem Team zu arbeiten.

- Er kennt seine Rolle noch nicht und hat (inhaltlich) nicht die Kompetenz, um ein gutes Produkt zu erzeugen.
- Er war früher ein Projektmanager und hat nun das Gefühl, er sei degradiert worden.

Das Scrum-Team wird nur funktionieren, wenn auch der Product Owner seine Rolle akzeptiert und lebt. Wenn er sich selbst gar nicht in der Rolle des Produktentwicklers sieht, oder aus einer Organisationseinheit kommt, die bisher ohne weitere Auseinandersetzung mit dem Produkt nur Anforderungen an die Entwicklungsteams gestellt hat, ist er möglicherweise überfordert. Daher muss der (Change-)Manager klar machen, welche Rolle der Product Owner zu spielen hat und dass sie sich von der des Projektmanagers und des »traditionellen« Produktmanagers deutlich unterscheidet.

»Das Entwicklungsteam muss den Product Owner in seiner Rolle akzeptieren« ist leicht dahingesagt. Ziemlich oft sitzen in den Entwicklungsteams Mitarbeiter, die ein deutlich tieferes Verständnis vom Produkt haben als es der Product Owner zu Beginn haben kann. Möglicherweise war er noch nie mit der Technologie des Produkts konfrontiert, und deswegen akzeptiert ihn das Team nicht. Umgekehrt kann es auch sein, dass die Mitglieder des Entwicklungsteams vom Product Owner mehr über den Nutzen der Produktfunktionalitäten wissen wollen und er kann die Antwort nicht liefern. Widerstand kann sich aber auch regen, weil die Entwickler noch nicht verstanden haben, dass sie nicht »Ausführende« im Sinne der Umsetzung sind, sondern gleichberechtigte Partner im Entwicklungsprozess. Dieses Missverständnis kann sowohl vom Product Owner als auch vom Entwicklungsteam aufgebracht werden.

Was tut man nun dagegen? In dieser Situation muss das Management voll hinter dem ScrumMaster stehen. Er muss das Recht erhalten, sich auch um den Product Owner, der oftmals aus einer anderen Fachabteilung kommt, zu »kümmern«. Wieder werde ich als (Change-)Manager nur in der Lage sein, das zu unterstützen, wenn mir selbst die Rolle des Product Owners als Produktentwickler klar ist.

9.3   Die Organisation – der Support

Das Scrum-Team steht in einem Kontext, der durch die Organisation bestimmt ist. Nun ist »die Organisation« aber nichts, das man einfach anfassen kann. Ist sie das Gebäude, sind es die Tische, die Räume? Sind es die Menschen? Was macht eine Organisation aus? Es gibt unzählige Definitionen und ich möchte mich an dieser Stelle keiner anschließen. Ich möchte Folgendes als gegeben ansehen: *Manager sind das Gesicht der Organisation.* Sie sind es, die von den Mitarbeitern als Vertreter der Organisation angesehen werden. De facto sind sie es auch, die oftmals die Regeln der Organisation umsetzen.

Doch der Manager steht nicht alleine da und er ist kein Teil der Organisation, der sich frei bewegen kann. Er ist nur ein Knotenpunkt in ihrem Geflecht, das aus Strukturen, Regeln, internen Bedingungen und einer Außenwelt (Umfeld) besteht, die er selbst – wenn überhaupt – nur marginal beeinflussen kann. Denn sowohl Strukturen als auch das Umfeld existieren bereits. Mögen die Strukturen im Inneren der Organisation noch einigermaßen stabil scheinen, so sind die Umweltfaktoren selten zu steuern. Obwohl der Manager für die Mitarbeiter also das Gesicht der Organisation darstellt, ist er selbst oftmals in diesem Netz aus Strukturen, Regeln, Traditionen und Meinungen – und in den Vorstellungen, die er selbst von der ihn umgebenden Wirklichkeit hat – gefangen.

Die Vorstellungen des Managers von der Organisation sind für ihn real, aber an sich nur ein Konstrukt seines Bewusstseins. Diese Vorstellungen filtern seine Wahrnehmungen in einem Maße, dass er selbst nicht einmal merkt, dass seine Wirklichkeit gefiltert ist. Mit anderen Worten: *Menschen sind ignorant und wissen nicht einmal, dass sie ignorant sind.* Ein Manager, der seinen Mitarbeitern nicht helfen kann, die neuen Möglichkeiten zu sehen, ist sich dessen gar nicht bewusst.

Wenn wir den Manager als den Repräsentanten der Organisation sehen, kommt nochmals zum Tragen, was in der Arbeit mit dem Einzelnen bedacht werden muss: Es ist auf den Status des Managers zu achten, man muss ihm Sicherheit geben und möglichst nicht in seine Autonomie eingreifen. Gleichzeitig muss man ihm helfen zu verstehen, dass er sich ändern muss. Es ist an ihm, ein neues Bild der Organisation zu kreieren, damit sich diese im Außen manifestieren kann. Erinnern Sie sich an die Scribbles von Dan Roam? Er hilft durch seine Zeichnungen, den Einzelnen zu sehen und dann eine neue Möglichkeit zu imaginieren. Erst dann kann sich diese in der Wirklichkeit manifestieren.

Das Transition-Team – die Manager müssen anpacken. Die Idee des Transition-Teams stammt von Ken Schwaber. In seinem Buch *The Enterprise and Scrum (Schwaber 2007)* erklärt er diese Idee zum ersten Mal. Das Transition-Team nutzt die Methoden von Scrum, um Scrum in der Organisation einzuführen. »Befüllt« wird dieses Team mit den Vertretern der Organisation, also mit Managern. Gemeinsam bilden sie ein Team, das Scrum iterativ und inkrementell einführt.

Dieses Team wird sich am Anfang verhalten wie jedes andere Scrum-Team: Die Mitglieder sind verwirrt und wissen nicht, was von ihnen erwartet wird. Dieses Team ist ein wunderbares Spiegelbild der Organisation, das transparent macht, wie die Organisation in ihrer Gesamtheit funktioniert. Warten in diesem Team zum Beispiel alle darauf, dass der Chef eine Entscheidung fällt, kann man dieses Thema in den Retrospektiven reflektieren.

Wir hatten den Auftrag, in einer Firma mit 150 Mitarbeitern (80 davon in der IT-Abteilung) Scrum einzuführen. Also etablierten wir ein Transition-Team, das aus den Managern der einzelnen Abteilungen (Software-Development, Produkt-, Projektmanagement) und dem Geschäftsführer bestand. Dieser war Product Owner dieses Transition-Teams. Wir etablierten gemeinsam ein erstes Transition-Backlog und legten mit dem ersten Sprint Planning los. Am Ende des ersten Sprints stellte sich heraus, dass keine der Aktivitäten zu Ende gebracht worden war. Alles, was man hatte, waren Vorlagen zur Entscheidung im Transition-Team. Als wir dort saßen, fragte ich, inwiefern denn die Aktivitäten fertig seien. Die Antwort war: »Gar nicht.« Also fragte ich weiter: »Wie würdet ihr es denn finden, wenn eure Teams so liefern würden?« Die Mitglieder des Transition-Teams waren vor den Kopf gestoßen. Mit einem Mal wurde ihnen klar, was es bedeutet zu sagen: »Es ist fertig!« Über die nächsten Wochen zeigte sich, dass die Manager normalerweise keine eigenen Entscheidungen trafen. In letzter Instanz verließen sie sich immer auf den Geschäftsführer. Dieses Meeting war ein Moment der Erkenntnis und ein großer Schritt zum Gelingen der Transition. Ab diesem Moment wurde es spürbar anders: Die Manager begannen zu verstehen, dass auch sie Dinge fertig liefern mussten.

Die Visualisierung mithilfe von Scrum-Boards. Wie kann man einem Transition-Team die Arbeit erleichtern? Dazu nutzt man wieder die Best Practices von Scrum und macht die Bottlenecks der Organisation transparent. Kernaussage von *The Goal*, dem Meisterwerk Eliyahu Goldratts über die Theory of Constraints, ist: Jedes System hat immer ein Bottleneck *(Goldratt 1997)*. Will man das System dazu bringen, effektiver zu liefern, genügt es, das Bottleneck zu beseitigen. Goldratt betont auch, dass die meisten Bottlenecks im Gegensatz zum landläufigen Verständnis meist organisatorischer Art sind.[45] Im Unterschied zu produzierenden Unternehmen ist es aber bei hauptsächlich aus Wissensarbeitern bestehenden Firmen so, dass der »Value-Stream« nicht sichtbar ist. Man kann nicht sehen, wie sich ein Gedanke oder eine Aktion durch das Unternehmen zieht – oder doch? David Anderson hat mit KANBAN und den KANBAN-Boards für Softwareentwickler eine Methode aus dem Toyota Production System adaptiert und ein System entwickelt, mit dem der Fluss der Aktivitäten durch eine Organisation (Abteilung, Gruppe, Projekt) visualisiert werden kann *(Anderson 2010)*.

Die Visualisierungen dieses Boards eignen sich hervorragend für die Arbeit mit dem Management. Damit entsteht für alle eine sehr übersichtliche Darstellung dessen, was gerade in Arbeit und was noch zu tun ist. In einer Projektorganisation könnte an der Wand zum Beispiel ein Board mit allen Projekten hängen, die gerade in Arbeit, in Planung oder im Evaluierungsstadium sind.

Es ist am Anfang überhaupt nicht ausschlaggebend, das Board richtig zu machen! Wichtiger ist vielmehr, dass überhaupt ein Board entsteht. Damit wird der Fluss des neuen Gedankens systematisch noch deutlicher, wenn eine Arbeit irgendwo hängen bleibt. Das deutet nämlich darauf hin, dass es hier eine Störung gibt. Aufgabe des Managements ist nun herauszufinden, wieso an dieser Stelle der Arbeitsfluss ins Stocken geraten ist.

Ein Kunde aus dem Frankfurter Raum tat sich zu Anfang sehr schwer, auf ein elektronisches Tool für die Arbeit des Managements zu verzichten. Sechs Wochen lang hatte ich mir den Mund fusselig geredet – er wollte nicht. Eines Tages saßen wir in einem Planungsmeeting. Das elektronische Tool war zwar verfügbar, aber es fehlten die Login-Daten. Als es die Manager endlich geschafft hatten, die Dateien aufzurufen, ließ die Darstellung mehr als zu wünschen übrig. Natürlich konnte ich mir die Stichelei nicht verkneifen: »Mit Post-its hätte das Meeting zehn Mal schneller sein können.« Endlich

---

45   Diesen Gedanken greift auch David Anderson in KANBAN wieder auf.

wurde das Instrument auf Nimmerwiedersehen verabschiedet. Schlussendlich montierten die Manager ein Scrum-Board im Flur und begannen damit für alle Mitarbeiter sichtbar auszuweisen, was sie taten.

So wie wir mit diesem Board die Arbeit des Managements sichtbar machen, visualisieren wir auch mit allen Product Ownern die derzeit laufenden Produktentwicklungen. Ein solches Board kann leicht die Arbeit von bis zu 20 Scrum-Teams darstellen. In diesem Fall werden Cluster gebildet, die jeweils aus fünf Teams bestehen.

Will man den Fortschritt aller Teams aggregiert dargestellt vorhalten, muss man bei mehr als 20 Teams mit hoher Wahrscheinlichkeit zu einer elektronischen Darstellung greifen. Aber die Erfahrung zeigt, dass es meist gar nicht mehr notwendig ist, diese Arbeiten noch einmal zusammenzufassen. Viel effektiver ist es, wenn der Manager, der am Ende die Resultate von 20 Teams erwartet, nachschaut, was in seinen Clustern passiert. Wenn er sich also vor Ort begibt und sich einen direkten Eindruck holt.

Mit der Visualisierung wird für das Management transparent dargestellt, wo die Organisation tatsächlich steht. Damit wird aber auch für viele Manager, die sich Scrum widersetzen, zum ersten Mal deutlich, wie der eigentliche Arbeitsprozess der Mitarbeiter aussieht. Das kann durchaus dazu führen, dass den Teams mehr Verständnis für ihre Arbeit entgegengebracht wird.

Portfolio Management. Der Schrecken jedes Projektmanagers sind Abhängigkeiten. Welches Team muss zu welchem Zeitpunkt was liefern? Es wird geplant und umgeplant, Projektmanagement-Assistenten sind mit nichts anderem beschäftigt, als ständig neue Versionen des Projektplans zu liefern. Das ist meiner Meinung nach Schwachsinn. Bringt es einen Gewinn für die Organisation, wenn ein Projektplan schon in dem Moment nicht mehr aktuell ist, in dem er verschickt wird?

Aber wie koordiniert man dann ein Produkt, für das man mehr als ein Team benötigt? Und vor allem: *Wer* koordiniert das alles? Tragisch, aber wahr und für traditionelle Projektmanager kaum zu ertragen, lautet die Antwort: niemand. Die Koordination entsteht erstens durch die Visualisierungen der Teams. Über ihre Boards können sie miteinander »kommunizieren«. Diese Form der Informationsweitergabe ist um ein Vielfaches effektiver, da sie nicht durch das Bottleneck des Portfolio- oder Multi-Projektmanagers gefiltert wird.

Darüber hinaus besteht gerade beim Portfolio-Management die Lösung in der Taktung des Unternehmens auf klare Release-Termine. Ein Jahr wird unterteilt und diese Release-Termine sind »heilig«. Sie verschieben sich nie! Einer unserer Kunden hat gute Erfahrungen mit 3-Monats-Releases gemacht, ein anderer experimentiert gerade mit vier Wochen. Wieder andere, die ihre Prozesse schon perfektioniert haben, können täglich ausliefern. Solange sie drei Monate nicht übersteigt, ist diese Zeitspanne unwichtig. Wichtig ist die Einhaltung des Datums und alles dafür zu tun, dieses Datum zu halten.

Executive Support – der C-Level-Sponsor. Die Transition zu einer agilen Organisation muss vom C-Level, also von der Geschäftsführung, mitgetragen werden. Besser noch, sie wird von dort aktiv unterstützt. Größere erfolgreiche Veränderungsprojekte hatten und haben immer den »Segen« der obersten Ebene, ohne sie geht es nicht. Der Kapitän eines Schiffes gibt die Richtung an. Er muss es wollen und auf diese Weise die notwendigen Signale an sein Team geben. Es sind die Details, die eine Organisationsänderung erfolgreich machen. Hält die Geschäftsleitung nichts von einer agilen Organisation, wird es an irgendeinem Punkt zu so großen Widersprüchen kommen, dass am Ende die Agilisierung stecken bleibt. *Binden Sie deshalb Ihre oberste Führungsetage frühzeitig in die gewünschten Änderungen ein.* Erinnern Sie sich an Jack Rivkin? So einfach sich das anhört, so wichtig ist die frühzeitige Einbindung, wenn man die gesamte Organisation ändern will.

9.3.1 Coaching des Managements im neuen Management-Framework

Wenn der Manager das Gesicht der Organisation ist, müssen wir ihm beim Einfinden in seine neuen Aufgaben helfen, ohne dass er sein Gesicht verliert. Intensives Coaching und die Bereitschaft des Managements, sich auf das Durchleben des Rollenwechsels einzulassen, sind dafür die beste Kombination.

Was es manchmal schwierig macht, ist die Tatsache, dass Scrum als »Führungswerkzeug« im Management noch nicht anerkannt ist. Die meisten Manager sehen es als eine Methode außerhalb ihrer Arbeit, in der für sie selbst kein Platz ist. Dabei ist es eben *nicht* so: Der Manager nutzt den Management-Framework Scrum, um Scrum-Teams zu autorisieren, die aus seiner Sicht für die Organisation notwendige Arbeit durchzuführen. Das ermöglicht es ihm auch, ab sofort viel strategischer zu arbeiten und gleichzeitig seine Rolle als Wissensträger in der Organisation zu erfüllen. Damit der Manager »lernt«, was es bedeutet, ein »agiler« oder »Scrum«-Manager zu sein, benötigt er meiner Erfahrung nach ein intensives Coaching, das sich mit ihm als Mensch und seiner Rolle als Führungskraft auseinandersetzt. Dieses Coaching sollte zwei Ebenen adressieren:

1. Verständnis der Methode und das neue Rollenverständnis,
2. persönliches Führungscoaching, also die Auseinandersetzung mit der eigenen Persönlichkeit im Rahmen der Wandlung zum agilen Manager.

Das methodische Coaching

Wir vertreten in diesem Buch die Grundannahme, dass Menschen das tun, was sie auch können. Neuere Forschungen über das Erlernen des Lesens stützen diese Sichtweise: *»Reading problems are the overwhelming reason why students are identified as having learning disabilities and assigned to special education, often an instructional ghetto of the worst kind.«* (Tyre 2012[46]) Das ist faszinierend: Haben die Studien Recht, wäre den Kindern zu helfen, indem man ihnen das Lesen richtig beibringt. Zumindest in den USA passiert das aber in großen Teilen scheinbar nicht. Man hört zu früh mit dem gründlichen Erlernen der Laute auf, obwohl nicht jedes Kind gleich gut darin ist, phonetische Unterschiede zu erkennen: *»What does the research show? It turns out that children who are likely to become poor readers are generally not as sensitive to the sounds of spoken words*

---

46 http://bit.ly/1bwi7Fn

as children who were likely to become good readers. Kids who struggle have what is called poor »phonemic awareness«, which means that their processor for dissecting words into component sound is less discerning than it is for other kids.« (ebenda)

Die These, Kinder würden lesen, wenn man ihnen nur lange genug eintrichtert, dass Lesen etwas Tolles ist, hat sich nach dieser Studie empirisch nicht bestätigt. Es ist genau anders herum: Wer lesen kann, der liest – die Motivation kommt dann schon von selbst.

Beim Führen von Menschen in einem agilen Umfeld mit Scrum gilt genau das Gleiche: Man tut es nur dann, wenn man es auch kann.

> Wir erarbeiteten mit einem Management-Team, was die Rolle des Product Owners ist. Dabei stellte sich heraus, dass ein Manager in die Rolle des Product Owners »gerutscht« war. Das war insofern vollkommen in Ordnung, er hatte aus fachlicher Sicht und aus Sicht der Organisation alle notwendigen Skills. Aber hoppla: Als er erkannte, dass er plötzlich wirklich verantwortlich sein würde, war es mit seiner Ruhe vorbei. Sich fachlich einzubringen war er gewohnt, aber auch verantwortlich zu sein – das war etwas, das er erst verstehen und für sich integrieren musste. Was ihm allerdings überhaupt nicht gefiel, war die Tatsache, dass er für die Führung anderer Product Owner verantwortlich sein sollte. Das war die eigentliche Überforderung: sich wirklich um die Führung dieses Teams zu kümmern. Mit unserer Unterstützung im Coaching gelang ihm die Entwicklung zu einer agilen Führungskraft.

An erster Stelle steht das Gewinnen von Sicherheit. Wenn ich mich unsicher in der Anwendung von gewissen Praktiken fühle, kann ich mich nicht auf die wesentlichen inhaltlichen Aspekte konzentrieren. Das kennen wir alle noch aus unseren Anfangszeiten als Autofahrer: Solange man noch dabei ist zu lernen, wie man das Auto richtig bedient, ist es fast unmöglich, sich auch noch auf der Straße zu orientieren, den richtigen Weg zum Ziel zu finden oder mit dem Beifahrer ein sinnvolles Gespräch zu führen. Jahre später halten wir im Auto Telefonkonferenzen, checken Twitter-Messages, hören Radio und denken uns nebenbei noch neue Strategien aus.

Daher ist es so wichtig, dass auch Vertreter der Organisation, die auf den ersten Blick nichts mit den Scrum-Teams zu tun haben, sich zwingend mit der Methode, den Best Practices, den Werten von Scrum und agilen Methoden generell auseinandersetzen. Wer nicht versteht, wieso Scrumban-, KANBAN-, Task-Boards oder Burndowncharts aussehen, wie sie aussehen und nicht versteht, warum WiP-Limits wichtig sind, wird damit nicht arbeiten können, geschweige denn die weiteren Implikationen überblicken.

> Wir fragten diesen Manager, der fachlich schon immer die Führung im Projekt hatte, wie viele User Storys er schon geschrieben hätte. Er antwortete darauf: »Keine!« Ihm wurde selbst klar, wie absurd das war: Er sollte die Product Owner führen und hatte selbst keine Ahnung von ihren Aufgaben. Gemeinsam schrieben wir mit ihm seine ersten 300 User Storys.

Das persönliche Führungscoaching

Es ist bereits angeklungen: Das veränderte Führungsbild, vor allem aber die veränderte persönliche Haltung zur Führung ist die Entwicklungsbasis für einen agilen Manager und damit auch einer agilen Organisation. Wie es Reinhard Sprenger, Ken Blanchard oder Ikujiro Nonaka und Hirotaka Takeuchi in *Der weise Manager* sagen: Es geht beim Führen um eine Haltung und *nicht* um ein Erlernen und Anwenden von Methoden und Tools. Daher muss das Coaching von Führungskräften für die agile Organisation auch anders aussehen als das traditionelle Führungskräfte-Coaching. Kann eine Führungskraft von irgendeinem Coach in eine agile Führungsrolle hineingecoacht werden? Nein! Der Coach einer agilen Führungskraft muss auch etwas vom agilen Mindset verstehen. Jeder Coach beeinflusst seinen Coachee durch seine eigene Vorstellung der Welt. Das Gerede vom neutralen Coach ist – um es deutlich zu sagen – ausgemachter Schwachsinn. Es hilft nichts, dass der Coach nach inneren Ressourcen in mir sucht, wenn ich die gar nicht haben kann. In diesem Fall muss mir der Coach helfen, das überhaupt zu sehen. Die Konstruktion der Wirklichkeit wird durch den Vorgang des Coachings beeinflusst und je nachdem, wie sehr der Coach versteht, was der andere durchlebt, kann er Angebote zu dessen Veränderung machen – oder eben nicht. Persönliches Coaching für eine agile Führungskraft muss den Umstand berücksichtigen, dass sich der Coachee in einem neuen Umfeld zu bewähren hat, von dem der Coach selbst in der Regel keine Ahnung hat, weil es das Umfeld bisher noch nicht gab.

Die immer wieder auftretenden Missverständnisse zum Thema Selbstorganisation und das daraus resultierende Fehlverhalten vieler Manager kann nur erkannt werden, wenn der Coach selbst ein Konzept von Selbstorganisation im Rahmen einer agilen Organisation hat.

> Ein Product Owner war beim Coaching der Ansicht, sein ScrumMaster würde es nicht schaffen, ihm genug Arbeit abzunehmen. Auf die Frage, welche Arbeit er denn meine, antwortete er: »Er soll zum Beispiel das Schreiben der User Storys koordinieren und dem Team meine Vision vermitteln.« Also erklärte ich ihm noch einmal seine Rolle und legte dabei auch frei, wieso er diese Ansicht vertrat: Er fühlte sich in dieser neuen Rolle gar nicht wohl. Er hatte Angst, die Konsequenzen zu tragen und sich wirklich mit dem Unbekannten auseinanderzusetzen.

In diesem Beispiel braucht der Product Owner einen Coach, der ihm zeigt, wie man diese Aufgabe erfüllt (methodisches Coaching), aber auch gleichzeitig offenlegt, wieso mit Widerstand beim Product Owner zu rechnen ist. Dieser Product Owner war übrigens auch Manager und deshalb war es bis zu diesem Zeitpunkt für die Organisation so gut wie unmöglich gewesen, an dieser Stelle etwas verbessern zu können. Er hatte eine Position, die für andere in der Organisation nicht angreifbar war. Der bisherige ScrumMaster war nicht in der Lage gewesen, dieses neue Rollenverständnis beim Manager »durchzusetzen«. Das ging nur über den durch den Coach initiierten Selbstfindungsprozess, der auch deutliche Worte brauchte.

In meiner Arbeit mit dem Management zeigt sich immer wieder, dass hier viel mehr Herausforderungen verborgen liegen, als gemeinhin bei agilen Transitionen angenommen. Oft wird geglaubt, man müsse diese neue »Arbeitstechnik« Scrum ausschließlich bei den Teams einführen und sie entsprechend schulen. Es ist aber gerade die mittlere Führungsebene in Organisationen, die von der Veränderung am stärksten betroffen ist und in ihre neue Rolle hineinfinden muss. Wo es aber noch keine Rollenvorbilder in der Organisation gibt, an denen sich ein solcher mittlerer Manager ausrichten kann, braucht es intensives Coaching. Er muss für sich selbst herausfinden, was ein agiler Manager und damit eine agile Organisation ist.

9.3.2　Die neue Rolle des Managers und ihre Konsequenzen

Beginnt man an der Organisation zu arbeiten, und damit an den Managern, hat man allerdings nur den ersten wichtigen Schritt getan. In der Organisation gibt es für das Unternehmen wichtige Gruppen und Märkte, die in einer agilen Organisation einen Machtverlust erleben könnten und sich daher auch der Veränderung widersetzen. Dazu möchte ich exemplarisch den Betriebsrat und die Personalabteilung herausgreifen. Beide Gruppen sind vor allem in Konzernen große Machtfaktoren.

Allgemein lässt sich jedoch sagen: Beteiligen Sie möglichst viele Abteilungen so früh wie möglich. Egal ob es der Betrieb, das Lager, das Rechnungswesen oder das Facility-Management ist. Sie alle werden von Scrum hören. Alle werden mitbekommen, dass da etwas läuft. Das »Hörensagen« ist aber für jede Veränderung ein Übel, weil es meist falsche Bilder, falsche Befürchtungen und ein falsches Rollenverständnis transportiert. Sollte eines Ihrer Teams scheitern, wird sich sofort jemand finden, der schreit: »Scrum und diese komische Agilität taugen nichts!« Mittlerweile gibt es einige dieser Firmen, in denen die Meinung herrscht: »Agile Praktiken wie Lean sind toll, aber Scrum – nö.« Weil ein Team ungeschickt und nicht mit der Organisation koordiniert losgelaufen ist, hat man das Negativbeispiel quasi auf dem Silbertablett serviert und bestätigt die Kritiker, die krampfhaft am alten Denken festhalten. Deswegen ist es so wichtig, die Notwendigkeit der Organisationsveränderung an *alle* zu kommunizieren, ob sie direkt oder nur entfernt davon betroffen sind. Das sollte jedoch nicht mit einem flapsigen »Wir machen jetzt Scrum!« abgetan, sondern erklärend und für alle nachvollziehbar kommuniziert werden.

Die Arbeit mit der Personalabteilung

Die Personalabteilung kann für die Veränderung hin zu einer agilen Organisation ein wichtiger Verbündeter sein, wenn man sie als strategischen Partner sieht, denn eine der Hauptaufgaben der agilen Organisation ist es, genügend Wissensarbeiter anzuziehen und sie auf die Ziele der agilen Organisation *auszurichten (Alignment)*. Die Personalabteilung spielt bei folgenden Aspekten eine wichtige Rolle *(vgl. Gloger, Häusling 2011)*:
1. Personalfindung,
2. Personalauswahl,
3. Talentmanagement und Retention,
4. Performancemanagement,

5. Compensation und Benefits,
6. Trennungsmanagement,
7. Etablierung eines neuen Leadership-Verständnisses.

Als strategischer Partner muss die Personalabteilung ihren Teil zur Errichtung einer agilen Organisation beitragen. Notwendig ist dafür ihr Verständnis und die Zuarbeit, um die »richtigen« Mitarbeiter zu finden. Das sind Mitarbeiter, die in einer agilen Organisation arbeiten wollen und daher mit ihrem Mindset in diese Organisation passen. Die Ansprüche, die an die Menschen in einer agilen Organisation gestellt werden, sind mit jenen in einer Professional Service Firm vergleichbar. Verstehen kann das nur eine Personalabteilung, die selbst die Bereitschaft zur Veränderung mit Scrum mitbringt und sich damit auseinandersetzt, was das in der konkreten Ausgestaltung für das Unternehmen bedeutet: neue Kompensationsmodelle, Karrierewege, Modelle des Performancemanagements, Varianten des Führungstrainings und vieles mehr. All das muss »erfunden« und etabliert werden. In den Schubladen der Personalabteilungen liegen oft viele Konzepte und Lösungen für partizipatorische Personalarbeit und Mitarbeiterentwicklung. Diese können für die agile Organisation sehr wertvoll sein, auch wenn sie möglicherweise etwas angepasst werden müssen.

Fatal wird es, wenn diese Chance von der Personalabteilung nicht erkannt wird. Wenn die »Personaler« zum Beispiel am Ende des Jahres wieder ihre traditionellen Beurteilungswerkzeuge ausrollen und ihren Erfolg daran messen, ob die *traditionelle* Vorstellung von Mitarbeiterzufriedenheit oder Mitarbeiterbeurteilung auch im neuen Rahmen noch funktioniert und die gewünschten Ergebnisse liefert. Die agile Organisation funktioniert anders und braucht neue, angepasste Werkzeuge. Allerdings ist es nicht so schwer, diese Tools zu finden, wie die Tabelle zeigt.

Aufgabenbereich	Traditionelle Organisation	Agile Organisation
Personalfindung	Die Anforderungen kommen aus der Fachabteilung, die Personalfindung ist ein klar definierter Prozess.	Es ist ebenfalls ein klar definierter Prozess, allerdings mit einer völlig neuen Wertigkeit. Statt Masse zu generieren, wird viel mehr Zeit in die Suche der richtigen Mitarbeiter gesteckt. Dazu gehört auch eine neue Qualität in der persönlichen Ansprache und des »Services« für Bewerber.
Personalauswahl	Stellt Werkzeuge zur Verfügung, um den Mitarbeiter zu finden.	Die Auswahl des Mitarbeiters wird vom Management gemeinsam mit dem Team getroffen, in dem der neue Mitarbeiter arbeiten soll. Die Personalabteilung hilft dabei, diesen Prozess zu koordinieren und gibt dem Team Instrumente an die Hand, um den passenden Mitarbeiter zu finden.

Aufgabenbereich	Traditionelle Organisation	Agile Organisation
Talentmanagement und Retention	Aufgabe ist die Personalentwicklung, zum Beispiel über den Einkauf von Trainings.	Mitarbeiterentwicklung ist die eigenständige Aufgabe des Mitarbeiters und die Personalentwicklung liegt beim Management. Die Personalabteilung wird zum Coach des Mitarbeiters und des Managements in diesen Fragen. Sie nimmt dem Mitarbeiter aber nicht die Aufgabe ab, sich um seine eigene Entwicklung zu kümmern.
Performancemanagement	Es werden standardisierte Tools und Evaluierungsverfahren angestrebt. Dabei geht es vor allem um die Leistung des einzelnen Mitarbeiters.	Die Effektivität wird an der Leistung eines Scrum-Teams gemessen. Die Personalabteilung hilft dem Management, das »Performancemanagement« in Anerkennungssysteme umzubauen (z. B. Gamification, Lob).
Compensation und Benefits	Der Mitarbeiter muss in standardisierte Gehaltsbänder passen, die Bezahlung ist individuell.	Die agile Organisation orientiert sich bei der Bezahlung an den Professional Service Firms. Ein großer Anteil des Profits wird wieder an die Mitarbeiter ausgeschüttet. Die Ausschüttung basiert meistens aber nicht auf der eigenen Leistung, sondern auf der Gesamtleistung der Firma.
Trennungsmanagement	Formelle Abwicklung von einvernehmlichen oder einseitigen Kündigungen.	Aufbau eines Alumni-Netzwerks. Es geht darum, die Mitarbeiter als »Advokaten« der Firma zu bewahren. Trennung wird als etwas Normales gesehen und daher ist der Eintritt sehr schwer, das Gehen wird aber vereinfacht.
Leadership	Meist nicht das Thema der Personalabteilung	Welche Kultur und welche Art der Führung wollen wir in dieser Organisation leben? Die Personalabteilung kann in diesem Punkt viel dazu beitragen, dass sich die Kultur der Firma immer wieder manifestieren kann.

Abb. 22: Instrumente des Personalmanagements – agil vs. klassisch

Patentrezepte für die Arbeit mit der Personalabteilung gibt es nicht. Allerdings wird sich der Fokus ändern, wenn Sie es während der Transition zur Chefsache machen, mit der Personalabteilung zu reden. Binden Sie die Spezialisten aus den HR einfach frühzeitig ein. Zeigen Sie ihnen, was Sie erreichen wollen und *fordern* Sie von ihnen die Auseinandersetzung mit Scrum. Eine Möglichkeit ist dabei, die *Leitung* des HR-Bereichs in die ersten Scrum-Trainings einzubeziehen – nicht nur für die Koordination oder als Assistenz, sondern zunächst einmal als Teilnehmer. Dann führen Sie den nächsten Scrum-Workshop gemeinsam durch. Es geht dabei nicht darum Scrum vorzustellen, sondern das Thema Rollenänderung in der Organisation aufzugreifen und vielleicht schon einmal als Ansprechpartner für Fragestellungen zu dienen.

> Nach Monaten konnte ich das Management eines Kunden davon überzeugen, dass ich unbedingt mit der Personalabteilung sprechen musste. Als ich den Termin hatte, konnte ich der Leiterin des Bereiches endlich meine Sicht auf die Rollenveränderungen und die wichtige Rolle von HR darstellen. Sie war kurz vor dem Explodieren, als sie begriff, dass die IT-Abteilung mal so nebenbei eine komplette Umgestaltung eines Bereiches durchführte. Als erfahrene Change-Managerin erkannte sie natürlich die Implikationen, die das mit sich bringen würde. Ihr wurde auch klar, wieso sich aus diesem Bereich plötzlich so viele Kollegen bei ihren Mitarbeiterinnen beklagt hatten.

Dieses Erlebnis hat mir die Augen dafür geöffnet, welcher wichtiger Reisebegleiter HR auf dem Weg zur agilen Organisation ist. Zu einem Verbündeten werden die Menschen in den Personalabteilung aber nur, wenn man möglichst frühzeitig mit ihnen redet.

Aber auch bei diesem Punkt sollte Ihnen klar sein: Die Personalabteilung wird sich nur dann bewegen, wenn es dazu einen Handlungsauftrag gibt, der aus dem Executive Management kommen muss. Die Geschäftsführung muss von HR die Beteiligung einfordern. Meine Erfahrung zeigt, dass auch hier wieder das erste Problem das mangelnde Wissen und das mangelnde Vorstellungsvermögen darüber ist, wie eine agile Organisation aussehen kann. Daher zeigt sich immer wieder, wie wichtig das *Coaching* der Entscheidungsträger im Personalbereich ist, um diese für Agilität zu sensibilisieren und sie als Partner einzubinden.

Die Arbeit mit dem Betriebsrat

> Wir bekamen eine Einladung zu einem eintägigen Workshop. Thema war Scrum und Personalmanagement. Zunächst bemerkte ich gar nicht, wer uns da eingeladen hatte: Der Betriebsrat hatte von der Personalabteilung verlangt, diesen Workshop durchzuführen. Erst im Workshop selbst wurde mir klar warum: Der Betriebsrat hatte instinktiv verstanden, dass sich Scrum durchgängig auf das Selbstverständnis der Mitarbeiter über ihre Aufgaben auswirken würde.

Bis zu dem oben geschilderten Beispiel hatte ich den Betriebsrat in großen Firmen eher als Verhinderer moderner Arbeitsmethoden wie Scrum gesehen und teilweise auch so erlebt. Ich kann die Betriebsräte auch sehr gut verstehen: Scrum bricht auf den ersten Blick mit vielen der Errungenschaften, die Gewerkschaften als Reaktion auf die Industrialisierung erkämpft haben und die uns als soziale Leistungen heute zugute kommen.

Die traditionelle Sichtweise	Die agile Sichtweise
Der Mitarbeiter soll möglichst nicht elektronisch gemessen werden können, damit man keine Vergleiche zur Performance anderer Mitarbeiter ziehen kann. Bedrohungsszenario: »Wir werfen die Schwachen hinaus.«	Durch das Taskboard wird die Arbeit des Einzelnen im Team vollkommen transparent. Die Teammitglieder können sich aufeinander beziehen und sich gegenseitig helfen. Es entsteht ein Gruppendruck, der viel bessere Regeleinhaltungen bewirkt als das traditionelle Management.
Die Mitarbeiter sollen möglichst genau in ihren Rollen und Verantwortlichkeiten definiert werden, damit keine Arbeiten außerhalb ihres eigentlichen Aufgabengebietes verlangt werden können.	Die Rollen »ScrumMaster« und »Product Owner« untergraben traditionelle Positionen wie jene des Teamleiters und des Linienvorgesetzten. Die Scrum-Rollen befähigen Mitarbeiter, auch über ihre Stellenbeschreibung hinaus aktiv zu werden.
Überstunden und Mehrarbeit werden vermieden – ein Relikt der Industriearbeit. Überstunden müssen vom Betriebsrat genehmigt werden.	Scrum kennt keine Stundenschreibung. Es ist egal, wie lange ein Mitarbeiter arbeitet – es ist seine eigene Verantwortung.
Der Manager ist für das Wohlergehen der Mitarbeiter zuständig und muss sich an Regeln halten.	Der Mitarbeiter ist für sein Wohlergehen selbst zuständig. Er muss sich nur an die Rahmenvorgaben halten.
Gleitende Arbeitszeit	Teams fangen gemeinsam zu arbeiten an.

Abb. 23: Traditionelle und agile Sichtweise auf die Arbeitsbedingungen

Dieser Workshop hatte zumindest mir die Augen geöffnet: Der Betriebsrat kann zunächst gar nicht wissen, dass Scrum und agile Methoden »gut« für die Mitarbeiter sind. Es dauert etwas, bis deutlich wird, dass Selbstorganisation auch bedeutet: Ich *darf* mich einbringen. Ich *darf* Spaß an der Arbeit haben. Auf den ersten Blick mag es so aussehen, als gäbe es Nachteile für den Einzelnen. Man muss aber die Auswirkungen zu Ende denken: Was bedeutet es denn für die Zukunft unserer Organisation, wenn Mitarbeiter ihre Arbeit gerne tun? Genau wie im Fall der Personalabteilung ist es daher wichtig, den Betriebsrat frühzeitig einzubinden, sich mit seinen Fragen und Sichtweisen auseinanderzusetzen und ihn zu einem Partner zu machen.

Seit diesem Schlüsselerlebnis adressieren wir diese Themen immer sofort über das Transition-Team und informieren die Betriebsräte aktiv. Dieser Widerstandsfaktor hat sich bei unseren agilen Transitionen mittlerweile in Luft aufgelöst.

9.4   Die umgebenden Organisationen

Denken wir darüber nach, wie sich Agilität zwischen Organisationen auswirkt, müssen wir im Wesentlichen vier Ebenen betrachten:
1. das große Produkt,
2. den internen Kunden,
3. das Umfeld der Organisation,
4. die Regulatorien.

9.4.1   Das große Produkt

Große und hochkomplexe Produkte wie ein Boeing Dreamliner oder der Flughafen Berlin-Brandenburg, riesige Online-Shops oder auch ERP-Systeme für Konzerne können nicht von einem einzigen Unternehmen gebaut werden. Wie zumindest zwei der genannten Beispiele zeigen, schrammen diese Projekte oft nicht nur um Haaresbreite, sondern weit an ihren Zielen vorbei. Sie sind ein Debakel und zwar für alle Beteiligten. Ein Flugzeug, das nicht fliegen darf und ein Flughafen, auf dem so schnell nichts landen wird – der Horror jedes Projektverantwortlichen.

Wären das Ausnahmefälle, könnte man meinen, dass die heutige Art und Weise der Zusammenarbeit zwischen Firmen funktioniert. Die Untersuchungen von Bent Flyvbjerg und Alexander Budzier zeigen allerdings, dass dem nicht so ist *(Flyvbjerg, Budzier 2011)*. Der Standard ist vielmehr, dass solche Projekte scheitern und zwar nicht ein bisschen, sondern desaströs. Eines von sechs Projekten artet in einen sogenannten *black swan* aus, in einer totalen Projektkatastrophe, die unter Umständen auch das Ende eines Unternehmens besiegeln kann. Aber nicht nur IT-Projekte sind betroffen. Meskendahl et al. von der Technischen Universität Berlin untersuchten das Multiprojektmanagement von über 200 multinationalen Unternehmen in Deutschland. Die Best Performer brachten es auf einen Anteil von 80 Prozent wirtschaftlich erfolgreicher Projekte, bei den Bad Performern liegt dieser Prozentsatz bei erschreckenden 50 Prozent. Allein die Teilnehmer der Studie verschwenden so jedes Jahr rund 10 Milliarden (!) Euro für gescheiterte Projekte *(Meskendahl et al. 2011)*.

Die Frage lautet daher: Wie können wir erreichen, dass alle Teilnehmer die gleichen Ziele verfolgen? Wie können Organisationen über ihre Grenzen hinweg an großen Produkten arbeiten und gemeinsam ihr Ziel erreichen, ohne dabei in eine gigantische, exponenziell wachsende Kostenfalle zu tappen?

Verträge. Erste Hinweise auf produktive Zusammenarbeit finden sich im Agilen Manifest. Demzufolge ist echte Kooperation wichtiger als die Verhandlerei über Verträge. Wenn wir es etwas menschlicher betrachten, sind Verträge eine Kommunikationsform von Organisationen – ein Stück Papier. Das stimmt dann, wenn wir Kommunikation im Sinne Niklas Luhmanns verstehen. Uneingeschränkt stimmt diese Aussage nicht mehr, wenn das schriftliche Festhalten eines Vertrages »nur« als Dokumentation der Übereinkunft gesehen wird, die zwei oder mehr Vertreter im Auftrag ihrer Organisationen getroffen haben. Als

Geschäftsführer und Gründer einer GmbH wurde mir das zum ersten Mal klar, als ich beim Notar saß. Ich brachte diese GmbH durch die Feststellung des Notars »zur Welt«, dass ein Stück Papier ein Konto besaß und mich dieses Dokument als den im Sinne der Organisation Handelnden bestellte. Ein wenig unheimlich, oder? Plötzlich war ich meiner eigenen Schöpfung verpflichtet, sie hat sogar im rechtlichen Sinne Macht über mich.

Vertrauen. Faszinierend ist aber, dass vor der Dokumentation der Übereinkunft noch ein anderer Schritt steht: Menschen müssen einander Vertrauen entgegenbringen. Personen, die zusammenarbeiten wollen, müssen einen Kontext voraussetzen, in dem es überhaupt möglich ist zu agieren. Auf diese Grundannahmen muss man zurückgreifen können, sonst funktioniert es nicht. Nun ist es nicht das Stück Papier, das für schnelle und produktive Entscheidungen maßgeblich ist, sondern genau dieses Vertrauen in den vorausgesetzten Kontext. Denn die Geschwindigkeit, mit der kommuniziert werden kann, ist ein entscheidender Wettbewerbsvorteil. Die Kommunikationsgeschwindigkeit als Maßzahl der Leichtigkeit, mit der Ideen und Gedanken zwischen Menschen ausgetauscht und Geldflüsse in der Wirtschaft gesteuert werden, ist einer der wesentlichen Faktoren für höhere Produktivität. Nehmen wir das Beispiel Internet: Es hat einen gigantischen Wirtschaftsboom ausgelöst, nicht weil es so toll ist, eine Website zu haben, sondern weil wir damit schneller als je zuvor kommunizieren können, schneller, einfacher und vor allem billiger.

Muss man aber umgekehrt für jede »Kommunikationstransaktion« erst einmal einen Vertrag schließen, wird Kommunizieren für alle Beteiligten kostspielig. Teure Transaktionen werden vermieden. Der auf den ersten Blick ökonomischste Weg ist, sie möglichst selten durchzuführen. Bei Verträgen bedeutet das, man will möglichst beim ersten Mal alles richtig machen und alle Eventualitäten berücksichtigen. Daher fließt in die Vertragsgestaltung sehr viel Zeit, bevor man sich auf das eigentliche gemeinsame Unternehmen einlässt. Natürlich steckt dahinter der Gedanke, dass die Vertragsverhandlungen nur einen verschwindend geringen Teil der Projektkosten ausmachen, aber genau da fängt der Teufelskreis an. Kostenintensive Vertragsverhandlungen sind nur dann sinnvoll, wenn die Kapitalinvestition im Anschluss hoch ist. Bei kreativen Produkten sind diese Investitionen gar nicht abzuschätzen. Würde man zu Anfang bis ins Detail genau wissen, was man später will, müsste man ja die gesamte intellektuelle Leistung, die erst im Laufe des Projektes entstehen wird, schon getätigt haben. Dann aber wäre der Vertrag sinnlos, da schon alles vorhanden ist, bevor man ihn geschlossen hat.

Versucht man dennoch im Vorhinein alles zu wissen, wird die Vertragsgestaltung sehr kostspielig. Diese Kosten verhindern wiederum, dass man Verträge gerne und leicht ändert, weshalb man sie gleich beim ersten Wurf richtig machen will. Dieser Teufelskreis wirkt sich auf alle nachfolgenden Prozesse aus.

An einer Stelle können Sie ausbrechen: Verbilligen Sie das Herstellen von Übereinkunft. Das geht nur durch gegenseitiges Vertrauen, durch das beide Parteien gelernt haben, dass man miteinander auf ein gemeinsames Ziel hinarbeitet. Es ist ein Vertrag, der nicht gleich zu Beginn alles regelt, weil die Vertragspartner wissen, dass sie sich beide auf unbekanntem Gebiet bewegen. Das bietet die Gelegenheit, sich darauf einzulassen, den Vertrag im Prozessverlauf zu verändern, um ihn den Entwicklungen anzupassen.

Damit stellt der Vertrag die anwachsende Dokumentation dessen dar, was tatsächlich passiert. Besteht noch kein Vertrauen, ist es natürlich eine große Herausforderung, es bei den externen Partnern zu erzeugen. Grundlage dafür wäre das gemeinsame Verständnis – oder der gemeinsame »Vertrauensraum« –, partnerschaftlich miteinander umzugehen und einen Grund zu finden, warum sich die Zusammenarbeit lohnt.

Im agilen Kontext heißt das, dass man sich mit externen Partnern darauf einlassen muss, neue Vertragsformen zu suchen und zu finden. Das haben alle unsere agilen Implementierungsprojekte gezeigt: Ohne die Einbindung von Einkaufsabteilungen und dem Management auf beiden Seiten konnte man zwar erste Erfolge in der Zusammenarbeit erzielen, aber durchschlagend wurden sie immer erst, wenn das Management auf einer Organisationsebene die neuen Aspekte der Arbeit miteinander klären konnte. Das ist sogar in Konzernausmaßen möglich:

> Ein Automobilkonzern stieß bei der Arbeit mit externen Dienstleistern zunächst an interne organisatorische Grenzen. Die Einkaufsabteilung musste erst einmal verstehen, was mit der Agilisierung der Projekte beabsichtigt war. Sie musste mit ins Boot geholt werden, denn traditionelle Verhandlungspositionen, die nicht auf Win-win-Situationen abzielen, sind für eine agile Zusammenarbeit undenkbar. Wie mir aber berichtet wurde, war dieser Prozess erfolgreich und es wurden neuartige Vertragskonzepte ausgearbeitet.

Im Buch *Der agile Festpreis* beschreibe ich gemeinsam mit Andreas Opelt, Ralf Mittermayr und Wolfgang Pfarl Wege, wie man in bestimmten Fällen Verträge gestalten kann *(Opelt et al. 2012)*. Ein entscheidendes Element ist das Aufspannen eines »Vertrauensraumes« in einer Präambel. Sie formt die »Tonalität« der Vertragsgestaltung und das Verständnis der Zusammenarbeit. Dieser Vertrauensraum soll auch bei Streitigkeiten den Gerichten helfen zu verstehen, was die Intention der Zusammenarbeit war. Hier die Beispiel-Präambel aus unserem Buch *(Opelt et al. 2012, S. 64f)*:

> Entsprechend der definierten Anforderung (Backlog in Appendix B) für dieses Projekt und dem aktuellen Stand der Technik für Softwareentwicklung vereinbaren die Parteien ein agiles Vorgehen für die Durchführung dieses Projekts, wobei insbesondere folgende Grundsätze gelten:
> a) Maximale Kostentransparenz für beide Parteien;
> b) Maximale Preissicherheit für den Auftraggeber;
> c) Permanente kommerzielle und technische Kontrolle des Vertragsfortschritts durch beide Parteien;
> d) Klare Prinzipien, nach denen das Projekt durchgeführt wird, und eine klare Projektvision als Darstellung des Projektziels;
> e) Partnerschaftliche Zusammenarbeit der Projektteams:
>   • Zeitnahe und praxisnahe Spezifikation der Anforderungen durch User Stories/ Sprints, wobei der Auftraggeber bei deren Definition aktiv mitwirkt und diese verantwortet.

- Sofortige Kommunikation im Falle von Problemen, auch wenn die Zusammenarbeit dadurch gefährdet wird.

f) Maximale Flexibilität bei der Realisierung des Projekts:

- Sollte es eine der Parteien für erforderlich halten, den Umfang des Projekts – aus welchem Grund auch immer – im Laufe des Projekts zu ändern, wird die jeweils andere Partei prüfen, ob diesem Begehren – beispielsweise durch Komplexitätsänderungen anstehender Sprints – entsprochen werden kann, ohne dass sich der vereinbarte Maximalpreisrahmen ändert.

- Gegebenenfalls – z.B. im Falle von unüberwindbaren Problemen in der Zusammenarbeit zwischen den Parteien oder mit Dritten – kann das Softwareprojekt ohne großen finanziellen Aufwand beendet oder an dritte Auftragnehmer übertragen werden.

Es gibt natürlich viele andere Möglichkeiten, Verträge zu schließen und unzählige Varianten, wie Sie das Vertrauen in diesen Vertrag erzielen können. Meine Erfahrung dabei ist, dass Sie auf beiden Seiten Menschen benötigen, die verstehen, worauf Sie hinauswollen und die willens sind, diesen neuen Weg mitzugehen. Das wiederum erreichen Sie nur, wenn Sie die Motive dieser Menschen kennen. In Organisationen kann zum Beispiel die Bonuszahlung an Ziele gebunden sein, die sich auf den ersten Blick mit der neuen Vorgehensweise nicht vereinbaren lassen. Finden Sie keinen Weg a) diese Ziele zu verändern oder b) zu zeigen, dass die Zielerreichung durch die neue Vorgehensweise gar nicht gefährdet ist, wird es schwierig werden, mit diesen Menschen neue Vertragsformen zu finden.

Nehmen wir das Beispiel Anwälte. Ein Anwalt verdient sein Geld damit, dass er seine Zeit in Rechnung stellt. Viele Verträge sind einfach deshalb ausführlich und kompliziert geschrieben, weil es länger dauert, einen solchen Vertrag zu schreiben. Wieso sollte also ein Anwalt für seine Kunden »einfache« Verträge aufsetzen wollen, wenn er gar nichts davon hat? Er verdient nichts daran. Das wurde mir klar, als ich meinen Anwalt wechselte, plötzlich war das Arbeiten ganz anders. Hier war jemand, der mit mir meine Ziele erreichen wollte. Nicht jemand, der mir klar machen wollte, was ich alles verstehen muss, damit er seine Arbeit machen kann.

Verträge nach innen

»(...) Zusammenarbeit mit dem Kunden mehr als Vertragsverhandlungen.
Das heißt, obwohl wir die Werte auf der rechten Seite wichtig finden, messen wir den Dingen auf der linken Seite größeren Wert bei.« (*Agiles Manifest*)

Wieso schließen wir dann in agilen Projekten mehr Verträge als jemals zuvor? Wieso stellen wir uns im Sprint Planning 1 und 2 oder beim Daily Scrum in eine Runde und vereinbaren laufend, was wir liefern und wie wir arbeiten wollen? Wieso haben wir eine Retrospektive, in der wir ständig den Prozess des gemeinsamen Arbeitens hinterfragen, um dann wieder explizit zu vereinbaren, wie wir weitermachen wollen? Dan North hat diese Frage auf der Agile Practitioner Conference in Israel 2013 gestellt und damit beantwortet, dass es um Sicherheit gehe. Menschen wollen ihre Furcht vor dem Ungewissen durch die Sicherheit von Vereinbarungen in den Griff bekommen. Und wie wir durch SCARF wissen, hat er Recht! Aber Moment, da ist doch der Aspekt der Zusammenarbeit? Sehen wir uns noch einmal genau an, was David Anderson in KANBAN damit meint, dass man alle Policies – also alle bisherigen Prozesse und Abläufe – explizit machen muss. Was geschieht eigentlich beim Daily Scrum genau?

David Andersons Ansatz hinterfragt zugrunde liegende »Programme«, nach denen die Organisation handelt. In der humanistischen Psychologie nennt man das die »Muster«. Sie gehören zu den unbewussten Anlagen jedes Menschen und beeinflussen, ob wir es wollen oder nicht, unsere Handlungen. Erst wenn wir sie uns bewusst machen, wenn wir uns ihnen stellen, können sie verändert und korrigiert – also den neuen Lebensumständen angepasst – werden. Anders ausgedrückt werden wir uns der »alten« Vereinbarungen bewusst und sind deshalb wieder in der Lage zu schauen, ob sie für unsere aktuelle Realität gültig sind oder überdacht werden müssen.

Wenn wir in den Scrum-Meetings zusammenarbeiten, entsteht eine Vereinbarung. Im Falle eines Sprint Plannings wird sie sogar aufgeschrieben, beim Daily Scrum wird sie durch das Verschieben der Post-its und das Commitment des Einzelnen sogar per Kürzel dokumentiert. In Wahrheit wird ein »Vertrag« geschlossen. Aber wieder gilt: Dieser Vertrag ist die Dokumentation der Konversation des Teams oder besser gesagt der Beteiligten an diesem Prozess. Darüber hinaus ist er transparent, also für alle sichtbar und kann daher diskutiert und ständig kritisch hinterfragt werden.

Zusammenarbeit heißt nicht, keine Verträge zu schließen. Es bedeutet, dass man so vertrauensvoll miteinander umgeht, dass es zwar Strukturen geben muss, die aber ständig hinterfragt und überdacht werden dürfen. Bis eine neue entsteht, muss man sich aber an die bestehenden Regeln halten. Das ist das Problem von Vereinbarungen, die zwar getroffen werden, an die sich aber niemand hält, weil die Beteiligten unter Agilität eine »beliebige Änderbarkeit von Vereinbarungen« verstehen. Der Manager eines sehr traditionell und hierarchisch strukturierten Unternehmens erzählte mir: »Ich hätte nicht gedacht, dass es hier noch reglementierter zugeht als in der Firma, für die ich davor gearbeitet habe. Aber hier stört es gar nicht, es ist sogar sehr angenehm. Wenn eine Entscheidung getroffen wird, kann man sich darauf verlassen.« An seiner vorherigen Arbeitsstelle sei man erst nach langem Gerede zu einer Entscheidung gekommen, die dann später aus unerfindlichen Gründen doch wieder verändert bzw. infrage gestellt wurde.

Vereinbarungen brauchen eine Gültigkeitsdauer. Werden sie verändert, dann müssen sie transparent modifiziert werden.

Da muss ich auch mich selbst an der Nase nehmen. In meinem Unternehmen hatten wir einen neuen Personaleinstellungsprozess definiert. Meine Führungskräfte fanden ihn sehr effektiv, und er funktionierte auch ganz hervorragend. Plötzlich kam es aber zu einer Abweichung, die ich verursacht hatte. Eine Dame hatte sich ursprünglich als Trainerin beworben. Nach dem Interview fand ich aber, dass sie sich hervorragend für das Consulting eignen würde. Statt einen Bewerbungsprozess unter der Prämisse »Consulting« zu starten, übersprang ich das vereinbarte Erstgespräch, das eigentlich die Führungskräfte führen müssen. Die Folge war Verunsicherung. Gilt nun der neue Prozess oder nicht? Ist die Bewerberin so wahnsinnig gut, dass uns der Chef einfach übergeht? Meine Leute kennen mich und haben den Mumm, meine Fehler anzusprechen. Aus diesem Vertrauen heraus konnten wir das klären. Es zeigte mir aber einmal mehr, wie schnell das Management – wenn auch aus guter Absicht heraus – mit einem »Fehler« Unsicherheit verursachen kann.

Gerade bei großen Organisationen behindern oft die internen »alten« Vereinbarungen die sinnvolle Ausgestaltung und damit Zusammenarbeit von Projektteams über die Organisationsgrenzen hinweg.

Die gleichen Ziele verfolgen

Verträge sind eine Möglichkeit, die Zusammenarbeit an großen Produkten organisationsübergreifend zu definieren. Sie sind die erste Grundlage und notwendig, denn wenn es schon auf dieser ersten Ebene konträre Interessen gibt, werden auch die Mitglieder der Projektteams wenig Chance auf eine vernünftige Zusammenarbeit haben. Es sei denn, sie widersetzen sich den Ansagen ihrer Organisation.

Über die Verträge hinaus müssen aber natürlich noch andere Bedingungen klargestellt werden. Die nächste Herausforderung ist das gemeinsame Liefern in kurzen Abständen. Dabei geht es um *Integration und End-to-end-Verantwortung*. Die Automobilindustrie macht uns vor, wie das geht: Nicht der Hersteller hat die Verantwortung dafür, dass der Sitz der Lieferfirma in den Wagen passt. Der Zulieferer muss für die entsprechende Konstruktion sorgen. Die Verantwortung bezieht sich also nicht nur auf die eigene Teilleistung, sondern ist erst dann erfüllt, wenn das gemeinsame Produkt geliefert werden kann.

Das ist ein Thema, das man natürlich auch vertraglich regeln muss, aber auf der Prozessebene ist es wesentlich komplizierter. Schließlich muss ja der Produkthersteller ermöglichen, dass seine Teams mit dem Zulieferer zusammenarbeiten können und zwar möglichst engmaschig. In Scrum will man nach ein bis vier Wochen die ersten gemeinsamen Ergebnisse sehen – da nützen zwei oder drei Treffen während der gesamten Projektlaufzeit nicht viel. Ein Gerätehersteller erzählte mir von seiner Konstruktionsabteilung. Dort sitzen Ingenieure, die in aufwendiger Arbeit CAD-Zeichnungen für die einzelnen Produktteile anfertigen. Ist der Lieferant ausgewählt, bekommt dieser die Zeichnungen und muss sie umändern, damit sie auf seine Maschinen passen. Er macht also die ganze Arbeit noch einmal.

Man möchte es einen »Schildbürgerstreich« nennen, doch leider sind solche ineffektiven Vorgehensweisen eher die Regel als die Ausnahme. Wie viel Zeit und Geld könnte man sparen, wenn der Zulieferer direkt am Produktentwicklungsprozess beteiligt wäre und gleich selbst die Zeichnungen erstellen würde? Es geht also darum, überflüssige Handover über die Zeit zu reduzieren und dadurch den Produktionsfluss wesentlich zu beschleunigen. Dieser einfache und logische Gedanke ist schwierig umzusetzen, weil er wieder ein tiefes Vertrauen verlangt – bis hin zum Offenlegen der eigenen Produktionsprozesse. Aber es ist möglich und bringt lohnende Synergieeffekte.

Kommunikation zwischen Unternehmen

Scrum fördert nicht zuletzt die Kommunikation. In einem Team, das im selben Haus, vielleicht noch im selben Raum sitzt, ist das nachvollziehbar. Aber wie gestaltet sich diese Kommunikation zwischen Unternehmen, die mitunter tausende Kilometer voneinander entfernt sind? Es muss gelingen, die Kommunikation der beteiligten Parteien zu intensivieren und gleichzeitig auf das gemeinsame Ziel auszurichten. Im Grunde gelten hier die gleichen Umstände wie bei Scrum-Teams, die über mehrere Standorte verteilt sind.

Das ist keine einfache Sache. Für das Gelingen ist es wieder sehr hilfreich, wenn das Management der Beteiligten die Problematik versteht und sich auch darüber Gedanken macht, wie man eine gute Lösung findet. Die Kommunikation verläuft auf unterschiedlichen Ebenen, auf denen zum Teil gemeinsame Strukturen für die Zusammenarbeit geschaffen werden müssen. Die drei wichtigsten führe ich im Folgenden an.

Die Ebene Management. Kommunikation auf der Managementebene bedeutet in erster Linie, eine gemeinsame Sichtweise auf das Produkt zu entwickeln. Alle müssen dieselbe Idee von dem haben, was geliefert werden soll. Dazu braucht das Management einen Prozess, mit dem diese gemeinsame Sicht auf das zu Liefernde immer wieder neu entsteht. In einer leicht modifizierten Form bietet das Scrum-Framework selbst die geeigneten Mittel. Eine andere Möglichkeit sind ähnliche Mechanismen, wie zum Beispiel das Assumption Based Communication Dynamics Model für das Managen von Risiken in Projekten. Alle diese Techniken gehen davon aus, dass eine nicht hinreichend fokussierte Kommunikation die eigentliche Ursache von Problemen innerhalb von Projekten ist. Mithilfe von Visualisierungen kann man die notwendige Klarheit in das Projekt bringen. Das sind hervorragende Mittel für das Management, um die Kommunikationsbeziehungen zwischen den beteiligten Firmen zu steuern und zu effektivieren.

Die Ebene Infrastruktur. Neben einem Management-Framework, der die iterative Kommunikation zwischen den Beteiligten fördert, ist eine Infrastruktur für die gemeinsame Entwicklung nötig. Im klassischen Projektmanagement wird das oft als Configurationmanagement bezeichnet, wir gehen hier aber weiter. Wir wollen nicht durch Regeln dafür sorgen, dass alle Parteien gewisse Parameter einhalten, sondern durch eine Infrastruktur, die allen Beteiligten das gemeinsame Arbeiten ermöglicht. In der Softwareentwicklung hat es in diesem Zusammenhang in den letzten Jahren gravierende Verbesserungen gegeben. Es sind Tools entstanden, mit denen man organisationsübergreifend gleichzeitig an Produkten arbeiten kann, was vor 20 Jahren noch völlig undenkbar war.

Je kürzer die Zyklen sind, in denen man gemeinsam liefern will, desto wichtiger ist die gemeinsame Infrastruktur. Das gilt auch für die Entwicklung von Hardware-Systemen, obwohl es in diesem Bereich durch Standardisierung bereits eine einheitliche Infrastruktur gibt.

Die Ebene Teamentwicklung/Kultur. Bei der Zusammenarbeit von zwei oder mehreren Organisationen wird der Faktor »Unternehmenskultur« immer unterschätzt. Die Zusammenarbeit in agilen Projekten macht das besonders deutlich und es ist unumgänglich, dass die Kulturen zusammenpassen und sich gegenseitig bereichern müssen, wenn die Mitarbeiter enger zusammenrücken sollen. Auf den ersten Blick sind diese Faktoren nicht einmal sichtbar. Es wird einfach von den Teams gefordert, zusammenzuarbeiten. Sie werden auch zusammenarbeiten. Reibungslos kann diese Kooperation aber nur sein, wenn man sich gegenseitig vertraut und dazu braucht man eine Basis.

Das Problem des End-Users lösen. Je größer das Projekt oder das zu erstellende Produkt ist, desto wichtiger ist es, das zugrunde liegende Problem so schnell wie möglich zu lösen. Am leichtesten geht das, wenn ein Team Zugang zum End-User hat. Das scheitert aber manchmal schon an einer seltsamen Einstellung der Mitarbeiter selbst bei kleinen Projekten. So platzte eine Webentwicklerin mit »Aber das kann ich doch nicht machen, das geht doch nicht!« heraus, als ich sie fragte, warum sie sich denn nicht einfach ansehen könne, wie ein User ihr Produkt benützt. Das sei so nicht vorgesehen, meinte sie.

Jetzt stellen wir uns die Dimension um das 100-fache vergrößert vor: Bei Produktentwicklungen mit 100 und mehr Beteiligten ist es sehr wahrscheinlich, dass das einzelne Teammitglied den End-User niemals zu Gesicht bekommt. An diesem unhaltbaren Zustand kranken diese Projekte auch. Es ist so, als würde Sie ein Chirurg mit verbundenen Augen am offenen Herzen operieren. Die Chance, dass etwas danebengeht, ist ziemlich groß. Und möglicherweise operiert Sie nicht einmal ein Kardiologe, sondern ein Orthopäde – aber ist doch egal, Chirurg ist Chirurg. Es gibt überraschend viele Argumente dafür, dass man den End-User in den Entwicklungsprozess möglichst nicht involvieren will. Aber es gibt keinen einzigen vernünftigen Grund, wieso der End-User nicht bei jedem Sprint Review eingeladen werden kann, um einem Team sein Feedback zu geben, oder doch?

Ich bin zu dem Schluss gekommen, dass allen diesen Argumenten nur durch Fakten zu begegnen ist – indem man es ausprobiert. Als (Change-)Manager müssen wir den Menschen zeigen, dass es keinen Sinn ergibt zu hoffen, dass man gleich zu Beginn alles wissen muss. Die Märkte sind zu schnell, die User zu unterschiedlich. Das Management in den Unternehmen muss verstehen, dass die traditionellen Ideen des Produktmanagements ausgedient haben, abgesehen von der Konsumgüterindustrie. Da wird es wahrscheinlich noch einige Jahrzehnte funktionieren, für Zahnpasta, Spülmittel und Medikamente auf die gleiche Weise wie heute zu werben. Aber für die moderne Produktentwicklung ist ein vollkommen anderer Ansatz entscheidend: Mit voller Leidenschaft ein Produkt erzeugen, darüber sprechen und sich von den Menschen finden lassen, die das Produkt ebenfalls gut finden – schon hat man ein erfolgreiches Produkt.[47] Das Bewusstsein, dass das vollständige Erheben von Anforderungen im Vorfeld, um ja alles richtig zu machen, nicht funktionieren kann, wird immer stärker und geschärfter. Das sieht man unter anderem an den sogenannten Lean Startups. Dabei handelt es sich um Firmen, die ihre Geschäftsidee bewusst so lange verändern, bis sie etwas gefunden haben, das am Markt erfolgreich sein kann. Das geht nur durch ständiges Ausprobieren der Ideen am Markt.

---

47   Seth Godin ist der wohl bekannteste Vertreter dieser Form von Marketing *(Godin 2009).*

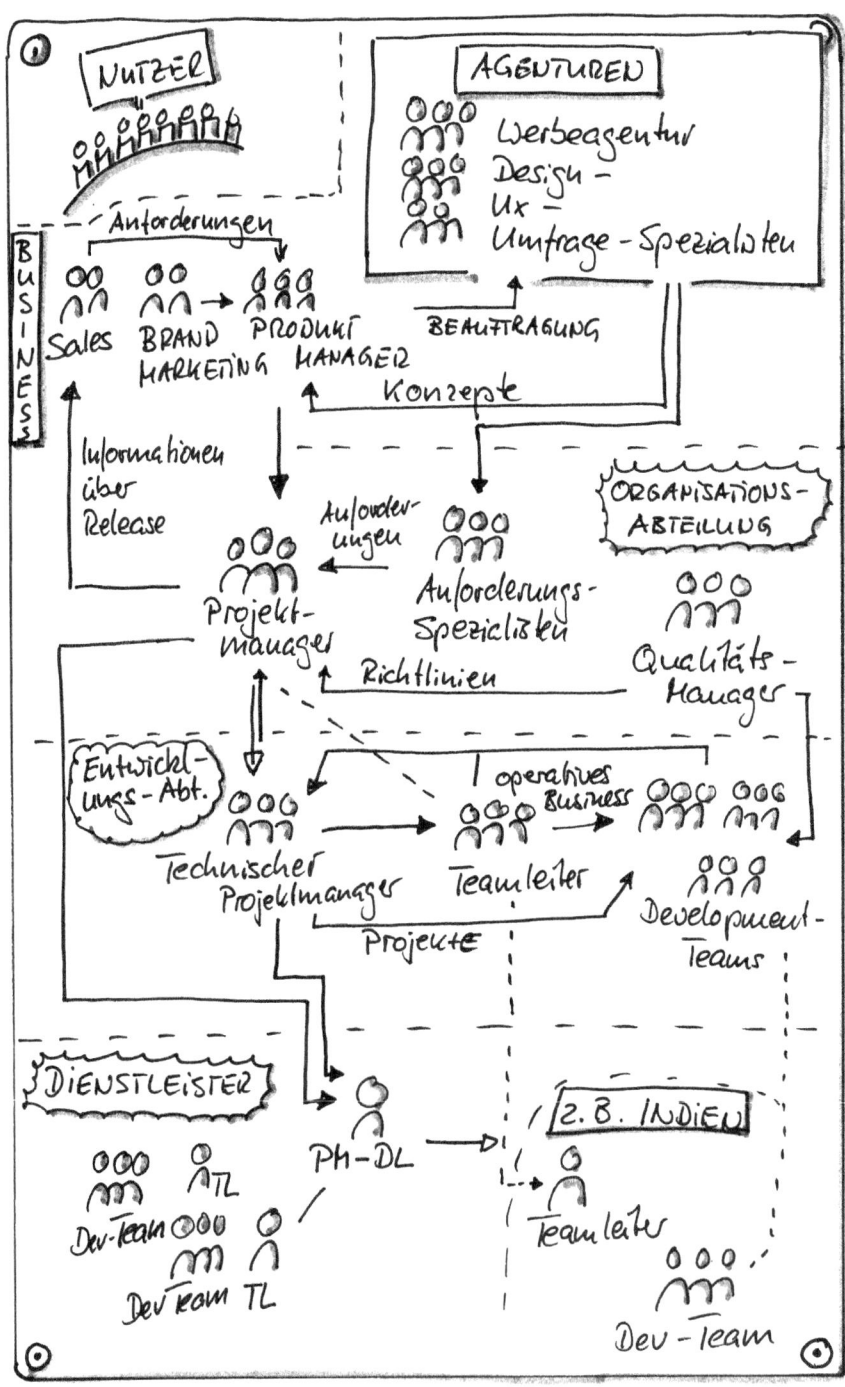

Abb. 24: Der große Abstand zwischen End-User und Produktentwicklern

Daneben muss es den Mitarbeitern gestattet sein, ihre Rollen und Positionen im Unternehmen zu wechseln, ohne dass damit ein Statusverlust oder Einkommenseinbußen verbunden sind. Stellt sich heraus, dass kein Anforderungsspezialist mehr nötig ist, dann ist das eben so. Dann muss der Betroffene die Sicherheit bekommen, dass er an einer anderen Stelle im Unternehmen seinen Beitrag leisten kann. Ein unterstützender Manager braucht dafür aber auch die Einsicht und Bereitschaft des Mitarbeiters, angestammte Rollen aufzugeben und die Erfolgsmöglichkeiten in neuen und unbekannten Feldern zu sehen.

Es gibt sicher noch viele andere Aspekte, die auf den ersten Blick verhindern, wieso es gerade in Ihrem Unternehmen nicht möglich sein soll, die Scrum-Teams direkt mit dem End-User sprechen zu lassen. In vielen Fällen ist das Management gefordert, Wege zu finden, wie man diesen Kontakt intensivieren kann. Sind Sie bei der Suche nach diesen Wegen erfolgreich, wird Ihre Organisation durchlässiger für die Probleme der Kunden und End-User und Innovationen können umgesetzt werden.

9.4.2 Die internen Kunden

Die Verbindung und Zusammenarbeit mit dem internen Kunden ist ebenfalls wesentlich. Jedes Unternehmen hat solche internen Kundenbeziehungen. Um beispielsweise den Value-Stream eines Produktes innerhalb eines Unternehmens abzubilden, wird meist jede Abteilung als Kundin der anderen gesehen. Ein an sich schönes, aber für unsere Betrachtungen irrelevantes Modell.

Wichtiger ist die Tatsache, dass viele Produkte im Business-to-Business-Bereich (gerade in der IT) nicht für den Endkunden erzeugt werden, sondern um bestehende interne Strukturen und Kostenfaktoren optimieren zu können. Die Klassiker solcher internen Projekte sind Berichtswesen, Kostenrechnung, Archivsysteme, Lagerhaltung, Betriebsmittel und Werkzeuge, die für die Herstellung der eigentlichen, an den externen Kunden gerichteten Produkte nötig sind. Bei so gut wie jedem Produkt gibt es also Berührungspunkte mit internen Kunden, den Kollegen.

Kurze Iterationen und schnelle Lieferung sind in dieser Konstellation meiner Erfahrung nach meist schwerer zu realisieren als mit externen Kunden. Es fehlen nämlich die gemeinsamen Ziele, oder noch viel schlimmer: Die einzelnen Abteilungen haben vollkommen unterschiedliche Ziele. Innerhalb von Unternehmen gelten nicht die klassischen Regeln der Wirtschaft, obwohl immer wieder versucht wird, alles bzw. alle auf den Markt hin auszurichten. Eine Firma ist in Wahrheit eine politische Arena, in der es um Macht, Status und Einfluss geht. Die einzelnen Abteilungen (Manager) konkurrieren im Binnenverhältnis und nutzen die Möglichkeiten des äußeren Marktes bestenfalls für ihre *internen* Ziele. Sie denken aber nicht zwingend darüber nach, wie das größere Ganze einen Vorteil haben könnte.

In einem Großkonzern versuchte ein Projektmanager, für ein sehr großes Projekt mehr als 50 Mitarbeiter zu bekommen. Aus seinem Umfeld hörten wir, dass seine Strategie allen klar war: Aus Sicht der anderen wollte er das Resultat dieses Projektes so steuern, dass man ihn und dieses Projekt nicht mehr abbauen konnte. Fast zwangsläufig müsse aus diesem Projekt eine eigene Abteilung entstehen, also eine geschickte Taktik beim Erklimmen der Karriereleiter. Es kann durchaus sein, dass eine solche Abteilung für diesen Konzern das Beste wäre. Aber das Motiv ist eindeutig intern gesteuert und folgt der Logik der Machtstrukturen in dieser Firma.

Daraus folgt häufig, dass die Abteilungen nicht zusammenarbeiten, unkoordiniert sind und sich gegenseitig behindern. Es liegt aber nicht daran, dass die Mitarbeiter auf der untersten Hierarchieebene nicht miteinander arbeiten wollten. Der Grund ist der nicht vorhandene Überblick und das nicht wahrnehmbare gemeinsame Ziel. So geht die gemeinsame Mission im Alltag schnell verloren und der Einzelne macht auf dieser Stufe eben nur mehr, was ihm gesagt wird.

> Wie schnell das passieren kann, erzählte mir ein Freund beim Abendessen. Er hatte ein paar Ideen, die für seine Firma mit Leichtigkeit 15 Prozent mehr Umsatz bringen würden. Darüber sprach er mit seinem Chef. Dieser sagte damals, dass diese Aufgaben von einem anderen Mitarbeiter erledigt werden würden, er brauche sich darum nicht zu kümmern, er solle sich nicht verzetteln. Ein paar Tage später erklärte der Chef, er fände Hobbys wichtig, und dass Menschen sich dort engagieren sollten. Mein Freund, der sich in der Firma langweilte und deshalb seinen Chef zur Veränderung hatte animieren wollen, nahm das als Auftrag: Nimm deine ungenutzte Energie und investiere sie in Hobbys statt in die Firma.

Wenn wir also der Tatsache ins Auge schauen, dass wir uns in einem Unternehmen nicht in einem Wirtschaftsraum, sondern in einem politischen Raum bewegen, wird klar, dass sich die Kommunikationsbeziehungen anders gestalten als bei Wirtschaftssystemen. Nach außen richten sich Firmen wirtschaftlich aus, das Kommunikationsmedium ist Geld. Nach innen richten sie sich politisch und damit als Machtsystem aus. Die interne Kunden-Lieferanten-Beziehung ist also eine Machtbeziehung.

Wissen ist (die eigentliche) Macht. Wie kann man diesen Umstand nutzen, um innerhalb einer Firma agile Lieferantenbeziehungen zu etablieren? Zunächst muss gefragt werden: Wer hat die Macht? Eine Machtbeziehung bedeutet immer, dass eine Partei anerkennen muss, dass die andere die Macht und damit die Entscheidungsbefugnis hat.

> Viele unserer Kunden sind im Online-Business zu Hause. Ihre Geschäftsmodelle brauchen also technisch versierte Menschen, die die neuen Technologien so einsetzen, dass damit ein Nutzen für den Endkunden entsteht. Als ich mit dem CTO einer dieser Firmen zusammensaß, fragte ich ihn, wie er seine Position gegenüber den Business-Bereichen der Firma sah. Er sagte, er sei ein Dienstleister. Ich versuchte ihn vom Gegenteil zu überzeugen, denn ich war anderer Meinung: Nur der Techniker, also der CTO, könne in einer technischen Firma entscheiden, welche Produkte erzeugt werden. Nur er kann die Potenziale erkennen, die ein Produkt am Markt hat.

Gerade in der deutschen Wirtschaft brillieren mittelständische, spezialisierte und technologiegetriebene Unternehmen auf den internationalen Märkten mit Produkten, die von Ingenieuren mit einem hervorragenden Gespür für die Bedürfnisse von Menschen entworfen und gebaut werden. Wer hat in diesen Unternehmen die tatsächliche Macht – der Ingenieur mit seinem Wissen. Nehmen wir eine Professional Service Firm als Beispiel, wird das klarer: Der Chef einer Anwaltskanzlei hat im Grunde keine echte Machtbasis. Was soll er machen, wenn seine Mitarbeiter nicht wollen? Spannend ist aber, dass die Wahrnehmung eine ganz andere ist, nämlich: Die Manager haben die Macht. Zwar haben sie keine Ahnung von den Produkten und von den Abläufen, bis sie fertig sind. Aber sie haben eine *zugeschriebene* Macht. Trifft dies zu, dann ist auch verständlich, dass diese Manager die interne Politik als Betätigungsfeld brauchen. Schauen Sie einmal bei Meetings ganz genau zu, dort geht es oft wie in einer Gemeinderatssitzung zu. All die vorgeschobenen Argumente zeigen, dass es nicht mehr um die Sache, sondern um das Verbreitern der eigenen Machtbasis geht.

Wissen ist Macht! Genau das könnte helfen, um die Strukturen in diesen politischen Systemen zu verändern. Scrum und die agile Produktentwicklung denken von außen, vom Kunden her in das Unternehmen hinein. Ein Value-Stream-Mapping zeigt daher auf, welches Ziel *alle* in dieser Kette haben. Dann kann wieder so etwas wie ein Gemeinschaftsgefühl entstehen. Erst wenn jeder zu seinen eigenen Interessen steht, kann darüber gesprochen werden, wie sie erfüllbar sind.

Cost-of-Delay. Soweit die soziologische Theorie, doch wie sieht das in der Praxis aus? Der Vorschlag von Don Reinertsen dazu ist sehr einfach *(vgl. Reinertsen 2009)*: Das Aufzeigen ökonomischer Handlungsalternativen führt zu transparenten Entscheidungen. Reinertsen führt eine neue Entscheidungsgröße, einen ökonomischen Faktor, in die Diskussion zwischen Abteilungen ein: Cost-of-Delay. Die Costs-of-Delay bezeichnen die ökonomischen Auswirkungen einer nicht getätigten Investition auf die Firma als Ganzes. Liefert das Entwicklungsteam Produkte später als angenommen, zeigen die sie, wie viel Geld das die Firma kostet. »Kosten« sind dabei nicht nur monetär zu betrachten, sondern auch in Form verlorener Marktanteile und Umsätze, Verlust des Prestiges etc. Reinertsen macht diese Kosten transparent, indem er alle Beteiligten in einem ersten Schritt diese Kosten schätzen lässt, bevor man sich auf eine gemeinsame Zahl einigt. Im zweiten Schritt überlegt jede Abteilung, was sie selbst tun kann, um die Costs-of-Delay möglichst niedrig zu halten. Sie können zum Beispiel den etwas teureren, aber schnelleren Lieferanten auswählen. Man kann Entwicklungsteams zusammenbringen, um dadurch die Lieferung zu beschleunigen. Externe Ressourcen können zugekauft werden, wenn es die Costs-of-Delay rechtfertigen. So kann jede Abteilung einen anderen Weg finden, um die Produktentwicklung zu beschleunigen. Notwendig für den Umgang mit den Costs-of-Delay ist die Sichtbarkeit für alle Beteiligten. Das Wissen darüber, welche Abteilung zu welchem Zeitpunkt aus welchem Grund das Projekt verlangsamt, muss neutral identifiziert werden können. Diese Art der Transparenz entpolitisiert die Verhältnisse, denn es geht um eine machtneutrale Entscheidungshilfe, basierend auf einem ökonomischen und nicht auf einem politischen Bezugsrahmen.

Mit diesem Tool lässt sich auch die Forderung umsetzen, dass das Management *transparente* und *nachvollziehbare* Entscheidungen nach Regeln, nach denen sich die Mitarbeiter ausrichten können, treffen soll.

Reinertsens Cost-of-Delay ist eine erste Möglichkeit, um die Entscheidungsprozesse innerhalb einer Firma auf ein gemeinsames Ziel hin auszurichten. Dabei müssen und können Entscheidungen und Interessenlagen in einem agilen Kontext öffentlich werden. Das schafft die Möglichkeit für alle Beteiligten, sich mit Entscheidungsprozessen bewusst auseinanderzusetzen. So entsteht eine Gemeinschaft (Community) innerhalb der Organisation, die dann den gesamten Value-Stream optimieren kann. Das aber bedeutet, dass Sie die Manager der verschiedenen Abteilungen im Unternehmen dazu anhalten müssen, ihre Entscheidungskriterien und -wege offenzulegen.

> Der sogenannte interne Kunde existiert auf diese Weise nicht mehr. Die Ansprechpartner in der Firma werden vielmehr zum Partner, deren Anliegen das Interesse des externen Kunden ist. Somit gehen alle Bestrebungen innerhalb der Organisation dahin, sich auf den Kunden auszurichten.

9.4.3   Das Umfeld der Organisation

Wie weit reicht das Umfeld der agilen Organisation? Da sind die Schnittstellen zu externen Partnern und Lieferanten – wunderbar, die Kunden – fantastisch! »What else?«, würde George Clooney sagen.

Die Familien. Haben Sie schon einmal daran gedacht, dass zum Umfeld eines Unternehmens auch die Mitarbeiter und deren Familien gehören? Wirklich klar wurde mir das, als wir mit einem Betriebsrat sprachen. Diesen Menschen geht es auf den ersten Blick um Jobgarantien, sie wollen aber auch wissen, inwieweit der neue Job eine Überforderung für die Mitarbeiter ist. Wir wissen, wie sehr sich mit Scrum das Arbeiten für den einzelnen Mitarbeiter im Unternehmen ändert. Aber diese Menschen sind ja keine isolierten Wesen, die außerhalb ihres Arbeitsplatzes nicht von ihren Jobs beeinflusst werden. Sie stehen selbst wieder in einem Netzwerk von Personen und damit hat ihr »andersartiges« Arbeiten zwangsläufig eine Auswirkung auf ihr soziales Gefüge, vor allem ihre Familien.

Was verändert sich? Diese Frage lässt sich nicht fundiert beantworten, weil es noch zu wenige Menschen gibt, die darüber berichten, wie sich ihr Privatleben durch die Einführung von Scrum verändert hat. Es gibt allerdings erste Blogs darüber, wie Einzelne Scrum auch für ihre familiären Aufgaben einsetzen, zum Beispiel, um die Hausaufgaben der Kinder zu organisieren. Worüber ich mich aber immer besonders freue, sind die Aussagen vieler Mitarbeiter, die sich endlich gewürdigt fühlen und gemeinsam Erfolge feiern – Erfolge, die sich dann wieder positiv auf ihre Stimmung auswirken. Jemand, der seine Arbeit gerne tut und sie vor allem *während* der Arbeitszeit erledigen kann und dabei Erfolgserlebnisse hat, schleppt keine Sorgen mit nach Hause.

Gemeinschaft und Gesellschaft. Ikujiro Nonaka und Hirotaka Takeuchi fordern in ihrem Artikel *Der weise Manager*, dass sich Führungskräfte durch praktische Klugheit auszeichnen sollten: »... um zu überleben, müssen Unternehmen die Zukunft mitgestalten.« *(Nonaka, Takeuchi 2011, S. 70)* Sie fordern von Managern und an oberster Stelle vom CEO folgendes Profil:

- *»Er sei ein Philosoph, der den Kern eines Problems begreift und aus einzelnen Beobachtungen allgemeine Schlüsse ziehen kann;*
- *ein Meister seines Gewerbes, der versteht, was in jedem Moment entscheidend ist, und entschlossen danach handelt;*
- *ein Idealist, der das tut, was nach seiner Überzeugung richtig und gut für das Unternehmen und die Gesellschaft ist;*
- *ein Politiker, der Menschen zum Handeln bewegen kann;*
- *ein Schriftsteller, der mit Metaphern, Geschichten und Rhetorik arbeiten kann;*
- *ein Lehrer mit klaren Werten und starken Prinzipien, von dem andere lernen wollen.«*

Warum definieren Nonaka und Takeuchi den Executive Manager so? Der Manager soll sich seiner gesellschaftlichen Verantwortung stellen. In Zeiten von Korruption, unsauberen Machenschaften und Gier, die das Vertrauen in die Wirtschaft zutiefst beschädigt haben, müssen Unternehmen ihre Reputation wieder neu gewinnen. Die Medizin, die Nonaka und Takeuchi anbieten, ist eine »*Generation von neuen Managern, die sich nicht nur für ihr Unternehmen, sondern auch für die Gesellschaft verantwortlich fühlen.«* *(Nonaka, Takeuchi 2011, S. 61)*

Was hat das mit der Einbettung von Scrum als Management-Framework zu tun? Wieso hilft uns diese Erkenntnis der beiden weltberühmten Professoren, das zu verstehen? Scrum gibt den Managern das Führungswerkzeug an die Hand, mit dem sie die von Nonaka und Takeuchi gestellten Aufgaben erfüllen können. Hier eine Geschichte dazu *(Nonaka, Takeuchi 2011, S. 69):*

> »In den 70er Jahren bekam Soichiro Honda von seinen Mitarbeitern eine Lektion in praktischer Klugheit: Es ging um die Entwicklung eines Automotors mit niedrigen Emissionen. Er selbst erklärte, die Maschine werde das Unternehmen in die Lage versetzen, die »Großen Drei« der Autohersteller in den USA zu übertreffen, die damals gegen den Clean Air Act mit seinen strengeren Umweltstandards kämpften. Die Ingenieure widersprachen ihm. Sie sagten, sie entwickelten den Motor, um ihrer gesellschaftlichen Verantwortung nachzukommen, und für ihre Kinder. Angeblich war Honda von dieser Antwort so beschämt, dass er beschloss, es sei Zeit, in den Ruhestand zu gehen.«

Weiter sagen die beiden Autoren: »*Eine Organisation, in der jedes Mitglied weise handelt, ist in der Lage, auf jede Situation flexibel und kreativ zu reagieren. Ein struktureller Ansatz dafür, agil zu bleiben, ist die aus dem Rugby entlehnte »Scrum«-Methode (ein Scrum bezeichnet das Gedränge um den Ball – Anm. d. Red.). Diese fand als Erstes in der Fertigungsindustrie ihren Niederschlag und ist heute die offizielle Bezeichnung für den Prozess der »agilen« Softwareentwicklung«. (ebenda)*

Ikujiro Nonaka erklärte 2012 bei einem Vortrag an der Wirtschaftsuniversität Wien, dass er Scrum als den Management-Framework sehe, der das oben geschilderte Ideal erreichen könne. Es ist also tatsächlich so, wie in diesem Buch schon mehrfach behauptet: Scrum könnte den Managern helfen, mit ihren Teams gesellschaftlich zu handeln und auf diese Weise auch die Sinnhaftigkeit der Arbeit für den Einzelnen zu stärken.

Der Einzelne. Bis hierher haben wir eingehend beschrieben, wie wir dem Einzelnen helfen können, sich zu verändern und Scrum als Bereicherung zu sehen. Aber sorgt Scrum auch für Veränderungen in den Einstellungen und Motivationen des Einzelnen?

Ich möchte wieder mit einer Utopie beginnen: Michael Marmot legt sehr fundiert dar, dass das Gefühl der Kontrolle über das eigene Leben einen Einfluss darauf hat, wie gesund ein Mensch bleibt. »*Autonomy — how much control you have over your life — and the opportunities you have for full social engagement and participation are crucial for health, well-being and longevity.*« *(Marmot 2012, Kindle Edition Pos. 41)* Er beschreibt in *The Status Syndrome* sehr genau, dass der höhere Status eines Menschen in einer Gesellschaft, höhere Ausbildung, ein »besserer« Beruf und ein höheres Gehalt tatsächlich dazu beitragen, dass ein Mensch länger lebt.

Kann man mit Scrum oder anderen agilen Methoden erreichen, dass sich der Einzelne »autonomer« wahrnimmt und sich besser gehört und geschätzt fühlt? Teresa Amabile und Steven Kramer belegen in *How Leaders Kill Meaning at Work*, dass neben der Befriedigung, die in einem Menschen durch kleine Fortschritte bei seiner Arbeit entsteht, die Sinnhaftigkeit seiner Arbeit entscheidend für ein positives inneres Arbeitserleben ist:

»*Even incremental steps forward – small wins – boost what we call ›inner work life‹: the constant flow of emotions, motivations, and perceptions that constitute a person's reactions to the events of the work day. Beyond affecting the well-being of employees, inner work life affects the bottom. People are more creative, productive, committed, and collegial in their jobs when they have positive inner work lives. But it's not just any sort of progress in work that matters. **The first, and fundamental, requirement is that the work be meaningful to the people doing it.**« (Amabile, Kramer 2012, S. 1f – Hervorhebung durch den Autor)*

Wenn man Scrum-Teams zuhört, berichten sie genau das von Amabile Untersuchte. Sie sagen, sie hätten mehr Freude bei der Arbeit, sie fänden wieder heraus, warum sie ihre Arbeit verrichteten, sie fühlten sich motivierter und gingen weniger gestresst nach Hause. Alles spricht also dafür, dass sich der Einzelne in Scrum-Teams besser fühlt und möglicherweise seine physische Gesundheit dadurch positiv beeinflusst wird.

Aber machen wir uns nichts vor: Wir führen Scrum nicht ein, damit die Menschen länger leben (obwohl das ein mehr als positiver Nebeneffekt wäre). Scrum ist auch nicht dazu da, Urlaubsatmosphäre zu erzeugen. Firmen führen Scrum nicht als verheißenes Paradies für Mitarbeiter ein. Sie wollen eine höhere Produktivität einfordern, das ist so klar wie verständlich. Es spricht auch nichts dagegen, beide Interessen miteinander zu vereinen. Es wird gerade in Scrum von den Scrum-Teams *sehr* viel gefordert. Jedoch können wir gerade mithilfe des Scrum Prinzips die Arbeitsbedingungen so gestalten, dass sich der Einzelne dabei kreativ und produktiv fühlt, verbunden mit anderen.

Mal abgesehen von unseren eigenen Erfahrungen, wie sieht es mit den Scrum-Kritikern aus? Silke Gronwald und Doris Schneyink schreiben in ihrem Stern-Artikel *Wie uns die Arbeit verführt (Gronwald, Schneyink 2012)* vollkommen richtig, dass es ein feiner Grat zwischen »Selbstverwirklichung und Selbstausbeutung« ist, den viele Unternehmen im Dienste der Produktivität gehen. Da wird gecoacht und motiviert, was das Zeug hält. Richtig finde ich in diesem Artikel auch die Feststellung, dass Coaching in vielen Unternehmen auf die Defizite des Einzelnen zugeschnitten ist. Es gehe also darum, den Einzelnen zu verbessern. Diese Haltung üben wir in unserer Gesellschaft von Kindesbeinen an, vor allem in der Schule, die nicht die Stärken der Kinder fördert. Die Defizite der Schüler werden mit Noten ausgewiesen und abgemahnt und sie sollen gefälligst durch Nachhilfe ausgeglichen werden. Schon das Wort »Nachhilfe« ist ein Indikator für diese Haltung von Schule und Lehrern. Der Fokus liegt auf den Defiziten – nach wie vor. Da können Studien noch so oft belegen, dass »Stärken stärken« sinnvoller und hilfreicher ist.

Dass vertrauensvolle Arbeitsbedingungen Menschen dazu bringen, mehr zu arbeiten, sei sogar vielfach belegt. Laut Gronwald und Schneyink ist der Grundtenor einiger Studien: *»Aus Dankbarkeit oder Rechtfertigungsdruck arbeiten Menschen mit offener Arbeitsgestaltung deutlich länger als andere. Rund eine Milliarde Überstunden leisteten die Deutschen 2011.«* (Gronwald, Schneyink 2012, S. 56). Aber weiter ist zu lesen: *»Es ist ein verlockender Deal: Die Unternehmen schenken Vertrauen und erhalten im Gegenzug grenzenlose motivierte und eigenverantwortliche Mitarbeiter, die es mit der Arbeitszeit nicht so genau nehmen.«* (ebenda) Es so auszudrücken, ist polarisierend. Es birgt aber natürlich einen Kern, der an sich korrekt ist: Vertrauen und motivierende Arbeitsbedingungen werden nicht eingeführt, weil Unternehmen eine heile Welt schaffen wollen, sondern weil sie die Wissensarbeiter von heute produktiver machen müssen.

Die höchsten Kosten eines Unternehmens in Deutschland sind nun einmal die Mitarbeiter und für diese Investitionen wollen die Unternehmen auch Leistung sehen. Allerdings macht dieser Artikel nicht deutlich, dass die gegenwärtigen Arbeitsbedingungen für die Mitarbeiter bei weitem nicht so sind, dass sie für Wissensarbeiter inspirierende oder produktivitätssteigernde Biotope schaffen, in denen sie gerne, gut, ausgeglichen und gefordert, aber nicht überfordert arbeiten können. In der Regel sind es Arbeitsplätze nach dem Vorbild der Industrialisierung. Selbst die so wunderbar eingerichteten Chillzone-Büros gehen in die falsche Richtung, denn sie vereinzeln in der Regel wieder. Sie sind schön, aber keine Stätten der Produktivität (wie ich im ersten Kapitel schon gezeigt habe).

Haben die beiden Journalistinnen also Recht, wenn sie Scrum als ausbeuterische Methode sehen? *»Gerade in Software-Unternehmen hat das Tempo unglaublich angezogen. Statt alle ein, zwei Jahre werden heute neue Funktionen, Apps und Spiele im Monatsoder Wochentakt auf den Markt gebracht.«* (Gronwald, Schneyink 2012, S. 58). Das sieht auf den ersten Blick so aus, denn Scrum-Teams liefern alle zwei bis drei Wochen fertige Software. Für Nicht-Involvierte sieht das nach einer höheren Belastung als bisher aus. Die Realität in traditionellen Softwareprojekten, die nur alle paar Monate oder Jahre liefern, ist aber meistens Folgende: In den Endphasen dieser Projekte stehen Nachtarbeit, Wochenendarbeit und Überstunden bis zu 36 Stunden am Stück an. Gleichzeitig wird den Mitarbeitern das Gefühl vermittelt, dass es einmal mehr suboptimal gelaufen sei, subtile Vorwürfe inklusive. Der Grund dafür ist, dass sich die traditionellen Entwicklungsmethoden nicht an veränderte Rahmenbedingungen anpassen. Sie sind nicht auf das kreative Zusammenarbeiten von Teams abgestimmt. Anders ist es in Scrum-Teams, die ständig liefern müssen und deswegen einen Arbeitsrhythmus erzeugen müssen, bei dem sie kontinuierlich – ohne Belastungsspitzen – liefern können.

Tatsächlich findet sich in diesem Artikel aber auch ein Aspekt, der nicht unterschätzt werden darf: *»Viele Entwickler arbeiten deshalb mit einer Methode namens »Scrum«. (…) »Scrum« setzt auf sich selbst organisierende, »agile« Teams, die ihren Job in »Sprints« einteilen und selbst kontrollieren, ob sie im Plan liegen. Die Entwickler genießen große Freiheiten, tragen aber auch eine hohe Verantwortung. Man kann »Scrum« sehr nett und teamorientiert einführen, dennoch erhöht es den Druck.«* (Gronwald, Schneyink 2012, S. 59).

Die Gefahr von »Druck« existiert, wenn man Selbstorganisation und Selbstverantwortung nicht so lebt, wie ich es immer wieder fordere: Selbstverantwortung heißt für den Einzelnen eben nicht nur, dass er selbst gegenüber einem Chef oder seiner Firma verantwortet, was er tut, sondern auch, dass er *selbstverantwortlich mit sich selbst* umgeht. Dazu gehört auch, sich gegen die Firma zu stellen, wenn es zu viel ist. Scrum kann – und da muss ich den beiden Autorinnen Recht geben – den Einzelnen und die Teams an den Rand des Zusammenbruchs führen. Die Leistung des Teams und auch des Einzelnen werden transparent und daher kann man sich nicht hinter irgendwelchen Ausflüchten verstecken, wenn die Arbeitsleistung mangelhaft ist.

Wird Scrum als »druckmachende Management-Methode« instrumentalisiert, also ohne die Werte von Scrum ernst zu nehmen, kann es wie jede andere neue Methode oder Technologie menschenverachtend eingesetzt werden. Beim Implementieren von Scrum muss der Einzelne zunächst verstehen lernen, dass er in erster Linie die Verantwortung für sich selbst hat. Er sollte begreifen, warum ihn ein Scrum-Umfeld motiviert und auch Spaß bringen kann. Viele müssen erst wieder neu lernen, auf sich selbst zu hören und sich notfalls gegen den sozialen Druck der Gruppe durchzusetzen, indem man seinen Mund aufmacht – erst einmal für sich selbst einstehen und dann für die anderen. Das muss jeder Einzelne für sich selbst umsetzen, denn Scrum bietet keinen geschützten Raum innerhalb des Scrum-Teams, sondern nur nach außen. Wie gravierend solche Effekte von Gruppen auf den Einzelnen sein können, haben unter anderem die schon erwähnten Arbeiten von Frank Farrelly gezeigt. Es ist tatsächlich so, wie es auch der Stern-Artikel wiedergibt: *»Der moderne, hoch motivierte Mitarbeiter erledigt ohnehin alles selbst. Deshalb sollte er sich auch vor dem ausufernden Leistungskult vieler Arbeitgeber schützen (…) Brigitte Ederer, Personalvorstand bei Siemens (…): »Die Mitarbeiter wollen auch selbst zu viel.« Sie könnten nicht in der Freizeit Marathon laufen, tagtäglich Höchstleistungen bringen und dann auch noch liebevolle Eltern sein. Es sei nicht verboten auch mal Nein zu sagen. Die Frau hat Recht. Man sollte sie beim Wort nehmen.«* (Gronwald, Schneyink 2012, S. 59).

Der Manager als Coach. Die Aufgabe des Managers (der Führungskraft) ist, die Mitarbeiter zu diesen Erkenntnissen zu bringen, ihnen helfen zu erkennen, wann sie an ihre Belastungsgrenzen kommen und für sie da zu sein. In einem Scrum-Umfeld hat er dafür die Hände frei, weil die Produktivitätssteigerungen des Scrum-Teams in der Verantwortung des ScrumMasters liegen. Die Aus- und Weiterbildung, die Verbesserung der Skills des Mitarbeiters bleiben aber beim Linienvorgesetzten.[48] Er kann also daran arbeiten, den Mitarbeitern beizubringen, bei sich zu bleiben und die eigenen Grenzen zu erkennen. In einer agilen Organisation kann aber auch das nur stattfinden, wenn der Mitarbeiter sich weiterentwickeln will und selbst bemerkt, dass er an seine Belastungsgrenze stößt. Diese Grenzen sind individuell – der eine kann 100 Stunden pro Woche arbeiten und vier Mal in fünf Tagen ins Flugzeug steigen, dort 20 Minuten schlafen und trotzdem erholt am Zielort ankommen. Der andere kann das nicht, braucht viel Zeit für seine Familie und kann nicht wirklich gut abschalten, wenn er nicht am Abend einen Spaziergang mit seinem Hund gemacht hat. Der eine braucht ein Umfeld, in dem die Regeln des Zusammenarbeitens absolut stabil sind, der andere wird in gerade diesem Umfeld wie ein Löwe im Käfig trübselig und will ausbrechen. Das agile Unternehmen bietet dem, der sich mit dem agilen Unternehmen auf die Reise machen will, sehr viel Raum – der aber auch erobert werden will. Die Manager sind gefragt, diesen Raum *mit* ihren Mitarbeitern und nicht für sie zu gestalten.

Ein mögliches Mittel dazu ist eine individuelle, persönliche Retrospektive mit jedem einzelnen Mitarbeiter. Statt ein klassisches Mitarbeitergespräch zu führen, schlüpft der Manager in die Rolle eines Coaches – nicht an den Defiziten, sondern an den Stärken orientiert. Der bekannte Rahmen der Retrospektive hilft dem Mitarbeiter, seine eigenen Stärken zu sehen. Wieso sollte ein Manager diese Aufgabe übernehmen? Er steht neben dem Scrum-Team und hat nun wieder den Blick frei, um das Unternehmen als das eigentliche große Ganze zu sehen. Der Product Owner kümmert sich um die Wertsteigerung, der ScrumMaster um die Produktivität und der Manager ums Unternehmen und deshalb vorrangig um die »Kapitalsicherung«, also um die Mitarbeiter.

Ich rate Ihnen an dieser Stelle: Besuchen Sie als Manager eine Coaching-Ausbildung. Positiver Nebeneffekt ist, dass Sie selbst etwas Neues lernen und vielleicht Potenziale in sich entdecken, die Ihnen noch gar nicht bewusst waren. Vor allem hilft Ihnen diese Ausbildung aber, einem anderen Menschen zu helfen, die eigenen Interessen zu entdecken. Gute Coaching-Ausbildungen werden Ihnen diese Methoden so vermitteln, dass Sie sie in Ihrem täglichen Job einbringen können. Im Umkehrschluss heißt das aber auch: Achten Sie auf sich selbst! Ein Coach, der nicht selbst mit Unterstützung eines Coaches in die Selbstreflexion geht, wird ebenfalls schnell an seine Grenzen stoßen.

---

48 In *Gloger, Häusling 2011* finden Sie diesen Gedanken weiter ausgeführt.

9.4.4 Die Regulatorien

Wir leben in einer reglementierten Welt, angefangen von den ersten Regeln, die unsere Eltern aufstellen, bis zu den Straßenverkehrsregeln. Und es werden ständig mehr und mehr. Sehen Sie sich das Steuerrecht an oder die Regeln, die wir für unsere Jobs kennen müssen, etwa Finanzrichtlinien wie Basel II. Dass dadurch die Neuentwicklung von Produkten teilweise ausgebremst wird, ist logisch. Die Entwicklungsressourcen mancher unserer Kunden werden fast ausschließlich von Produktanpassungen an Gesetzesänderungen konsumiert. Die Regulatorien, an die sich zum Beispiel unsere Kunden aus der Medizintechnik halten müssen, sehen auf den ersten Blick alles andere als agilitätsfördernd aus.

Selbstverständlich sind die Prinzipien, die in den Standards der International Organization for Standardization (ISO) vorgegeben werden sinnvoll, genauso wie die Ideen und Aspekte, die sich in den Standardisierungsverfahren der Capability Maturity Model Integration (CMMI) des SEI Instituts wiederfinden, oder die Richtlinien der U.S. Food and Drug Administration (FDA) zur Softwareentwicklung. Die Liste der Richtlinien für die einzelnen Bereiche wird aber länger und länger: Eine Suche nach dem Keyword »Software Engineering« ergibt auf der Seite der International Organization for Standardization (ISO) 73 Treffer, es existieren 73 verschiedene Standardisierungen, denen man folgen sollte. Es gibt sogar Standards für die Standards, nämlich wie man sie einhalten soll. Auf der Website der FDA finden sich in der Sektion »Medical Devices« zum Stichwort »Software« mehr als 1.750 Einträge. Man findet die »General Principles of Software Validation; Final Guidance for Industry and FDA Staff«, jedoch keine Treffer für »agile software development«, sehr wohl aber für »agile«, »Software«.

Unter 23 Treffern findet sich das Dokument »AAMI TIR 45: 2012 Technical Information Report Guidance on the use of AGILE practices in the development of medical device software« *(TIR 2012)*. Dieses Dokument wird von der FDA als so bemerkenswert gesehen, dass man darüber nachdenkt, es in den eigenen Standard aufzunehmen:

»Over the past several years, AGILE software development has become an accepted method for developing software products. There have been questions from both manufacturers and regulators as to whether (or which) AGILE practices are appropriate for developing medical device software. Enough medical device manufacturers have implemented AGILE practices in their software development so that answers to these questions can be documented. Having clear guidance of which practices have been found to be appropriate will be very useful for all developers of medical device software. This TIR will provide recommendations for complying with international standards and U.S. Food and Drug Administration (FDA) guidance documents when using AGILE practices to develop medical device software.« (TIR 2012, S. 10).

Dieses Dokument ist insofern interessant, weil es klar macht, dass die geforderten Praktiken der agilen Produktentwicklung sogar dazu dienen können, die Qualitätsrichtlinien der Unternehmen signifikant zu verbessern:

»In organizations that have a quality management system that is in need of improvement (whether the need comes from a desire to solve a problem or simply to make it better), AGILE can bring some substantial improvements that would be more apparent and possibly more disruptive (Anm.: to the established quality management system).« (TIR 2012, S. 20)

Verhindern also diese Richtlinien die Anwendung von agilen Produktentwicklungspraktiken? Genau hier wird es kompliziert, denn agile Methoden erfüllen diese Standards und Anforderungen der Richtlinien in der Regel viel besser als klassische Entwicklungsmethoden. Es ist aber eben nicht einfach, die agilen Verfahren in den eingeübten Prozess eines Unternehmens einzuführen. Es kann »disruptiv« sein, führt man Agile in Unternehmen mit stabilen Qualitätsrichtlinien ein, denn die damit betrauten Personen kennen nichts anderes. Daher ist es zwingend notwendig, dass sich die Betroffenen mit den agilen Methoden auseinandersetzen und verstehen, wie man die Standards mit agilen Methoden nachweisbar erfüllen kann. Diese Haltung wird im zitierten Dokument implizit vertreten: Auf den ersten Seiten des Berichts wird zunächst einmal erklärt, was Agile bedeutet. Die FDA reagiert also auf die neuen Methoden in der Produktentwicklung und sucht nach neuen Wegen, ihre Richtlinien zu erfüllen. Die Autoren des Technical Reports TIR 45 sehen das genauso:

»Regulations (…) require that medical device software manufactures choose and define their software development life cycle model. They neither mandate nor prefer any particular model; instead they require the manufacturer to choose the model they believe to be most appropriate to their solution.

Guidance documents and standards describe activities that a software process must address, such as product definition and requirement specification, high-level design, software coding, and testing. (….) Because these process descriptions are often organized in a sequence that looks like a traditional waterfall model, it can be mistakenly assumed that a waterfall lifecycle is the expected model. Because agile is a highly incremental/evolutionary approach, it can be mistakenly assumed that agile is incompatible with linear lifecycle models or have interpreted regulations and standards as implying a linear lifecycle, an incremental/evolutionary lifecycle can present challenges. Furthermore, for regulators or auditors who are more comfortable with linear lifecycle models, an incremental/evolutionary lifecycle might not meet their expectations.« (TIR 2012, S. 21)

Ich habe Sie hier mit einigen längeren Zitaten versorgt, weil diese Sicht von mir seit Jahren vertreten wird. Da ich aber kein Industrieexperte aus den entsprechenden Gremien bin, wurde mir lange Zeit nicht zugehört, geschweige denn geglaubt. Sie erinnern sich: Mit der Haltung, dass Scrum die Richtlinien der Unternehmen besser erfüllen kann als die traditionellen Prozesse, greifen wir ungewollt den Status der Qualitätssicherer an. Alleine deshalb war es immer wieder nötig zu beweisen, dass Scrum eine geeignete Methode ist.

Die eigenen Prozesse. Selbst wenn akzeptiert wird, dass agile Produktentwicklung die Richtlinien der ISO, der FDA, des SEI und anderer Organisationen erfüllt, gibt es ein weiteres Problem: Eine agile Organisation muss den Lieferanten und Kunden zeigen, dass sie diese Richtlinien erfüllt, *gerade weil* sie Scrum macht. Dieser Aufklärungsaufwand ist nicht zu unterschätzen. Sie müssen intern arbeiten, und Sie brauchen einen Auditor oder Regulator und Lieferanten, die sich ebenfalls auf die neuen Methoden einlassen wollen. All das ist notwendig, damit das effektive Arbeiten mit Scrum auch in einem Geflecht von Firmen funktioniert. Das Produkt muss vom Ende bis zum Anfang gedacht, jeder Prozess analysiert und agilisiert werden. Wie wir gesehen haben, ist das grundsätzlich erlaubt. Die Industrie wird sich nicht dagegen sperren, effektiver zu arbeiten, wenn es Kostenvorteile bringt.

Meine Erfahrung zeigt allerdings, dass es weit schwieriger ist, die eigenen Prozesse zu ändern. Das Etablieren des neuen Mindsets im Qualitätsmanagement, im Testmanagement und vielen anderen Bereichen stellt die eingeübten Prozesse infrage und damit natürlich extreme Investitionen, die in den Aufbau dieser Systeme geflossen sind. Mitarbeiter, die zum Beispiel durch eine CMMI-Initiative gegangen sind, werden sich schmerzlich daran erinnern und befürchten, dass sie jetzt wieder durch eine solche Änderung getrieben werden. Dass Scrum diese Ziele von Anfang an »leichter« erreicht, können die Mitarbeiter nicht gleich sehen. Wieder ist der (Change-)Manager gefordert, diese Zusammenhänge zu erkennen und die eigenen Mitarbeiter im Prozess der Veränderung zu begleiten.

Behörden. Das bereits Gesagte gilt auch für Behörden. Im Unterschied zu den Industriestandards gibt es allerdings in jedem Land gesetzliche Vorschriften, die bei Strafe eingehalten werden müssen. Standards darf man einhalten, muss es aber nicht. Gesetze sind hier schon eine andere Klasse. Trotzdem sind auch gesetzliche Regeln meist nicht wirklich ein Hinderungsgrund, sondern können sogar genutzt werden, agil zu werden. Sehen wir uns anhand der Ausschreibungsrichtlinien einmal an, wie man damit umgehen könnte. In den Vergabe- und Vertragsordnungen für Leistungen (VOL/A) findet man zum Beispiel in § 7 Leistungsbeschreibung:

(1) Die Leistung ist eindeutig und erschöpfend zu beschreiben, so dass alle Bewerber die Beschreibung im gleichen Sinne verstehen müssen und dass miteinander vergleichbare Angebote zu erwarten sind (Leistungsbeschreibung).

(2) Die Leistung oder Teile derselben sollen durch verkehrsübliche Bezeichnungen nach Art, Beschaffenheit und Umfang hinreichend genau beschrieben werden. Andernfalls können sie
a) durch eine Darstellung ihres Zweckes, ihrer Funktion sowie der an sie gestellten sonstigen Anforderungen,
b) in ihren wesentlichen Merkmalen und konstruktiven Einzelheiten oder
c) durch Verbindung der Beschreibungsarten,
beschrieben werden.

(3) Bestimmte Erzeugnisse oder Verfahren sowie bestimmte Ursprungsorte und Bezugsquellen dürfen nur dann ausdrücklich vorgeschrieben werden, wenn dies durch die Art der zu vergebenden Leistung gerechtfertigt ist.

(4) Bezeichnungen für bestimmte Erzeugnisse oder Verfahren (z. B. Markennamen) dürfen ausnahmsweise, jedoch nur mit dem Zusatz »oder gleichwertiger Art«, verwendet werden, wenn eine hinreichend genaue Beschreibung durch verkehrsübliche Bezeichnungen nicht möglich ist. Der Zusatz »oder gleichwertiger Art« kann entfallen, wenn ein sachlicher Grund die Produktvorgabe rechtfertigt. Ein solcher Grund liegt dann vor, wenn die Auftraggeber Erzeugnisse oder Verfahren mit unterschiedlichen Merkmalen zu bereits bei ihnen vorhandenen Erzeugnissen oder Verfahren beschaffen müssten und dies mit unverhältnismäßig hohem finanziellen Aufwand oder unverhältnismäßigen Schwierigkeiten bei Integration, Gebrauch, Betrieb oder Wartung verbunden wäre. Die Gründe sind zu dokumentieren.«

(Bundesanzeiger, Jahrgang 61, 29.12.2009, Nr. 196a:
Bekanntmachung der Vergabe- und Vertragsordnungen für Leistungen – Teil A (VOL/A)
Ausgabe 2009 – vom 20. November 2009)

»Dass die Leistungsbeschreibung eindeutig und erschöpfend zu beschreiben ist, so dass alle Bewerber die Beschreibung im gleichen Sinne verstehen müssen«, wird von vielen ausschreibenden Behörden und Firmen so verstanden, als müssten alle Anforderungen schon von Anfang an feststehen. Dies ist aus diesem Gesetzestext aber nicht ersichtlich. Die Praxis der Unternehmen, Prozesse im Wasserfall zu denken, zwingt sie in diese Interpretation hinein. Will man diesen Paragrafen als Behörde oder Unternehmen nutzen, könnte man die Leistungsbeschreibung wie folgt verfassen:

Zu 1. Hier steht die Produktvision. Worum geht es also? Was wird bezweckt?
Zu 2(c). Verkehrsübliche Bezeichnungen. Hier stünde relativ detailliert mit Hilfe von initialen User Storys, welche Hauptfunktionalitäten das Produkt umfassen soll.
Zu 3. Dies könnte besagen, dass Scrum oder ein anderes interatives/inkrementelles/ evolutionäres Produktentwicklungsverfahren zwingend vorgeschrieben ist.

Für eine Umformulierung braucht es jedoch Mitarbeiter in Unternehmen und Behörden, die agile Verfahren überhaupt kennen und die sich auch vorstellen können, dass man nicht alles im Vorhinein definieren kann und es auch nicht notwendig ist. Wieder sind es die seit ein bis zwei Jahrzehnten etablierten Prozesse, nicht die Richtlinien, die agile Entwicklung zu Beginn erschweren.

Ein Kunde aus der Automobilbranche fragte uns, ob wir ihm bei seiner Ausschreibung helfen könnten. In drei Tagen erarbeiteten wir gemeinsam eine Ausschreibung, die in ihren Grundsätzen den Ideen des »agilen Festpreises« folgte. Während dieser drei Tage wurde allerdings für alle Beteiligte deutlich, dass die Schwierigkeit nicht das Ausschreibungsverfahren, sondern das Verständnis von Scrum war. Als immer deutlicher wurde, wie in Scrum geplant, geschätzt und gearbeitet wird, war es zwar manchmal mühsam, eine entsprechende Beschreibung zu finden, aber nicht mehr unmöglich.

Im nächsten Kapitel werden wir sehen, wie man diese Methoden einführt und dabei alle Beteiligten mitnimmt.

Zusammenfassung

Die Veränderungen in einem Unternehmen laufen auf vier Ebenen ab: Auf jener des Individuums, des Teams, der Organisation und der zwischen Organisationen. Die Veränderungen sind zwar auf diesen vier Stufen zu sehen, bedingen sich aber gegenseitig. So müssen Sie einen Regulator auch als Individuum sehen, dem Sie erklären möchten, dass Scrum oder eine andere agile Methode die gewünschten Vorteile bringt. Dabei kann es leicht sein, dass Sie damit den Status dieses Menschen angreifen, ohne es zu wollen.

Mit SCARF haben Sie ein Werkzeug an der Hand, mit dem Sie diese Klippe umschiffen und das Individuum auf Ihre Seite ziehen können. Dieses Modell hilft zu verstehen, warum Menschen sich nicht verändern wollen. Fehlt aber der klare Rahmen und ein klares Bewusstsein von der Wirkmächtigkeit der agilen Methode, werden Sie die Veränderung ebenfalls nicht erreichen. Sie kommen ohne »Aufklären«, also Trainieren und Bewusstmachen der neuen Methoden nicht durch. Die meisten Menschen brauchen jemanden, der ihnen zeigt, wie das neue Verfahren funktionieren soll. Training on the Job ist hier den extensiven Trainings durch Seminare vorzuziehen. Diese sind gut für den Überblick, versagen aber meist beim Transfer in die Praxis.

Denken Sie bei der Veränderungsarbeit daran, dass Sie einen dreistufigen Prozess durchlaufen müssen:

- Sie benötigen die emotionale Betroffenheit,
- die methodische Sicherheit und
- die Menschen müssen genau wissen, wohin die Reise gehen soll, was von ihnen erwartet wird und wie sie dafür belohnt werden.

Sind diese Schritte getan, bewegen sich die Betroffenen auch in die gewünschte Richtung. Auch auf der Ebene des Teams sind Aspekte wie Rollenklarheit und methodische Sicherheit hervorzuheben und Menschen benötigen einfach die Zeit, die neuen Aspekte zu erlernen.

Das Management spielt die entscheidende Rolle. Als »Gesicht der Organisation« schafft es die nötigen Rahmenbedingungen, um den Change zuzulassen. Die Art und Weise von Managern, mit der Veränderung umzugehen und sie zu unterstützen, kann über Erfolg oder Niederlage einer Initiative entscheiden. Denken Sie auch daran: Sie müssen über den Tellerrand Ihrer eigenen Organisationseinheit hinausdenken. Die anderen Abteilungen sind betroffen und werden als externes System versuchen, ebenfalls den Status quo zu erhalten. Sie werden nicht darum herumkommen, diese Organisationseinheiten zu beteiligen. Das muss nicht sofort geschehen, aber im Laufe der Agilisierung der Firma ist das unvermeidlich.

Die Probleme der Veränderung sind noch einmal schwieriger zu lösen, wenn Sie es mit weiteren Organisationen zu tun haben, oder wenn Sie Richtlinien erfüllen müssen. Aber auch hier ist Scrum – und das zeigen die weltweiten Erfahrungen der letzten zehn Jahre – in der Lage, die Anforderungen von großen verteilten Projekten, von Festpreisverträgen, von Abstimmungen zwischen Firmen und sogar von Regulatorien wie den ISO oder FDA Standards besser zu erfüllen als die traditionellen Methoden.

9.5   Interview mit Hélène Valadon
Das Management mit auf die Reise nehmen

Boris Gloger: Wir arbeiten ja in Organisationen auf verschiedenen Ebenen: Mit dem Einzelnen, mit einem oder mehreren Scrum-Teams, mit ganzen Abteilungen und in letzter Zeit auch oft organisationsübergreifend, wobei in diesem Fall manchmal sogar die Interessen entgegengesetzt sind. Ich würde gerne von dir wissen: Wie strukturierst du so ein Consulting-Projekt angesichts der zu erwartenden Widerstände?

Hélène Valadon: Bei Scrum-Implementierungen steht meistens das Team im Mittelpunkt, oft auch noch der ScrumMaster, der ja so etwas wie der »Träger« der Veränderung ist. Möglicherweise gibt es auch noch mehrere Teams und plötzlich stehen wir an der Grenze zur Organisation und zur Managementebene. An dieser Grenze muss ein Change-Manager besonders sensibel agieren: Man muss verstehen, wie das Management arbeitet, ob und wie die einzelnen Manager verstehen, was hier passiert und ob sie verstehen, dass sie sich selbst verändern müssen. Ein wichtiger Anhaltspunkt ist auch ihre Art der Kommunikation: Manche Manager haben fast keinen Kontakt zur Mannschaft, manche sehr viel, manche wollen alles genau berichtet bekommen. Wenn man im Eifer vergessen hat, das Management mitzunehmen, kann das bald zu einem sehr deutlichen Ungleichgewicht führen. Das Management bleibt wie es bisher war und verlangt nun im neuen Rahmen von Scrum im Grunde das Gleiche wie immer. Das ist ja auch klar, denn es hat den Managern niemand gesagt, dass auch sie selbst von der Veränderung betroffen sind, was sich für sie ändert und wie sie die Dinge nun anders machen sollten. Das führt dann zu so grotesken Situationen wie zum Beispiel Commitments von Teams, von denen sie selbst schon im Vorhinein wissen, dass sie diese nicht halten können. Denn auf der anderen Seite sitzt ein Manager, der Scrum noch nicht verstanden hat oder sich noch nicht damit befassen wollte und nun von seinen Teams das Gleiche wie immer verlangt. Also steht das Team mit dem einen Bein in Scrum, mit dem anderen Bein in der alten Organisation und es geht nichts weiter.

Es ist sehr wichtig, dass wirklich alle von Anfang an mit dabei sind und überlegen, wie sich ihre Rolle verändern muss. Es gibt immer wieder die Situation, dass zum Beispiel drei Teams mit Scrum starten, erst später kommen die 20 übrigen Teams dazu und die arbeiten in der Zwischenzeit noch nach dem alten System. Das Problem ist aber, dass diese Teams gemeinsam liefern müssen. Deswegen muss man einen Weg finden, wie beide Welten zusammenarbeiten können. Es ist keine Lösung, zu sagen: »Ihr macht jetzt

Scrum, aber stört den Rest der Organisation bitte nicht.« Eine verbindende Kommunikation in diesem Bereich seitens des Managements ist sehr selten, weil »es ist ja erst einmal ein Pilotprojekt ist«.

BG: Was Du da sagst, ist faszinierend: Ein Pilotprojekt – zumindest so wie ich es verstehe – ist ja dazu da, um herauszufinden, was man tun muss, damit Scrum funktioniert bzw. die Veränderung den gewünschten Erfolg bringt. So wie du das jetzt aber erzählst, scheint die Haltung eher zu sein: »Wir probieren das jetzt mal aus und dürfen die anderen dabei nicht stören.«

HV: Ja, wahrscheinlich muss man in vielen Fällen dem Management noch deutlicher machen, wozu ein Pilotprojekt da ist. Denn meistens wird so ein Pilotprojekt angesetzt, um herauszufinden, ob Scrum funktioniert. Nein, ein Pilotprojekt ist nicht da, um die Methode zu prüfen. Scrum funktioniert! Es wurden mittlerweile zig Bücher darüber geschrieben und zahlreiche Unternehmen haben die Erfahrung gemacht: Scrum funktioniert! Die Methode brauchen wir nicht zu prüfen. Mit dieser Einstellung an die Sache heranzugehen, ist einfach falsch.

BG: Einige Manager gehen also mit der Sichtweise heran: »Ich prüfe zunächst, ob mir Scrum die gewünschten Erfolge bringt und dann verändere ich vielleicht etwas.« Es kann ja gar nicht funktionieren, wenn dann gleichzeitig dem Pilotprojekt die Ressourcen vorenthalten werden.

HV: Stimmt, man soll sich mit dem Pilotprojekt den gegebenen Ressourcen und Prozessen anpassen und trotzdem etwas völlig anderes erreichen. Das geht so nicht. Man muss Scrum nach den alten Regeln zum Laufen bringen und hört dann: »Wenn Scrum so gut ist, kriegt ihr das doch hin.« Auch die Leistung der Teams wird oft nach alten Metriken gemessen. Das führt zu teils surrealistischen Diskussionen, zum Beispiel mit Testmanagern. Ein Change-Manager muss entscheiden: An welchem Punkt starte ich? Welche dieser einengenden Bedingungen – *constraints* – breche ich als erste auf? Das wird dauern, aber man muss dran bleiben. Es ist alles eine Frage der Priorisierung.

BG: Das bedeutet im Umkehrschluss, dass ich auch mit dem Management nicht auf der Ebene der Organisation sprechen sollte, sondern Techniken wie zum Beispiel SCARF einsetze – also eine Technik für die Veränderungsarbeit mit dem Individuum. Denn er wird mir sagen: »Ich bin der Manager. Ich weiß, wie die Organisation läuft und daher entscheide ich so.« Nun kommen wir als Berater und erzählen ihm, was er alles anders machen muss. Wir greifen also den Status des Managers an, weil wir ihm vorschreiben, was er zu tun hat. Wie berät man »ohne Angriff«? Also so, dass ein Manager nicht in die Position gedrängt wird, gerade aus Trotz etwas nicht zu machen?

HV: So wie auf allen anderen Ebenen: Du musst die richtigen Fragen stellen. Und zwar solche, auf die er keine Antwort mehr weiß. Ich habe zwölf Jahre mit europäischen Spitzenforschern gearbeitet. Ich habe sie dabei unterstützt, die Fördermittel für ihre Projekte zu bekommen – dazu mussten sie aber natürlich bestimmte Dinge nachweisen, belegen etc. Meine Aufgabe als junge, unwissende Französin im Angesicht dieser hochverdienten Universitätsprofessoren war dabei, die richtigen Fragen zu stellen. Ihre Erklärungen auf meine Fragen waren oft sehr ausschweifend – was ich alles verstehen müsse, was man denn alles berücksichtigen müsse etc. Meine Antwort war dann immer: »Wenn Sie diese Frage nicht beantworten können, bekommen Sie die Fördermittel nicht.« Und es war ja nicht einmal ein Trick, sondern es gab in diesen Förderanträgen einfach Fragen, die klar und deutlich beantwortet werden mussten – sonst gab es kein Geld.

Natürlich gibt es auch den Fall, dass jemand nicht mit dir zusammenarbeiten will. Aber wenn die Akzeptanz da ist, ist man mehr Coach als Berater. Wenn ein Manager wirklich an sich und damit auch an der Organisation arbeiten will, stelle ich Fragen wie: »Stehst du wirklich dahinter? Was willst du persönlich in diesem Unternehmen erreichen? Scrum ist ein neues Fachwissen für dich und du kannst es von mir lernen. Ich kann dir zeigen, wie es geht, aber am Ende musst du es tun.« Ein Fehler, den ein Change-Manager machen kann, ist, zu viel Zeit auf Erklärungen zu verwenden. »Zeigen« ist der bessere Weg. Wir lassen zum Beispiel den Manager in die Meetings gehen und begleiten ihn dabei. Wir lassen ihn machen, beobachten und geben ihm Feedback zur Situation: Was er bereits gut macht und was er anders machen könnte – etwa keine Bulletpoint-Folien an die Wand werfen, sondern mehr Interaktion in eine Besprechung bringen.

BG: Aha, Erklärungen sind also nicht hilfreich?

HV: Überhaupt nicht, zu viel reden bringt gar nichts. Damit macht man sich nur schwach. Wenn ich dauernd über etwas rede anstatt es zu tun, vermittle ich eigentlich Unsicherheit, die jemand in einer Veränderungssituation aber nicht brauchen kann. Also deutlich sagen: »Um deine Mitarbeiter zu motivieren, könntest du A, B oder C machen. Such dir etwas aus.« Und dann gar nicht lange darüber diskutieren, eine Möglichkeit aussuchen und tun. So bekommt man nämlich auf eine Aktion auch eine Reaktion und der Betroffene sieht, dass er selbst etwas bewirken kann. Genau wie die Scrum-Teams auch müssen Manager Scrum einfach erleben.

BG: Würdest du sagen, dass der Manager ein hohes Maß an Selbstreflexion mitbringen muss?

HV: Sowieso. Das ist die Voraussetzung für vieles andere, zum Beispiel wenn man in der Organisation eine Feedbackkultur etablieren will. Ich merke, dass die Menschen, die an sich selbst arbeiten, in einem Unternehmen wirklich etwas bewegen und eine Dynamik reinbringen. Veränderung beginnt eben beim einzelnen Menschen.

10   Anleitung für die agile Organisation

»It is known that, when we learn or train in something, we pass through the stages of shu, ha, and ri. These stages are explained as follows. In shu, we repeat the forms and discipline ourselves so that our bodies absorb the forms that our forbearers created. We remain faithful to the forms with no deviation. Next, in the stage of ha, once we have disciplined ourselves to acquire the forms and movements, we make innovations. In this process the forms may be broken and discarded. Finally, in ri, we completely depart from the forms, open the door to creative technique, and arrive in a place where we act in accordance with what our heart/mind desires, unhindered while not overstepping laws.«[49]

Das Prinzip Shu-Ha-Ri machte Alistair Cockburn in der agilen Softwareentwicklung populär. Ich stelle es an den Beginn dieses Kapitels, weil ich etwas Bestimmtes bezwecke: Ich werde Ihnen nicht erklären, wie Sie den Veränderungsprozess in Ihrem Unternehmen meistern werden. Dieses Kapitel soll Ihnen bei der Vertiefung Ihres Verständnisses für die Veränderungsarbeit mit Scrum dienen. Gelungen wäre es aus meiner Sicht dann, wenn Sie sich selbst fragen, auf welcher Ebene des Verständnisses von Veränderungsarbeit Sie sich gerade befinden – auf der Ebene des Shu, Ha oder Ri? Vollends zufrieden wäre ich, wenn Sie danach wissen, woran Sie an sich selbst und mit Ihrer Organisation noch arbeiten können oder müssen, um schlussendlich auf den Weg zur Meisterschaft zu gelangen.

Machen Sie dazu bitte diesen Schnelltest und stellen Sie sich folgende Fragen:

1. Kennen Sie den Scrum-Framework,
a) weil Sie selbst schon Erfahrungen damit gemacht haben?
b) weil Sie einige Bücher gelesen haben?
c) weil Sie davon gehört haben?

2. Kennen Sie die in Kapitel 9 beschriebenen Veränderungstechniken und Ideen,
a) weil Sie sie selbst schon eingesetzt haben?
b) weil Sie einige Bücher gelesen haben?
c) weil Sie davon gehört haben?

3. Kennen Sie die Organisation, mit der Sie arbeiten,
a) aus eigener Erfahrung?
b) weil Sie ein Berater sind, der schon Ähnliches gesehen hat?
c) eigentlich nicht wirklich?

---

49   http://homepage3.nifty.com/aikido_sakudojo/Shihan_Interview_Dou144-e.html

Anhand dieser Fragen können Sie für sich einschätzen, ob Sie bereits in Scrum »denken« und die Welt gar nicht mehr anders sehen können, oder ob Sie noch immer Zweifel haben, ob das denn alles so funktionieren wird. Wenn Sie alle Fragen mit »a« beantwortet haben, sind Sie sicher bereits auf dem Weg zur Meisterschaft, also im Level Ri.

»Wir hatten eine sehr einfache Ausrüstung und sehr primitive Klettertechniken. Das Einzige, was wir wirklich gut konnten, war, eine Stufe nach der anderen in Schnee und Eis zu schneiden. In aller Bescheidenheit kann ich sagen, dass wir darin Weltmeister waren, einfach immer die nächste kleine Stufe zu schneiden, die uns erlaubte, den nächsten kleinen Schritt Richtung Ziel zu machen.« (Sir Edmund Hillary, zitiert nach Meier, Szabó 2008, S. 57)

In den letzten Kapiteln haben wir die Grundlagen für die Veränderungsarbeit aufgezeigt, Ihnen danach die zu erwartenden Widerstände präsentiert und schließlich ausführlich erklärt, mit welchen Tools Sie auf der jeweiligen Organisationsebene arbeiten können, um die Veränderung zu ermöglichen. Dieses Kapitel ist für den Anfänger bei agilen Transitionen gedacht. Dieser Anfänger weiß, dass er sich im Status des Shu befindet. Er übernimmt die Ideen aus diesem Kapitel, so wie sie hier erklärt werden. Er vertraut dem Prozess. Gleichzeitig ist sich dieser Schüler darüber im Klaren, dass er nur immer »eine Stufe schneiden kann«, diese erklimmen muss und dann die nächste Stufe erreichen kann. Dabei gehen wir hemdsärmelig vor, nicht akademisch und vorsichtig, sondern wir wollen Spaß dabei haben und dabei darf auch etwas danebengehen. *Nehmen Sie sich selbst bei der Transition nicht zu ernst.* Machen Sie sich bei jedem Schritt klar: Die Organisation wird auch noch da sein, wenn Sie selbst sich schon entschieden haben, das Projekt aufzugeben. Sie können etwas bewirken, aber wenn Sie nichts bewirken, ist auch nichts verloren. Es ist wirklich so, glauben Sie mir. Consultants nehmen sich bei Veränderungsprojekten oft unendlich wichtig, aber soll ich Ihnen etwas sagen: Wenn wir mit einem großen deutschen Automobilkonzern, einem Versicherungskonzern oder einem Handelsriesen arbeiten, sind wir uns vollkommen darüber im Klaren, dass wir dazu eingeladen sind, etwas zu verändern. Im Vergleich zu diesen Firmen sind wir aber unbedeutend und winzig. Der Hebeleffekt entsteht, wenn es gelingt, die Menschen in der Organisation davon zu überzeugen, selbst mitzumachen.

Dem erfahrenen Organisationsentwickler empfehle ich, dieses Kapitel mit weiteren, eigenen Vorgehenspraktiken zu erweitern. Es ist empfehlenswert, sich erst einmal an die Basisideen zu halten. Wenn Sie bessere Interventionsmethoden kennen als die bereits vorgestellten und auch auf diese Weise die gesetzten Ziele erreichen können, setzen Sie sie um.

Dem agilen Meister mögen die Ideen in diesem Kapitel zu wenig ergiebig sein. Für ihn sind die nächsten Zeilen auch nicht geschrieben. Aber vielleicht lassen Sie sich doch inspirieren. Möglicherweise helfen die Vorschläge auch Ihnen als Meister, neue Kombinationsmöglichkeiten zu erfahren und auszuprobieren.

10.1   Die fundamentalen Zutaten für die Veränderungsarbeit mit Scrum als Management-Framework

Manche ändern ein Kochrezept bereits, bevor sie wissen, wie das Ergebnis schmecken wird. Sie picken sich die Rosinen heraus und nehmen nur die Ideen aus Scrum mit, die sie verstehen, die sich leicht integrieren lassen und die ihnen schmecken. Diese Vorgehensweise wird oft als notwendig angesehen, weil man mit Scrum ja nicht alles regeln könne. Wer die agile Organisation aufbauen will, braucht zunächst ein anderes, vielleicht aus der persönlichen Perspektive völlig neues Mindset, wie wir in den vorangegangenen Kapiteln dargestellt haben. Es gibt jedoch Aspekte des Management-Frameworks Scrum, die unveränderlich sind, und diese Prinzipien sollten nicht verletzt werden. Geschieht es dennoch, läuft man schnell Gefahr, alles Mögliche zu machen – nur nicht Scrum.

> Eine ganz andere Haltung dazu ist uns bei einem Kunden begegnet. Er hatte bewusst nur wenige Informationen an seine Teams gegeben und bat sie zunächst nur, den Wikipedia-Artikel über Scrum zu lesen (http://de.wikipedia.org/wiki/Scrum). Dann gab er ihnen die Freiheit, die Methode einfach einmal auszuprobieren. Sie sollten nur ein paar Schritte gehen. Natürlich machten sie es nicht »richtig« und pickten sich nur die Rosinen heraus. Aber sie sammelten Erfahrungen. Das wollte dieser Kunde: Ihm war es recht, dass seine Leute erst einmal anfingen. Erst als sie selbst verstanden hatten, dass es noch viel über den Scrum-Framework zu lernen gab, holte er uns ins Boot. Wir trafen auf eine wunderbare Mannschaft. Die Mitarbeiter wollten lernen, wie sie ihre Arbeit effektiver machen konnten. Der Manager, der diesen Ansatz wählte, hatte allerdings schon Erfahrungen aus einem anderen Unternehmen und wusste also, worauf er sich einließ. Er hatte für sich eine klare Vision für sein Unternehmen.

Aber wir schreiben ja für den Anfänger und für ihn ist es wichtig, sich hier noch einmal die grundsätzlichen Haltungen von Scrum klarzumachen. Werden diese verletzt, wird es für jede Transition schwierig werden.

Das Produkt – und nur das Produkt. Der Management-Framework Scrum orientiert alle Aktivitäten auf das Produkt. Dieser Gedanke steht im Zentrum. Ihm wird alles untergeordnet. Machen Sie sich immer bewusst: Sie implementieren Scrum nicht, um Scrum zu machen, oder weil Sie Gutes tun wollen. Sie nutzen Scrum als Managementansatz, weil Ihre Organisation alle ihre Produkte und Services am Kunden orientiert, effektiv und kostengünstig erzeugen soll. Helfen Sie den Menschen und damit der Organisation, dieses Ziel zu erreichen.

Das Scrum-Team, das Scrum-Team und noch einmal das Scrum-Team. Bei der Veränderung denken Sie von außen nach innen. Vom Kunden (genauer gesagt: vom Anwender) her zu den Scrum-Teams, zu den weiteren Teams, hin zu den Abteilungen, Einheiten und der Gesamtorganisation. Sie denken also von der kleinsten Zelle hin zur Gesamtheit. Im Mittelpunkt Ihrer Organisation steht der kreative Motor: Ihr Scrum-Team. Es treibt voran, zieht und schiebt. In der agilen Organisation bildet es die Berührungspunkte mit dem Außen, dem Markt (Product Owner – Kunde) und der Suche nach der Problemlösung (Entwicklungsteam – Anwender). Die agile Organisation unterstützt das Scrum-Team in seinen Bemühungen, den Markt und die Anwender zu verstehen, die notwendigen Problemlösungen zu finden und herzustellen. Fragen Sie sich immer: »Was kann die Organisation tun, damit das Scrum-Team abheben kann?«

Der Projektleiter eines Kunden prägte für die Organisation die Metapher eines Flugzeugträgers, der die Kampfjets in die Luft bringen muss. Bei Flugzeugträgern der Nimitz-Klasse arbeiten zum Beispiel 3.200 Menschen Schiffsbesatzung und 2.480 Menschen Flugpersonal dafür, dass etwa 85 Flugzeuge (Jets, Hubschrauber, Rettungsflugzeuge etc.) betrieben werden können. Eine gigantische Organisation, nur um die wenigen Jets ins Zielgebiet zu bringen, zu unterhalten und in den Kampf zu schicken.

Vom Ende her denken! Marty Cagan beschreibt in *Inspired* die Herstellung eines technisch ausgefeilten Produktes, das niemand haben wollte. Mary und Tom Poppendieck erzählen in *Leading Lean Software Development*, wie das IBM Websphere Team mithilfe von agilen Methoden innerhalb der Projektlaufzeit die Kundenanforderungen erfüllte, mit 90 Kunden gleichzeitig arbeitete und so ein Produkt erzeugte, auf das beim Release bereits etliche Vorbestellungen warteten *(Poppendieck 2009)*.

Im ersten Fall wurde der Kontakt mit dem Anwender vermieden, den zweiten Fall würden wir als »agil« bezeichnen. Es geht immer um zwei Aspekte:

1. Welches Problem hat der Anwender und wofür ist der Kunde deshalb bereit zu bezahlen?
2. Wo wollen Sie aus strategischen Überlegungen mit Ihrem Produkt oder Ihren Services hin?

Wie kann man diese beiden Interessen in Ihrem Produkt vereinen? Wie balancieren Sie Kosten und Nutzen so aus, dass Sie daraus den maximalen finanziellen Vorteil ziehen? Am Ende steht die betriebswirtschaftliche Frage: Wie kann man dieses Ziel mit so wenig organisatorischem Aufwand (Menschen, Prozess, Material, Zeit) wie nur irgend möglich erreichen?

Nur wenn dies geschieht, ist es möglich, Services oder Produkte profitabel herzustellen und damit das Überleben der Organisation zu ermöglichen. Dazu braucht man einen Management-Framework, mit dessen Hilfe Produkte und Services iterativ und inkrementell erzeugt werden können, damit sie schnell am Markt sind und so früh wie möglich einen finanziellen Beitrag für das Unternehmen liefern. Iteratives und inkrementelles Vorgehen erfordert eine neuartige Infrastruktur für das Entwickeln und Liefern von Produkten, die kleinteiliges Liefern ermöglicht und sich schnell den Gegebenheiten anpassen kann.

Wie erreicht man den Zielzustand? Wie gelingt es, ständig ein *fertiges* Produkt zu erhalten? Wann ist das Produkt überhaupt fertig? Ist das schon definiert? Welche Schritte sind ausreichend, welche absolut notwendig? All diese Fragen müssen Sie sich beim Einführen von Scrum stellen, die Antworten werden immer wieder schmerzhafte Lücken aufzeigen und Sie dazu bringen, in Ihrer Organisation noch effektivere Wege zu finden.

Die Realität hat immer Recht! Die letztgenannten Fragen führen zum nächsten wichtigen Satz in einer Implementierung: *Am Ende siegt immer die Realität.* Sie können noch so lange den Kopf in den Sand stecken und ignorieren, dass Sie eigentlich handeln müssten: Wenn Sie nicht handeln, tragen Sie oder Ihre Organisation immer die Konsequenzen. Richten Sie daher Ihre Handlungen an der Realität aus – an dem, was ist und nicht an dem, was schön oder toll wäre. Das gilt insbesondere für Scrum-Teams. Wenn Sie erkennen, dass es an irgendeiner Stelle Defizite gibt, sei es in der Organisation, im Team oder einem Prozess handeln Sie *sofort*! Bei Software Scrum-Teams ist es zum Beispiel hilfreich, die Null-Defekt-Regel (*zero defects*) einzuführen. D. h. wir wollen erreichen, dass ein Scrum-Team keinen einzigen bekannten Fehler in der Applikation hat. Diese Regel für Scrum-Teams ist Ausdruck einer solchen Einstellung, ich betone Einstellung, des sofortigen Handelns. Es geht nicht darum, wirklich null Defekte zu haben. Wenn ein Team das erreicht hat, schmeißen Sie dann eine Party? Nein, es geht um die Einstellung und dazu zu stehen, dass das engagierte Beseitigen eines Fehlers immer dazu beitragen wird, am Ende erfolgreicher und schneller zu sein. Dieses nicht opportunistische, sondern prinzipientreue Handeln ermöglicht Ihnen, konsequent auf Ihre Ziele hinzuarbeiten. Aber auch hier gilt wieder die Einschränkung: Prinzipientreues Handeln darf nicht mit dogmatischem oder gar totalitärem Handeln gleichgesetzt werden.

Wir nutzen Scrum, um Scrum zu implementieren! Wer Scrum nutzen will, sollte Scrum mit Scrum einführen. Planen Sie also alle Aktionen der Transition mit dem Management-Framework Scrum selbst. Setzen Sie ein Backlog auf, machen Sie eine Priorisierungsrunde mit den entsprechenden Vertretern und gehen Sie dann in eine Planungssession. Anschließend etablieren Sie ein Transition-Team, das mit Scrum iterativ und inkrementell Änderungen einführt. Dabei ist dem Transition-Team klar, dass es mit der Einführung von Scrum nicht einfach nur Scrum einführen, sondern Produkte schneller auf den Markt bringen will. Es nutzt also den Management-Framework Scrum, um sich selbst zu steuern.

Jeder Widerstand ist eine Chance zur Verbesserung. Das letzte Prinzip lautet: *Jeder Widerstand (Impediment) ist ein Hinweis auf ein System, das noch nicht optimal läuft.* Seien Sie in die Details verliebt. Über den IKEA-Gründer Ingvar Kamprad liest man, er habe die Wertschöpfungskette seiner Firma rauf und runter optimiert *(Stenebo 2010)*. Er wusste genau, was wo passierte und verbesserte ständig, immer wieder. Seien Sie ebenfalls rastlos. Spannen Sie dazu Ihre ScrumMaster ein.

Als Change-Manager müssen Sie sich dabei eines klarmachen: Veränderung ist unbequem. Sie fordert von Ihnen, ständig nach neuen Verbesserungen zu suchen, immer wieder zu schauen, ob das Erreichte schon gut genug ist. Einfacher wird es, wenn man den Widerstand als Chance sieht. Aber Vorsicht: Arbeit am Widerstand heißt nicht, ihn zu bekämpfen, zu unterdrücken oder ihn nicht zuzulassen. Arbeit am Widerstand heißt ihn aufzulösen und zu nutzen, um einen besseren Zustand zu erreichen. Darin liegt das Potenzial, nicht in der Unterdrückung, die nur Kraft und Energie kostet.

Noch ein Rat: Eines nach dem anderen – halten Sie Ihre strategische Richtung. Ich erlebe es in unseren Veränderungsprojekten immer wieder: Alles ist wichtig. Jedes Problem, jedes Impediment, jeder Widerstand soll sofort gelöst werden. Unsere Antwort darauf ist immer: »Nein!« Wir als Köche der agilen Organisation, Meister der Improvisation, führen den Change in die Richtung und in dem Tempo, in dem wir denken, dass es funktionieren kann. Eröffnen Sie nicht zu viele Baustellen auf einmal, auch wenn es verlockend ist. Halten Sie sich an Ihr Backlog und arbeiten Sie Schritt für Schritt an einem Problem nach dem anderen.

Bei einem kleinen Implementierungsauftrag sollten wir nur einem Projektteam zeigen, wie man Scrum macht, um es schneller auf das Gleis zu setzen. Das Management erwartete, dass eine fixe Deadline gehalten wird. Allen im Projekt war klar, dass dieser Termin nicht zu halten war – auch dem Management. Als wir begannen, verzichteten wir darauf, den Beteiligten ausführlich zu erklären, wie Scrum funktioniert. Wir sprachen zwei Stunden mit dem Team über die Grundbegriffe, gingen aber sogar dabei sofort in die eigentlichen Aufgaben und erklärten dem Team also, was von ihm erwartet wird. Philosophie, Mindset und alle anderen Aspekte ließen wir weg, weil wir Scrum zunächst nur als Arbeitsmethode einführen wollten.

In der ersten Retrospektive gewannen wir innerhalb von zwei Stunden einen kompletten Überblick darüber, woran dieses Projekt im Moment scheiterte. Das sagten wir auch dem Management sofort und zu unserer großen Überraschung reagierte das Management umgehend – erste Gespräche fanden statt.

Dann kümmerten wir uns zwei Wochen lang darum, ein Backlog aufzustellen. Es war eine wirkliche Herausforderung, denn es stellte sich heraus, dass obwohl das Projekt schon Monate lief, bis dato niemand klar herausgearbeitet hatte, was verlangt war. Alles wurde am High-Level-Requirement festgemacht. Es gab dutzende Baustellen: Im Team waren essenzielle Dinge wie Pünktlichkeit, Zusammenarbeit, Dokumentieren, klare technische Aufbereitung von Design oder Anforderungen uvm. Fremdworte. Die Teammitglieder wussten, dass sie diese Dinge brauchten, wollten sie aber wegen des Zeitdrucks nicht durchführen.

Wir ließen uns nicht beirren, und arbeiteten nur am Backlog und am Product Owner und führten unter der Hand die Scrum-Meetings ein. Nach sechs Wochen waren wir soweit: Der Product Owner war ausgetauscht, das erste Backlog stand und die Meetings funktionierten rudimentär, noch weit entfernt von »gut«. Prompt kam die E-Mail vom Management: Wir würden als Scrum-Coaches das Team nicht dazu anhalten »pünktlich zu sein« und die Meetings seien noch nicht annähernd effektiv. Hätte ich diese E-Mail vor acht Jahren bekommen, wäre ich wie ein kopfloses Huhn umhergelaufen und hätte mich gerechtfertigt. Denn der Manager hatte selbstverständlich Recht. In diesem Fall stand aber fest, dass wir nur Fahrt hatten aufnehmen können, weil wir unserem Fahrplan gefolgt waren. Erst dadurch konnte dem Management auffallen, worin die Mängel bestanden. Die Ruhe, den Prozess zu führen, statt sich vom Umfeld treiben zu lassen, war gerade in diesem Projekt wesentlich.

10.2   Die Veränderungsbasis aufbauen

10.2.1 Der Startschuss – Segen von oben

Ein Dinner beginnt immer schon, bevor Sie noch das Restaurant betreten. Sie überlegen sich, in welches Restaurant es gehen soll. Sie entscheiden, möglicherweise basierend auf Ihren Vorlieben, Ihren finanziellen Mitteln und dem Zweck des Anlasses, wohin Sie gehen wollen. Genau so beginnen Sie auch Ihre Vorbereitung für die Veränderung.

Ich sitze mit drei Mitgliedern des höheren Managements in einem spartanisch eingerichteten Meetingraum. Es ist eng, an der Wand hängt ein Whiteboard. Wir stellen uns vor. Ich erzähle die Geschichte meines Unternehmens und beende meine Vorstellung damit, indem ich sage:»Natürlich helfen wir Ihren Teams dabei, Scrum zu machen. Aber das ist nur ein Aspekt einer Transition zu agil.« Ich schaue in interessierte Gesichter. »Das eigentliche Thema, mit dem wir uns beschäftigen, ist der Wandel hin zu einer agilen Organisation. Eine Organisation, die sich neu auf ihren Kunden hin ausrichten will und nun mithilfe von agilen Produktentwicklungsmethoden schneller und effektiver produzieren will und muss. Ganz ehrlich: Ich möchte nicht deswegen mit Ihnen arbeiten, um Ihren Teams beizubringen, wie man scrummt. Das gehört selbstverständlich dazu. Ich möchte mit Ihnen vielmehr auf eine zweijährige Reise gehen. Wenn Sie mit dem Management-Framework Scrum arbeiten wollen, werden Sie Ihre gesamte Abteilung grundlegend verändern.« Der Abteilungsleiter antwortet: »Genau darum geht es. Wir glauben, dass wir auf der Teamebene Scrum selbst einführen können. Aber wir haben noch kein Gefühl dafür, was wir alles berücksichtigen müssen, um die ganze Abteilung auf Scrum umstellen zu können.«
Es stellt sich heraus, dass wir es mit mehr als 200 Menschen zu tun haben werden, die alle scrummen sollen – Scrum im großen Stil. Auf dem Whiteboard zeichne ich die Pyramide von Jay Lorsch auf. »Das eigentliche Thema, dem wir uns in der agilen Transition stellen müssen, ist die Veränderung des Bildes davon, wie man eine Organisation von Wissensarbeitern managt. Wir benötigen für den Wissensarbeiter eine Organisationsform, in der er sich 1. optimal einbringen kann, in der er 2. selbst die Verantwortung für sein Handeln trägt und in der wir es 3. schaffen, dass er sich dennoch den Zielen der Organisation verpflichtet fühlt und sich auf diese hin ausrichtet. Wir nehmen dazu als Vorbild eine Organisationsform, die schon seit Jahrzehnten mit Wissensarbeitern als Kernproduktivitätsfaktor arbeitet, die Professional Service Firm. Wenn wir Ihre Abteilungen in Anlehnung an dieses Modell verändern wollen, werden wir auf diesen vier Ebenen arbeiten müssen.«
Nachdem ich das Modell von Jay Lorsch erklärt habe, fragt mich der Abteilungsleiter: »Wie soll das passieren?« »Wir beginnen mit der Basis, den Teams, und arbeiten gleichzeitig mit Ihnen und Ihrem Management daran, die Rahmenbedingungen für die Teams zu schaffen. In einem ersten Schritt setzen wir uns drei Tage zusammen und erarbeiten miteinander, welche Themen wir angehen müssen. Dann entwickeln Sie in diesen drei Tagen Klausur einen 100-Tage-Plan, das Transition-Backlog für die Arbeiten in den nächsten Monaten. Wir setzen ein Transition-Team auf und beginnen mit der Arbeit.«

Sie brauchen das Commitment von oben. Wer glaubt, er macht ein bisschen Scrum, ohne dass es Geld kosten wird, ohne dass er Ressourcen dafür abstellen oder sich selbst einbringen muss, der sollte gar nicht anfangen. Das kläre ich immer am Beginn eines Auftrags. Ich erkläre den Verantwortlichen, worauf sie sich einlassen und sage ihnen ziemlich genau, was der Spaß kosten wird. Damit meine ich nicht unser Honorar, obwohl ich das natürlich auch erwähne. Ich spreche von den Ressourcen, die wir benötigen werden, um Scrum ans Ziel zu bringen. Meine Mitarbeiter und ich involvieren unsere Ansprechpartner von Anfang an, zunächst vielleicht nur mit einem Report am Ende der Woche. Aber mit zunehmenden Erfolg bei den Teams holen wir sie näher dazu, laden sie zu Reviews, zu Planungssessions oder auch anderen wichtigen Events der Teams ein. Die »Auftraggeber« müssen spüren: Da tut sich etwas!

Entscheiden Sie sich für einen Veränderungsscope, den Sie bewältigen können. Wenn Sie noch nie ein Scrum-Team selbst gemanagt haben, ist ein abteilungsweites Scrum-Rollout gleich zu Beginn geradezu vermessen. In diesem Fall wenden Sie sich bitte an einen fähigen Berater. Denken Sie wieder an das Ende: Wohin wollen Sie in welcher Zeit kommen? Wenn Sie das wissen, entscheiden Sie, ob Sie Hilfe brauchen, oder ob Sie es alleine schaffen. Erst dann kommt der nächste Schritt: der 100-Tage-Plan.

10.2.2 Der 100-Tage-Plan

Der erste Tag des Workshops nähert sich dem Ende. Die zehn Führungskräfte sind noch dabei, die Ziele für die Transition zur agilen Organisation zu erarbeiten. Die Frage, die sie beantworten sollen, lautet: »Welche Vision haben Sie für Ihre Abteilungen? Wohin soll die Reise genau gehen?« Der Tag war sehr anstrengend. Wir haben den ganzen Vormittag gemeinsam ausgearbeitet, was eine agile Organisation ausmacht und die acht Prinzipien von Kotter intensiv miteinander diskutiert. Im Anschluss daran sind wir die Case-Study von Lehman Brothers durchgegangen. Diese Fallstudie war für viele schwierig zu verstehen, machte für sie aber sichtbar, an welchen Aspekten sie gemeinsam, als Team, in den nächsten Monaten arbeiten mussten. Jetzt sind diese Manager gerade dabei festzulegen, wohin sie mit ihrer Reise gelangen wollen. Diese Richtung müssen sie sich selbst geben. Es würde nicht viel nützen, wenn ich ihnen sagen würde, was sie zu tun haben. Im Prinzip habe ich also einen Coachingansatz gewählt, um ihren eigenen Ressourcen Raum zu geben.

»Es sieht für mich so aus, als hätten Sie die Vision und die damit verbundenen Ziele erarbeitet. Bitte stellen Sie sich Ihre Ergebnisse nun gegenseitig vor.« Nach einer Stunde haben wir – nach vielen Diskussionen und Meinungsverschiedenheiten – diese Aufgabe bewältigt, und die Erschöpfung ist den Teilnehmern anzusehen. Ich beende diesen Tag mit den Worten: »Das war heute ein Kraftakt! Sie wissen nach diesen intensiven Überlegungen nun genau, wohin Sie gemeinsam wollen. Morgen werden wir uns darüber unterhalten, was das für Ihre Anforderungen an die Mitarbeiter bedeutet. Es wird Auswirkungen auf Ihren Recruitingprozess haben und auf die Art und Weise, wie Sie Ihre Mitarbeiter führen. Dann werden wir uns mit den unterschiedlichen Ebenen der Pyramide von Jay Lorsch beschäftigen. Am Mittwoch erarbeiten wir den Plan für die nächsten 100 Tage.«

Beim Abschlussfeedback wird deutlich, dass die Teilnehmer verwirrt sind, 1000 Fragen und noch keine Vorstellung darüber haben, wie all diese neuen Ideen zu einem klaren Bild werden können. Obwohl ich weiß, dass genau dieser Moment am Ende des ersten Tages notwendig ist, fühlt es sich für mich unbefriedigend, weil unsicher an. Beim Abendessen sprechen wir viele Aspekte des Tages informell noch einmal durch, aber die Verwirrung bleibt zunächst erhalten.

»Ich muss Ihnen ein Kompliment machen«, beginnt einer der Manager das Abschluss-feedback am Ende des dreitägigen Workshops. »Ich hätte nicht gedacht, dass Sie uns schon am ersten Tag so weit bringen, dass wir wissen, was wir für die Agilisierung unserer Organisation tun müssen. Aber es ist wirklich irre: Nach dem gestrigen Tag mit den vielen Arbeitssitzungen und dem selbstständigen Erarbeiten all der Aspekte, die wir angehen müssen, kann ich mir ein deutliches Bild machen. Ich weiß jetzt, was wir tun müssen und habe sogar eine Vorstellung davon, wie es geht. Danke.« In mir macht sich Erleichterung breit – es ist gelungen. Bin ich am ersten Abend noch ein wenig unsicher in den Konferenzraum zurückgegangen, so zeigt sich heute, dass sich meine Implemen-tierungsstrategie – die Manager mitzunehmen und sie selbst das Bild erzeugen lassen – bewährt hat. Nun haben wir für unser eigentliches Implementierungsprojekt und die Arbeit mit dem Transition-Team beim mittleren Management die Voraussetzungen ge-schaffen, damit es sich darauf zumindest einlassen kann.

Situationsanalyse. Womit wollen wir anfangen? Erinnern Sie sich an die Tools zur Situationsanalyse aus Kapitel 8. »Wie ist es jetzt gerade? Worauf habe ich Lust und was erfordert die Situation?« Sie werden je nach Anlass und den gewünschten Ergebnissen mit etwas anderem beginnen. Der erste Schritt besteht also aus der Situationsanalyse! Im Praxisbeispiel oben habe ich die Analyse durch die Beteiligten, in diesem Fall durch die Manager, erarbeiten lassen. In einem anderen Kundenprojekt haben wir den ersten Tag so verbracht:

Zunächst haben wir mit dem Scrum-Team in einer Retrospektive die Situation analysiert und sind sofort auf vier wichtige Impediments gestoßen. Im Anschluss daran haben wir mit den jeweiligen Teamleads die Struktur der Rahmenorganisation und die einzelnen Querbezüge untersucht. Das funktionierte nur mit Grafiken, die wir eine nach der ande-ren erstellten. Am Ende des Tages hatten wir ein sehr klares Bild von den 12 beteiligten Personen. Und wir hatten einen klaren Fahrplan für die ersten zwei Wochen. Wir wuss-ten, was zu tun ist, um dem Projekt durch wenige Aktionspunkte helfen zu können.

10.2.3 Der Auftrag wird erteilt

»Nachdem wir nun den 100-Tage-Plan haben, werden wir eine Vorstandsvorlage erstellen und uns die Erlaubnis für unsere Scrum-Implementierung holen«, erklärt mir der Abtei-lungsleiter am Telefon. Wir hatten in den vergangenen Tagen darüber diskutiert, wie wir die Implementierung am besten begleiten könnten und hatten uns auf eine Variante geeinigt, von der ich glaubte, dass sie erfolgsversprechend sei. Ich kann dem Plan des Abteilungsleiters also nur zustimmen. Er holt sich das Commitment des Vorstandes und damit gleichzeitig die finanziellen Ressourcen, um dem Vorhaben eine Chance zu geben. Lästig ist für mich nur die unbeantwortete Frage, ob wir diesen Auftrag nun haben oder nicht. Der Abteilungsleiter sagt weiter: »Aber machen Sie sich keine Gedanken. Es ist sehr unwahrscheinlich, dass wir nicht weitermachen dürfen.« »Tja, aber leider hilft mir das nicht«, denke ich bei mir. Ich brauche eine definitive Zusage.

Für mich war dieser Schritt aber noch aus einem ganz anderen Grund entscheidend: Hätten wir das Commitment der Geschäftsleitung nicht bekommen, hätte unsere Implementierung von Anfang an auf verlorenem Posten gestanden. Sie hätte keine Chance auf Erfolg gehabt. Deshalb war es zwar unbequem, auf den Vorstandsbeschluss warten zu müssen, aber eine notwendige Voraussetzung.

Wir sitzen mit dem Head of Product Development und dem Geschäftsführer im Thai-Restaurant und warten auf unser Mittagessen. »Sagen Sie, wie weit dürfen wir Sie auf Dinge hinweisen? Inwieweit wollen Sie von uns die ungeschminkte Wahrheit hören?«, frage ich den Geschäftsführer. »Vollständig. Sagen Sie uns bitte genau, was Sie beobachten«, antwortet er. »Wir werden natürlich selbst die Entscheidungen treffen, aber genau dafür sind Sie ja da. Ich sehe das erst als Anfang einer ganzheitlichen Veränderung der gesamten Organisation.«

Damit fand die *Auftragsklärung statt*. Anhand eines exemplarischen ersten Teams sollten wir helfen, die gesamte Organisation zu verändern. Wir hatten auch unsere Rolle klar definiert und es wurde über die Kompetenz gesprochen, die man uns einräumte. Ohne Zögern sprach ich dann noch ein Führungsthema an, das den Produktmanager betraf. Ich wurde tatsächlich gehört und es war kein Tabuthema. Da wusste ich: Hier will jemand wirklich die Veränderung!

Die Auftragsklärung ist sowohl für externe Consultants und Coaches als auch für den internen Change Manager ein wesentlicher Meilenstein in der Zusammenarbeit mit dem Kunden. Letztlich entscheidet diese Auftragsklärung, wie weit Sie als Change-Manager mit Ihrem Kunden gehen, wie hart Sie ihn anfassen dürfen und wo er Ihnen die Grenzen steckt. Diesen Punkt zu übergehen wäre ein Fehler, nehmen Sie ihn daher sehr ernst. Es ist oft auch hilfreich, die Ziele Ihres Auftrags schriftlich festzulegen und zwar mit dem Menschen, der Ihren Einsatz oder Ihr Honorar bezahlt. Ihm gegenüber sind Sie verpflichtet und nur ihm gegenüber sind Sie auch Rechenschaft schuldig. Gerade in großen Organisationen, in die Sie möglicherweise von einem Bereichsvorstand eingeladen werden, werden Sie diesen »Sponsor«, wie ihn einige nennen, selten zu Gesicht bekommen. Aber umso intensiver werden viele andere versuchen, Sie für ihre eigenen Ziele einzuspannen. Gerade dann ist es aber wichtig zu wissen und sich daran zu erinnern, wer einen beauftragt hat und was man erreichen sollte.

Im Laufe der Implementierung wird es passieren, dass sich Ziele und Auftrag verändern, weil sich durch Ihren Einsatz und Ihre Arbeit beim und mit dem Kunden neue

Aspekte ergeben, die am Anfang nicht absehbar waren. Genau in diesen Fällen ist es dann notwendig, dass Sie die Auftragsklärung wiederholen. Besprechen Sie mit Ihrem Kunden diese neue Situation und die Veränderungen und passen Sie gemeinsam den Auftrag an, richten Sie die Implementierung an neuen Zielen aus. Was für externe Berater gilt, gilt auch für den internen Change-Manager. Unterschätzen Sie nicht, wie wichtig es ist, den »Sponsor« immer wieder darüber zu informieren, wo Sie mit der Implementierung stehen und was die nächsten Schritte sein könnten. Das proaktive Zugehen auf den Auftraggeber ist bedeutend, denn nur auf diese Weise vermeiden Sie, dass die Organisation und vor allem der Sponsor selbstgefällig werden und meinen, die Implementierung wäre schon erledigt. Wird der Erfolg einer Scrum-Einführung vor dem Abend gelobt, fällt sie oft kurz darauf schlagartig in sich zusammen. Eine schnelle (Schein)Lösung ist wie eine Radikaldiät: Die Erfolge werden sehr schnell sichtbar, aber das neue Essverhalten hat sich noch nicht wirklich gefestigt. Die Folge ist der berühmte Jo-Jo-Effekt. Für die Scrum-Implementierung heißt das: Erfolge zeigen und die Motivation hochhalten. Aber man sollte immer wieder aufzeigen, dass man noch nicht fertig ist, tatsächlich gibt es noch viel zu tun.

10.2.4 Das Transition-Team

Ein paar Tage später ist es so weit: Unser Kunde hat sich entschlossen, tatsächlich Scrum organisationsweit auszurollen und will, dass wir ihm dabei helfen. Das Transition-Team soll schon in den nächsten Tagen aufgestellt werden. »Welche Leute sollen wir denn ins Transition-Team berufen?«, fragt mich der Abteilungsleiter. Diese Frage können wir nicht beantworten, schließlich kennen wir die Möglichkeiten der Manager nicht. Es kommt auch nicht in Betracht, erst mit allen Managern ein Gespräch zu führen. Das obliegt dem Kunden und dieser muss in der Regel die politischen Aspekte seiner Organisation berücksichtigen. Daher antworte ich: »Im Allgemeinen sollten im Transition-Team die Manager und ScrumMaster versammelt sein, die bei der Transition wichtig sind und etwas beitragen können.« Der Abteilungsleiter schaut mich fragend an: »Aber das bedeutet doch, dass diese Mitarbeiter Zeit für diese Aufgaben benötigen. Also haben sie dann keine Kapazitäten mehr, ihre eigentlichen Aufgaben durchzuführen.« »Das stimmt«, sage ich, »aber geht es nicht genau darum? Die Manager in Ihrem Transition-Team sollen doch die Rahmenbedingungen für die neue Organisation kreieren und die Arbeiten nicht selbst durchführen.« »Wer macht dann die Arbeit?«, lautet seine Gegenfrage. Ich denke bei mir: »Zu früh gefreut. Da sieht man mal wieder: Drei Tage Workshop und etliche Gespräche haben noch nichts gebracht. Er fällt gerade in die alte Denkweise zurück.« »Herr B., das ist ja das Problem. Wir müssen Ihren Managern beibringen, dass sie ihre Aufgaben an die ScrumMaster, Product Owner und an die Entwicklungsmannschaften abgegeben sollen. Natürlich wissen die Manager am Anfang nicht, wie das geht. Aber was sie gut können, ist, die Probleme der Teams – wenn wir dann welche bekommen – auf organisatorischer Ebene lösen, oder?« Er antwortet: »Ja, das sollten sie schon können. Dann gehe ich mal und stelle das Team zusammen.«

Zwei Tage später trifft sich das Transition-Team das erste Mal. »Die Aufgabe dieses Teams wird es sein, Scrum organisationsweit auszurollen.« Einer der Manager fragt: »Wie sollen wir das machen?« »Nun, wir haben ja bereits ein erstes Backlog erarbeitet, mit dem wir nun arbeiten werden.« Ein anderer Teilnehmer will wissen: »Backlog? Was ist ein Backlog?« Ich antworte ihm: »Sehen Sie, genau das ist der erste Eintrag ins Backlog: Wir müssen alle Beteiligten des Transition-Teams erst einmal mit Scrum vertraut machen.« Betretene Gesichter um mich herum. »Ein Backlog ist eine Liste mit den Dingen, die getan werden müssen, damit wir Scrum in dieser Organisation einführen können.« »Aber wir wissen doch noch gar nicht, was wir alles tun müssen«, kommt es sofort zurück. »Das ist schon klar, deswegen sind wir ja da. Wir werden das Transition-Backlog mit Ihnen erarbeiten, beziehungsweise – lassen Sie uns einmal mit dem beginnen, was wir in unserem Management-Workshop erarbeitet haben.«

Das Transition-Backlog zu erstellen ist an sich eine ganz einfache Aufgabe, wenn man weiß, worauf es ankommt und was man bewirken will. Die Basiseinträge sind schnell gemacht (siehe dazu auch Kapitel 8). Entscheidend ist, dass Sie am Anfang *die jetzt gerade wichtigen* Elemente finden und sie in Angriff nehmen. Landen zu viele Einträge, also Aufgaben des Transition-Teams, im Backlog, werden Sie bemerken, dass die Mitglieder des Teams viel zu lange über die Aufgaben nachdenken, statt die entscheidenden Dinge einfach anzugehen.

Das erste oder »initiale« Transition-Backlog wird in den ersten zehn Einträgen etwa so aussehen:

1. die Mitarbeiter mit Scrum vertraut machen,
2. das erste Pilotteam aufsetzen,
3. ScrumMaster finden/ausbilden,
4. Product Owner finden/ausbilden,
5. die Raumsituation für die Teams optimal ausrichten,
6. das notwendige Material (Flipcharts etc.) zur Verfügung stellen,
7. mit den Teamleitern über ihre neuen Verantwortlichkeiten reden,
8. die Erkenntnisse aus dem Pilot Scrum Team in die nächsten Teams bringen,
9. andere Abteilungen über die Prinzipien von Scrum informieren,
10. mit den Teams erarbeiten, welche Hard Skills verbessert oder neu erlernt werden müssen, damit die Teams ununterbrochen liefern können.

Ihnen werden zahlreiche Dinge einfallen, die Scrum im Weg stehen könnten. Diese Punkte gehören ins Transition-Backlog, aber übertreiben Sie es am Anfang nicht. Es ist besser, eine Liste von nur zehn Einträgen zu haben, mit denen das Transition-Team etwas anfangen kann, als 100 Einträge, die von der Realität zu weit entfernt sind.

Vergessen Sie dabei nicht, dass das Transition-Backlog nichts weiter ist als ein Tool, um sich mit dem Wandel in der Organisation auseinanderzusetzen und sich fokussieren zu können. Entscheidend für das Gelingen des Veränderungsprozesses ist das Transition-Team. Es muss die Veränderung wollen und sich wirklich damit beschäftigen. Das kostet Zeit und ist mühsam. Das Team muss nicht aus vielen Menschen bestehen, im Grunde reicht es auch, wenn Sie mit vielleicht nur zwei Mitarbeitern starten. Die haben nun die Aufgabe, Scrum zu implementieren und den Veränderungsprozess in Gang zu bringen.

Was macht ein Transition-Team?

Ein Transition-Team scrummt![50] Es nutzt das Scrum-Prinzip als Management-Framework, um die Transition zur agilen Organisation zu begleiten. Entscheidend sind beim Transition-Team aber nicht die Scrum-Meetings oder Artefakte. Beides ist nötig, um die Arbeit zu strukturieren, aber wichtiger ist, dass sich die Teammitglieder Zeit dafür nehmen, die Arbeiten auch durchzuführen. Dies ist neben den normalen Tagesaktivitäten, oftmals nicht möglich. Ich habe die Erfahrung gemacht, dass es daher besser ist, ein Transition-Team aus Mitarbeitern aufzubauen, die sich diesem Thema wirklich in Ruhe widmen können, statt mit einem möglichst vollständigen Team zu starten, in dem Sinne, dass alle Betroffenen beteiligt sind. Aber auch hier gibt es politische Aspekte zu berücksichtigen. In manchen Organisationen kann es Ihnen monatelang das Leben schwer machen, wenn Sie jemanden Bestimmten nicht von Anfang an mitgenommen haben. Bei anderen Unternehmen wollen Sie alle ins Boot holen und stellen dabei fest, dass das gar nicht gewünscht ist. Bleiben Sie also flexibel. Nehmen Sie die Menschen mit, die mitmachen wollen. Wenn das Transition-Team schrumpft oder wächst, macht das im Grunde nichts. Es wird sich ein Kern von Menschen in diesem Team herausbilden, die die Transition wollen und die notwendige Arbeit machen.

Die Zusammenarbeit mit den ScrumMastern

Im Transition-Team sollte unserer Meinung nach unbedingt mindestens ein ScrumMaster ständiges Mitglied sein. Falls Sie mit Scrum gerade loslegen, wäre das zum Beispiel der ScrumMaster des Pilot-Scrum-Teams. Die ScrumMaster sind eine Schnittstelle und damit eine wichtige Informationsquelle für das Transition-Team. Es erfährt aus erster Hand, was im Pilot-Scrum-Team geschieht und kann daraus Schlussfolgerungen für die Gesamtorganisation ziehen. Noch während das Pilot-Scrum-Team dabei ist, sich in Scrum zurechtzufinden, kann das Transition-Team die ersten notwendigen Adaptionen in der Organisation vornehmen. Ziel ist zum einen, dem Pilot-Scrum-Team die Steine aus dem Weg zu räumen und zum anderen, die Startbedingungen für das nächste Team zu verbessern.

Als Teil des Transition-Teams arbeitet der ScrumMaster daran, seine Arbeit, die Führung des Pilot-Scrum-Teams optimal zu erfüllen. Es ist eine sehr verantwortungsvolle Aufgabe, werden doch dort die Erfahrungen gesammelt, die entscheidend für das Gelingen des Scrum-Prinzips für die Organisation sind. Aufgabe des ScrumMasters im Transition-Team ist also aufzuzeigen, wo die Organisation noch auf Agilität hin optimiert werden kann.

So wie der ScrumMaster haben auch die übrigen Mitglieder des Transition-Teams die Aufgabe, die Organisation zu agilisieren. Sie übernehmen die notwendigen Aufgaben, um in den jeweiligen Abteilungen Scrum einzuführen oder um die flankierenden Maßnahmen, die dem Pilot-Scrum-Team helfen, anzuleiten oder anzustoßen.

---

50   siehe dazu *(Gloger 2013)*

Die Meetings

Das Sprint Planning und die anderen Meetings des Transition-Teams laufen analog zu den Meetings eines Scrum-Teams. Entscheidend ist allerdings, dass sich die Mitglieder des Transition-Teams darüber verständigen, dass es sich nicht um neue Managementzirkel handelt, sondern dass dabei die gemeinsamen Aktivitäten des Teams geplant werden. So wie auch bei »normalen« Scrum-Teams kann man am besten am Daily Scrum ablesen, inwieweit dieses Bewusstsein bei den Mitgliedern des Transition-Teams bereits vorhanden ist. Lässt man diese täglichen Kurz-Meetings schleifen, haben die Mitglieder noch nicht verstanden, warum man sich a) täglich treffen soll und dass man dabei b) an gemeinsamen Aufgaben arbeitet. Es geht nicht darum, Meetings korrekt durchzuführen, es soll auch die Offenheit gegenüber anderen Abteilungen angestoßen werden, und die ist vor allem am Anfang nicht von allen gewünscht.

Die Definition of Done

Auch Transition-Teams erliegen der Versuchung bzw. machen den Fehler, am Ende eines Sprints nicht fertig zu liefern. »Liefern« bedeutet im täglichen Gebrauch vieler Unternehmen nämlich nicht »liefern« im eigentlichen Sinne. Das hat unterschiedlichste Gründe. Einer der häufigsten ist, dass das Management in vielen Organisationen nicht mehr daran gewöhnt ist, operativ zu *arbeiten*. Es ist ein Unterschied, ob man als Manager jemanden *beauftragt*, gewisse Dinge zu tun, oder ob man selbst die Ärmel hochkrempelt und *tut*. Wieder gilt, dass eine Organisation ihr »Gesicht« nur verändern kann, wenn die Manager ihre Aktionen und Arbeitsweisen verändern. Die Manager selbst müssen sich mit den entscheidenden Fragen auseinandersetzen.

> Bei einem Automobilkonzern hat es mich sehr beeindruckt, dass ein Abteilungsleiter selbst die Hauptarbeit für eine neue Ausschreibung nach den Richtlinien des »agilen Festpreises« leistete. Obwohl er fünf Mitarbeiter hatte, die sich um diese Ausschreibung kümmerten, war er es, der jede Diskussion leitete, jeden Satz des Ausschreibungstextes selbst schrieb, noch einmal umdrehte und korrigierte. Zunächst dachte ich: »Wieso tut er sich das an? Er hat doch genügend Leute, die das für ihn machen könnten?« Bis mir klar wurde: Er selbst musste es verstehen und umsetzen. Nur dann konnte die Organisation von der höchsten Ebene abwärts etwas dazulernen. Hätte er diese Verantwortung abgeschoben oder von vornherein ausgelagert, hätte es keinerlei Effekt gehabt.

Sehr wahrscheinlich werden Sie aber das Gegenteil antreffen. Überforderung mit der Situation oder Entscheidungsschwäche werden Sie bei Managern daran erkennen, dass sie jedes Meeting zerreden. Bevor sie irgendwas entscheiden, werden sie für jeden Schritt einen Beweis verlangen, dass er funktioniert. Dabei wird meistens deutlich, dass diese Manager von den fachlichen Inhalten keine Ahnung haben. Sie kennen sich in der eigentlichen Domäne nicht mehr aus. So leid es mir tut, das sagen zu müssen: Solche Manager sind eine Fehlbesetzung. Seltsamerweise scheinen wir bei vielen Implementierungen die einzigen zu sein, die das wundert. Sprechen wir die Auftraggeber darauf an, hören wir oft, dass diese Tatsache bekannt sei, der Manager sei aus politischen Gründen im Team.

Wenn dem so ist, tritt über kurz oder lang die Unfähigkeit eines Teams, die Transition zu fördern, deutlich zutage. Schnell wird klar, wo die Defizite des Managements liegen. Aber es ist ein Umstand, den die meisten Manager nicht wirklich gerne besprechen wollen, schon gar nicht im Kreis der anderen Führungskräfte.

Für viele Manager ist es außerdem seit Langem wieder das erste Mal, dass sie wirklich *miteinander* arbeiten müssen. Plötzlich steht man vor der Tatsache, dass das Management-Team bis jetzt eigentlich gar kein richtiges Team war, sondern eine Versammlung von Managern, die wiederum in Einzelverantwortung nach oben berichtet haben. In den meisten Unternehmen hat das zu einer Isolation der Manager geführt, was wiederum in Abteilungsdenken mündet. Es ist daher verständlich, dass die Ausrichtung auf ein gemeinsames Ziel ungewohnt ist.

Die Lieferungen des Transition-Teams

Das bringt uns zur Lieferung des Transition-Teams: die agile Organisation! Die ganze Organisation agilisieren? Bis wann? Genau an dieser Stelle macht sich das Zusammenspiel von Vision, Rahmenbedingungen und den einzelnen Lieferungen pro Sprint bemerkbar. Über Vision und Rahmenbedingungen haben wir ausführlich in den vorangegangen Kapiteln geschrieben. Wie könnten aber die Lieferungen eines Transition-Teams pro Sprint aussehen? Wieder ist es an der Zeit, darüber nachzudenken, was man erreichen will, statt darüber zu reden, was man tun muss, um es zu erreichen.

Ein Klassiker ist die Auswahl des Pilot-Scrum-Teams. Nehmen wir an, dass wir in zwei Wochen ein Pilot-Scrum-Team in den ersten Sprint schicken wollen. Dann ist es die Aufgabe des Transition-Teams, sich darauf zu einigen, dass in 14 Tagen das Pilot-Scrum-Team formiert und ausreichend informiert ist, damit es wirklich starten kann.

Was wäre die Definition of Done? Vielleicht einigen wir uns darauf, dass dieses Team einen Product Owner, einen ScrumMaster und die notwendigen Entwickler an Bord haben muss. Es geht noch gar nicht darum, dass alle Scrum beherrschen müssen. Wir brauchen zunächst nur die Leute, denen wir die Gelegenheit geben wollen, in diesem ersten Team mitzumachen. Wir müssen ihnen sagen, was Scrum ist, worauf sie sich einlassen und was wir von ihnen erwarten. All das in zwei Wochen zu liefern, erfordert vom Transition-Team sehr viel Arbeit. Hier eine Auswahl der notwendigen Aktivitäten, um dieses Pilot-Scrum-Team zu starten:

1. Information der möglicherweise betroffenen Mitarbeiter über Scrum,
2. zwei- bis dreistündiger Workshop mit diesen Mitarbeitern,
3. Gespräche mit jedem Einzelnen, um zu erfahren, ob er auf das Scrum-Pilotprojekt Lust hat.
4. Auswahl der Mitarbeiter für das erste Team,
5. dessen Mitglieder informieren,
6. Kick-off, um diesen Mitarbeitern die nächsten Schritte zu erklären und loszulegen.

Diese Liste ist sicher nicht vollständig und kann es auch nicht sein, denn sie hängt prinzipiell von Ihrer eigenen Organisation ab. Sie soll nur zeigen, dass es nicht mit einer Entscheidung getan ist, sondern dass vor den Mitgliedern des Transition-Teams sehr viel Arbeit liegt.

10.2.5 Das Pilot-Scrum-Team

Das Pilot-Scrum-Team ist ausgewählt, ein ScrumMaster, ein Product Owner und die Mitglieder des Entwicklungsteams sind bestimmt. Wie dieses Team nun seine Aufgabe übernimmt, überlassen Sie am besten Ihrem ScrumMaster. Für Sie als (Change-)Manager oder Mitglied des Transition-Teams ist es nun wichtig, sich mit Ihrem Pilot-Scrum-Team auseinanderzusetzen. Sie müssen Flagge zeigen und sichtbar sein. Unterstützen Sie das Team durch Ihre Anwesenheit bei Sprint Plannings und anderen Meetings. Lassen Sie sich mindestens ein oder zwei Mal pro Sprint beim Team blicken und sehen sie ihm bei der Arbeit zu, aber im Idealfall ohne das Team zu stören. Hören Sie zu, beobachten Sie, aber mischen Sie sich bitte nicht ein. Das ist sehr wichtig: Sie zeigen dadurch zunächst einmal Ihre Anerkennung für die Arbeit des Teams, aber auch Ihr Interesse an den Menschen. Gleichzeitig demonstrieren Sie den anderen Mitgliedern der Organisation, dass Sie lernen und verstehen wollen, was passiert.

> Wir sprachen gerade mit dem Team darüber, wann welche Lieferungen fertig sein mussten. Der Projektleiter, der Product Owner werden sollte, machte den Eindruck, als habe er noch viele Fragen. Als uns der Abteilungsleiter besuchte, konnten viele Bedenken des Projektleiters zumindest gemindert werden, weil wir die klare Unterstützung von der Geschäftsleitung bekamen. Dieser Abteilungsleiter konnte einfach schon ein wenig über den Rand des Projektes hinaussehen und wollte den Weg freimachen.

Auswahl des Pilotprojektes und der Mitarbeiter

Welches Pilotprojekt sollten Sie auswählen? Das einfachste Projekt? Eines mit wenigen Schnittstellen nach außen, das keine großen Komplikationen verspricht? Oder wagen Sie gleich das hochkomplizierte Projekt, mit vielen technologischen und architektonischen Schwierigkeiten und einem Projektteam, das schon jetzt gezeigt hat, dass es nicht fertig wird?

Nehmen Sie die goldene Mitte: Für das Pilotprojekt empfehle ich immer einen mittleren Schwierigkeitsgrad. Einige Fachabteilungen sollten dabei durchaus zusammenarbeiten müssen, ein wenig sollte es auch repräsentativ für »klassische« Projekte sein. Wenn Sie wirklich die besten Leute im Pilot-Scrum-Team versammelt haben und ein erfahrener ScrumMaster an Bord ist, kann es auch gerne ein »Himmelfahrtskommando« sein – ein Projekt also, das unter normalen Bedingungen so gut wie aussichtslos wäre. Das Prinzip, »unmögliche« Projekte anzunehmen, hat Scrum erfolgreich und bekannt gemacht. Als Early Adopters haben meine Mitarbeiter und ich beinahe ausschließlich diese Art von Projekten bekommen. Nur für Projekte, die wichtig genug für die letzte Rettung mit einer neuen Methode waren, wurde das Geld für die »Berater« in die Hand genommen. Gemütliche, ungefährdete Projekte bekommen in der Regel kein Veränderungsbudget.

Wichtiger als das *richtige* Projekt ist aber die Auswahl der Mitarbeiter. Sie brauchen nicht die besten Mitarbeiter der Firma (obwohl das hilfreich ist), sondern Leute, die *wollen*. Sie tun gut daran, wenn Sie mit Menschen das Pilotprojekt starten, die Lust – ja »Lust« – haben, mit Scrum einen neuen Weg zu gehen. Lassen Sie die Bedenkenträger zu

Hause. Sie suchen die Early Adopter in Ihrer Firma, Personen, die sich über das normale Maß hinaus engagieren wollen und in der Lage sind, den Stein ins Rollen zu bringen. Im Idealfall sind es sogar die gut vernetzten Mitarbeiter, die von anderen Menschen in der Firma geschätzt werden.

Diese Mitarbeiter werden es erstens einfach haben, Hilfe von anderen zu bekommen und zweitens sind sie Botschafter für die Agilisierung der restlichen Organisation. Wenn Sie im Pilotprojekt neue Mitarbeiter engagieren oder solche, die vom Rest des Unternehmens sowieso nicht beachtet werden – wie sollte sich deren Erfolg herumsprechen? Die Kehrseite liegt darin, dass bereits erfolgreiche Mitarbeiter natürlich ihren Ruf zu verlieren haben. Wenn sie das Projekt in den Sand setzen, könnten sie die Methode als wahre Ursache vorschieben.

> Der Abteilungsleiter eines Dienstleisters hatte sich mit einem Projekt sehr weit aus dem Fenster gelehnt. Unter anderem nahm er einen Auftrag an, bei dem klar war, dass die Firma gar nicht die entsprechende Kompetenz hatte. Das war fatal für das Projekt, aber der Buhmann war schnell gefunden: Nicht etwa die mangelnde Kompetenz des Teams sei das Problem gewesen. Vielmehr hätte Scrum durch die neue Arbeitsweise und die damit verbundenen Veränderungen an Schnittstellen dazu geführt, dass alte Kontakte nicht wie bisher hätten genutzt werden können.

Sie werden jetzt vielleicht einwenden: »Mit wirklich kompetenten Leuten funktioniert doch jede Art von Projektmanagement oder jede Managementmethode.« Das ist möglicherweise sogar richtig. Nur, geht es ja nicht um den Beweis, dass das Scrum-Prinzip funktioniert. Das haben viele Leute vor Ihnen bereits mehrfach gezeigt. Es geht um das Identifizieren der Aspekte in Ihrer Organisation, die in Zukunft verändert werden müssen. Das Ziel ist, dass auch Teams, die nicht aus den hochmotivierten Spitzenkräften bestehen, ein Umfeld bekommen, in dem sie Höchstleistungen vollbringen können. Die Pionierarbeit sollte aber von Ihren Stars durchgeführt werden. Das hat unter anderem den Effekt, dass diese Vorbilder (und das sind sie in den meisten Fällen) die anderen Mitarbeiter mitziehen. Menschen in einer Organisation richten sich immer nach den Menschen aus, die einen höheren Status haben. Was diese machen, wird von den anderen kopiert und übernommen.

Der Start des Pilot-Scrum-Teams

Ist das Pilot-Scrum-Team erst einmal identifiziert, dann beginnen Sie so schnell wie möglich mit ihm zu arbeiten. Informieren Sie die Teammitglieder und machen Sie Ihnen deutlich, wie wichtig sie für die Organisation sind. Dann erklären Sie ihnen den Fahrplan für die nächsten Wochen. Wenn alle ein Bild davon haben, wohin die Reise gehen soll, kann die eigentliche Arbeit mit dem Team beginnen. Sollten Sie noch kein Buch zum Thema Scrum gelesen haben, holen Sie das bitte vorher nach. Sie müssen selbst genauestens darüber Bescheid wissen. Da das Pilot-Scrum-Team Ihr Schwungrad für später ist, führen Sie Scrum *korrekt* ein.

Wir hatten mit der Geschäftsleitung vereinbart, dass sie ein Team auswählen sollte. Das hatte sie getan, auch ein Projekt wurde auserkoren. Dass das Team uns erst jetzt kennenlernte, am Tag, an dem wir starten sollten, war nicht optimal. Wir stellten uns vor und hatten das große Glück, dass tatsächlich alle Teammitglieder Lust darauf hatten, etwas Neues auszuprobieren. Es stellte sich dann auch schnell heraus, warum: Sie brauchten Hilfe. Bis dahin hatte es keine funktionierende Führung gegeben, keine klare Vision und kein gut organisiertes Projekt. Als wir erklärten, dass wir nicht Scrum einführen, sondern ihnen dabei helfen wollten, mit ihrem Projekt erfolgreicher zu werden, war das Eis gebrochen. In den folgenden Wochen etablierten wir nach und nach Maßnahmen und Personalveränderungen, die grundsätzlich die Zustimmung aller Teammitglieder fanden.

Die Retrospektive

Meine Kollegen und ich starten unsere Arbeit mit einem zum Scrum-Team erkorenen Team *immer*, indem wir zunächst eine Retrospektive durchführen. Dabei »untersuchen« wir in der Regel den Zeitraum der letzten sechs Monate. Eine solche initiale Retrospektive kann und sollte etwas länger dauern als eine »normale« Sprint Retrospektive, sie sollte aber nicht mehr als drei Stunden in Anspruch nehmen. Sie wird nach dem Schema der Heartbeat Retrospective *(Gloger 2013)* durchgeführt und hat das Ziel, nicht alle, sondern die wichtigsten drei Hindernisse für das Team zu identifizieren. Wenn Sie weitere Hindernisse finden – sehr gut, es sollten aber mindestens drei sein.

Im Anschluss fragen wir das Team immer, welche Hindernisse wir sofort mit dem Management besprechen dürfen. Dieser Aspekt ist wichtig: Sie müssen *das Team* fragen, ob Sie mit anderen über diese Erkenntnisse reden dürfen. *Sie sprechen dann bitte auch nur über diese Hindernisse mit dem Management.*

Das erste Product Backlog

Das erste Product Backlog wird immer vom Entwicklungsteam *ohne* den Product Owner erstellt. Gerade auch dann, wenn Sie von Null starten. In zehn Jahren Scrum habe ich nicht erlebt, dass Teammitglieder plötzlich »arbeitslos« geworden wären, als entschieden wurde, Scrum als Framework zu nutzen und ein Backlog zu erstellen. Aus diesem Grund wollen Sie identifizieren, woran der Einzelne aktuell noch zu tun hat.

Neben dieser Inventarisierung gibt es aber noch einen wesentlich wichtigeren Grund dafür, weshalb das Product Backlog vom Entwicklungsteam geschrieben werden muss. Oft ist diesem Team absolut klar, was geliefert werden soll. Dazu braucht man nicht in Dokumenten nachzuschauen. Sie bemühen einfach das implizite Wissen des Teams und bauen das erste Backlog auf. Selbstverständlich sollte der Product Owner anwesend sein und er schreibt entweder getrennt vom Entwicklungsteam oder gemeinsam mit ihm auch seine Storys ins Backlog. Er sollte sich aber am Anfang ein wenig zurückhalten und kann diese Übung gerne als kleinen Test sehen: Wie viele seiner Produktideen sind beim Team schon angekommen? Was kommt vom Entwicklungsteam, wie sehr sind die Mitglieder bereits kreativ dabei und wollen sich durch das Schreiben von Storys mit dem Produkt identifizieren? Deshalb mein Tipp: Wenn aus Sicht des Product Owners die wichtigsten Ideen vom Team bereits gekommen sind und er sich ebenfalls mit den ersten 20 Einträgen identifizieren kann, sollte er sich mit weiteren Ideen zurückhalten. Zum jetzigen Zeitpunkt wären diese Themen nur kontraproduktiv. Gibt es zu viele Backlogeinträge (User Storys), wirkt oft schon die Menge demotivierend.[51]

Das erste Estimation Meeting

Ist das initiale Backlog erst einmal erstellt, können wir sofort die Größe des Produktes anhand des Umfangs der Funktionalität einschätzen. Diese Einschätzung findet in der Regel im Estimation Meeting statt (siehe dazu *Gloger 2013*). Anhand der Größe lässt sich feststellen, ob eine Funktionalität, mit der sich das Team in einem der nächsten Sprints auseinandersetzen soll, tatsächlich in einem Sprint erstellbar ist.

Vor allem bei einem Pilot-Scrum-Team ist das Besondere an diesem Meeting aber nicht das Einschätzen bzw. die neue Art des Schätzens in Funktionsumfängen an sich (obwohl es natürlich ein wichtiger Lernschritt ist). Das wirklich Interessante ist bei diesem ersten Estimation Meeting, dass damit der Dialog zwischen Product Owner und Entwicklungsteam in Gang kommt und zu einer konstruktiven Auseinandersetzung zwischen den beiden Verantwortungsbereichen führt.[52]

Die ersten drei Sprints – Selbstorganisation vs. Selbstbestimmung

Mit den ersten geschätzten und vom Product Owner ausgewählten Funktionalitäten (Storys) geht es in den ersten Sprint. Eine der wichtigsten Lektionen dabei: *»Selbstorganisation ist nicht Selbstbestimmung.«* Die Vision, das Product Backlog, die Rahmenbedingungen und die Organisation geben dem Team eine klare Richtung vor. Ein Scrum-Team arbeitet um vieles produktiver, wenn die (Aus-)Richtung klar ist. Der Product Owner (und nur er) legt die Richtung des Scrum-Teams fest und gibt ihm damit den Auftrag, dieses und nur dieses Produkt zu entwickeln (vergessen wir an dieser Stelle einmal kurz, dass ein Team meistens auch noch Aufgaben neben der reinen Produktentwicklung hat). Für das Entwicklungsteam bedeutet das, dass seine Ziele im Wesentlichen definiert sind. Daran wird wieder deutlich, wie wichtig die richtig motivierten Menschen mit der Lust auf Neues für dieses Pilot-Scrum-Team sind: Es braucht auch die Identifikation mit dem Produkt.

In einer der ersten Transitionen, die ich durchführte, wählte der CTO für die Einführung von Scrum sein Muster-Entwicklungsteam. Obwohl das nicht ideal war, gelang es aber, dieses Team von seiner Aufgabe zu begeistern. Wir implementierten nicht einfach nur Scrum, sondern gaben dem Team gleichzeitig eine wirklich herausfordernde technische und geschäftskritische Aufgabe. Das Entwicklungsteam und der Product Owner wollten diese Aufgabe gemeinsam für die Firma meistern. Entscheidend für den Erfolg dieses Teams war aus heutiger Sicht, dass wir das Entwicklungsteam gefragt hatten, ob es Lust

---

51   Natürlich gibt es auch andere Verfahren, wie Sie zu einem Backlog kommen. Zahlreiche Beschreibungen dazu finden Sie in den einschlägigen Büchern.

52   Wie das Schätzverfahren genau funktioniert, findet sich in *(Gloger 2013)*.

auf diese Herausforderung hat. Alle Teammitglieder standen dahinter. Jeder Einzelne sagte damals, es sei schwierig, aber er wolle es versuchen. Mit diesem Team war die Implementierung von Scrum auf der Teamebene sehr einfach.

Bewährt hat sich dabei, »Scrum-by-the-Book« zu machen. Frank Janisch, einer der prominentesten Vertreter der deutschen Scrum-Community, sagte einmal, dass das strikte Befolgen der Regeln in den ersten sechs Monaten der Scrum-Einführung bei ImmobilienScout24 entscheidend zum Erfolg beigetragen hätte. Dieses Scrum-by-the-Book wird heute in einigen Blogs »pure Scrum« (siehe dazu z. B. http://yusufarslan.net/3-scrum-types) oder wie im Buch von Dominik Maximini *Scrum. Einführung in die Unternehmenspraxis* auch »Tiefen-Scrum« oder »profundes Scrum« genannt *(Maximini 2013)*. Dieses klare Commitment zu den Eingangspraktiken von Scrum von Anfang an, führt zu einem klaren Rahmen. Es ist unbequem, diesen Regeln korrekt zu folgen, aber es hat einen großen Vorteil: Es schafft Klarheit und macht für alle nachvollziehbar, worum es geht. Die einzige Quelle für Unklarheit ist, wenn nicht alle Teammitglieder wissen, was von ihnen in einem Scrum-Umfeld erwartet wird. Dieses inhaltliche Wissensdefizit kann aber einfach behoben werden.

Der Vorteil, den die Regeln mit sich bringen, ist jedoch für viele Product Owner, Manager und Mitglieder des Entwicklungsteams ein Fluch: Denn es erfordert von Beginn an Disziplin und den Willen, etwas zu verändern. Zumindest auf Teamebene muss man sich auf Scrum einmal so einlassen, wie es gemeint ist. Es ist wie bei allem, was man neu lernt und irgendwann zur Meisterschaft bringen will: Man sollte zuerst die Grundlagen beherrschen, bevor man sich zu Interpretationen und Erweiterungen aufschwingt. Damit die Motivation aber nicht gleich sinkt, machen Sie am besten allen Beteiligten deutlich, dass nicht für alle Zeiten »*by the book*« gearbeitet werden muss. Vorerst einmal gilt dies für die ersten drei Sprints, um sich mit dem Prozess vertraut zu machen und hautnah zu erleben, wie er sich auswirkt und was er offenlegt. In diesen drei Sprints will man nicht nur alle mit Scrum vertraut machen, sondern natürlich herausfinden, was alles verändert werden muss, auch am Prozess, damit das Scrum-Team am Ende wirklich produktiv arbeiten kann. Dies vorausgeschickt, erkennen Sie wahrscheinlich schon, wie wichtig diese ersten drei Sprints sind. Sie wollen in diesen drei Sprints drei Ziele erreichen:
1. einem Team auf der operativen Ebene erfolgreich Scrum beibringen,
2. die Hindernisse erkennen, die dem Team im Weg stehen, um produktiv arbeiten zu können,
3. mit dem Produkt erfolgreich sein – also sofort zeigen, dass das Team etwas liefern kann.

Der Erfolg des ersten Teams steht und fällt mit der Auswahl des ScrumMasters

Ein Misserfolg ist Ihnen garantiert, wenn der ScrumMaster inkompetent ist. Und damit meine ich: Er will nicht wirklich Scrum einführen, sondern macht es halt, weil sein Chef es will. Wie bereits erwähnt, ist Selbstorganisation nicht mit Selbstbestimmung gleichzusetzen. Wenn der Rahmen klar ist, dienen die ersten drei Sprints dazu, dass das Scrum-Team selbstorganisiert zu arbeiten lernt. Scrum-Teams brauchen dafür Zeit. Es dauert ein bis zwei Sprints, bis klar ist, wie Scrum funktioniert und einen weiteren Sprint dauert es, bis sich all die neuen Aktivitäten halbwegs sicher anfühlen. Selbstorganisation bedeutet aber wesentlich mehr als das Beherrschen des Regelwerks von Scrum:

- Die Mitglieder des Scrum-Teams lernen, miteinander zu arbeiten, einander zu vertrauen und zu respektieren.
- Die Mitglieder des Entwicklungsteams lernen, dem Product Owner zu vertrauen.
- Der ScrumMaster lernt, das Scrum-Team zu führen, ohne eine Weisungsbefugnis zu haben. Er lernt, mit dem Product Owner zu arbeiten und mit dem Management mutig und respektvoll umzugehen.
- Das Management lernt, das Scrum-Team einerseits in die Verantwortung zu nehmen und andererseits seine Entscheidungen zu respektieren.

So, wie die meisten Unternehmen heutzutage funktionieren, ist das zu Beginn erst einmal verwirrend, es entstehen Missverständnisse und es kommt zu Unsicherheiten, die zu aufgeregten Diskussionen führen. Mein Tipp lautet: Führen Sie, als ScrumMaster oder als Change-Manager, all diese Diskussionen, aber halten Sie sie kurz. Vermeiden Sie, dass sich Debatten zu Dramen ausweiten. Das bedeutet nicht, Diskussionen und Gespräche im Keim zu ersticken. Sie sollten gewürdigt, aber auf ein vernünftiges Maß reduziert werden. Führen Sie allen Beteiligten immer wieder vor Augen: Es geht nicht um Scrum oder die agile Organisation. Das sind »nur« Nebenprodukte der Tatsache, dass mithilfe eines neuen Management-Frameworks das Produkt geliefert werden soll.

Während der ersten drei Sprints sollten Sie unbedingt das Management beteiligen! Machen Sie sich und dem Management klar, dass das Management integraler Bestandteil des Ganzen ist. Die Veränderung der Organisation findet nicht nur auf den Ebenen unterhalb des Managements statt, also kann es auch nicht nur stiller Beobachter sein. Die Veränderung findet mit dem Management, durch das Management und am Management statt. Fordern Sie von den zuständigen Führungskräften ein, dass sie da sind und sich mit dem Scrum-Team aktiv auseinandersetzen: kein Rückzug auf Berichte, sondern aktives Mitmachen! Das heißt mit dem Team zu diskutieren, sich Zeit für das Verstehen zu nehmen und im Idealfall sogar mitzuhelfen, die auftretenden Probleme zu beseitigen. Verständlich, aber schädlich ist es, wenn das Management nur an den Reviews teilnimmt und sich bei Daily Scrums als kritischer Zuhörer einklinkt. Zuhören beim Daily Scrum – ja, aber nur als Beobachter. Zuhören beim Review – ja, aber nur als Zaungast. Leisten Sie ruhig Erziehungsarbeit: Versuchen Sie zu erreichen, dass sich das Management bei diesen Meetings absolut still verhält. Jede Äußerung, positiv wie negativ, ist schädlich. Das Einzige, was der Manager tun sollte: Wohlwollend anerkennen, dass sich das Scrum-Team auf den Weg gemacht hat.

Werbung ist übrigens sehr wichtig. Erzählen Sie allen im Unternehmen, dass Sie Scrum machen! Werben Sie für Scrum, für Ihr Scrum-Team und für die Sache. Sie könnten an der Wand des Teamraums einen Scrum Flow anbringen und Scrum-Checklisten verschicken (http://www.infoq.com/minibooks/scrum-checklists). Oder Sie malen selbst auf Flipchartpapier die Prinzipien von Scrum auf und hängen sie gut sichtbar aus. Machen Sie es zu Ihrer wichtigsten Aufgabe, überall und jedem von Scrum zu erzählen. Verteilen Sie

Bücher, oder halten Sie kleine Info-Sessions darüber ab, was hier passiert. Diese interne PR soll zum einen natürlich die Ideen verbreiten. Viel wichtiger ist dabei aber, dass die anderen Mitarbeiter in der Organisation wissen, was hier geschieht. Auf diese Weise verhindern Sie zumindest einige Gerüchte darüber, was diese merkwürdigen Scrum-Teams wohl so machen. Eine aktive Kommunikationspolitik ist essenziell, damit alle im Unternehmen von den Fakten und nicht von Vermutungen ausgehen.

In die Scrum-Implementierung bei einem großen Energiekonzern war auch ein Dienstleister involviert. Dieser war von den Veränderungen in der Arbeitsweise am stärksten betroffen und schnell sprach sich dort herum: »Die machen jetzt Scrum.« Was das genau sein sollte, war aber natürlich nicht so ganz klar. Also verwandelten wir den Kommunikationsraum zu einem Scrum-Infocenter. Wir hängten dort sämtliche Informationen über Scrum und das Projekt auf und hielten jeden Donnerstagnachmittag für alle eine kurze Session zum Thema »Was ist Scrum?«.

10.3   Skalieren über weitere Teams

Nehmen wir an, Sie haben die ersten Hürden überstanden: Sie haben den idealen Scrum-Master und einen tollen Product Owner gefunden, die sich in ihre neuen Jobs eingelebt haben. Das Entwicklungsteam weiß, wie Scrum funktioniert, die ersten Sprints sind absolviert und Sie konnten die ersten Erfolge verbuchen. Außerdem sind die ersten Impediments deutlich geworden und Sie haben der Organisation bewiesen, dass es vorwärts geht. Zeit für den nächsten Schritt: Das Ausrollen von Scrum über die Teamgrenzen hinweg. Dabei fällt zunächst auf, dass es mehrere Teams gibt, die berücksichtigt werden müssen: das ScrumMaster-Team, das Product Owner-Team, die Practice-Groups, das Transition-Team und am Anfang das Management-Team. Diese Teams werden in operative und Management-Teams kategorisiert.

Das ScrumMaster-Team
Das ScrumMaster Team ist einerseits operativ damit beschäftigt, das große Projektteam selbstorganisierend zu managen und andererseits ist seine Aufgabe, mit dem Management an der Änderung der Organisation zu arbeiten. Das führt zu zwei Problemen:
1. Die meisten ScrumMaster wissen nicht, wie man mit dem Management arbeitet und flüchten sich in die Führung ihrer Teams.
2. Die Arbeit mit dem eigenen Scrum-Team beansprucht den einzelnen ScrumMaster so sehr, dass er keine Kraft oder Zeit für das übergeordnete Thema, die Veränderung der Organisation, hat.

Trotz dieser Tatsachen gibt es einen Weg, mit dieser Unzulänglichkeit umzugehen: Es muss ein *ScrumMaster der ScrumMaster* her. Er ist derjenige, der die Transition leitet und durchführt und ist also auch der ScrumMaster des Transition-Teams. Das ist nicht immer ganz einfach, weshalb diese Doppel- und Dreifachbelastung nicht von einem Scrum-Anfänger geleistet werden kann. Gemeinsam mit den ScrumMastern der einzelnen Teams formiert er das ScrumMaster-Team, dessen Aufgabe es ist,

a) operativ die Entscheidungen des Transition-Teams auf der Teamebene umzusetzen und

b) die Veränderungen und notwendigen Verbesserungen im Transition-Team einzubringen.

Im Grunde schafft das ScrumMaster-Team also die operativen Rahmenbedingungen, damit alle Scrum-Teams miteinander arbeiten können. Das kann bedeuten, dass man die Sprints synchronisiert oder sich auf ein gemeinsames Layout der Taskboards einigt. Alle Fragen, die also nicht nur ein einzelnes Team betreffen, sondern von übergreifendem Interesse sind, werden vom ScrumMaster-Team geregelt. Natürlich ist das ScrumMaster-Team auch nicht davon ausgenommen, sich selbst eine Struktur – sprich Regeln – zu geben. Das beginnt bei den Zeiten für das Daily Scrum und geht weiter mit Fragen wie: »Wofür fühlt sich das ScumMaster-Team zuständig? Welche Aufgaben hat es?« Das Aufgabenspektrum dieses Teams wird sich im Laufe der Zeit verändern. Seien Sie nicht ungeduldig, wenn dieses Team am Anfang schon allein damit überfordert ist, die Informationen aus den einzelnen Teams zu synchronisieren. Das spielt sich ein, später wird sich das ScrumMaster-Team immer mehr zutrauen, dem Transition-Team mehr und mehr Aufgaben abnehmen und selbst entscheiden.

Was den ScrumMaster des ScrumMaster-Teams betrifft, so sind seine Aufgaben analog zu jenen auf der »normalen« Teamebene: Er führt das ScrumMaster-Team und hat dabei aber eine Metafunktion, bei der er sich vor Augen führen muss, dass er das ScrumMaster-Team Schritt für Schritt (bzw. von Sprint zu Sprint) entwickelt. Gleichzeitig darf der ScrumMaster nicht vergessen, dass sein ScrumMaster-Team eng mit dem Transition-Team zusammenarbeitet, und dass sich zwischen diesen beiden Ebenen mit der Zeit die Kompetenzen verlagern. Diese Verlagerungen – loslassen auf der einen Seite und annehmen auf der anderen Seite – sind wiederum Veränderungsprozesse, die begleitet und gesteuert, aber nicht erzwungen oder durch Druck beschleunigt werden können.

Wie kann das gelingen? Ich biete Ihnen dazu die Metapher des Spielens an. Es ist doch so: Sie wollen eine Veränderung erreichen und natürlich auch, dass die Mitarbeiter mitmachen. Was dieser Bereitschaft alles entgegensteht, wissen wir. Beim Spielen lässt sich diese Bereitschaft erreichen. Sie machen vor, wie das Spiel funktioniert und gestalten dabei das Ganze so interessant, dass man es aus Neugier ausprobieren will. Am Anfang ist das Spiel einfach und nicht sehr anstrengend. Gerade so, dass es nicht langweilig ist. Ist das Neue dann erfüllend, macht es Freude und stiftet Sinn, wird es vom Spielenden (Lernenden) weitergeführt und der Schwierigkeitsgrad wird langsam gesteigert.

Nun ist das Spielen gerade in deutschen Unternehmen nicht sehr weit verbreitet, um nicht zu sagen, es ist verpönt. Arbeit ist eine ernsthafte Sache, die keinen Spaß machen darf. Schließlich beziehen wir einen Teil unseres Ansehens im sozialen Umfeld daraus, ob wir uns ordentlich kaputtrackern. Wie viel Stress wir uns dabei selbst machen und ob Überarbeitung manchmal nicht auch eine Frage der effizienten Vorgangsweise ist, sei dahingestellt, Fakt ist: Spiele im Arbeitsumfeld werden mit mangelnder Ernsthaftigkeit

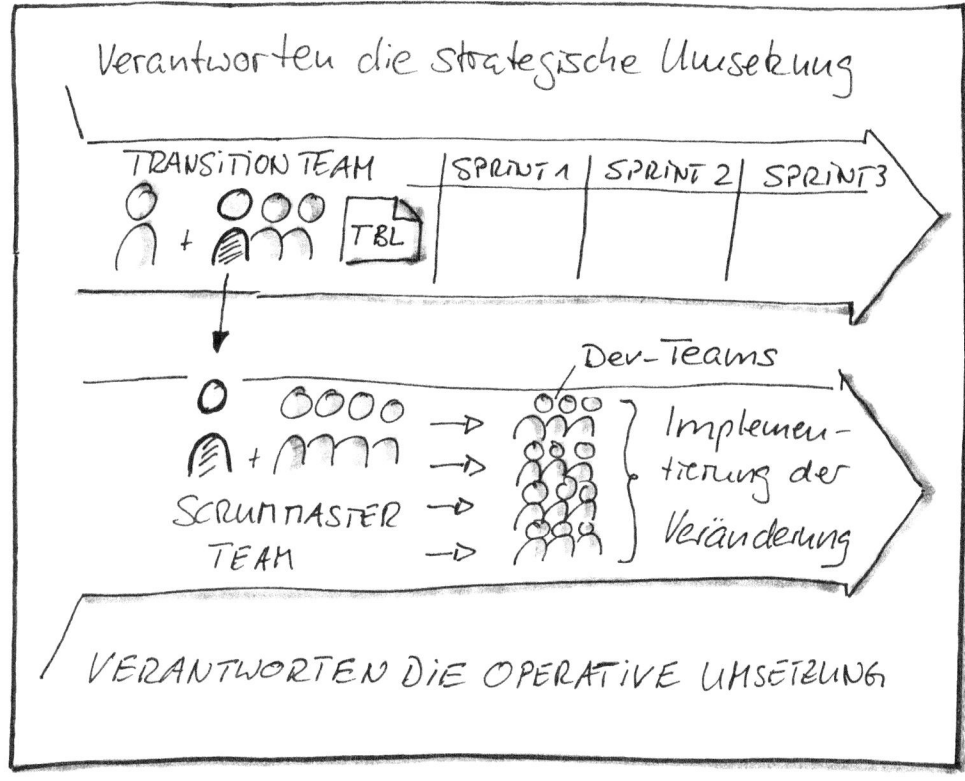

Abb. 25: Zusammenspiel ScrumMaster-Team und Transition-Team

assoziiert. Dabei sind Spiele sogar unter Kindern eine sehr ernsthafte Angelegenheit. Vielleicht haben Sie selbst schon erlebt, dass Sie ein Kind »ermahnt«, doch nicht so kindisch zu tun und »richtig« zu spielen. Für Kinder folgen die meisten Spiele bestimmten Regeln, da werden zum Beispiel im Kaufmannsladen im Vorfeld genaue Rollenzuteilungen getroffen und Verhaltensanweisungen bis hin zur »Story« gegeben. Spiele folgen also Regeln und finden in einem klar definierten Spielfeld (= unter klaren Rahmenbedingungen) statt. Allerdings ist Spielen eine freiwillige Sache und das bedeutet, dass man niemanden dazu zwingen kann. Also muss man sich überlegen, wie das Mitspielen spannend werden kann. In der Metapher des Spiels wird der ScrumMaster zum Spielmaster (Spielleiter). Er leitet einerseits das Spiel an, überwacht aber auch die Regeln und weiß als guter Spielleiter, wann er die Spieler wieder zum Mitmachen motivieren muss. Die Metapher Spielen zeigt uns, dass die wichtigsten Faktoren für das Mitmachen die Freude und die Lernerfahrung sind. Gesellschaftsspiele können nur gemeinsam gespielt werden und die Rahmenbedingungen helfen dem Einzelnen bei der Orientierung, wie er sich verhalten darf und soll. Ein gutes Spieldesign macht beinahe süchtig, weil es ständig mit positiver Verstärkung daran arbeitet, dass ein Spieler für sich Erfolge sieht, aber auch sehr schnell erkennt

(Feedback), wenn er in eine Sackgasse gerät oder einen Fehler gemacht hat (negative Verstärkung). Idealerweise kann er diesen Fehler zwar unter Mühen, aber dafür sofort, ausgleichen.

Sie sollen die ganze Implementierung oder den ganzen Change-Prozess nicht als Spiel sehen. Das Bild soll Ihnen helfen zu erkennen, dass man eine Veränderung ohne Zwang angehen kann, und mit den Menschen »spielen« sollte, die mitmachen wollen. Die anderen stoßen von selbst dazu, wenn die Neugier groß genug geworden ist.

Das Product Owner-Team

Wie steuert man mit Scrum ein Großprojekt? Wie können 180 Menschen gemeinsam an einem Produkt arbeiten und ebenfalls gemeinsam alle paar Tage ein fertiges Teilprodukt liefern – von Sprint zu Sprint? Die Antwort auf diese Frage ist in der dem Produkt zugrunde liegenden Architektur verborgen, in der gemeinsamen Infrastruktur und den funktional gesteuerten, cross-funktionalen Teams.

1. Zunächst ist es notwendig, die Teams auf der funktionalen Ebene zu synchronisieren. Mithilfe der Product Owner muss also die Frage beantwortet werden: Welches Team liefert welche Funktionalität und in welchem Sprint soll das geschehen?
2. Damit die Teams möglichst entkoppelt voneinander arbeiten und dennoch eine Funktionalität nach der anderen liefern können, muss eine Zielarchitektur entwickelt werden. Die Frage ist also, wie diese Architektur erreicht wird.
3. Welche operativen Entwicklungswerkzeuge helfen den Teams, miteinander zu arbeiten?

Steuerung der fachlichen Aufgaben. Die Hautproblematik bei wirklich großen Projekten ist das Koordinieren der Abhängigkeiten zwischen den einzelnen Scrum-Teams und die gleichzeitige fachliche Abstimmung des gesamten Produktes. Bei einem großen Produkt müssen einerseits die Product Owner befähigt werden, ihren Bereich zu steuern und andererseits ist ein Weg nötig, um die einzelnen Funktionalitäten aufeinander abzustimmen.

Unserer Erfahrung nach ist diese Aufgabe nur zu bewerkstelligen, wenn sich die einzelnen Scrum-Teams möglichst autark, von Entwicklungsteam zu Entwicklungsteam, abstimmen können und es gleichzeitig einen übergeordneten Rahmen gibt, der als Leitbild und damit Orientierung für alle Scrum-Teams dient. Für einen einzigen Menschen ist diese Aufgabe zu umfangreich. Die Bearbeitung hunderter kleinerer Anforderungen und User Storys gelingt nur, wenn sich die Product Owner selbst wieder als »Entwicklungsteam« (das Product Owner-Team) sehen. Jeder einzelne Product Owner muss dabei die fachlichen Angelegenheiten auf der eigenen Scrum-Teamebene steuern und dem »eigenen« Entwicklungsteam immer rechtzeitig die benötigten Informationen bereitstellen. Aber wie erkennt der einzelne Product Owner, dass er seine Storys korrekt priorisiert hat?

Das kann er anhand eines *Entscheidungsrahmens,* der entweder vorgegeben ist oder gemeinsam vom Product Owner-Team entwickelt wird. Je größer dieses Team ist, desto wichtiger ist eine einigende Kraft. Meist ist das der Product Owner der Product Owner (also ein *Gesamt-Product Owner),* der das Ziel oder den Zweck des Produktes immer wieder neu kommuniziert und das Team auf diese Weise ausrichtet. Auch der Gesamt-Product Owner setzt dabei wieder auf die Mittel, die ihm der Management-Framework Scrum zur Verfügung stellt. Einerseits die *Gesamt-Produktvision* und andererseits die *Rahmenbedingungen bzw. Constraints,* die er entweder durch seine Produktvision vorgibt oder die er gemeinsam mit seinem Product Owner-Team erarbeitet.

Architektonische Ausrichtung

Produkte haben immer eine »Architektur«, sie sind in sich strukturiert. Ob das nun eine Waschmaschine ist, die aus verschiedenen Komponenten besteht, ein Fernseher, ein Laborgerät oder eine Softwareprodukt wie etwa ein Navigationssystem oder das Spiel auf Ihrer Konsole im Wohnzimmer. Immer sind Produkte aus einzelnen Aspekten, Komponenten oder Systemen zusammengesetzt, die mit ihrer Struktur die Architektur ergeben.

Ist nicht mehr nur ein einziges Team für das gesamte Produkt zuständig, müssen natürlich alle beteiligten Teams (oder auch Organisationen) einen klaren Überblick über diese Architektur bekommen, damit sie eine bessere Vorstellung von ihrem eigenen Beitrag entwickeln können. Dabei reicht es nicht, nur Prozesse für die Synchronisation der Scrum-Teams aufzusetzen. In erster Linie muss man sich Gedanken darüber machen, wie die Architektur des Produkts aussehen soll. In diesen architektonischen Rahmen, in dieses »Raster« oder »Skelett« kann sich die Kraft der selbstorganisierenden Teams *hineinentfalten*. Das Raster kann man bewusst vorgeben, indem man sich die Architektur des Produkts im Vorfeld überlegt, oder man lässt diesen Rahmen entstehen und die Teams erzeugen die Architektur so von selbst, dass sie möglichst entkoppelt arbeiten können.

Vorteil des ersten Ansatzes ist, dass er schneller umsetzbar ist. Nachteile ergeben sich allerdings, wenn man nicht weiß, ob man die richtigen Leute in den jeweiligen Teams hat. Diese Vorauswahl durch architektonische Entscheidungen gleich am Anfang kann also zu dysfunktionalen, weil suboptimalen Bedingungen führen.

Eine mit der Zeit durch die Arbeit der Teams entstehende Architektur hat den Nachteil, dass es sehr viel länger dauert, bis erstens eine Struktur entsteht und zweitens für alle klar wird. Dieses längere Warten drückt sich oft in Unsicherheit und Irrwegen aus. Erträgt man das aber mit Geduld und ist man sich darüber im Klaren, dass es auch zu Fehlern kommen kann, ist dieser Ansatz möglicherweise vielversprechender und wesentlich erfolgreicher als der erste. Die Architektur entsteht in diesem Fall als Antwort auf die Anforderungen über die Zeit und ist daher optimal an die jetzt entstehende Organisation angepasst. Für beide Fälle gilt aber: Das Product Owner-Team muss dafür sorgen, dass diese Architektur bei allen bekannt ist und konsistent verfolgt wird.

In einem Hard- und Softwareentwicklungsprojekt faszinierte mich die Beobachtung, dass tatsächlich niemand im Team auf Anhieb die gesamte Architektur des eigenen Produktes kannte. Es dauerte einige Tage, bis wir alle Informationen zusammengetragen hatten. Als das Bild der Gesamtarchitektur an der Wand hing, wurde einiges deutlich: Bestimmte architektonische Entscheidungen waren nur deshalb getroffen worden, weil Zulieferer mit an Bord waren und man geeignete Schnitte durch das Produkt machen musste, um möglichst entkoppelt liefern zu können. Aus Produktsicht war das leider irreführend und verursachte mehr Probleme, als es löste. Die Geschäftsleitung war aber bereit, die Architektur noch einmal komplett zu hinterfragen. Sie sah selbst, dass die vor Monaten getroffene Entscheidung für gewisse Firmen nicht zu dem passte, was man aktuell haben wollte. Das Team wurde neu aufgestellt und die Architektur an den aktuellen Kenntnisstand angepasst.

Die operativen Entwicklungswerkzeuge

Ob man Agilität auf operativer Ebene ausleben kann, ist auch eine Frage der richtigen Werkzeuge. Für ihre Projekte und Produktentwicklungsmethoden braucht die agile Organisation eine Infrastruktur, mit der es möglich ist, kurzfristig, also innerhalb von Tagen oder Wochen, Produktteile zu liefern. Von Apple weiß man, dass die Prototypen selbst in Cupertino entwickelt werden, wo man alles unter Kontrolle hat. Sobald klar ist, wie ein iPhone, ein MacBook Air oder ein anderes Produkt genau aussieht und wie man es optimal produziert, geht der fertige Bauplan an eine Fabrik, die es genau so baut, wie es gewünscht wird. Die Produktentwicklung selbst bleibt vor Ort und es wird ständig versucht, dabei etwas Herzeigbares und Be-Greifbares zu erzeugen.

Das geht nur mit den passenden Prozessen und Entwicklungswerkzeugen innerhalb der Organisation. Bisherige Tools und Abläufe in den Unternehmen, die mit Scrum arbeiten wollen, waren meist sehr teuer, sind aber nicht sonderlich agilitätsfördernd. Deshalb werden Sie wahrscheinlich nur auf mäßige Begeisterung stoßen, wenn Sie etwas Neues fordern. Die bestehenden Instrumente jetzt zu verändern oder neue Werkzeuge einzuführen, nur weil ein neues Management-Framework genutzt werden soll, ist für viele Firmen undenkbar. Oftmals sind schon die Freigabeprozesse für neue Werkzeuge so anti-agil, dass die Beschaffung Monate dauert. Dabei ist das Faszinierende an diesen Prozessen, dass nicht diejenigen Personen, die später damit arbeiten sollen, evaluieren dürfen, ob ein neues Werkzeug geeignet ist. Das bestimmen Abteilungen weit abseits der Produktentwicklung.

Aber es hilft nichts, neue Entwicklungswerkzeuge müssen in den meisten Fällen her. Fehlt die Infrastruktur, um schnell, beweglich und agil sein zu können, muss man mit Effektivitätsverlusten rechnen. Die Investitionen in agile Entwicklungswerkzeugen wie

- Soft- und Hardwareentwicklungswerkzeuge (z. B. 3D-Printer),
- Kommunikationsmittel (Chat, Wikis, soziale Netzwerke, Video-Telefonie),
- Planungstools (Flipcharts, Whiteboards und entsprechende Stifte),
- prototypische Umgebungen, in denen Dinge ausprobiert werden können,
- schnelle und ausfallsichere Internetverbindungen, um Informationen umgehend auch außerhalb der eigenen Organisation (zum Beispiel in Internetforen) zu finden,

ist aus verschiedensten, meist politischen Gründen, oft nicht gewollt. Sicher kostet diese Infrastruktur Geld, aber im Vergleich zum Gewinn sind diese Kosten zu vernachlässigen.

Je größer und je weiter verteilt Ihre Teams sind, desto wichtiger sind kollaborative Entwicklungswerkzeuge. Mittlerweile gibt es viele günstige Lösungen, trotzdem müssen sich das Management und die Scrum-Teams die Zeit nehmen, sich mit diesen Dingen zu beschäftigen, denn das wirkt sich direkt auf die Produktentwicklung aus.

Die Practice Groups

Ein skaliertes Umfeld braucht Rahmenbedingungen oder Richtlinien, in denen sich das Produkt entwickeln kann. Will man wissen, was ein Produktentwicklungsteam benötigt, gibt es nur eine verlässliche Quelle – das Entwicklungsteam selbst. Daher werden auf Organisationsebene neben den ScrumMaster- und Product Owner-Teams auch noch sogenannte Practice-Groups eingerichtet. Diese dienen dem fachlichen und technischen Austausch sowie der Vereinbarung von technischen Rahmenbedingungen.[53]

Allerdings hat sich in vielen Projekten gezeigt, dass diese Groups nur dann funktionieren, wenn es eine starke Produktvision gibt und Product Owner, die wissen, dass sie zusammenarbeiten müssen. Dann gelingt es auch, dass die einzelnen Scrum-Teams gemeinsam an Lösungen für die gesamte Gruppe arbeiten. Die Practice-Groups einzurichten, nur weil es im Lehrbuch steht, ist sinnlos. Die Teams müssen für sich einen Nutzen darin erkennen, sich untereinander abzusprechen.

10.4   Der kulturelle Wandel

Dieses Buch richtet sich an die Anfänger in der Organisationsentwicklung mit Scrum. Den Fahrplan kennen Sie jetzt. Was ist die Krönung Ihrer Bemühungen? Wenn die ersten Teams auf das Gleis gesetzt sind und Sie die ersten großen Projekte durchgeführt haben, die ersten drei Sprints abgearbeitet sind – dann fängt der Spaß erst richtig an! Sie haben alle Tools etabliert: Backlogs, Impediment Backlogs, Visualisierungstechniken, die Meetings laufen einwandfrei, möglicherweise konnten Sie sogar schon die Infrastruktur anpassen und der Prozess ist eingeübt.

Jetzt bewegen Sie sich über die Grenzen der eigenen Organisationseinheit hinaus. Sie beginnen mit Kunden oder Lieferanten darüber zu reden, dass Sie anders arbeiten. Sie zeigen Erfolge und bringen die anderen Organisationseinheiten dazu, ihre Verzahnungen mit den agilen Teams zu überdenken und die Schnittstellen zu agilisieren, schneller zu liefern oder bessere – weil kürzere – Reaktionszeiten zu erzielen.

All das wird nur gelingen, wenn sich Scrum als Mindset und nicht als Methode etabliert. Ein Mindset, das erst jetzt entstehen kann, denn erst jetzt haben genug Menschen in der Organisation erlebt, wie man in Scrum-Teams miteinander statt gegeneinander arbeitet. Sie haben erlebt, dass es auf sie selbst ankommt und dass ihre Kreativität, nicht nur ihre Arbeitskraft gebraucht wird. Es ist ein Mindset des miteinander Arbeitens statt des aneinander Vorbeiarbeitens. Eine solche Haltung fordert in vielen Organisationen den klaren Wandel der Unternehmenskultur, der aber nicht durch Verordnung von oben entsteht, sondern an der Basis wächst. Die Menschen in den Teams bemerken, wie viel mehr Spaß das Arbeiten miteinander und mit dem Blick auf ein bedeutendes Ziel wieder machen kann.

---

53   Eine gute Darstellung über die Funktionsweise von Practice-Groups findet sich bei *(Cohn 2009)*.

Wie können Sie das unterstützen? Machen Sie allen klar, dass der eigentliche Wandel erst jetzt beginnt. Sie müssen jeden Meter Boden, den Sie mit Scrum gewonnen haben, erbittert verteidigen und gleichzeitig mehr und mehr Leute im Unternehmen überzeugen. Sie müssen immer wieder Erfolge aufweisen, bis zu dem Moment, an dem für alle im Unternehmen klar ist: Wir können nur gemeinsam gewinnen und die alten Methoden müssen wir langsam, aber sicher aufgeben.

Schlussbemerkung

Wahrscheinlich ist es Ihnen aufgefallen: Mit zunehmender Komplexität wurden die Details dieses Kapitels grobkörniger. Es gibt dafür einen Grund: Es wäre vermessen, einen für jede Organisation passenden Plan aufzuschreiben, ungeachtet dessen, welche Geschichte diese Organisation hat, oder welche Voraussetzungen ihre momentane Struktur mitbringt. Es gibt unzählige Einflussfaktoren: Menschen, existierende Prozesse, Infrastruktur, den Markt, die Kenntnisse der Teams, der Manager, die politischen Aspekte und vieles mehr. Die komplette Umstellung einer Organisation von regelbasiert und nicht agil auf eine agile, mitarbeiter- und kundenzentrierte und wenn nötig wandlungsfähige Organisation ist, und das muss ich hier offen sagen, ein Unterfangen, das erst wenigen Firmen und Organisationen gelungen ist. Das liegt zum einen daran, dass gravierende Fehler begangen wurden, zum anderen daran, dass auch Scrum-Implementierungen den politischen Strömungen in Unternehmen unterliegen. Von SAP in Walldorf weiß man, dass die 2002 begonnene Umstellung der Organisation bis heute andauert. Es gab mehrere Anläufe, einen davon durften wir selbst kurzzeitig miterleben. Fertig ist man dort laut Insider-Kreisen noch immer nicht. Wie auch, denn Scrum kann schon per Definition nie »fertig« sein. Es ist ein Management-Framework, durch den in einer Organisation langsam ein neues Mindset entwickelt wird. Es entsteht eine neue Unternehmenskultur, die Organisationen und ihre Menschen einem wieder näher bringt: dem Kunden.

10.5   Interview mit Hélène Valadon
Verändern ohne zu verzweifeln

Boris Gloger: Hast du drei Tipps für den Change-Manager, der eine Scrum-Implementierung beginnen möchte?

Hélène Valadon: Ich kann natürlich nur von mir selbst ausgehen und von dem, worauf ich immer zu achten versuche. Du hattest mal ein T-Shirt, auf dem stand: »In Scrum we trust.« Man muss an diese Prinzipien und Prozesse glauben. Sie funktionieren. Egal was passiert und welche Probleme auftreten: Die Lösung dazu sind immer die Menschen in diesem Prozess. Daher muss man sich auch ständig dessen bewusst sein, dass man als Change-Manager ein Vorbild ist. Das bedeutet zum Beispiel, die Menge der Aufgaben zu beschränken. Wenn ich von den Scrum-Teams ein priorisiertes Backlog verlange, muss ich auch mit meinen eigenen Aufgaben so verfahren, sonst bin ich unglaubwürdig. Ich habe meine Top drei und die mache ich fertig. Dieser gedankliche Prozess ist sehr schwierig, ich sehe es immer wieder. Die Leute kommen mit intergalaktischen Zielen wie »Produktivität steigern« oder »Motivation der Teams fördern«. Solche riesigen Ziele müssen zerkleinert werden, in viele einzelne, überschaubare und vor allem überprüfbare User Storys, sonst stolpert man. Was ist die erste Lieferung, was will ich erreichen? Der Scrum-Prozess selbst ist auf allen Ebenen und für sämtliche Problemlagen anwendbar. Ich habe bei einem Vortrag auf einer Konferenz in Karlsruhe die Zuhörer doch tatsächlich damit schockiert, dass auch das Management scrummen soll. »Wie??? Scrum ist doch eine Softwareentwicklungsmethode?!?« Eben nicht, das haben viele noch immer nicht verstanden. Nutzt die Methode, um die Methode zu implementieren!

BG: Ja genau, man muss Scrum machen, um Scrum zu machen.

HV: Eben, und das bedeutet, du musst daran glauben und dich an die Methode halten! Ein Thema, das man als Manager hat, wie zum Beispiel »Ich will mehr Vertrauen zwischen meinem Team und mir schaffen« – das ist ein Mega-Epic. Wie macht man so etwas kleiner? Man hört sich ein wenig unter seinen Leuten um und fragt sich: »Wie kann ich überhaupt Vertrauen schaffen?« Schon ergeben sich einige kleinere Storys. Wenn ich das liefere, habe ich zu meinem großen »Epic« Vertrauen beigetragen – schon habe ich Scrum gemacht. Deshalb mein erster Tipp: Ein Change-Manager muss die Methode nutzen, um die Methode einzuführen und er muss das auch transparent machen. Das schafft Vertrauen. Dann sehen die Mitarbeiter: »Ok, er verlangt es von mir, aber er tut es auch selbst.«

BG: Wie lautet dein zweiter Tipp?

HV: Der leitet sich vom ersten ab. Das Management zwingt einen gerne zum »Volltrefferansatz«. Man kommt in ein Unternehmen und schlägt vor, wie man es angehen könnte – schon verlangen alle Beweise, dass es funktionieren wird. Diesen Beweis kann man nicht erbringen und das muss man deutlich machen. Wenn man etwas versucht und es nicht erreicht, dann ist es nicht das Ende der Welt – aber man hat es versucht. Das passiert oft mit Pilot-Scrum-Teams: Funktioniert da nicht gleich alles auf Anhieb, versucht man es erst gar nicht weiter.

Der dritte Tipp: Es gibt in den Lean-Ansätzen die Frage, wie man nachvollziehen wird, dass eine Veränderung erfolgreich war. In der Praxis begegnet mir meistens der Fall, dass das Management die KPIs heranzieht, mit denen bisher gemessen wurde und dann sagt: »Früher waren wir viel besser.« Sie wollen einfach nur die neue Methode und sie nach alten Maßstäben messen. Oft wird sogar die Gerüchteküche als Messkriterium für Erfolg und Misserfolg herangezogen. Mit dem Begriff des Messens wäre ich also vorsichtig und sage daher, man muss Veränderungen nachvollziehbar machen. Wir wollen etwas erreichen und dabei muss man beachten, dass nicht die Methode bewertet und zum Selbstzweck werden soll. Das bedeutet, die Fortschritte sichtbar zu machen und darauf weiter aufzubauen.

BG: Du führst ja ein eigenes Team von Consultants. Was rätst du ihnen, damit sie während einer Implementierung nicht frustriert sind?

HV: Einer der wichtigsten Punkte, die ich für mich gelernt habe, ist die Ergebnissicherung. Was Menschen frustriert, ist, wenn sie in Meetings sitzen und es kommt dabei eigentlich nichts Greifbares heraus. Oder ein Team sieht als Teil eines großen Projekts nie die Zwischenergebnisse, also seinen Anteil an der Gesamtlieferung. Sie wissen nicht, was sie erreicht haben, was wer macht etc. Man muss sich also selbst immer wieder bewusst machen, welche Ergebnisse man erreicht hat – das ist eine der wichtigsten Grundlagen. Die heutige Meetingkultur in Unternehmen ist ein Horror: Es fehlt die zielgerichtete Organisation, keiner weiß, warum er dabei ist und was sein Beitrag ist. Das wäre eines der ersten Dinge, die man in einem Unternehmen ändern muss. Der zweite Schritt wäre dann schon das Schaffen der Voraussetzung, dass Menschen auch zusammenarbeiten und zusammen liefern können. Die Fähigkeit des Zusammenarbeitens ist nicht automatisch gegeben, auch wenn es so schön einfach und erstrebenswert klingt. Was ein Manager einem Team damit »antut«, wenn er Zusammenarbeit fordert, ist nicht einfach. Und dann sitzt man in solchen Management-Meetings, in denen sich die Leute gegenseitig anbrüllen, keine Ergebnisse liefern und so gar kein Vorbild an Zusammenarbeit abgeben. Bevor das Management also etwas fordert, muss es sich selbst an der Nase nehmen und die Meetingkultur grundlegend verbessern.

Als Change-Manager oder Consultant muss man für sich selbst die Politik der kleinen Schritte anwenden. Am Abend den Tag Revue passieren lassen und sich bewusst machen, was man bewirkt hat. Was habe ich versucht?

BG: Also sich selbst an den Punkt bringen, die Kontrolle über die Situation zu haben? Norman Kerth hat zu mir immer gesagt: »Kannst du in der Situation noch etwas ändern? Wenn ja, dann finde den Moment, in dem du selbst etwas daran ändern kannst. Wenn du nichts mehr ändern kannst, dann musst du gehen.« Das war für mich immer extrem hilfreich, denn wenn du frustriert bist, hast du zu wenige Ressourcen. Diese Frage hilft festzustellen, wo man steht.

HV: Ja, manchmal ist aber auch der richtige Zeitpunkt einfach noch nicht gekommen. Mir sind durchaus schon ScrumMaster begegnet, die mir seufzend erzählt haben, was sie schon alles versucht haben und es hat nicht funktioniert. Ein paar Monate später haben wir es noch einmal probiert und siehe da: Es hat geklappt.

BG: Zum Abschluss habe ich noch eine Frage. Wir reden immer über die Change-Manager, das Transition-Team und unsere Rolle als Consultants, und dann ist mir letztens aufgefallen: Eigentlich ist es ja die ureigenste Aufgabe des ScrumMasters, dafür zu sorgen, dass Scrum implementiert und richtig gemacht wird. Wie stehst du dazu, dass man sagt: Es gibt ein Transition-Team im Management, das ScrumMaster etabliert, und diese Scrum-Master übernehmen im Laufe der Zeit – nicht sofort, weil sie es nicht gleich können – die Rolle der Change-Manager. Nicht nur auf der Ebene des eigenen Teams, sondern auch zwischen den Teams und von mir aus auch mit dem Management? Wie siehst du das?

HV: Das sehe ich auch so. Aus. Das ist das ideale Zielbild.

BG: Also wäre es die Aufgabe des Change-Managers, in der Organisation genügend starke ScrumMaster aufzubauen. Aber was bleibt dann noch für das Transition-Team übrig?

HV: Das Transition-Team ist immer nur für eine bestimmte Transition zuständig. Für die Stabilität zu Beginn und das inkrementelle Vorgehen. Es werden sozusagen einzelne Ver-änderungs-Inkremente geliefert und jedes dieser einzelnen Inkremente steht unter einer bestimmten Vision. Die Besetzung der Transition-Teams kann von Inkrement zu Inkre-ment variieren, je nachdem, was man erreichen will. Es sind also nicht immer die glei-chen Leute in einem Transition-Team und das ist ja auch logisch.

BG: Das ist ein schöner Gedanke. Das Transition-Team hat keinen Bestand, sondern ändert sich so, wie es für die Weiterentwicklung der Organisation notwendig ist.

HV: Ja, es darf nicht zu einem Elfenbeinturm werden. Wenn man etwas als fertig darstellt, bekommt man kein Feedback, nur Widerstand. Man muss die Mitgestaltung der Betroffe-nen in jeder Phase planen und wie diese Mitgestaltung aussehen muss, unterscheidet sich von Phase zu Phase.

11   Epilog: Der Manager als Gestalter

Die agile Organisation
- agiert nach außen,
- steht ständig im Kontakt mit ihrem Netzwerk aus Kunden und den Lieferanten,
- verbessert dabei ständig die Lösungskompetenz für die Probleme des eigenen Netzwerkes,
- erschafft (auf diese Weise) neue Produkte,
- betrachtet ihre Produkte als Lösungen für die Probleme ihrer Kunden,
- optimiert nicht lokale interne Prozesse, sondern optimiert aus der Sicht des Kunden und hat dabei die gesamte Wertschöpfung im Blick,
- gestaltet die Arbeit menschengerecht: also kreativ, anregend und sozial.

Es ist die Aufgabe des Managements, diese agile Organisation zu schaffen. Nicht zum Selbstzweck, sondern weil es die Veränderungen in der Gesellschaft, die neuen Technologien und die Anforderungen der Kunden an Unternehmen verlangen. Scrum als Management-Framework kann den Manager der Veränderung in die Lage versetzen, diesen Herausforderungen durch die Anpassung der Organisation zu begegnen. Scrum ist als Management-Framework ein stützendes Gerüst der Prozesse und steht auf einem soliden Fundament: einem im Kern humanistischen Mindset, das den Menschen als schöpferisch, intrinsisch motiviert und leisten wollend begreift. Die Einführung in ein Unternehmen wird nur gelingen, wenn Sie sich vorstellen können, wohin die Reise gehen kann. Das ist die Aufgabe dieses Buches, ein Bild zu zeichnen, das Ihre Vorstellungskraft anregt und sie aktiv werden lassen kann. Dieses Buch abzuschließen, ohne auf den wesentlichsten Faktor für die Veränderung noch einmal hinzuweisen, wäre jedoch fahrlässig.

Jede Veränderung beginnt bei Ihnen und das heißt für Organisationen: beim Manager. Wenn sich die Organisation ändern soll, kann das nur gelingen, wenn sich auch das »Gesicht der Organisation« ändert. Es wird nicht reichen, wenn Sie Ihrer Organisation eine Gestalt geben wollen, die Menschen dazu bringt, ihr Bestes für den Kunden zu geben. Wenn Sie »insanely great products« bauen wollen, wird es nicht reichen, dass sich *die anderen*, also die Mitarbeiter oder Kollegen ändern. Es wird nicht reichen, dass nur die anderen nach den neuen Regeln spielen.

Als Manager sind Sie nicht nur der Anstoßende der Veränderung – Sie selbst sind ihr eigentlicher *Adressat*. Wollen Sie erfolgreich sein, machen Sie sich und die Topführungskräfte also zunächst selbst mit Scrum vertraut. Sie müssen selbst die *neuen Formen der Führung* erlernen wollen. Das Credo lautet also: »Meine Leute *und ich* machen Scrum. Wir im Management ändern unsere Arbeitsweise, unser Führungsbild und richten den Blick nach außen, statt auf uns selbst.«

Die Tools für die agile Führung haben wir Ihnen vorgestellt. Ihre Bereitschaft zur Veränderung ist sicher gegeben, aber in zehn Jahren Scrum haben wir auch erfahren, dass Manager häufig gar nicht wissen, wie sie sich agil verhalten und agil führen sollen. Sie würden sich sogar anders verhalten, wenn sie wüssten, wie es geht. Oftmals stehen Managern aber einfach nicht genügend Mittel oder Ideen zur Verfügung.

Am Ende dieses Buches könnte ich wieder, wie ich das oft genug bei Implementierungen gesagt habe, betonen: »Machen Sie im Management einfach auch Scrum!« Das ist viel zu kurz gegriffen, wie ich als Manager und Gründer an meinem eigenen Führungsstil selbst erlebt habe. Erst in der Auseinandersetzung damit in dutzenden Stunden intensiven Supervisions-Coachings, in vielen Stunden praktischer Arbeit und nach tausenden Seiten Literaturstudiums wurde mir über die Jahre klar, dass wir vom Management in den Firmen eine fast unlösbare Aufgabe verlangen. Es gibt so gut wie keine Möglichkeiten zu erleben, was eine agile Organisation wirklich ist. Es gibt keine Vorbilder, an denen ein Manager lernen könnte, wie man sich in seiner Position agil verhält und führt. Deshalb wurden bis dato die Manager in vielen Implementationen alleingelassen und nur wenige, wie zum Beispiel Christian Popp von arvato infoscore, haben sich mit uns dennoch auf die Reise gemacht und für sich selbst einen Weg gefunden, wie sie zum agilen Manager werden können. Dazu war ebenfalls eine teils mühsame und manchmal schmerzhafte Selbstreflexion unabdingbar.

11.1   Was ist ein agiler Manager?

Christian Popp

Bereichsleiter IT, Geschäftsbereich Risk Management bei arvato infoscore

Die Frage von Boris, »Was ist ein agiler Manager?«, beantworte ich rein aufgrund meiner persönlichen Erfahrungen und Beobachtungen und nach einem einfachen Prinzip: Ich fasse zusammen, was in den letzten Jahren in meinem Wirkungskreis funktioniert und sich wiederholt bewährt hat. Alles andere, was sich nicht als nachhaltig erwiesen hat, lasse ich weg – frei nach dem agilen Grundsatz »*eliminate waste*«.

Was macht also einen agilen Manager aus? Zu allererst ist es eine Erfahrung bzw. ein Erlebnis, das aus meiner Sicht jeder agiler Manager persönlich (mehr als) einmal gemacht haben muss: Egal, ob als Projektverantwortlicher, Auftraggeber oder Teammitglied, er muss in einem für seinen Kunden wichtigen und erfolgreichen agilen Entwicklungsprojekt den »Flow« des Projektteams erlebt haben. Zu spüren, wie ein Team mit jedem Zwischenergebnis einen Etappensieg feiert, sich kontinuierlich steigert, Rückschläge überwindet, selbstbewusster agiert und so am Ende den verdienten Gesamterfolg sichert, bedeutet, die nachhaltige Wirkung der agilen Grundwerte zu erleben. Das Fazit des Managers daraus ist meiner Erfahrung nach einfach: Wie kann ein Manager diese erfolgreiche Projektdurchführung nachhaltig wiederholen und zum Standard machen? Was hat den Erfolg genau ausgemacht? Und dabei wird er zwingend bei den agilen Grundwerten hängenbleiben.

Ein Nebeneffekt dabei ist die Erkenntnis, dass ein erfolgreiches Entwicklungsprojekt nicht zwingend Eskalationen erfordert oder die Heldentaten Einzelner, insbesondere des Projektleiters. Ich halte diese Erfahrung deshalb für so wichtig, weil sich aus ihr viele

Punkte ableiten lassen, die für mich einen agilen Manager ausmachen – die aus meiner Sicht wichtigsten möchte ich hier hervorheben.

Zusammenarbeit. Ein agiler Manager muss Zusammenarbeit fördern, insbesondere cross-funktional. Er weiß dabei, dass erfolgreiche Teams unterschiedliche Charaktere brauchen. Und er weiß auch, dass es Mitarbeiter geben kann, die ein Team (zer)stören können. Der agile Manager entscheidet Konflikte schnell, vor allem wenn sie die Zusammenarbeit gefährden. Er weiß aber auch, dass er Verantwortung abgeben und loslassen muss und dies nur dann funktioniert, wenn er vorher Vertrauen aufgebaut hat.

Kundenfokus. Der agile Manager weiß, dass der Kunden- und Unternehmenserfolg am Ende das Einzige ist, was zählt. Für den Kunden, die Stakeholder und für seine Teams. Er weiß, dass seine Teams verstehen müssen, was den Kundenerfolg genau ausmacht und auch, dass dies Zeit und Aufwand bedeutet.

Begeisterung. Er weiß, dass sich IT-Mitarbeiter für agile Methoden viel schneller begeistern lassen als Kunden, Geschäftsführung, Projektleiter, Kollegen anderer Fachbereiche, Betriebsräte und sogar Facility-Manager, die Verständnis für nicht vorschriftsmäßig aufgehängte Scrumboards aufbringen müssen. Dem Manager ist aber auch bewusst, dass er sie alle braucht, um mit agilen Methoden nachhaltig erfolgreich zu sein, nachhaltig im Sinne des Unternehmenserfolgs: Agile Methoden, die in einer völlig unbedeutenden Ecke des Unternehmens erfolgreich angewandt werden, sind keine Betrachtung wert. Er muss diese Interessengruppen also einbinden, überzeugen und begeistern. Die Mittel dazu können sehr unterschiedlich sein: Mal sind es Zahlen und Fakten, mal ist es aktive Einbeziehung und ein andermal sind es Emotionen.

Demut. Dem agilen Manager ist bewusst, dass er dies alles nicht alleine bewirken kann, sondern dass er sein ganzes Team dafür benötigt und dass in seinem Team viel mehr Wissen und Kreativität steckt, um diese Aufgabe zu lösen, als er je aufbringen könnte. Er kennt das tolle Gefühl, etwas erfolgreich verändert zu haben. Es stellt sich ein, wenn er beobachten kann, wie seine Teams oder einzelne Mitarbeiter Kunden, Geschäftsführung und Fachbereiche überzeugen und begeistern, ohne dass er dabei in der ersten Reihe steht.

Vernetzung. Der agile Manager weiß, dass er nicht auf einer Insel lebt. Er kennt die Bedeutung von Zahlen, Fakten und KPIs in traditionellen Unternehmen. Er nutzt die Transparenz der agilen Methoden, um jene Zahlen, Fakten und KPIs zu liefern, die in klassischen Unternehmen einfach verstanden werden, und er reichert sie um genau jene agilen Kennzahlen an, die ohnehin selbsterklärend sind.

Nach all diesen Erfahrungspunkten zurück zu der Frage: Was ist ein agiler Manager denn nun? Aus meiner Sicht ist ein agiler Manager – auf jeden Fall in der IT, für die ich sprechen kann – ein Manager, der durch Anwendung der genannten Best Practices (und vieler mehr) mit seinen Teams genau das entwickelt, was seine Kunden für ihren Erfolg benötigen. Er ist stolz auf sein Team und seine Organisation, denn sie liefern hohe Qualität in kurzen Zyklen. Bei all dem Erreichten ist er sich aber einer Tatsache immer bewusst: Sein Team und er haben noch eine Menge Potenzial für Verbesserungen.

11.2   Vier Empfehlungen für die eigene Führungsarbeit

Es gibt Aspekte des Verhaltens von Managern, die der Agilität förderlich sind, und die konsequent und mit Geduld angewendet dazu führen, dass sich das Wesen des Managements ändern kann. Diese Verhaltensweisen und Prinzipien sind einfach, aber oft schwer umsetzbar. Die vier folgenden Empfehlungen haben sich in meiner eigenen Führungsarbeit und in der Arbeit mit unseren Kunden als Kernaspekte agiler Führung herauskristallisiert. Es waren Verhaltensweisen, die Veränderungen bei Teams erleichtert haben. Sie sind einfach und doch sehr schwer – wie Scrum. Probieren Sie es aus: *Doing as a way of thinking*.

11.2.1 Reden Sie mit Ihren Mitarbeitern nicht so viel über die Veränderung. Beginnen Sie bei sich selbst

Positive Verstärkung statt über Fehler zu sprechen geht in zwei Schritten:
1. Beobachten Sie die Arbeit Ihrer Mitarbeiter. Schauen Sie genau hin und finden Sie den Moment, in dem Ihre Mitarbeiter etwas tun, das Sie *genau so* (!) getan haben wollen. Das kann ein Verhalten, eine Arbeitsweise, ein Gespräch, das Erscheinungsbild uvm. sein.
2. Geben Sie in genau diesem Moment eine positive Rückmeldung. Sagen Sie Ihren Mitarbeitern, dass sie das gerade richtig gut gemacht haben.

Dazu müssen Sie natürlich vor Ort sein, damit Sie sehen können, was Ihre Mitarbeiter machen. Wenn Ihre Mitarbeiter ein Daily Scrum durchführen und Sie bemerken etwas, das Ihnen gefällt: Sagen Sie es sofort!

> Die Regel lautet: Immer dann, wenn Sie etwas bemerken, das Sie gut finden, bestärken Sie Ihre Mitarbeiter darin.

Was Sie sagen sollen? Das ist ganz leicht: »Das war gut so!« oder »Die Formulierung in dieser E-Mail war großartig!«

Da wir alle viel unterwegs sind und uns selten sehen, führe ich mein Team per E-Mail und Telefon. Früher schrieb ich meinen Kollegen E-Mails, in denen ich ellenlang ausgeführt habe, was und wieso ich es will. Heute schreibe ich diese Art von Nachrichten nicht mehr. Aber sowie ich bemerke, dass eine Mitarbeiterin oder ein Mitarbeiter etwas richtig gemacht hat, sage ich es ihr oder ihm – auch per E-Mail und manchmal nur dadurch, dass ich ein Smiley zurückschicke. Seitdem ich diese Form von verstärkendem Feedback nutze, hat sich unser Betriebsklima erheblich verbessert und die Leistungen sind gestiegen.

11.2.2 Geben Sie Orientierung und setzen Sie Grenzen

Führen durch positives Feedback reicht nicht aus, denn ein Mensch benötigt Orientierung und Grenzen. Kommunizieren Sie daher klar Ihre Erwartungen und setzen Sie deutliche Rahmenbedingungen bzw. Grenzen. Geben Sie sofort, in jenem Moment, *negatives* Feedback, wenn etwas nicht in Ordnung war. Dem Mitarbeiter Wochen später zu sagen, dass er sich falsch verhalten hat, bringt nichts. Führen mit positiver Verstärkung bedeutet also nicht, dass Sie Fehlverhalten tolerieren müssen oder sollten. Genau das Gegenteil ist der Fall. Verhält sich ein Mitarbeiter oder Kollege in Ihren Augen falsch, reagieren Sie bitte sofort, freundlich, aber bestimmt.

Am besten funktioniert das sogar in der Gegenwart der anderen Kollegen, also offen vor dem ganzen Team. Roger Schwarz hat herausgestellt, dass negatives Feedback, das man nur »privat« ausspricht, negative Auswirkungen auf das gesamte Team hat: »*Leadership isn't about being comfortable; it's about being effective, even when you're uncomfortable. Smart leaders address ineffective team member behavior in the team setting when it occurs, or when the behavior affects the team. In the team: that's where the information, solution, and accountability are.*« (*Schwarz 2013*[54]). Auf diese Weise setzen Sie die notwendigen Rahmenbedingungen und machen allen deutlich, welches Verhalten Sie sich wünschen. Suchen Sie aber sofort wieder die Chance, den Mitarbeiter positiv zu bestärken, sowie er etwas richtig gemacht hat.

Ganz wichtig: Sie loben nicht! Sie sagen nicht: »Du bist ein guter Mitarbeiter« oder so etwas ähnliches. Sie reagieren also nicht auf die Persönlichkeit des Mitarbeiters, sondern ausschließlich auf sein *Verhalten*. Sie bemerken dieses Verhalten, erwünschtes wird gewürdigt, unerwünschtes wird angemahnt.

11.2.3 Machen Sie mit, arbeiten Sie mit, seien Sie Vorbild

Um mit Verstärkung arbeiten zu können, müssen Sie sich Zeit für Ihre Mitarbeiter nehmen und *mit Ihnen arbeiten*. In der agilen Organisation arbeiten Manager wieder inhaltlich mit, nicht nur in der Funktion des Entscheiders, sondern vor allem in der Funktion als Beitragender. Diese Empfehlung stößt bei vielen Führungskräften auf Unverständnis und extremen Widerstand. Die Gründe dafür sind vielschichtig:

---

54   http://bit.ly/1OEzMn

- Viele Manager sehen darin einen Statusverlust, wenn sie sich wieder in die Teams setzen und dort mitarbeiten. Wie wird denn dann noch gerechtfertigt, dass sie ein eigenes Büro haben oder mehr Geld verdienen?
- Einige Manager fühlen sich unsicher, weil Sie befürchten, in der Materie nicht mehr sattelfest zu sein. Oftmals haben sie bereits seit Jahren nicht mehr im Team gearbeitet und sie wissen nicht mehr, wie die Arbeit der Kollegen wirklich abläuft. Sie haben sich zu weit von den Inhalten entfernt und können die Mitarbeiter nicht mehr durch Anleiten führen.
- Die Manager »befürchten«, dass ihre Teammitglieder auch Entscheidungen treffen wollen. Plötzlich wird sehr deutlich, dass nicht die höhere Position, sondern Kompetenz entscheidet. Uns fällt oft auf, dass von ihren Teams »entfremdete« Manager meistens keine klugen Fragen mehr stellen können, also solche, die Mitarbeiter voranbringen. Diese Manager stellen vielmehr »störende« Fragen, da ihnen das Verständnis für die wirklichen Problemstellungen der Mitarbeiter fehlt. Trotzdem wollen sie aber die Entscheidungen treffen, weil das zu ihrem Rollenverständnis gehört.
- Viele Manager fühlen sich mit ihren Teams gar nicht verbunden. Sie haben jahrelang nichts mit ihnen zu tun gehabt, sich nicht mit ihnen auseinandergesetzt. Nun besteht die Gefahr, zunächst einmal gar nicht dazuzugehören.
- Wie geht man als Vorgesetzter damit um, dass die Regeln plötzlich auch für einen selbst gelten? Auf einmal bemerken Manager, dass sie sich einige Sonderregelungen gönnen – und das geht plötzlich nicht mehr.

Der agile Manager verlässt sein Büro und arbeitet in den Projekten tatsächlich inhaltlich, Seite an Seite mit seinen Mitarbeitern, mit. Machen Sie den Job selbst. Selbstverständlich arbeiten Sie nach den agilen Regeln, die Sie Ihren Teams gegeben haben, also mit Scrum, unter der Leitung Ihres ScrumMasters. Zeigen Sie durch Ihre Mitarbeit den Respekt für die Leistung Ihres Teams. Nehmen Sie auch ruhig das Ruder in die Hand, wenn Sie sehen, dass sich das Team verrennt, tun Sie dies aber eben offen und transparent. Helfen Sie Ihrem Team zu verstehen, wieso Ihre Erfahrung sagt, dass Sie die Initiative ergreifen müssen.

Sollten Sie dieses Vorgehen wählen, hat das unter anderem folgende positive Effekte:
- Sie gewinnen den Respekt des Teams (zurück).
- Sie gewinnen (wieder) echte Einblicke in die Arbeit des Teams.
- Sie können Ihrem Team Dinge »zeigen«, die es noch nicht weiß.
- Sie erhöhen Ihre eigene Lösungskompetenz und werden als Partner, nicht nur als Chef wahrgenommen.

Der für mich jedoch positivste Effekt ist, dass Sie keine Zeit mehr haben, in Meetings zu sitzen und über die Arbeit Ihrer Mitarbeiter zu reden. Ihnen fehlt nunmehr die Gelegenheit, in Besprechungen mit Managern anderer Abteilungen zu sitzen, um dort die Kommunikation aufrechtzuerhalten oder basierend auf mangelnden Informationen über das Projekt zu entscheiden. Das bedeutet aber auch, dass Sie mit Ihrem Team darüber nachdenken müssen, wie Sie ohne das Bottleneck »Manager« die Kommunikation zu den anderen Abteilungen und Teams handhaben. Hier wird schnell klar, dass viele der Dinge, die Sie bis dato gemacht haben, vom Team selbst erledigt werden. Das wiederum führt automatisch zum Empowerment der Teammitglieder und stärkt den Faktor Selbstorganisation eminent. Das Mitarbeiten wirkt sich darüber hinaus positiv auf Ihre eigene Motivation aus: Sie werden selbst wieder Erfolgserlebnisse haben und können abends nach einem erfolgreichen Tag besser schlafen.

11.2.4 Nehmen Sie Anteil und nehmen Sie sich Zeit

Freunde verbringen Zeit miteinander. Die einfachste Möglichkeit Vertrauen aufzubauen, ist das gemeinsame Arbeiten, Leben, Spielen, Lachen, kurz: *Miteinander sein.*

Warum wird dem höheren Kollegen-Level immer wieder misstraut? Management und Mitarbeiter sind gedanklich voneinander getrennt. Sie werden das auch immer sein, aber es hilft ungemein, den anderen zu kennen. In der Regel verbringen Mitarbeiter und Management, beim Teamleiter angefangen, nicht mehr genügend Zeit miteinander. Bei den Mitarbeitern entsteht auf diese Weise das Gefühl: »Die *da oben* haben mit *mir* nichts mehr zu tun.« Umgekehrt denken sich Manager: »Was machen die eigentlich den ganzen Tag?«

> Eine meiner Mitarbeiterinnen, einer unserer Stars und von mir sehr geschätzt, hat große Probleme damit, dass sie manche Dinge – auch wenn es vielleicht nur ihr subjektiver Eindruck ist – nicht mitbekommt. Ihr Vertrauen in uns und mich ist zwar ungebrochen und doch baut sich mit jedem Tag, den sie nicht in Kontakt ist, Unsicherheit auf. Diese ist wie weggeblasen, wenn wir unseren monatlichen Consulting-Tag haben, oder wenn ich selbst einen Tag in ihrem Projekt mitarbeite.

Gemeinsam verbrachte Zeit, einfach da sein, mit den Mitarbeitern reden, zuhören, im gleichen Raum sitzen oder miteinander zu Mittag essen. Es ist ganz einfach! Man lernt sich gegenseitig besser kennen und das wiederum schafft Vertrauen. Gleichzeitig trauen sich die Menschen, Ihnen auch zu sagen, wo die Schwierigkeiten liegen. Dann können Sie reagieren.

> »Du bist der Chef! Dich wollen wir nicht stören! Du hast soviel zu tun! Selbst meine Mitarbeiterinnen und Mitarbeiter, die mich kennen und erfahren haben, dass ich mir immer Zeit für sie nehme, die agil ausgebildet sind, die Agilität in die Unternehmen tragen, reagieren im Innenverhältnis derart »reflexartig«. Elternhaus, Schule, Kirche, Institutionen, Universität, unsere Gesellschaft als Ganzes, leisten alle ihren Beitrag dazu, dass der Chef einer Firma auf einen Thron gesetzt wird, ob er das will oder nicht. Soziologen nennen das »Zuschreibung«. Die Identität eines Menschen wird u. a. durch das Bild, das die Außenwelt von ihm hat, geprägt. Dagegen kann man nur begrenzt etwas tun. Dieser Umstand aktiviert bei vielen Mitarbeitern einen inneren Zensor. Oft bekomme ich Probleme erst gemeldet, wenn sie dramatisch klingen und es dann mittlerweile auch geworden sind, weil nicht sofort an der richtigen Stelle nachgefragt wird. Dann werde

nicht ich beispielsweise gefragt, sondern Kollegen, die auch nur interpretieren können. Oder es wird die Taktik »Man muss einem Problem Zeit geben, bis es sich von selbst löst« angewendet. Die E-Mail oder der Anruf an mich oder die entsprechende Führungskraft kommt erst viel später. Bin ich dann beim Projekt der Kollegin oder des Kollegen dabei, also bei Ihnen, traut man sich, das eine oder andere Thema offen anzusprechen. Diese Dynamik treffen wir in vielen Teams und Organisationen genau so an. Führungskräfte werden häufig nicht bei Problemen einbezogen, wie es sinnvoll wäre.

Eine Lösung kann sein, viel mehr Zeit mit Ihren Mitarbeitern zu verbringen, seien Sie für sie da – ganz ohne Agenda. Den Job erledigen Ihre Mitarbeiter, Ihre Teams sowieso von selbst. Aber sie brauchen die »Geborgenheit« der Organisation und die Organisation sind *Sie*.

Warum stehen diese vier Empfehlungen in einem Epilog. Der Grundtenor der TV-Serie »Dr. House« ist: »Menschen ändern sich nicht.« Diese These versuchen Pädagogen, Psychologen und Soziologen seit Generationen zu widerlegen. Sie müssen, ja Sie sollen sich in Ihrem Wesen *nicht ändern*. Der Weg zum agilen Manager steht Ihnen offen, wenn Sie nur das Potenzial, dass in Ihnen als Mensch steckt, nutzen. Knüpfen Sie an die in Ihnen sowieso vorhandenen Eigenschaften an. Seien Sie Mensch.

Bleiben Sie so wie sie sind, mit all Ihren Ticks und Bedürfnissen, verhalten Sie sich »menschlich«. Das benötigen agile Organisationen. Zeigen Sie echtes Interesse am Kunden, an Ihren Mitarbeitern und an dem, was Ihnen selbst wichtig ist. Dann ist die agile Organisation nicht mehr fern. Die Tools, Praktiken und Methoden sind Hilfsmittel, die Sie dabei unterstützen, erfolgreicher zu sein. Sie sind aber kein Selbstzweck, sondern können Ihnen nur dabei behilflich sein freizulegen, was Sie zulassen.

Der Aufbau und Erhalt der agilen Organisation ist eine Herausforderung, der wir uns alle stellen müssen – nicht nur in der Wirtschaft. Wir brauchen nach außen gerichtete Institutionen, um die Probleme unserer Gesellschaft meistern zu können, in Familie, Politik, Wirtschaft und Kirche. Hierarchie darf sein, aber eine, die entsteht, und die immer wieder von den Betroffenen hinterfragt werden kann, weil sie sich selbst transparent darstellt. Wenn die nächste Herausforderung an die Tür klopft und die alten Strukturen nicht mehr passen, können sie dann von den Menschen – wie Schumpeter sagt – wieder kreativ zerstört werden. Dann haben diese Strukturen keine Macht mehr, es reicht nicht, dass sie nur sich selbst genügen. Bei all dem wird Sie der Management-Framework Scrum, verstanden als Mindset, Prozess und Diagnosetool, unterstützen und Ihnen immer wieder zeigen, wo sie Ihrer Organisation noch weiterhelfen können.

Und nun bleibt uns Autoren, Mitarbeitern, Interviewpartnern und Beitragenden zu diesem Buch Ihnen nur noch zu wünschen: Viel Spaß beim Umbau Ihrer Organisation mit Scrum!

Literatur

Amabile, Teresa/Kramer, Steven (2012): How Leaders Kill Meaning at Work. In: McKinsey Quarterly, January 2012.

Anderson, David (2010): Kanban. Successful Evolutionary Change for Your Technology Business. Sequim, Washington 2010.

Bateson, Gregory (1985): Ökologie des Geistes. Anthropologische, psychologische, biologische und epistemologische Perspektiven. Frankfurt am Main 1985.

Blanchard, Kenneth/Oncken, William/Burrows, Hal (1991): The One Minute Manager Meets the Monkey. New York 1991.

Budras, Corinna (2013): Nach dem Refendariat winken die großen Scheine. In: FAZ Online, http://bit.ly/UP 9U 2F, zuletzt abgerufen am 4.8.2013.

Cagan, Marty (2008): Inspired. How to Create Products Customers Love. Kindle Edition, Sunnyvale, California 2008.

Carrison, Dan/Walsh, Rod (1999): Semper Fi. Business Leadership the Marine Corps Way. New York 1999.

Catmull, Ed (2008): How Pixar Fosters Collective Creativity. In: Harvard Business Review, September 2008, 86(9), S. 64–72.

Cohn, Mike (2004): User Stories Applied. For Agile Software Development. Boston 2004.

Cohn, Mike (2009): Succeding with Agile. Software Development Using Scrum. Boston 2009.

Crosby, Philip B. (1979): Quality is free. The Art of Making Quality Certain. New York 1979.

DeMarco, Tom (2001): Spielräume. Projektmanagement jenseits von Burn-out, Stress und Effizienzwahn. München 2001.

Deming, William E. (1982): Out of the Crisis. Cambridge 1982.

Denning, Stephen (2000): The Springboard. How Storytelling Ignites Action in Knowledge-Era Organizations. New York 2000.

Denning, Stephen (2010): The Leader's Guide to Radical Management. Reinventing the Workplace for the 21st Century. San Francisco 2010.

Denning, Stephen (2011): The Leader´s Guide to Storytelling. Mastering the Art of Business Narrative. 2nd edition, San Francisco 2011.

Denning, Stephen (2013): The Boeing Debacle. Seven Lessons Every CEO Must Learn. In: Forbes Online, http://onforb.es/XcYsxo, zuletzt abgerufen am 4.8.2013.

Drucker, Peter F. (1985): Management. Tasks, Responsibilities, Practices. New York 1985.

Farrelly, Frank/Ludwig, Arnold M. (1966): Kodex der Synchronizität. In: Archives of General Psychiatry, Dezember 1966. Übersetzt abrufbar auf: http://bit.ly/1cBdPeG

Fisher, Kimball (2000): Leading Self-Directed Work Teams. A Guide to Developing New Team Leadership Skills. 2nd edition, New York 2000.

Flyvbjerg, Bent/Budzier, Alexander (2011): Why Your IT-Projects May be Riskier Than You Think. In: Harvard Business Review, September 2011, 89(9), S. 23–25.

Fries, Meike (2012): In der Endlosschleife des Optimierungsgequatsches. In: Zeit Online, http://www.zeit.de/kultur/film/2012–04/work-hard-film, zuletzt abgerufen am 4.8.2013.

Gloger, Boris (2013): Scrum. Produkte zuverlässig und schnell entwickeln. 4., überarbeitete Auflage, München 2013.

Gloger, Boris/Häusling, André (2011): Erfolgreich mit Scrum: Einflussfaktor Personalmanagement. Finden und Binden von Mitarbeitern in agilen Unternehmen. München 2011.

Godin, Seth (2009): Purple Cow. Transform Your Business by Being Remarkable. London 2009.

Goldratt, Eliyahu (1997): Critical Chain. Great Barrington 1997.

Goldratt, Eliyahu/Cox, Jeff (2004): The Goal. A Process of Ongoing Improvement. Third revised edition, Great Barrington 2004.

Green, Paul Jr./Rufer, Chris (2011): Supporting Self-Management. Systems & Tools That Support a Self-Managed Enterprise. Whitepaper, Morning Star Self-Management Institute 2011.

Gronwald, Silke/Schneyink, Doris (2012): Wie uns die Arbeit verführt. In: Stern 35/2012, S. 51–59.

Hamel, Gary (2011): First, Let's Fire All the Managers. In: Harvard Business Review, December 2011, 89(12), S. 48–60.

Hanna, Julia (2010): Power Posing. Fake It Until You make It. http://hbswk.hbs.edu/item/6461.html, zuletzt abgerufen am 5.8.2013.

Heath, Chip/Heath, Dan (2011): Switch. Veränderungen wagen und dadurch gewinnen. Frankfurt am Main 2011.

Isaacson, Walter (2011): Steve Jobs. Die autorisierte Biografie des Apple-Gründers. Kindle Edition, New York 2011.

Kennedy, John F. (1962): Text of President John Kennedy's Rice Stadium Moon Speech. http://er.jsc.nasa.gov/seh/ricetalk.htm, zuletzt abgerufen am 21.9.2013.

Kotter, John P. (2008): A Sense of Urgency. Boston 2008.

Kotter, John P. (2012): Leading Change. With a New Preface by the Author. Kindle Edition, Boston 2012.

Larman, Craig/Basili, Victor R. (2003): Iterative and Incremental Development: A Brief History. In: IEEE Computer, Volume 36, Issue 6, June 2003, S. 47–56.

Liker, Jeffrey (2003): The Toyota Way. 14 Management Principles from the World's Greatest Manufacturer. New York 2003.

Liker, Jeffrey/Convis, Gary (2011): The Toyota Way To Lean Leadership. Achieving and Sustaining Excellence Through Leadership Development. New York 2011.

Logan, Dave/King, John/Fischer-Wright, Halee (2008): Tribal Leadership. Leveraging Natural Groups to Build a Thriving Organization. New York 2008.

Lorsch, Jay W./Gabarro, John J. (1995): Cambridge Consulting Group: Bob Anderson. Harvard Business School Case 496-023, October 1995.

Lorsch, Jay W./Graff, Samantha K. (1995): Marketing at Wachtell, Lipton, Rosen & Katz. Harvard Business School Case 496-037, November 1995.

Lorsch, Jay W./Thierney, Thomas J. (2002): Aligning the Stars. How to Succeed When Professionals Drive Results. Boston 2002.

Luhmann, Niklas (2006): Soziale Systeme. Grundriss einer allgemeinen Theorie. Frankfurt am Main 2006.

MacCormack, Alan/Rusnak, John/Baldwin, Carliss Y. (2007): Exploring the Duality between Product and Organizational Architectures. A Test of the »Mirroring« Hypothesis. Working Paper 08-039, Harvard Business School 2007.

Maister, David H./McKenna, Patrick J. (2010): First Among Equals. How To Manage a Group of Professionals. New York 2010.

Marmot, Michael (2012): The Status Syndrome. How Social Standing Affects Our Health and Longevity. Kindle Edition, London 2012.

May, Matthew (2013): The Laws of Subtraction. 6 Simple Rules for Winning in the Age of Excess Everything. New York 2013.

Maximini, Dominik (2013): Scrum – Einführung in die Unternehmenspraxis: Von starren Strukturen zu agilen Kulturen. Berlin 2013.

Meier, Daniel/Peter Szabó (2008): Coaching. Erfrischend einfach. Einführung ins lösungsorientierte Kurzzeitcoaching. Norderstedt 2008.

Meskendahl, Sascha/Jonas, Daniel/Kock, Alexander/Gemünden, Hans Georg (2011): The Art Of Project Portfolio Management. TIM Working Paper 4#1, Technische Universität Berlin.

Mintzberg, Henry (1975): The Manager's Job: Folklore and Fact. In: Harvard Business Review, July-August 1975, 53(4), S. 49–61. Reprint in (Mintzberg 1990) Mintzberg, Henry: The Manager's Job: Folklore and Fact. In: Harvard Business Review, March-April 1990, S. 163–176.

Nanda, Ashish/Groysberg, Boris/Prusiner, Lauren (2008): Lehman Brothers (A): Rise of the Equity Research Department. Harvard Business School Case 906-034, January 2006.

Nonaka, Ikujiro/Takeuchi, Hirotaka (2011): Der weise Manager. In: Harvard Business Manager, Juli 2011, S. 58–70.

Opelt, Andreas/Gloger, Boris/Mittermayr, Ralf/Pfarl, Wolfgang (2012): Der agile Festpreis. Leitfaden für wirklich erfolgreiche Projektverträge. München 2012.

Peters, Tom (1999): The Professional Service Firm (Reinventing Work). Fifty Ways to Transform Your »Department« into a Professional Service Firm Whose Trademarks are Passion and Innovation. New York 1999.

Peters, Tom (2003): Re-imagine. Business Excellence in a Disruptive Age. London 2003.

Peters, Tom/Waterman, Robert H. (1982): In Search of Excellence. Lessons from America's Best-Run Companies. London 1982.

Pink, Daniel H. (2009): Drive: The Surprising Truth About What Motivates Us. New York 2009.

Poppendieck, Mary/Poppendieck, Tom (2009): Leading Lean Software Development. Results Are Not The Point. Boston 2009.

Roam, Dan (2009): The Back of the Napkin (Expanded Edition). Solving Problems and Selling Ideas with Pictures. New York 2009.

Rock, David (2009): Your Brain at Work. Strategies for Overcoming Distraction, Regaining Focus, and Working Smarter All Day Long. New York 2009.

Reinertsen, Donald G. (2009): The Principles of Product Development Flow. Second Generation Lean Product Development. Redondo Beach, California 2009.

Sargut, Gökce/McGrath, Rita Gunther (2012): Learning to Live With Complexity. How to Make Sense of the Unpredictable and the Undefinable in Today's Hyperconnected Business World. In: Harvard Business Review, September 2011, 89 (9), S. 68–76.

Satir, Virginia/Banmen, John/Gerber, Jane/Gomori Maria (1991): The Satir Model. Family Therapy and Beyond. Palo Alto 1991.

Schwaber, Ken (2007): The Enterprise and Scrum. Redmond, Washington 2007.

Schwaber, Ken/Sutherland, Jeff (2013): The Scrum Guide. The Definitive Guide to Scrum: The Rules of the Game. July 2013.

Schwarz, Robert (2013): How Criticizing in Private Undermines Your Team. http://bit.ly/10EzMnr, zuletzt abgerufen am 20.9.2013

Semler, Ricardo (1995): Maverick. The Success Story Behind the World's Most Unusual Workplace. New York 1995.

Semler, Ricardo (2004): The Seven Day Weekend. Changing the Way Work Works. New York 2004.

Senge, Peter M. (1998): Die fünfte Disziplin. Kunst und Praxis der lernenden Organisation. Stuttgart 1998.

Sprenger, Reinhard K. (2012): Radikal Führen. Kindle Edition, Frankfurt am Main 2012.

Springer Gabler Verlag (Hrsg.) (2013): Gabler Wirtschaftslexikon, Stichwort: Börse. http://wirtschaftslexikon.gabler.de/Archiv/1353/boerse-v12.html, zuletzt abgerufen am 21.9.2013.

Stenebo, Johan (2010): Die Wahrheit über IKEA. Ein Manager packt aus. Frankfurt am Main 2010.

Stump, Joe (2013): Why firing brilliant assholes is required to build a great engineering culture. http://bit.ly/13fmUH 5, zuletzt abgerufen am 8.8.2013.

TIR (2012): Association for the Advancement of Medical Instrumentation: AAMI TIR 45: 2012. Guidance on the use of AGILE practices in the development of medical device software. Technical Information Report, Association for the Advancement of Medical Instrumentation 2012.

Tomayko, Ryan (2012): Show How, Don't Tell What – A Management Style. http://tomayko.com/writings/management-style, zuletzt abgerufen am 8.8.2013.

Tyre, Peg (2012): Reading: what it takes to succeed. http://bit.ly/1bwi7Fn, zuletzt abgerufen am 20.9.2013.

Weick, Karl E./Roberts, Karlene H. (1993): Collective Mind in Organizations: Heedful Interrelating on Flight Decks. In: Administrative Science Quarterly, 38 (1993), S. 375–381.

Über die Autoren

Boris Gloger

2002 führte Boris Gloger sein erstes Scrum-Team beim österreichischen Telekommunikationsunternehmen ONE zum Erfolg. Ab diesem Zeitpunkt hat er als weltweit erster Certified Scrum Trainer wesentlich dazu beigetragen, dass sich Scrum in Europa, Südafrika und Brasilien als De-facto-Standard der agilen Softwareentwicklung durchgesetzt hat. Die Erfahrungen aus der Praxis lässt er immer wieder als Verbesserungen einfließen: So führte er die Rollen Kunde, Manager und Anwender in den Management-Framework Scrum ein und hob damit die wichtige Verbindung zwischen Produktentwicklung, Organisation und Markt hervor. Mit »Magic Estimation« hat er den Prozess des Schätzens in Scrum wesentlich vereinfacht.

Boris Gloger glaubt an Scrum, weil Menschen damit nicht nur bessere Produkte, sondern auch eine bessere Arbeitswelt schaffen können. Sein Ansatz ist es, Mitarbeiter nicht zu sturen Anwendern der Scrum-Praktiken zu machen, sondern sie zum Verändern der Situation anzuregen. Mit seinem Team von Boris Gloger Consulting hilft er Unternehmen aller Größen in Deutschland, Österreich und der Schweiz, Scrum schnell, effektiv und erfolgreich einzusetzen.

Kontakt: boris.gloger@borisgloger.com
www.borisgloger.com

Jürgen Margetich

Kein Wunder, dass die agile Produktentwicklung das Spezialgebiet von Jürgen Margetich ist. Familiär vererbter Geschäfts- und künstlerischer Feinsinn sind in einer Person vereint, er sprüht vor Ideen und weiß dabei aber genau, dass es nicht die Menge der Features ist, die ein tolles Produkt ausmacht. Es ist der Wert der Produktkomponenten, der für Unternehmen und ihre Kunden gleichermaßen stimmen muss. Mit diesem Ansatz des Value Driven Product Development hat Jürgen Margetich nicht nur als Berater diverse Software- und Telekom-Unternehmen sowie Banken, sondern auch seine eigenen Businessmodelle zum Erfolg geführt. Blitzschnelle, treffsichere Analysen zeichnen ihn genau so aus wie der feine Geschmackssinn des Starkochs. In seinen Scrum Cookings macht er Grundsätze wie Selbstorganisation und cross-funktionale Zusammenarbeit für Teams erfahrbar.

Kontakt: j.margetich@go3consulting.com

Joachim Gmeinwieser
Als Head of Agile & Lean Management verantwortet Joachim Gmeinwieser die methodische Gestaltung, Umsetzung und Begleitung des Produktentwicklungsprozesses bei AutoScout24. Als »agiler Mann der ersten Stunde« prägte und verantwortete er nach seinem Eintritt 2008 den Wandel des Unternehmens von klassischen zu agilen Rahmenwerken entscheidend. Heute unterstützt er als interner Coach, Berater und als Führungskraft der Agilen Consultants und Coaches die weitere Transformation des Unternehmens zur lernenden Organisation.

Christian Popp
Als Leiter des Geschäftsbereichs Risk Management von arvato infoscore (einem Unternehmen der Bertelsmann AG) ist Christian Popp für die Entwicklung und den Betrieb innovativer, hochverfügbarer Softwaresysteme für Risikomanagement- und Betrugsabwehrlösungen verantwortlich. Seit 2011 wird Scrum in seinem Unternehmen erfolgreich eingesetzt: Mittlerweile arbeiten rund 50 Mitarbeiter in 7 Teams am Standort Baden-Baden und bis zu 4 externe Teams an weiteren Standorten nach agilen Grundsätzen.

Dr. Klaus Schlickenrieder
Klaus Schlickenrieder leitet seit 2010 den Bereich der Applikationsentwicklung von KUKA Roboter. Schon davor arbeitete er als Softwareentwickler und Projektleiter mit Scrum und erlebte dabei den Sinn und die Wirksamkeit dieses Management-Frameworks direkt. Auch als Abteilungsleiter setzte Klaus Schlickenrieder daher auf die Transition seiner ganzen Abteilung zur agilen Arbeitsweise. Derzeit arbeiten über sieben Teams nach agilen Grundsätzen.

André Stark
André Stark ist seit 2009 Geschäftsführer von AutoScout24 und verantwortet die Bereiche IT, Produkt, Finanzen und HR beim europaweit größten Online-Automarkt. Für ihn bieten Scrum und agiles Management große Chancen im Unternehmen. Er erkannte, dass dafür veränderte Abläufe notwendig sind und dieses Vorgehen neue Herausforderungen an die Führungskräfte im Unternehmen stellt. André Stark versteht AutoScout24 als lernende Organisation, unterstützt gezielt Maßnahmen wie etwa langfristige Entwicklungsprogramme für Führungskräfte und setzt sich aktiv für eine »Fehlerkultur« ein, in der Fehler erlaubt, nicht vermieden werden.

Hélène Valadon
Zehn Jahre arbeitete die gebürtige Französin Hélène Valadon mit europäischen Top-Forschern in der internationalen Projektkoordination in Deutschland, Österreich und der Slowakei. Sie weiß also, was Wissensarbeitern wichtig ist und bewegt sich mit Leichtigkeit zwischen verschiedenen Kulturen. Seit 2009 unterstützt sie bei Boris Gloger Consulting Teams und Abteilungen dabei, Scrum erfolgreich zu implementieren und berät Manager bei ihren Entscheidungen und Maßnahmen für die Transition zum agilen Unternehmen.

Index